TGAU
Ffiseg

Jeremy Pollard, Adrian Schmit

HODDER
EDUCATION
AN HACHETTE UK COMPANY

TGAU Ffiseg

Addasiad Cymraeg o *GCSE Physics* a gyhoeddwyd yn 2016 gan Hodder Education

Ariennir yn Rhannol gan
Lywodraeth Cymru
Part Funded by
Welsh Government

Cyhoeddwyd dan nawdd Cynllun Adnoddau Addysgu a Dysgu CBAC

Mae'r deunydd hwn wedi'i gymeradwyo gan CBAC ac mae'n cynnig cefnogaeth o ansawdd uchel ar gyfer cyflwyno cymwysterau CBAC. Er bod y deunydd wedi bod trwy broses sicrhau ansawdd, mae'r cyhoeddwyr yn dal yn llwyr gyfrifol am y cynnwys.

Er y gwnaed pob ymdrech i sicrhau bod cyfeiriadau gwefannau yn gywir adeg mynd i'r wasg, nid yw Hodder Education yn gyfrifol am gynnwys unrhyw wefan y cyfeirir ati yn y llyfr hwn. Weithiau mae'n bosibl dod o hyd i dudalen we a adleolwyd trwy deipio cyfeiriad tudalen gartref gwefan yn ffenestr LlAU (*URL*) eich porwr.

Polisi Hachette UK yw defnyddio papurau sy'n gynhyrchion naturiol, adnewyddadwy ac ailgylchadwy o goed a dyfwyd mewn coedwigoedd cynaliadwy. Disgwylir i'r prosesau torri coed a gweithgynhyrchu gydymffurfio â rheoliadau amgylcheddol y wlad y mae'r cynnyrch yn tarddu ohoni.

Archebion: cysylltwch â Bookpoint Ltd, 130 Milton Park, Abingdon, Oxon OX14 4SB. Ffôn: (44) 01235 827720. Ffacs: (44) 01235 400454. Mae'r llinellau ar agor rhwng 9.00 a 17.00 o ddydd Llun i ddydd Sadwrn, gyda gwasanaeth ateb negeseuon 24 awr. Gallwch hefyd archebu trwy ein gwefan: www.hoddereducation.co.uk.

ISBN 978-1-510-40033-7

© Jeremy Pollard ac Adrian Schmit, 2016 (Yr argraffiad Saesneg)

Cyhoeddwyd gyntaf yn 2016 gan
Hodder Education,
Carmelite House,
50 Victoria Embankment
London EC4Y 0DZ

© CBAC 2016 (yr argraffiad hwn ar gyfer CBAC)

Rhif argraffiad   1

Blwyddyn   2016

Llun y clawr © Getty Images/iStockphoto/Thinkstock
Darluniau gan Aptara Inc.
Teiposodwyd yn LegacySerifStd-Book, 11.5/13 pts gan Aptara Inc.
Argraffwyd yn yr Eidal

Mae cofnod catalog y teitl hwn ar gael gan y Llyfrgell Brydeinig

Cynnwys

Gwneud y gorau o'r llyfr hwn

Croeso i Lyfr Myfyrwyr TGAU Ffiseg CBAC.

Mae'r llyfr hwn yn ymdrin â holl gynnwys yr haen Sylfaenol a'r haen Uwch ar gyfer manyleb 2016 TGAU Ffiseg CBAC.

Mae'r nodweddion canlynol wedi eu cynnwys er mwyn eich helpu i wneud y defnydd gorau o'r llyfr hwn.

🏠 Cynnwys y fanyleb

Gwiriwch eich bod yn ymdrin â'r holl gynnwys angenrheidiol ar gyfer eich cwrs, gyda chyfeiriadau at y fanyleb a throsolwg bras o bob pennod.

Termau allweddol

Mae geiriau a chysyniadau pwysig wedi'u hamlygu yn y testun a'u hegluro'n glir i chi ar yr ymyl.

💬 Pwynt trafod

Gallech chi ateb y cwestiynau hyn ar eich pen eich hun, ond byddech chi hefyd yn elwa o'u trafod gyda'ch athro/athrawes neu gyda myfyrwyr eraill yn eich dosbarth. Mewn achosion fel hyn, mae yna fel arfer amrywiaeth barn neu sawl ateb posibl i'w harchwilio.

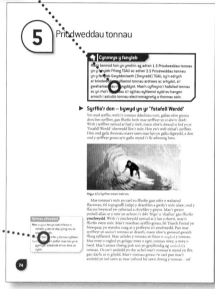

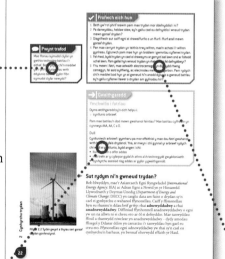

➡️ Gweithgaredd

Mae'r gweithgareddau hyn fel arfer yn ymwneud â defnyddio data ail-law na allech eu cael mewn labordy ysgol, ynghyd â chwestiynau a fydd yn profi eich sgiliau ymholi gwyddonol.

⚙️ Gwaith ymarferol

Bydd y gweithgareddau ymarferol hyn yn helpu i atgyfnerthu eich dysgu ac i brofi eich sgiliau ymarferol.

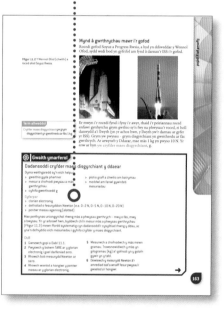

✔️ Profwch eich hun

Mae'r cwestiynau byr hyn, sydd i'w gweld trwy bob pennod, yn rhoi cyfle i chi i wirio eich dealltwriaeth wrth i chi fynd yn eich blaen trwy'r gwahanol bynciau.

► Cwestiynau adolygu'r bennod

Mae cwestiynau ymarfer ar ddiwedd pob pennod. Mae'r rhain yn dilyn arddull y gwahanol fathau o gwestiynau y gallech chi eu gweld yn eich arholiad ac mae marciau wedi eu rhoi i bob rhan.

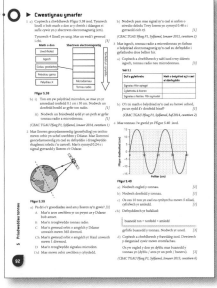

Crynodeb o'r bennod

Mae hwn yn rhoi trosolwg o bopeth rydych wedi ei astudio mewn pennod ac mae'n adnodd defnyddiol er mwyn gwirio eich cynnydd ac ar gyfer adolygu.

Mae rhywfaint o'r deunydd yn y llyfr hwn yn angenrheidiol ar gyfer myfyrwyr sy'n sefyll arholiad yr haen Uwch yn unig. Mae'r cynnwys hwn wedi ei farcio'n glir ag U.

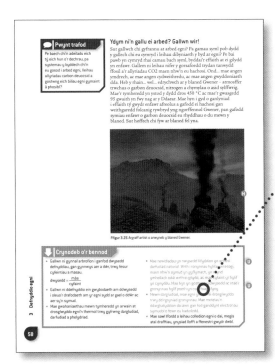

Gwaith ymarferol penodol

Mae gwaith ymarferol penodol i CBAC wedi'i amlygu'n glir.

Mae'r rhan fwyaf o gynnwys y llyfr hwn yn addas ar gyfer pob myfyriwr. Er hyn, dylai rhai penodau gael eu hastudio yn unig gan y rhai sy'n dilyn cwrs TGAU Ffiseg. Mae'r cynnwys hwn wedi'i farcio'n glir â llinell goch nesaf at flwch cynnwys y fanyleb ar ddechrau'r penodau perthnasol.

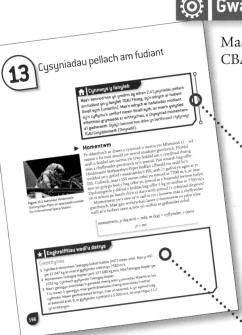

★ Enghraifft wedi'i datrys

Enghreifftiau o gwestiynau a chyfrifiadau sy'n cynnwys gwaith cyfrifo llawn ac atebion sampl.

Atebion

Mae atebion holl gwestiynau a gweithgareddau'r llyfr hwn i'w cael ar lein yn: www. hoddereducation. co.uk/ tgauffisegcbac

1 Cylchedau trydanol

🏠 **Cynnwys y fanyleb**

Mae'r bennod hon yn ymdrin ag adran **1.1 Cylchedau trydanol** yn y fanyleb TGAU Ffiseg ac adran **3.1 Cylchedau trydanol** yn y fanyleb TGAU Gwyddoniaeth (Dwyradd), sy'n edrych ar y berthynas rhwng cerrynt a foltedd ac yn datblygu'r syniad o wrthiant. Mae'n ymchwilio i'r berthynas rhwng folteddau a cheryntau mewn cylchedau cyfres a pharalel a sut gellir cyfrifo cyfanswm y gwrthiant mewn cylchedau cyfres a pharalel. Mae'n cyflwyno'r cysyniad o bŵer mewn cylched drydanol fel yr egni sy'n cael ei drosglwyddo am bob uned amser, a hefyd yr hafaliadau sy'n ein galluogi i gyfrifo'r pŵer sy'n cael ei drosglwyddo gan ddyfais drydanol.

▶ Paneli solar – egni 'am ddim' o'r Haul?

Mae paneli solar yn bethau anhygoel. Mae golau o'r Haul (does dim rhaid i'r tywydd fod yn heulog hyd yn oed) yn taro arwyneb silicon sydd wedi'i baratoi'n arbennig, ac mae'r atomau silicon yn arwyneb y panel yn amsugno'r egni. Mae hyn yn rhyddhau electronau 'rhydd' i'r panel. Mae'r rhain yn cynhyrchu foltedd sy'n gallu cael ei ddefnyddio i gynhyrchu cerrynt.

Ffigur 1.1 Paneli solar ar ben to tŷ domestig.

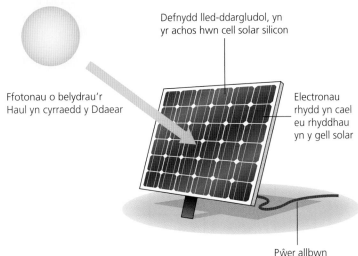

Defnydd lled-ddargludol, yn yr achos hwn cell solar silicon

Ffotonau o belydrau'r Haul yn cyrraedd y Ddaear

Electronau rhydd yn cael eu rhyddhau yn y gell solar

Pŵer allbwn

Ffigur 1.2 Sut mae panel solar yn cynhyrchu trydan.

Yna, mae'n bosibl bwydo'r trydan sy'n cael ei gynhyrchu yn uniongyrchol i'r tŷ fel y gall y preswylwyr ei ddefnyddio. Os caiff gormod o drydan ei gynhyrchu, gall gael ei allforio i'r Grid Cenedlaethol. Bydd y Grid Cenedlaethol yn talu perchennog y tŷ am y trydan hwn. Caiff y panel solar ei gysylltu mewn paralel â'r prif gyflenwad o'r Grid Cenedlaethol. Mae angen blwch cysylltu i gydweddu'r trydan sy'n cael ei gynhyrchu yn y paneli solar â'r cylchedau domestig. Mae system paneli solar yn costio tua £8000 ar gyfartaledd, ond mae'r arbedion yn gallu bod yn sylweddol. Mae'n bosibl arbed tuag 1 dunnell fetrig o garbon deuocsid y flwyddyn, ac mae system 2.2 kW yn gallu cynhyrchu tua 40% o anghenion trydan blynyddol cartref. Gallai tariff cyflenwi trydan (*FIT: feed-in tariff*) y Grid Cenedlaethol gynhyrchu tua £900 o arbedion ac incwm y flwyddyn, felly os ydych chi'n gwybod ychydig am gylchedau trydanol gallwch chi arbed llawer o arian a lleihau eich ôl troed carbon yn sylweddol.

Cylchedau trydanol syml

Mae'r diagramau cylched yn Ffigurau 1.3 ac 1.4 yn dangos rhai o'r cylchedau symlaf posibl. Mae Ffigur 1.3 yn dangos **cylched gyfres**, ac mae Ffigur 1.4 yn dangos **cylched baralel**. Mae'r ddwy gylched yn cynnwys amedr wedi'i gysylltu mewn cyfres â'r batri i gofnodi'r cerrynt. Mae cydrannau mewn cyfres pan maen nhw wedi'u cysylltu un ar ôl y llall mewn dolen barhaus, fel bod yr (un) cerrynt yn mynd trwy bob cydran. Mewn cylchedau paralel, mae dwy neu fwy o gydrannau wedi'u cysylltu â'r un pwyntiau yn y gylched (sef cysylltleoedd) ac mae'r cerrynt yn ymrannu, gyda rhywfaint ohono'n llifo trwy bob cydran.

Mae **cerrynt** yn fesur o gyfradd llif gwefr o amgylch y gylched. Caiff cerrynt ei fesur trwy gysylltu amedr mewn cyfres â chydrannau eraill, fel bylbiau a batrïau, yn y gylched. Mae Ffigur 1.5 yn rhoi'r symbol cylched ar gyfer amedr a symbolau ar gyfer rhai cydrannau cylched cyffredin eraill.

Caiff cerrynt ei fesur mewn amperau, ac yn aml caiff amper ei dalfyrru fel amp neu'r symbol A. Mewn cylchedau prif gyflenwad (sy'n cynnwys eitemau fel gwresogyddion, moduron a phaneli solar) mae'r ceryntau'n mesur sawl amp. Caiff y ceryntau mewn cylchedau electronig, e.e. y cylchedau mewn cyfrifiaduron, eu mesur mewn miliamperau, mA (lle mae 1 mA = 0.001 A), neu hyd yn oed mewn microamperau, μA (lle mae 1 μA = 0.000 001 A).

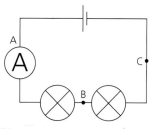

Ffigur 1.3 Cylched gyfres (Cylched A).

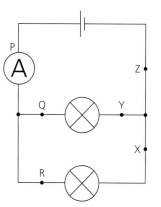

Ffigur 1.4 Cylched baralel (Cylched B).

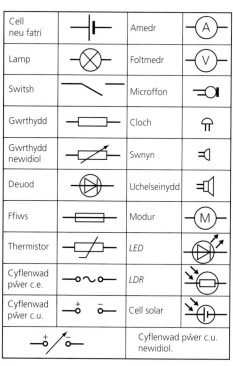

Cell neu fatri		Amedr	
Lamp		Foltmedr	
Switsh		Microffon	
Gwrthydd		Cloch	
Gwrthydd newidiol		Swnyn	
Deuod		Uchelseinydd	
Ffiws		Modur	
Thermistor		LED	
Cyflenwad pŵer c.e.		LDR	
Cyflenwad pŵer c.u.		Cell solar	
		Cyflenwad pŵer c.u. newidiol.	

Ffigur 1.5 Symbolau cylched cyffredin.

Mesur ceryntau mewn cylchedau cyfres a pharalel

Dyma weithgaredd sy'n eich helpu i wneud y canlynol:

> gweithio mewn tîm
> cydosod cylchedau trydanol syml
> defnyddio amedrau i fesur ceryntau
> canfod patrymau mewn mesuriadau ac arsylwadau.

Cyfarpar

> batrïau a daliwr
> gwifrau cysylltu
> bylbiau golau × 2
> amedr

Yn y gweithgaredd hwn, byddwch chi'n defnyddio amedr i fesur y cerrynt mewn cylchedau cyfres a pharalel sy'n cynnwys yr un cydrannau. Dylech chi chwilio am batrymau yn y darlleniadau cerrynt mewn gwahanol rannau o bob cylched.

Nodiadau diogelwch

Efallai y cewch chi uned cyflenwi pŵer (*psu: power supply unit*) prif gyflenwad yn hytrach na phecyn batri. Mae unedau cyflenwi pŵer foltedd isel yn ddiogel iawn, ond byddwch yn ofalus wrth ddefnyddio prif gyflenwad trydan, yn enwedig yn agos at dapiau dŵr a sinciau.

Dull

1 Cydosodwch Gylched A fel yn Ffigur 1.3.
2 Lluniadwch gopi o'r diagram cylched.
3 Defnyddiwch yr amedr i fesur y cerrynt ym mhob pwynt, A, B ac C, yn y diagram. Ym mhob achos, bydd angen i chi dorri'r gylched ar y pwynt hwnnw a chysylltu'r amedr mewn cyfres. Gwnewch yn siŵr eich bod chi'n cysylltu'r amedr yn gywir: mae'r derfynell + ar yr amedr yn cysylltu mewn cyfres â'r derfynell + ar y batri. Os nad ydych chi'n siŵr am hyn, gofynnwch i'ch athro/athrawes am help.
4 Cofnodwch y cerrynt wrth ymyl pob pwynt ar eich diagram cylched.
5 Ailadroddwch yr arbrawf ar gyfer Cylched baralel B (Ffigur 1.4), gan fesur a chofnodi'r ceryntau yn P, Q ac R; ac yn X, Y a Z.

Chwilio am batrymau yn y ceryntau yn y cylchedau

Cylchedau cyfres (Cylched A)

Astudiwch werthoedd y cerrynt yn A, B ac C. Dylech chi weld eu bod nhw i gyd yr un fath, neu'n agos iawn at ei gilydd. Mae'r cerrynt mewn cylched gyfres yr un fath ar gyfer pob cydran yn y gylched.

Cylchedau paralel (Cylched B)

Adiwch y cerrynt yn Q a'r cerrynt yn R. Cymharwch y gwerth hwn â'r cerrynt yn P – dylech chi weld eu bod nhw'n agos iawn at ei gilydd. Adiwch y cerrynt yn X a'r cerrynt yn Y, a chymharwch y gwerth hwn â'r cerrynt yn Z. Mewn cylchedau paralel, mae cyfanswm (swm) y ceryntau sy'n mynd i mewn i gysylltle yn hafal i gyfanswm (swm) y ceryntau allan o'r cysylltle. Y person cyntaf i ddisgrifio'r canlyniad hwn oedd Gustav Kirchhoff, yn 1845:

cyfanswm cerrynt i mewn i'r cysylltle = cyfanswm cerrynt allan o'r cysylltle

1 Astudiwch y cylchedau canlynol. Defnyddiwch eich gwybodaeth am ymddygiad cerrynt mewn cylchedau cyfres a pharalel i gyfrifo'r cerrynt ym mhob pwynt sydd wedi'i farcio ar y diagramau cylched (a – j yn Ffigur 1.6).

2 Mewn tŷ domestig, mae'r holl socedi trydanol a'r holl ddyfeisiau domestig, fel ffwrn drydan, wedi'u cysylltu mewn paralel â'r prif fwrdd cylchedau. Mewn un tŷ o'r fath yn gynnar gyda'r nos, mae'r goleuadau'n defnyddio 2.5 A, mae'r teledu'n defnyddio 0.5 A, mae'r ffwrn drydan yn defnyddio 13 A ac mae'r tegell yn defnyddio 10 A. Beth yw cyfanswm y cerrynt sy'n cael ei dynnu o'r prif fwrdd cylchedau?

3 Lluniadwch gylchedau sy'n dangos y pethau canlynol:
   a) dau fwlb a switsh mewn cyfres gydag uned cyflenwad pŵer 6 V
   b) cell solar wedi'i chysylltu mewn paralel â dwy lamp ffilament, a'r ddwy lamp â'i switsh ei hun mewn cyfres.

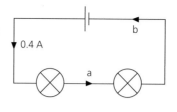
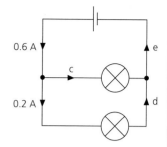
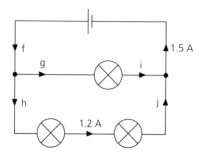

Ffigur 1.6

▶ **Foltedd**

Y **foltedd** ar draws cydran yw'r gwahaniaeth yn swm yr egni trydanol mae gwefr drydanol yn ei gludo cyn cydran, o'i gymharu â'r swm mae'n ei gludo ar ôl y gydran.

Mesur o lif trydan o amgylch cylched yw cerrynt trydan. Mae cerrynt uwch yn golygu bod mwy o electronau â gwefr negatif yn llifo heibio i bwynt yn y gylched bob eiliad. **Foltedd** neu wahaniaeth potensial yw'r enw ar swm yr egni trydanol (wedi'i fesur mewn jouleau) mae pob uned gwefr (wedi'u mesur mewn coulombau) yn ei gludo. Caiff foltedd ei fesur mewn foltiau, V, gan foltmedr. Mae foltmedr yn gweithio trwy fesur y gwahaniaeth yn yr egni trydanol sy'n cael ei gludo gan y wefr cyn y gydran ac ar ôl y gydran – neu faint o egni trydanol sydd wedi'i drosglwyddo (i wres/golau/sain, etc.) y tu mewn i'r gydran. Mae hyn yn golygu cysylltu'r foltmedr mewn paralel â'r cydrannau bob amser. Mae Ffigur 1.7 yn dangos foltmedr yn mesur y foltedd ar draws cydran mewn cylched gyfres.

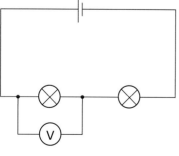

Ffigur 1.7 Foltmedr yn mesur foltedd ar draws un bwlb mewn cylched.

Mesur foltedd mewn cylchedau cyfres a pharalel

Dyma weithgaredd sy'n eich helpu i wneud y canlynol:
> gweithio mewn tîm
> cydosod cylchedau trydanol syml
> defnyddio amedrau i fesur ceryntau
> canfod patrymau mewn mesuriadau ac arsylwadau.

Cyfarpar
> batrïau a daliwr
> gwifrau cysylltu
> 3 bwlb golau
> foltmedr

Yn y gweithgaredd hwn, byddwch chi'n defnyddio foltmedr i fesur folteddau mewn cylchedau cyfres a pharalel. Mae foltedd ar draws pob cydran (e.e. batri a bylbiau) mewn cylched, ac mae'n hawdd mesur y foltedd hwn â foltmedr. Ond mewn rhai achosion, er enghraifft gwifrau cysylltu, mae'r foltedd yn fach iawn, ac yn aml mae'n rhy fach i'w fesur gan foltmedr safonol mewn labordy ysgol. Gallai effaith gyfunol nifer o wifrau arwain at 'golli' (peidio â chofnodi) ychydig o foltedd mewn cylched oherwydd ei fod yn anodd ei fesur.

Nodiadau diogelwch

Efallai y cewch chi uned cyflenwi pŵer (psu) prif gyflenwad yn hytrach na phecyn batri. Mae unedau cyflenwi pŵer foltedd isel yn ddiogel iawn, ond byddwch yn ofalus wrth ddefnyddio prif gyflenwad trydan, yn enwedig yn agos at dapiau dŵr a sinciau.

Dull

1 Cydosodwch y gylched gyfres sydd yn Ffigur 1.8.

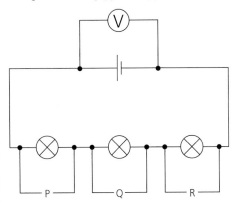

Ffigur 1.8 Mesur folteddau mewn cylched gyfres.

2 Mesurwch a chofnodwch y foltedd ar draws y cyflenwad pŵer.
3 Mesurwch a chofnodwch y foltedd allan o'r lampau ym mhwyntiau P, Q ac R.
4 Adiwch yr holl folteddau ar draws y lampau. Cymharwch gyfanswm y foltedd ar draws y cyflenwad pŵer â'r folteddau ar draws y cydrannau.
5 Gan gyfrif folteddau ar draws gwifrau a mannau cyswllt, dylai eich foltedd ar draws y batri fod yn hafal (yn fras) i'r foltedd ar draws y lampau. Mae hyn yn arwain at ddeddf gyffredinol cylchedau, sy'n dweud bod cyfanswm y foltedd i mewn i'r gylched gyfres yn hafal i gyfanswm y foltedd allan o'r gylched.
6 Nawr cydosodwch y gylched yn Ffigur 1.9.
7 Mesurwch a chofnodwch y foltedd i mewn i'r gylched ar draws y batri.
8 Datgysylltwch y foltmedr a chysylltwch ef ar draws X, yna Y ac yna Z.
9 Ym mhob man cyswllt, X, Y a Z, mesurwch a chofnodwch y foltedd allan o'r gylched.
10 Fe welwch chi fod y foltedd i mewn i'r gylched yn hafal i'r foltedd allan o'r gylched ar draws pob cangen yn y gylched baralel, hynny yw, mae'r foltedd ar draws y batri'n hafal i'r foltedd ar draws pob lamp.

Ffigur 1.9 Mesur folteddau mewn cylched baralel.

4 Mae Ffigur 1.10 yn dangos sut mae panel solar 12 V yn cael ei ddefnyddio i bweru tri bwlb mewn cartref.

   a) Mae Bethan yn cysylltu foltmedr ar draws y gell solar. Pa foltedd y byddai hi'n disgwyl ei fesur yn ystod y dydd?

   b) Eglurwch pam byddai ei foltmedr hi'n darllen 0 V am hanner nos.

   c) Yn ystod y dydd, cysylltodd Bethan y foltmedr ar draws pwyntiau A a B yn y gylched, gan gau switsh 1. Beth fyddai'r darlleniad ar ei foltmedr hi?

   ch) Eglurwch pam mae tri switsh gan y gylched oleuo. Beth mae pob switsh yn ei wneud?

   d) Rhowch enghraifft (o'ch tŷ chi) o gylched fel hon lle mae dau fwlb yn gweithio oddi ar yr un switsh.

   dd) Beth yw mantais cysylltu bwlb 1 ag un switsh, o'i gymharu â bylbiau 2 a 3 sydd ag un switsh rhyngddynt?

   e) Os yw bwlb 2 a bwlb 3 yn union yr un fath (yr un gyfradd pŵer a'r un disgleirdeb), pa foltedd y byddai Bethan yn disgwyl ei fesur pe bai hi'n cau'r switshis i gyd ac yn cysylltu ei foltmedr ar draws pwyntiau A ac C yn y gylched?

   f) Pam byddai cyfradd foltedd bwlb 1 yn wahanol i gyfradd foltedd bylbiau 2 a 3?

5 Mae'n eithaf diogel mesur folteddau mewn cylchedau syml yn yr ysgol.

   a) Pam mae'n rhaid i drydanwyr fod yn llawer mwy gofalus wrth fesur folteddau ar draws cydrannau mewn cylched gwifro mewn cartref?

   b) Pa ragofalon ydych chi'n meddwl y gallant eu cymryd i leihau'r risgiau iddyn nhw eu hunain?

   c) Pam mae'n rhaid cael trydanwr cymwysedig i wneud gwaith trydanol ar gartrefi pobl?

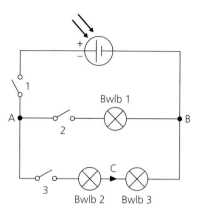

Ffigur 1.10

▶ Defnyddio gwrthiant i reoli cerrynt

Pan gaiff foltedd ei roi ar draws dargludydd, bydd cerrynt trydan yn llifo trwy'r dargludydd. Yr uchaf yw'r foltedd, y mwyaf yw'r cerrynt. Mae hyn yn ddefnyddiol iawn o ran rheoli'r pŵer trydanol i ddyfeisiau, ond mae dyfeisiau'r prif gyflenwad, fel tegelli, tostwyr a sugnwyr llwch, wedi'u cyfyngu i'r 230 V sy'n dod o'r prif gyflenwad. Er mwyn rheoli'r cerrynt sy'n cael ei gyflenwi i ddyfais, er enghraifft er mwyn cael dau osodiad gwres ar sychwr gwallt, rhaid i ni ddod o hyd i ffordd arall o amrywio'r cerrynt heb newid y foltedd. Dyma pryd mae'n ddefnyddiol gwybod beth yw **gwrthiant** y gylched a sut i'w reoli. Gwrthiant trydanol yw'r briodwedd sydd gan ddargludydd trydanol sy'n ceisio atal llif y cerrynt trwyddo. Os oes gwrthiant uchel gan ddefnyddiau a chydrannau, dim ond cerrynt bach fydd yn gallu mynd trwyddynt. Caiff gwrthiant ei fesur mewn ohmau, Ω. Mae cydrannau mewn cylchedau electronig yn gweithio ar gerrynt isel, sef rhai miliamperau fel rheol (1 mA = 0.001 A), felly maen nhw'n tueddu i fod â gwrthiant uchel o sawl cilohm, kΩ (1 kΩ = 1000 Ω). Mae cydrannau ynysu, fel casin gliniadur neu ffôn symudol, wedi'u gwneud o ddefnyddiau fel plastigion, gwydr a cherameg, ac mae gan y rhain wrthiant uchel iawn, yn aml yn filoedd o fegohmau, MΩ (1 MΩ = 1 000 000 Ω).

Term allweddol

Gwrthiant cydran yw faint mae'r gydran yn gwrthsefyll llif y cerrynt sy'n llifo trwyddi.

6 Copïwch a chwblhewch Dabl 1.1, gan drawsnewid yr ohmau i gilohmau neu fegohmau.

Cofiwch:
1 MΩ = 1 000 000 Ω = 1000 kΩ
1 kΩ = 0.001 MΩ = 1000 Ω
1 Ω = 0.001 kΩ = 0.000 001 MΩ

Tabl 1.1

Gwrthiant mewn ohmau, Ω	Gwrthiant mewn cilohmau, kΩ	Gwrthiant mewn Megohmau, MΩ
		1
	4	
2		
3000		
	220	
		6
	10	

O ble mae gwrthiant yn dod?

Pan mae electronau'n symud trwy ddargludydd, fel gwifren gopr, maen nhw'n aml yn gwrthdaro â'r atomau copr ac â'i gilydd. Mae'r gwrthdrawiadau'n atal yr electronau rhag symud yn rhydd trwy'r wifren – dyma beth yw gwrthiant y wifren. Mae gwrthdrawiadau amlach yn golygu gwrthiant uwch.

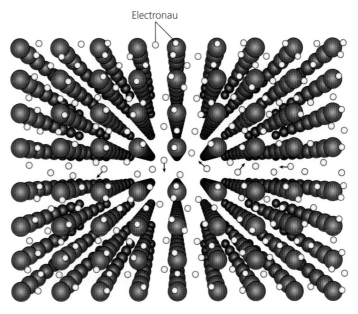

Electronau

Ffigur 1.11 Dellten reolaidd o atomau gydag electronau'n symud trwyddi.

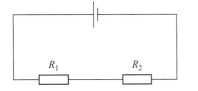

R_1 R_2

Ffigur 1.12 Dau wrthydd mewn cyfres.

Cyfuno gwrthyddion mewn cyfres ac mewn paralel

Pan fydd dau neu fwy o wrthyddion yn cael eu cyfuno â'i gilydd mewn cylched gyfres, mae cyfanswm gwrthiant y gylched yn cynyddu ac mae'n cael ei gyfrifo o swm (adio) yr holl wrthiannau. Mae Ffigur 1.12 yn dangos dau wrthydd, R_1 ac R_2, mewn cyfres gyda batri.

Mae cyfanswm gwrthiant y gylched hon, R, yn cael ei roi gan yr hafaliad:

$$R = R_1 + R_2$$

Mae cyfuno gwrthyddion mewn cylched baralel yn lleihau gwrthiant cyffredinol y gylched. Mae Ffigur 1.13 yn dangos dau wrthydd, R_1 ac R_2, wedi'u trefnu'n baralel â batri. Mae'r gwrthiant cyffredinol, R, mewn cylched baralel yn gallu cael ei gyfrifo gan ddefnyddio'r hafaliad:

$$\frac{1}{R} = \frac{1}{R_1} + \frac{1}{R_2}$$

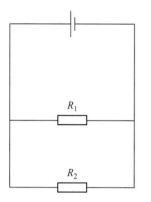

Ffigur 1.13 Dau wrthydd mewn paralel.

Pan mae cylched yn cynnwys gwrthyddion wedi'u trefnu mewn cyfres ac mewn paralel, rydym ni'n cyfrifo cyfanswm gwrthiant y gwrthyddion paralel yn gyntaf ac yna'n adio'r gwerth hwn at y gwrthyddion sydd mewn cyfres.

Defnyddio gwrthyddion i reoli cerrynt a foltedd mewn cylchedau

Mae gwrthyddion newidiol yn gydrannau syml sy'n gallu rheoli'r cerrynt a'r foltedd mewn cylched. Mae'r llun a'r diagram yn Ffigur 1.14 yn dangos cylched lle mae gwrthydd newidiol yn rheoli'r cerrynt trwy wrthydd sefydlog a hefyd yn rheoli'r foltedd ar ei draws.

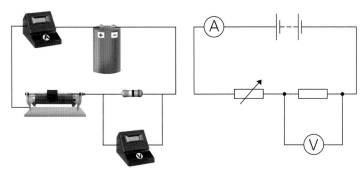

Ffigur 1.14 Gwrthydd newidiol yn rheoli'r cerryt trwy wrthydd sefydlog, a hefyd y foltedd ar ei draws. Mae'r ddau ddiagram yn dangos yr un gylched yn union – mae un yn 'llun' ac mae'r llall yn 'ddiagram cylched'. Wrth lunio cylchedau ar bapur, defnyddiwch y symbolau cylched cywir ar ddiagram cylched.

⚙ | Gwaith ymarferol penodol

Ymchwiliad i nodweddion cerryt–foltedd (I–V) cydran

Mesur cerryt a foltedd mewn cylchedau sy'n cael eu rheoli gan wrthydd newidiol

Bydd newid gwrthiant y gwrthydd newidiol yn y gylched yn Ffigur 1.14 yn newid y cerryt sy'n llifo trwy'r gwrthydd sefydlog, ac yn newid y foltedd ar ei draws. Yn y gwaith ymarferol hwn, byddwch chi'n cynnal yr arbrawf hwn ac yn ymchwilio i'r patrymau cerryt a foltedd a gewch chi wrth newid gwrthiant y gwrthydd newidiol.

Dyma weithgaredd sy'n eich helpu i wneud y canlynol:

> gweithio mewn tîm
> cydosod cylchedau trydanol mwy cymhleth
> mesur a chofnodi cerryt a foltedd gan ddefnyddio amedr
> adnabod patrymau mewn mesuriadau ac arsylwadau
> plotio graffiau nodweddion trydanol (cerryt yn erbyn foltedd).

Cyfarpar

> cyflenwad pŵer cerryt union wedi'i osod ar 6 V (neu becyn batri)
> gwifrau cysylltu
> gwrthydd newidiol mawr (weithiau caiff hwn ei alw'n rheostat)
> amedr
> foltmedr
> gwrthydd sefydlog (tua'r un gwrthiant â gwrthiant uchaf y gwrthydd newidiol)
> bwlb 6 V â gwrthiant isel

Nodiadau diogelwch

Efallai y cewch chi uned cyflenwi pŵer (*psu*) prif gyflenwad yn hytrach na phecyn batri. Mae unedau cyflenwi pŵer foltedd isel yn ddiogel iawn, ond byddwch yn ofalus wrth ddefnyddio prif gyflenwad trydan, yn enwedig yn agos at dapiau dŵr a sinciau.

Dull

1 Defnyddiwch y cyfarpar sydd wedi'i roi i chi i gysylltu'r gylched yn Ffigur 1.15.

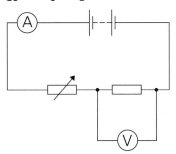

Ffigur 1.15

2 Symudwch y llithrydd ar draws y gwrthydd newidiol hyd nes i'r amedr fesur ei werth uchaf. Cofnodwch y gwerth hwn.

3 Symudwch y llithrydd i ben arall y gwrthydd newidiol hyd nes i'r amedr fesur ei werth isaf. Cofnodwch y gwerth hwn.

4 Cymerwch a chofnodwch bump o fesuriadau cerryt a foltedd wedi'u gwasgaru ar draws amrediad foltedd y gwrthydd sefydlog.

5 Ailadroddwch yr arbrawf gan ddefnyddio bwlb golau â gwrthiant isel yn lle'r gwrthydd sefydlog.

Dadansoddi eich canlyniadau

1 'Nodweddion trydanol' yw'r enw ar graffiau foltedd yn erbyn cerryt cydrannau. Plotiwch graffiau nodweddion trydanol ar gyfer y gwrthydd sefydlog a'r bwlb. Os gallwch chi, plotiwch y ddau o'r rhain ar yr un graff gan ddefnyddio'r un echelinau.

2 Disgrifiwch batrymau'r ddau graff mewn geiriau. Mae hyn yn golygu bod rhaid i chi ddisgrifio sut mae'r foltedd (ar yr echelin-y) yn amrywio yn ôl y cerryt (ar yr echelin-x).

3 Eglurwch sut gallwn ni ddefnyddio gwrthydd newidiol mewn cylched i reoli'r cerryt trwy'r cydrannau eraill, ac i reoli'r foltedd ar eu traws.

▶ Deddf Ohm

Yn 1827, cyhoeddodd Georg Ohm, ffisegydd o'r Almaen, ganlyniadau a chasgliadau cyfres o arbrofion yn ymchwilio i'r cysylltiad rhwng cerrynt a foltedd mewn cylched syml. Defnyddiodd Ohm fath cynnar o fatri i roi foltedd ar draws cyfres o wifrau metel, a mesurodd y cerrynt oedd yn llifo trwy'r gwifrau. Gyda'r cyfarpar hwn, fe wnaeth Ohm ddarganfod, os oedd tymheredd y gwifrau'n cael ei gadw'n gyson, fod maint y cerrynt oedd yn llifo trwyddynt mewn cyfrannedd union â'r foltedd ar eu traws. Trwy ddefnyddio cyfarpar gwell heddiw, mae hyn yn golygu, os caiff y foltedd ar draws gwrthydd sefydlog ei ddyblu, y bydd y cerrynt trwy'r gwrthydd sefydlog hefyd yn dyblu. Aeth Ohm ati hefyd i amrywio dimensiynau a defnydd y gwifrau roedd yn eu defnyddio, ac fe wnaeth ganfod, ar foltedd cyson, fod y cerrynt mewn cyfrannedd gwrthdro â gwrthiant y wifren. Roedd hyn yn golygu, pan oedd yn dyblu gwrthiant y wifren (trwy ddyblu ei hyd), fod y cerrynt yn haneru. Heddiw, rydym ni'n defnyddio'r hafaliad canlynol i grynhoi canfyddiadau Ohm:

$$\text{cerrynt, } I \text{ (amperau)} = \frac{\text{foltedd, } V \text{ (foltiau)}}{\text{gwrthiant, } R \text{ (ohmau)}}$$

$$I = \frac{V}{R}$$

Mae nifer o ffyrdd gwahanol o ysgrifennu'r berthynas hon:

$$V = IR$$

ac

$$R = \frac{V}{I}$$

✔ Profwch eich hun

10 Gan ddefnyddio'r data y gwnaethoch chi eu casglu yn y Gwaith ymarferol: Mesur cerrynt a foltedd mewn cylchedau sy'n cael eu rheoli gan wrthydd newidiol (tud. 9), lluniwch ddau dabl. Bydd un tabl ar gyfer data'r gwrthydd sefydlog, a'r tabl arall ar gyfer y bwlb.

Tabl 1.2

Foltedd ar draws y gydran, V (V)	Cerrynt trwy'r gydran, I (A)	Gwrthiant y gydran, R (Ω)

11 Disgrifiwch y patrymau yn eich canlyniadau i Gwestiwn 10. Sut mae gwrthiant y gwrthydd sefydlog yn amrywio yn ôl foltedd (neu gerrynt)? Sut mae gwrthiant y bwlb yn amrywio yn ôl foltedd (neu gerrynt)?

12 Mae cerrynt 2 A yn llifo trwy wrthydd sefydlog 25 Ω. Cyfrifwch y foltedd ar draws y gwrthydd sefydlog.

13 Mewn cylched ffôn symudol, caiff 1.5 V ei roi ar draws cylched bysellfwrdd â gwrthiant 5000 Ω. Beth yw'r cerrynt sy'n llifo yn y gylched bysellfwrdd?

14 Mae Ffigur 1.16 yn dangos nodweddion trydanol bwlb car 12 V. Defnyddiwch y graff i gyfrifo gwrthiant y bwlb pan mae'r cerrynt trwy'r bwlb yn:

a) 0.2 A

b) 0.6 A

c) 1.0 A

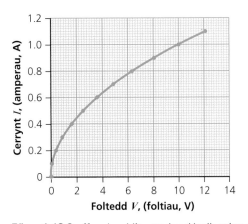

Ffigur 1.16 Graff nodweddion trydanol bwlb golau car.

15 Eglurwch pam mae gwrthiant bwlb yn newid pan gaiff mwy o gerrynt ei basio trwyddo. (Awgrym: pan fydd mwy o gerrynt yn mynd trwy'r bwlb, bydd yn fwy disglair ac yn fwy poeth. Sut gallai hyn effeithio ar adeiledd y ffilament metel?)

16 Caiff rheostat (gwrthydd newidiol mawr) ei gydosod â gwrthiant 12 Ω. Caiff cyflenwad pŵer newidiol 0–12 V ei gysylltu mewn cyfres ag amedr ac â'r rheostat.

a) Lluniadwch ddiagram cylched o'r trefniant hwn.

b) Defnyddiwch y data sydd wedi'u rhoi a deddf Ohm i ganfod y cerrynt sy'n llifo trwy'r rheostat ar folteddau 0 V, 2 V, 4 V, 6 V, 8 V, 10 V ac 12 V.

c) Plotiwch graff nodweddion trydanol y rheostat. Plotiwch y foltedd ar yr echelin-x a'r cerrynt ar yr echelin-y. Lluniadwch linell ffit orau trwy'r pwyntiau a labelwch y llinell hon '12 Ω'.

ch) Cyfrifwch raddiant (goledd) y llinell ffit orau. Defnyddiwch eich gwerth ar gyfer y graddiant i gyfrifo'r sym 1/graddiant. Cofnodwch y gwerth hwn.

d) Nawr, caiff gwrthiant y rheostat ei newid i 6 Ω. Ar yr un graff nodweddion trydanol, brasluniwch y graff ar gyfer y gosodiad gwrthiant newydd a labelwch hwn yn '6 Ω'. Eglurwch sut gwnaethoch chi benderfynu ble i roi'r llinell fras.

▶ Cymharu nodweddion trydanol cydrannau trydanol gwahanol

Mae graffiau **nodweddion trydanol** ar gyfer gwrthydd sefydlog a bwlb ffilament yn cael eu dangos yn Ffigur 1.17 (a) a (b).

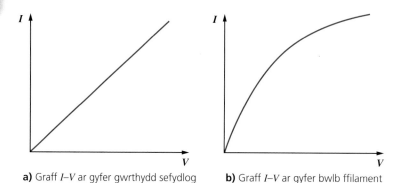

a) Graff *I–V* ar gyfer gwrthydd sefydlog   **b)** Graff *I–V* ar gyfer bwlb ffilament

Ffigur 1.17 Graffiau nodweddion trydanol ar gyfer gwrthydd sefydlog a bwlb ffilament.

Mae gwrthyddion sefydlog, fel gwifrau metel ar dymheredd cyson, yn ufuddhau i ddeddf Ohm ac felly mae eu graffiau *I–V* yn llinol (llinellau syth), a'r mwyaf yw gwrthiant y gwrthydd, y mwyaf bas yw graddiant y graff *I–V*. Mae bylbiau ffilament, fodd bynnag, yn gwresogi wrth i fwy a mwy o gerrynt gael ei basio trwy'r ffilament metel. Mae cynyddu tymheredd y ffilament metel yn achosi i'r adeiledd dellt a ddangosir yn Ffigur 1.11 ddirgrynu mwy, sy'n cynyddu amlder y gwrthdrawiadau rhwng y ddellten a'r electronau sy'n symud trwyddi, a dyna pam mae gwrthiant y wifren ffilament yn cynyddu. Mae graff nodweddion trydanol *I–V* ar gyfer bwlb ffilament, felly, yn gromlin gyda goledd sy'n gostwng, fel yn Ffigur 1.17 (b).

Mae gwrthyddion golau-ddibynnol (*LDR: light-dependent resistors*) yn gydrannau sydd wedi'u gwneud allan o ddefnyddiau lled-ddargludol sy'n newid eu gwrthiant yn ôl arddwysedd y golau sy'n disgleirio arnynt. Mae llawer o *LDRs* wedi eu gwneud o led-ddargludyddion mae eu gwrthiant yn lleihau wrth i arddwysedd golau gynyddu. Mae Ffigur 1.18 yn dangos sut mae gwrthiant *LDR* nodweddiadol yn amrywio gydag arddwysedd golau.

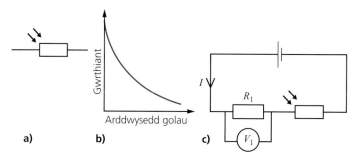

Ffigur 1.18 a) Y symbol trydanol ar gyfer *LDR* **b)** amrywiad y gwrthiant mewn *LDR* nodweddiadol gydag arddwysedd golau **c)** diagram cylched trydanol sy'n dangos sut y gall *LDR* gael ei ddefnyddio mewn cylched drydanol.

⚙️ | Gwaith ymarferol

Ymchwilio i ymddygiad trydanol cydrannau trydanol

Cydrannau trydanol sy'n newid eu gwrthiant yn ôl y tymheredd yw thermistorau. Maen nhw'n cael eu defnyddio'n aml fel synwyryddion tymheredd trydanol, er enghraifft mewn thermostatau gwres canolog. Mae deuodau allyrru golau (*LED*au: light-emitting diodes) yn allyrru golau pan fydd y cerrynt yn llifo trwy'r gydran i un cyfeiriad penodol, ond dydyn nhw ddim yn dargludo o gwbl pan mae'r cerrynt yn llifo i'r cyfeiriad arall. Caiff *LED*au eu defnyddio mewn amrywiaeth eang o ddyfeisiau fel setiau teledu, goleuadau car a bylbiau golau yn y cartref.

Dyma weithgaredd sy'n eich helpu i wneud y canlynol:
> gweithio mewn tîm
> cynllunio arbrofion
> cynnal asesiad risg
> cydosod cylchedau trydanol mewn arbrofion
> mesur a chofnodi ceryntau, folteddau, gwrthiant a thymereddau
> adnabod patrymau mewn mesuriadau ac arsylwadau
> plotio graffiau nodweddion trydanol (cerrynt yn erbyn foltedd).

Cyfarpar

> cyflenwad pŵer c.u., wedi'i osod ar 6 V (neu becyn batri)
> gwifrau cysylltu
> thermistor NTC
> deuod allyrru golau (*LED*) gyda gwrthydd amddiffynnol
> amedr
> foltmedr
> gwrthydd newidiol
> amlfesurydd digidol yn gweithredu fel ohmedr
> thermomedr
> clipiau crocodeil
> bicer o ddŵr yn gweithredu fel baddon dŵr
> llosgydd Bunsen, trybedd a rhwyllen

Rhan A – ymchwilio i sut mae gwrthiant thermistor yn amrywio gyda thymheredd

Cynlluniwch ddull arbrofol i ymchwilio i sut mae gwrthiant thermistor yn amrywio gyda thymheredd. Gallwch chi fesur gwrthiant y thermistor yn uniongyrchol gan ddefnyddio amlfesurydd wedi'i gysylltu fel ohmedr, a gallwch chi ddefnyddio baddon dŵr i amrywio tymheredd y thermistor a thermomedr addas i'w fesur.

Bydd eich athro/athrawes yn rhoi briff diogelwch i chi cyn cychwyn.

Dylech chi gynnal arbrofion bychain addas o flaen llaw er mwyn dewis:
> amrediad tymheredd **diogel**, addas ar gyfer yr arbrawf
> cyfwng tymheredd addas ar gyfer eich mesuriadau – bydd angen pump neu chwech set o fesuriadau arnoch
> y gosodiad amrediad cywir ar yr ohmedr.

Ar ôl i chi gynnal yr arbrofion rhagarweiniol hyn, dylech chi gynnal asesiad risg addas ar yr arbrawf hwn, gan nodi'r peryglon perthnasol, eu risgiau a mesurau rheoli addas. Gwiriwch yr asesiad risg hwn gyda'ch athro/athrawes cyn rhoi cynnig ar yr ymchwiliad.

Dull

1 Lluniwch ddiagram o'ch cydosodiad ymarferol, gan gynnwys diagram y gylched drydanol y byddwch chi'n ei ddefnyddio.
2 Ysgrifennwch ddull wedi'i rifo ar gyfer yr ymchwiliad.
3 Lluniwch dabl addas i gofnodi eich holl fesuriadau. Dylai pob colofn yn y tabl gael label cywir ar gyfer y newidyn dan sylw a'i uned gywir.
4 Cyflawnwch eich dull, gan fesur a chofnodi'r gwerthoedd.

Dadansoddi eich canlyniadau

1 Plotiwch graff o wrthiant y thermistor (echelin-y) yn erbyn tymheredd (echelin-x).
2 Disgrifiwch y patrwm sydd yn eich graff, gan nodi sut mae'r gwrthiant yn amrywio gyda thymheredd; defnyddiwch werthoedd o'ch data fel enghreifftiau i arddangos eich patrwm.
3 Mae thermistorau wedi'u gwneud o ddefnyddiau lledddargludol penodol sy'n rhyddhau mwy o electronau dargludo ar dymereddau uwch. Eglurwch sut mae'r briodwedd hon mewn lled-ddargludyddion yn golygu bod gan thermistorau wrthiant is ar dymheredd uwch.

Rhan B – ymchwilio i'r nodweddion trydanol $I-V$ mewn *LED*

Dyluniwch arbrawf i ymchwilio i'r nodweddion $I-V$ mewn *LED*. Mae *LED*au yn gydrannau polar sy'n golygu eu bod yn ymddwyn yn wahanol gan ddibynnu i ba gyfeiriad mae'r cerrynt yn llifo trwyddynt. Bydd angen i chi amrywio'r foltedd ar draws yr *LED* yn y ddau gyfeiriad cyswllt. Mae *LED*au bob amser wedi'u cysylltu mewn cyfres gyda gwrthydd amddiffynnol addas, sydd hefyd wedi'i gysylltu mewn cyfres, sy'n golygu mai cerrynt cymharol fychan fydd yn llifo trwyddynt, ar raddfa miliamperau.

Bydd eich athro/athrawes yn rhoi briff diogelwch i chi cyn i chi roi tro ar yr arbrawf hwn.

➔

Dylech chi gynnal arbrofion bychain o flaen llaw er mwyn:
> cynllunio cylched a fydd yn eich galluogi i amrywio (a mesur) y foltedd ar draws *LED* a mesur y cerrynt sy'n llifo trwyddo – efallai y bydd arnoch angen gwrthydd newidiol ar wahân wedi'i gysylltu mewn cyfres yn eich cylched i wneud hyn
> penderfynu ar amrediad foltedd addas ar gyfer eich arbrawf
> penderfynu ar gyfwng eich mesuriadau foltedd – dylech chi gymryd tua phum mesuriad ym mhob cyfeiriad cyswllt. Mae folteddau a cheryntau yn y cyfeiriad pan mae'r *LED* wedi'i oleuo yn cael eu hystyried yn rhai positif, ac yn negatif pan nad yw'r *LED* wedi'i oleuo.

Dull

1 Lluniadwch ddiagram cylched o'ch ymchwiliad.
2 Ysgrifennwch ddull wedi'i rifo ar gyfer yr ymchwiliad.

3 Lluniwch dabl addas i gofnodi eich holl fesuriadau. Dylai pob colofn yn y tabl gael label cywir o'r newidyn dan sylw a'i uned gywir.
4 Cyflawnwch eich dull, gan fesur a chofnodi'r gwerthoedd.

Dadansoddi eich canlyniadau

1 Plotiwch graff o'r cerrynt sy'n llifo trwy'r *LED* (echelin-*y*) yn erbyn y foltedd ar draws yr *LED* (echelin-*x*).
2 Disgrifiwch y patrwm yn eich graff, gan nodi sut mae'r cerrynt yn amrywio gyda'r foltedd ar draws yr *LED*; defnyddiwch werthoedd o'ch data fel enghreifftiau i arddangos eich patrwm.

▶ # Pŵer trydanol

Pŵer yw'r term cyffredinol am y gyfradd mae dyfais yn trawsffurfio (newid) egni o un ffurf i ffurfiau eraill; mewn geiriau eraill, faint o egni mae'n gallu ei drawsffurfio bob eiliad.

$$\text{pŵer, } P = \frac{\text{gwaith wedi'i gwneud, } E}{\text{amser, } t}$$

neu

$$E = Pt$$

Pan mae dyfais yn trawsffurfio egni, rydym ni'n dweud ei bod hi'n gwneud gwaith. Caiff gwaith ei fesur mewn jouleau, J. Felly, pŵer trydanol yw'r gyfradd mae dyfais drydanol, fel bwlb golau neu fodur, yn newid egni trydanol yn fathau eraill mwy defnyddiol o egni fel golau, gwres ac egni cinetig. Mewn geiriau eraill, pŵer trydanol yw'r gwaith trydanol sy'n cael ei wneud bob eiliad. Mae dyfeisiau trydanol pwerus iawn fel driliau pŵer, peiriannau torri gwair, ffyrnau trydan a thegelli yn gallu trawsnewid swm mawr o egni trydanol bob eiliad yn fathau defnyddiol eraill o egni. Caiff pŵer trydanol, fel pŵer mecanyddol neu thermol (gwres), ei fesur mewn watiau, W, lle mae 1 W = 1 J/s.

Gallwn ni gyfrifo pŵer trydanol dyfais trwy luosi foltedd y ddyfais â cherrynt y ddyfais:

$$\text{pŵer trydanol, } P = \text{foltedd, } V \times \text{cerrynt, } I$$

$$P = VI$$

Cwestiynau

1 Cyfrifwch bŵer bwlb golau 12 V pan mae cerrynt 0.5 A yn llifo trwyddo.
2 Pŵer peiriant torri gwair 230 V yw 2000 W. Cyfrifwch y cerrynt sy'n llifo trwy'r peiriant.

Atebion

1 $P = VI = 12\,\text{V} \times 0.5\,\text{A} = 6\,\text{W}$
2 $P = VI$
   felly
   $$I = \frac{P}{V} = \frac{2000\,\text{W}}{230\,\text{V}} = 8.7\,\text{A}$$

Cwestiwn

Mae cerrynt 0.75 A yn llifo trwy wrthydd 400 Ω. Cyfrifwch bŵer y gwrthydd.

Ateb

$P = I^2R = (0.75)^2\,\text{A} \times 400\,\Omega$
$\qquad = 225\,\text{W}$

Cerrynt, gwrthiant a phŵer

Os yw $P = VI$ ac os yw $V = IR$, yna mae amnewid am V yn yr hafaliad pŵer yn rhoi:
$$P = (IR) \times I = I^2R$$
neu

$$\text{pŵer} = \text{cerrynt}^2 \times \text{gwrthiant}$$

Mae hwn yn hafaliad defnyddiol iawn i gyfrifo faint o bŵer sy'n cael ei ddefnyddio gan gydrannau trydanol mewn cylchedau mwy cymhleth. Mesurwch y cerrynt sy'n llifo trwy'r gydran, sgwariwch y gwerth hwn a'i luosi â'i wrthiant, a dyna i chi bŵer y gydran.

17 Cyfrifwch bŵer bwlb tortsh 6 V sy'n tynnu cerrynt 0.8 A.
18 Mae cerrynt 5 A yn pasio trwy lamp â gwrthiant 2.4 Ω, ac yna trwy wyntyll oeri fach â gwrthiant 4 Ω. Cyfrifwch bŵer y ddwy gydran, a thrwy hyn, cyfrifwch gyfanswm y pŵer sy'n cael ei dynnu o'r gylched.
19 Astudiwch y diagram cylched yn Ffigur 1.19.
   a) Cyfrifwch bŵer pob bwlb.
   b) Cyfrifwch gyfanswm y pŵer sy'n cael ei dynnu o'r cyflenwad pŵer.
   c) Cyfrifwch foltedd y cyflenwad pŵer.
   ch) Cyfrifwch y foltedd ar draws pob bwlb.
20 Mae sychwr gwallt prif gyflenwad yn gweithredu ar foltedd 220 V.
   a) Cyfrifwch y pŵer pan mae ar ei osodiad uchel, ac yn tynnu cerrynt 8 A.
   b) Mae'r gosodiad isel yn gweithredu â phŵer o 1 kW (1000 W). Cyfrifwch y cerrynt sy'n llifo trwy'r sychwr gwallt.
   c) Mae'r sychwr gwallt hefyd yn gallu cael ei ddefnyddio yn yr Unol Daleithiau lle mae foltedd y prif gyflenwad yn wahanol. Mae'r pŵer sy'n cael ei roi gan y sychwr gwallt yr un fath ag yn y Deyrnas Unedig (eich ateb i ran a), ond mae'r cerrynt sy'n llifo trwy'r sychwr gwallt yn 16 A. Cyfrifwch foltedd y prif gyflenwad yn yr Unol Daleithiau.

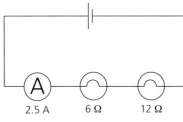

2.5 A   6 Ω   12 Ω

Ffigur 1.19

- Mae cydrannau mewn cylched drydan yn gallu cael eu cysylltu mewn cyfres neu mewn paralel.
- Mewn cyfres, caiff y cydrannau eu cysylltu un ar ôl y llall fel bod y cerrynt i gyd yn llifo trwy bob cydran.
- Mewn cylchedau paralel, mae dwy neu ragor o gydrannau wedi'u cysylltu â'r un pwyntiau yn y gylched, ac mae'r cerrynt yn ymrannu fel bod rhywfaint ohono'n llifo trwy bob un o'r cydrannau sydd mewn paralel.
- Mae'r cerrynt mewn cylched yn fesur o gyfradd llif yr electronau â gwefr negatif o amgylch y gylched.
- Caiff cerrynt ei fesur gan amedr sydd wedi'i gysylltu mewn cyfres yn y gylched.
- Uned cerrynt yw'r amper, A, neu amp yn fyr.
- Mewn cylched gyfres, mae'r cerrynt yr un fath i bob cydran yn y gylched.
- Mewn cylchedau paralel, mae swm y ceryntau sy'n mynd i mewn i gysylltle'n hafal i swm y ceryntau sy'n dod allan o'r cysylltle.
- Foltedd yw'r enw ar yr egni trydanol sy'n cael ei gludo gan yr electronau symudol mewn cylched.
- Caiff foltedd ei fesur mewn foltiau, V, gan foltmedr wedi'i gysylltu mewn paralel ar draws cydran y gylched lle mae'r foltedd yn cael ei fesur.
- Mewn cylchedau cyfres, y foltedd cyffredinol yw swm y folteddau ar draws pob cydran yn y gyfres, ac mewn cylchedau paralel, mae'r foltedd yr un fath ym mhob cydran sydd wedi'u trefnu mewn paralel.
- Gwrthiant trydanol yw priodwedd sy'n galluogi dargludyddion trydanol i wrthsefyll llif y cerrynt trwyddynt. Os oes gwrthiant uchel gan ddefnyddiau a chydrannau, dim ond cerrynt bychan fydd yn gallu llifo trwyddynt.

- Caiff gwrthiant ei fesur mewn ohmau, Ω.
- Mae adio cydrannau mewn cyfres yn cynyddu cyfanswm y gwrthiant mewn cylched; mae adio cydrannau mewn paralel yn lleihau cyfanswm y gwrthiant mewn cylched.
- Gallwn ni gyfrifo cyfanswm gwrthiant, R, dau wrthydd wedi'u cysylltu mewn cyfres trwy ddefnyddio: $R = R_1 + R_2$
- Gallwn ni gyfrifo cyfanswm gwrthiant, R, dau wrthydd wedi'u cysylltu mewn paralel trwy ddefnyddio'r hafaliad:

$$\frac{1}{R} = \frac{1}{R_1} + \frac{1}{R_2}$$

- Mae gwrthyddion newidiol yn gydrannau sy'n gallu cael eu cysylltu mewn cylchedau i reoli'r cerrynt a'r foltedd yn y gylched.
- Mae'r cerrynt sy'n llifo trwy gydran yn dibynnu ar y foltedd sy'n cael ei roi ar draws y gydran; yr uchaf yw'r foltedd, y mwyaf yw'r cerrynt.
  cerrynt = foltedd/gwrthiant neu $I = \dfrac{V}{R}$.
  Gallwn ni hefyd ysgrifennu hyn fel $V = IR$ a $R = \dfrac{V}{I}$.
- Pŵer trydanol yw'r gyfradd mae dyfais drydanol, er enghraifft bwlb golau neu fodur, yn newid egni trydanol yn fathau eraill o egni, h.y. y gwaith trydanol sy'n cael ei wneud bob eiliad.
- Caiff pŵer trydanol ei fesur mewn watiau, W, lle mae 1 W = 1 J/s.
- Mae $P = VI$, a $V = IR$ felly mae $P = I^2R$.
- Gallwn ni ddefnyddio $P = I^2R$ i gyfrifo faint o bŵer mae cydrannau trydanol yn ei ddefnyddio.

▶ Cwestiynau ymarfer

1 Mae'n bosibl defnyddio'r gylched yn Ffigur 1.20 i ddarganfod gwrthiant coil o wifren.

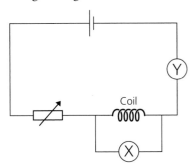

Ffigur 1.20

a) I beth y mae'r canlynol yn cael eu defnyddio yn y gylched?

   i) mesurydd X

   ii) mesurydd Y

   iii) y gwrthydd newidiol   [3]

b) Defnyddiwch yr hafaliad

$$\text{gwrthiant} = \frac{\text{foltedd}}{\text{cerrynt}}$$

i gyfrifo gwrthiant y coil os yw ei foltedd yn 6 V a'i gerrynt yn 1.5 A.   [2]

(TGAU Ffiseg CBAC P2, Sylfaenol, haf 2007, cwestiwn 7)

2 Mae'r gylched isod yn Ffigur 1.21 yn cael ei defnyddio i ymchwilio i sut mae gwrthiant lamp yn newid ar folteddau gwahanol.

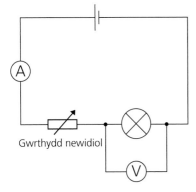

Ffigur 1.21

a) Cwblhewch y brawddegau canlynol trwy gopïo a thanlinellu'r geiriau cywir yn y cromfachau.   [2]

   i) Mae'r foltmedr yn cael ei ddefnyddio i fesur (y cerrynt trwy'r/y foltedd ar draws y/gwrthiant y) lamp.

   ii) Mae'r amedr yn cael ei ddefnyddio i fesur (y cerrynt trwy'r/y foltedd ar draws y/gwrthiant y) lamp.

b) Nodwch bwrpas y gwrthydd newidiol yn y gylched. [1]

c) Ar ddiwedd yr ymchwiliad, mae'r graff canlynol yn cael ei blotio (Ffigur 1.22).

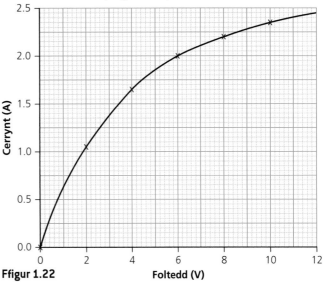

Ffigur 1.22

   i) Defnyddiwch y graff i ddarganfod y cerrynt pan fydd y foltedd yn 6 V.   [1]

   ii) Defnyddiwch yr hafaliad

$$\text{gwrthiant} = \frac{\text{foltedd}}{\text{cerrynt}}$$

   i ddarganfod gwrthiant y lamp ar 6 V.   [1]

(TGAU Ffiseg CBAC P2, Sylfaenol, haf 2008, cwestiwn 5)

3 Mae cylched goleuadau mewn tŷ yn cael ei hamddiffyn gan ffiws 5 A ac yn cael ei chysylltu â 230 V. Os yw'r cerrynt sy'n cael ei dynnu gan y gylched oleuadau yn fwy na 5 A, bydd y ffiws yn torri a'r gylched yn diffodd. Mae'r tabl yn dangos y cerrynt y mae gwahanol lampau yn ei gymryd.

Tabl 1.3

Pŵer y lamp (W)	Cerrynt (A)
40	0.17
60	
100	0.43

a) Defnyddiwch yr hafaliad

$$\text{cerrynt} = \frac{\text{pŵer}}{\text{foltedd}}$$

i ganfod y cerrynt trwy lamp 60 W.   [1]

b) Mae tair lamp mewn cylched goleuadau mewn tŷ wedi'u cysylltu â ffiws 5 A (Ffigur 1.23).

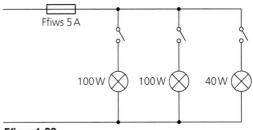

Ffigur 1.23

Gallwn ni gyfrifo'r cerrynt trwy'r ffiws trwy adio'r ceryntau trwy bob lamp. Defnyddiwch y wybodaeth yn y tabl i ganfod y cerrynt sy'n llifo trwy'r ffiws pan mae'r holl lampau hyn wedi'u cynnau. [2]

c) Canfyddwch uchafswm nifer y lampau 100 W a allai gael eu cysylltu â chylched goleuadau 5 A mewn tŷ. [2]

(TGAU Ffiseg CBAC P2, Sylfaenol, Ionawr 2008, cwestiwn 7)

4 Mae'r gylched yn Ffigur 1.24 yn caniatáu ymchwilio i'r cerrynt sy'n mynd trwy wifren gwrthiant pan mae'r foltedd ar ei thraws yn cael ei newid.

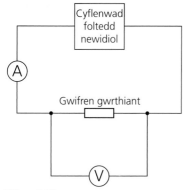

Ffigur 1.24

a) Mae'r mesuryddion sy'n cael eu dangos yn y diagram yn rhoi'r darlleniadau canlynol: 0.5 A, 8 V.

   i) Pa fesurydd sy'n rhoi darlleniad o 0.5 A? [1]

   ii) Defnyddiwch y darlleniadau hyn a'r hafaliad

   $$\text{gwrthiant} = \frac{\text{foltedd}}{\text{cerrynt}}$$

   i gyfrifo gwrthiant y wifren gwrthiant. [2]

b) Copïwch a chwblhewch y brawddegau isod, gan ddewis ymadrodd o'r blwch. Gall pob gair gael ei ddefnyddio unwaith, mwy nag unwaith neu ddim o gwbl.

cynyddu	lleihau	aros yr un fath

   i) Pan fydd foltedd y cyflenwad yn cael ei wneud yn llai, mae'r cerrynt yn y gylched yn _____.

   ii) Pan fydd foltedd y cyflenwad yn cael ei wneud yn llai, mae'r foltedd ar draws y wifren gwrthiant yn _____.

   iii) Pan fydd foltedd y cyflenwad yn cael ei wneud yn llai, mae gwrthiant y wifren yn _____. [3]

(TGAU Ffiseg CBAC P2, Sylfaenol, Ionawr 2008, cwestiwn 7)

5 Mae cyfraddau pŵer rhannau popty trydan yn Nhabl 1.4.

Tabl 1.4

Rhan o'r popty	Cyfradd (W)
Ffwrn	3000
Gril	2000
Eilch (*Rings*)	1400

a) Mae pob rhan o'r popty yn cael eu defnyddio.

   i) Cyfrifwch gyfanswm y pŵer sydd ei angen mewn W.

   ii) Cyfrifwch gyfanswm y pŵer sydd ei angen mewn kW. [2]

b) Mae'r popty wedi'i gysylltu â'r prif gyflenwad 230 V. Defnyddiwch yr hafaliad

$$\text{cerrynt} = \frac{\text{pŵer}}{\text{foltedd}}$$

i ddarganfod y cerrynt yng nghylched y popty pan fydd pob rhan o'r popty yn cael eu defnyddio. [2]

(TGAU Ffiseg CBAC P2, Sylfaenol, haf 2010, cwestiwn 3)

6 Mae Tabl 1.5 yn rhoi gwybodaeth am bedwar dyfais drydanol. Mae ffiwsiau trydanol yn cael eu defnyddio fel mesurau diogelwch ar gyfer y dyfeisiau hyn. Mae'n rhaid i gyfradd cerrynt y ffiws fod yn fwy na cherrynt gweithredu'r ddyfais.

Tabl 1.5

Dyfais	Pŵer (W)	Pŵer (kW)	Cerrynt (A)	Gwerth ffiws
Hi fi	115	0.115	0.5	
Tegell	2300	2.3		13 A
Tân	1500	1.5	6.52	
Ffwrn microdon	800		3.48	

a) i) Copïwch y tabl a llenwch y bwlch yn y golofn 'Pŵer' i ddangos pŵer y ffwrn microdon mewn kW. [1]

   ii) Mae'r ffiwsiau cetris yma ar gael.

   3 A   5 A   13 A

   Cwblhewch y golofn gwerth ffiws i ddangos y ffiws mwyaf addas i'w ddefnyddio ym mhlwg pob dyfais. [1]

b) Mae pob dyfais yn gweithio o'r prif gyflenwad 230 V. Defnyddiwch yr hafaliad

$$\text{cerrynt} = \frac{\text{pŵer}}{\text{foltedd}}$$

i ddarganfod y cerrynt yn y tegell. [2]

(TGAU Ffiseg CBAC P2, Sylfaenol, Ionawr 2010, cwestiwn 5)

7 Mae myfyriwr yn ymchwilio i sut mae'r cerrynt trwy lamp ffilament 12 V yn amrywio â foltedd rhwng 0 ac 12 V.

a) Lluniadwch ddiagram manwl o gylched y gellir ei ddefnyddio i gael y darlleniadau. [2]

b) Cafodd y disgybl y darlleniadau canlynol o'r cerrynt yn erbyn y foltedd ar gyfer y lamp.

Tabl 1.6

Foltedd (V)	Cerrynt (A)
0.0	0.0
1.0	0.5
2.0	1.0
3.4	1.5
4.5	2.0
8.1	2.5
11.8	3.0

i) Defnyddiwch grid fel yr un yn Ffigur 1.25 i lunio graff o'r cerrynt yn erbyn y foltedd ar gyfer y lamp. Mae graddfa'r echelin foltedd wedi'i rhoi i chi. *[3]*

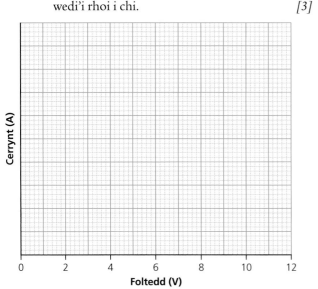

Ffigur 1.25

ii) Awgrymodd myfyriwr arall y dylid ailadrodd pob darlleniad o leiaf dwywaith i weld pa mor ailadroddadwy yw'r canlyniadau. Defnyddiwch y graff i drafod a yw hyn yn angenrheidiol. *[2]*

iii) Disgrifiwch **yn ofalus** sut mae'r cerrynt yn y lamp yn newid wrth i'r foltedd gynyddu o 0 V i 11.8 V. *[2]*

c) Mae'r disgybl yn gwneud ffynhonnell golau 40 W ar gyfer model o theatr ac mae'n penderfynu defnyddio pâr o lampau unfath mewn paralel, fel yn Ffigur 1.26. Mae hi'n newid y cyflenwad pŵer fel bod yr amedr yn darllen 5.0 A.

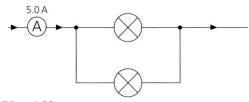

Ffigur 1.26

Defnyddiwch ddata o'r graff i ddangos yn glir, trwy gyfrifo, pa mor agos yw'r trefniant hwn at 40 W. *[3]*

(TGAU Ffiseg CBAC P2, DAE Uwch, 2011 cwestiwn 2)

8 a) Mae gan generadur trydan cludadwy allbwn uchaf o 1.5 kW, 230 V c.e.

Dewiswch hafaliad a'i ddefnyddio i ddarganfod y cerrynt uchaf mae'r generadur wedi ei gynllunio i'w gynhyrchu.

Hafaliad *[1]*

Cyfrifiad *[3]*

b) Mae'r generadur yn cael ei ddefnyddio i ddarparu goleuadau argyfwng ar gyfer adeilad. Mae Ffigur 1.27 yn dangos bod 12 o ffitiadau golau wedi'u cysylltu â'r generadur.

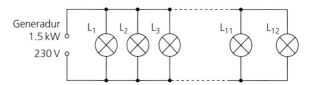

Ffigur 1.27

Mae Tabl 1.7 yn dangos y math o lamp, y nifer o bob math sy'n cael ei defnyddio yn y gylched, a'r cerrynt sy'n cael ei dynnu gan bob lamp pan fydd wedi'i goleuo i ddisgleirdeb llawn.

Tabl 1.7

Math o lamp	Nifer y lampau sy'n cael ei defnyddio	Cerrynt trwy bob lamp (A)	Cerrynt trwy'r lampau sy'n cael eu defnyddio (A)
A	8	0.43	
B	4	0.65	

i) Copïwch a chwblhewch y tabl i ddangos cyfanswm y cerrynt sy'n cael ei dynnu gan y lampau A a B sy'n cael eu defnyddio yn y gylched. *[2]*

ii) Defnyddiwch yr hafaliad a gafodd ei ddewis yn a) i gyfrifo'r pŵer sy'n cael ei ddefnyddio i oleuo pob un o'r 12 lamp yn y gylched i ddisgleirdeb llawn. *[3]*

9 Mae myfyrwyr yn defnyddio'r gylched yn Ffigur 1.28 i ymchwilio i sut mae'r cerrynt trwy ddeuod yn newid wrth iddyn nhw newid y foltedd.

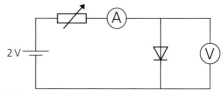

Ffigur 1.28

a) Mae'r myfyrwyr yn addasu'r gwrthydd newidiol. Eglurwch sut mae hyn yn caniatáu i gyfres o ddarlleniadau gael eu cymryd. *[2]*

b) Mae'r myfyrwyr yn plotio'r canlyniadau fel graff.

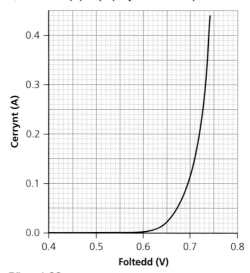

Ffigur 1.29

i) Defnyddiwch graff y myfyrwyr i ddarganfod y foltedd isaf er mwyn i'r deuod ddargludo cerrynt sy'n bosibl ei fesur. [1]

ii) Defnyddiwch yr hafaliad

$$\text{gwrthiant} = \frac{\text{foltedd}}{\text{cerrynt}}$$

i gyfrifo gwrthiant y deuod ar 0.7 V. [2]

c) Mae'r foltedd ar y deuod yn cael ei leihau o 0.7 V i 0.6 V.

i) Defnyddiwch y graff yn b) i ddarganfod yr effaith mae'r newid yma'n ei gael ar y cerrynt sy'n llifo trwy'r deuod.

ii) Defnyddiwch yr hafaliad yn b) i ddarganfod yr effaith mae'r newid yma'n ei gael ar wrthiant y deuod. [3]

(TGAU Ffiseg CBAC P2, Uwch, Ionawr 2011, cwestiwn 5)

10 Mae'r gylched yn Ffigur 1.30 yn cael ei ddefnyddio i ymchwilio i sut mae cerrynt yn newid yn ôl foltedd ar gyfer cydran Z.

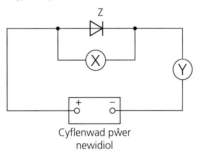

Ffigur 1.30

a) Enwch y cydrannau X, Y a Z. [3]

b) Mae Ffigur 1.31 yn dangos canlyniadau'r ymchwiliad.

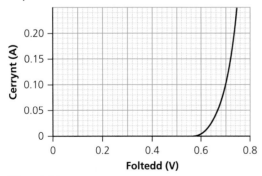

Ffigur 1.31

i) Disgrifiwch sut mae'r cerrynt trwy Z yn newid wrth i'r foltedd gynyddu o 0.0 i 0.7 V. [3]

ii) Ysgrifennwch mewn geiriau a defnyddiwch hafaliad i ddarganfod gwrthiant Z pan mae'r foltedd yn 0.7 V.

Hafaliad [1]

Cyfrifiad [2]

(TGAU Ffiseg CBAC P2, Uwch, Ionawr 2008, cwestiwn 4)

11 Gwnaeth Georg Ohm nifer o arbrofion syml ar wifrau metel. Copïwch dabl 1.8 a defnyddiwch y wybodaeth ar dudalen 10 i benderfynu a yw'r datganiadau yn gywir neu'n anghywir. Ym mhob achos, rhowch gylch o amgylch yr ateb cywir.

Tabl 1.8

A	Defnyddiodd Ohm fath cynnar o fatri i roi foltedd ar gyfres o wifrau gwahanol	Cywir	Anghywir
B	Amrywiodd Ohm dymheredd y gwifrau.	Cywir	Anghywir
C	Gwnaeth Ohm ddarganfod perthynas rhwng cerrynt a foltedd.	Cywir	Anghywir
CH	Newidiodd Ohm wrthiant y gwifrau trwy newid eu hyd.	Cywir	Anghywir

[4]

2 Cynhyrchu trydan

🏠 | **Cynnwys y fanyleb**

Mae'r bennod hon yn ymdrin ag adran 1.2 Cynhyrchu trydan yn y fanyleb TGAU Ffiseg ac adran 3.2 Cynhyrchu trydan yn y fanyleb TGAU Gwyddoniaeth (Dwyradd), sy'n edrych ar fanteision ac anfanteision technolegau adnewyddadwy ac anadnewyddadwy ar gyfer cynhyrchu pŵer trydanol. Mae'n trafod yr angen i gael y Grid Cenedlaethol fel system ddosbarthu drydanol ledled y wlad a'r defnydd o newidyddion codi a gostwng wrth drosglwyddo trydan o'r orsaf drydan i'r cartref.

▶ ## Cynhyrchu a thrawsyrru trydan

Trydan – yr egni mwyaf amlbwrpas?

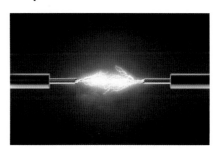

Ffigur 2.1

Pam mae cymaint o alw am drydan? Pam mae defnyddio trydan yn dominyddu bywyd modern?

▶ **Rheswm 1** – mae trydan yn ffurf ar egni, fel golau a gwres, ond yn wahanol i'r mathau hyn o egni mae'n eithaf hawdd ei drawsffurfio (newid) i fathau eraill. Felly, mae'n hawdd defnyddio trydan i wneud ffurfiau mwy defnyddiol o egni, fel egni cinetig (mudiant) ac egni sain.

▶ **Rheswm 2** – mae'n hawdd symud trydan dros bellterau hir. Mae cerrynt trydan yn teithio'n rhwydd trwy wifrau metel, sy'n golygu ei bod hi'n hawdd iawn symud trydan o'r man lle mae'n cael ei gynhyrchu i'r man lle mae ei angen.

▶ **Rheswm 3** – mae'n hawdd cynhyrchu trydan o ffurfiau eraill ar egni. Mae gorsafoedd trydan yn llosgi tanwydd, er enghraifft olew. (Stôr grynodedig o egni cemegol yw tanwydd.) Mae hyn yn cynhyrchu gwres, sy'n troi dŵr yn ager. Mae symudiad yr ager yn troi tyrbin, sy'n troi generadur, gan gynhyrchu trydan. Mae symiau cymharol fach o drydan hefyd yn cael eu cynhyrchu pan mae rhai cemegion penodol yn adweithio mewn batri. Er bod technoleg batrïau'n gwella, a hynny'n bennaf oherwydd datblygiad ceir trydan, mae batrïau'n dal i fethu cynhyrchu digon o drydan i gyflenwi tai neu fusnesau. Fodd bynnag, maen nhw'n wych am bweru peiriannau bach cludadwy fel gliniaduron, ffonau symudol a llechi (*tablets*).

1 Beth yw'r tri phrif reswm pam mae trydan mor ddefnyddiol i ni?
2 Pa danwyddau, heblaw olew, sy'n gallu cael eu defnyddio i wneud trydan mewn gorsaf drydan?
3 Disgrifiwch sut caiff egni ei drawsffurfio o un ffurf i ffurf arall mewn gorsaf drydan.
4 Pan mae cerrynt trydan yn teithio trwy wifren, mae'n achosi i'r wifren gynhesu. Eglurwch pam mae hyn yn broblem i gwmnïau cyflenwi trydan.
5 Fel rheol, bydd trydan yn cael ei drawsyrru ar gerrynt isel iawn ond ar foltedd uchel iawn. Pam gallai hyn wneud trydan yn rhatach i ni fel defnyddwyr?
6 Y tu mewn i fatri, mae adwaith electrocemegol yn digwydd rhwng cemegyn, fel asid sylffwrig, ac electrodau metel neu garbon. Pam rydych chi'n meddwl bod hyn yn ei gwneud hi'n anodd dylunio a gwneud batrïau sy'n gallu cyflenwi llawer o drydan am gyfnodau hir?

💬 | **Pwynt trafod**

Mae ffonau symudol clyfar yn gwthio technoleg batrïau i'r eithaf. Beth ydych chi'n meddwl yw'r prif ystyriaethau wrth ddylunio batri ar gyfer ffôn symudol clyfar newydd?

 | **Gweithgaredd**

Ymchwilio i fatrïau

Dyma weithgaredd sy'n eich helpu i wneud y canlynol:
> cynllunio arbrawf.

Pam mae batrïau'n dod mewn gwahanol feintiau? Mae batrïau cyffredin yn cynnwys AAA, AA, C a D.

Dull

Cynlluniwch arbrawf i gymharu pa mor effeithiol y mae dau fatri gwahanol wrth bweru dyfais drydanol. Yna, er mwyn i chi gynnal yr arbrawf rydych chi wedi ei gynllunio, bydd angen i chi wneud y canlynol:
- llunio rhestr o offer addas
- rhoi trefn ar y cyfarpar gyda'ch athro/athrawes a'ch technegydd gwyddoniaeth
- cynhyrchu asesiad risg addas ar gyfer y gweithgaredd.

Ffigur 2.2 Tyrbin gwynt a thyrau oeri gorsaf drydan gonfensiynol.

Sut rydym ni'n gwneud trydan?

Bob blwyddyn, mae'r Asiantaeth Egni Ryngwladol (*IEA: International Energy Agency*) ac Adran Egni a Newid yn yr Hinsawdd Llywodraeth y Deyrnas Unedig (*DECC: Department of Energy and Climate Change*) yn casglu data am faint o drydan sy'n cael ei gynhyrchu o wahanol ffynonellau. Caiff y ffynonellau hyn eu rhannu'n ddau brif grŵp: rhai **adnewyddadwy** a rhai **anadnewyddadwy**. Diffiniad ffynhonnell anadnewyddadwy o egni yw un na allwn ni ei chreu eto ar ôl ei defnyddio. Mae tanwyddau ffosil a thanwydd niwclear yn anadnewyddadwy – dydy amodau ffisegol y Ddaear ddim yn caniatáu i'r tanwyddau hyn gael eu creu eto. Ffynonellau egni adnewyddadwy yw rhai sy'n cael eu cynhyrchu'n barhaus, yn bennaf oherwydd effaith yr Haul.

7 Lluniwch dabl yn rhestru'r gwahanol fathau o ffynonellau egni adnewyddadwy ac anadnewyddadwy.

8 Ar gyfer pob un o'r ffynonellau egni adnewyddadwy yn eich rhestr, rhowch eglurhad byr o'i gysylltiad ag effaith yr Haul.

Ydy gwynt a dŵr yn cynnig ateb i'n hanghenion egni ni?

Cafodd y siartiau yn Ffigur 2.3 eu cynhyrchu gan yr Asiantaeth Egni Ryngwladol a'r Adran Egni a Newid yn yr Hinsawdd. Maen nhw'n dangos cyfrannau'r trydan sy'n cael eu cynhyrchu gan y gwahanol fathau o ffynonellau egni.

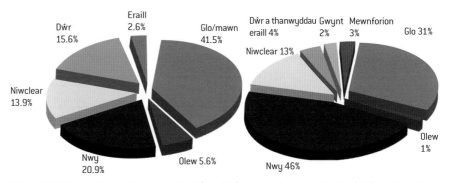

Ffigur 2.3 Cynhyrchu trydan trwy'r byd (chwith) ac yn y Deyrnas Unedig (de) yn ôl math o danwydd.

9 Ar gyfer y byd ac ar gyfer y Deyrnas Unedig, cyfrifwch ganran y trydan sy'n cael ei gynhyrchu o:
   a) ffynonellau adnewyddadwy
   b) ffynonellau anadnewyddadwy.

10 Cyfrifwch y gwahaniaethau rhwng y cyfrannau sy'n cael eu cynhyrchu ar draws y byd o'u cymharu â rhai'r Deyrnas Unedig.

💬 **Pwynt trafod**

Mae llawer o sôn yn y wasg am yr angen am 'ddiogelwch egni'. Beth yw ystyr hyn yn eich barn chi? Meddyliwch am rai rhesymau pam dylai'r byd cyfan a'r Deyrnas Unedig ar ei phen ei hun gynhyrchu gwahanol gyfrannau o drydan trwy wahanol ffynonellau egni.

Manteision ac anfanteision cynhyrchu egni o wahanol ffynonellau

Bydd manteision ac anfanteision bob tro i gynhyrchu trydan o ffynhonnell egni gynradd. Mae Tabl 2.1 yn crynhoi rhai o'r rhain ar gyfer y mathau gwahanol o egni cynradd.

Tabl 2.1 Manteision ac anfanteision cynhyrchu trydan o wahanol ffynonellau egni cynradd.

Ffynhonnell egni gynradd	Manteision	Anfanteision
Tanwyddau ffosil (e.e. glo, olew a nwy)	Gall symiau mawr o egni gael eu cynhyrchu'n rhad. Mae gorsafoedd trydan sydd wedi'u pweru gan danwyddau ffosil yn ddibynadwy iawn. Mae cyflenwad sicr o danwyddau ffosil.	Gall gorsafoedd trydan tanwyddau ffosil fod yn frwnt (yn enwedig rhai glo). Mae llosgi tanwyddau ffosil yn cynhyrchu nwy carbon deuocsid sy'n cyfrannu at yr effaith tŷ gwydr a chynhesu byd eang. Mae llosgi tanwyddau ffosil yn cynhyrchu nwy sylffwr deuocsid, sy'n cyfrannu at law asid. Rhaid dod â symiau mawr o danwydd i'r safle, a rhaid cael gwared ar wastraff o'r safle (yn achos glo). Mae tanwyddau ffosil yn ffurf anadnewyddadwy o egni.
Egni niwclear	Ddim yn rhyddhau nwyon tŷ gwydr (dim llygredd aer). Mae'n gallu cynhyrchu egni am gyfnodau hir o amser heb orfod ail-lenwi â thanwydd. Mae'n ddibynadwy iawn. Mae'n gallu cynhyrchu llawer o egni.	Gall fod yn ddrud adeiladu gorsaf drydan niwclear. Mae costau datgomisiynu gorsaf drydan niwclear yn ddrud. Rhaid storio gwastraff ymbelydrol yn ddiogel am amser hir iawn. Mae pŵer niwclear yn anadnewyddadwy. Mae risg o ymosodiad terfysgol. Mae perygl posibl o ddamwain niwclear.
Egni gwynt	Dydy gwynt ddim yn defnyddio tanwydd. Mae'n ffurf adnewyddadwy ar egni. Does dim llygredd aer.	Mae safleoedd gwyntog yn tueddu i fod yn bell o ganolfannau poblog – mae angen llinellau pŵer foltedd uchel i drawsyrru'r trydan ac maen nhw'n hyll. Mae tyrbinau gwynt yn gweithio pan mae hi'n wyntog yn unig. Gall pob tyrbin gwynt gynhyrchu swm bach o drydan yn unig, felly mae angen llawer o dyrbinau. Gall tyrbinau gwynt fod yn hyll.
Egni solar	Ffurf adnewyddadwy ar egni. Ar gael yn hawdd ac yn rhagfynegadwy – yn ystod y dydd. Rhad ei osod. Gall paneli solar gael eu hôl-osod (retro-fit) ar adeiladau. Hawdd ei gosod mewn ardaloedd lle mae poblogaethau mawr.	Ddim yn cynhyrchu trydan yn y nos. Mae gorsafoedd pŵer solar ar raddfa fawr yn defnyddio llawer o dir. Mae angen ardaloedd mawr o baneli solar er mwyn cynhyrchu llawer o drydan.
Pŵer trydan dŵr (HEP: hydroelectric power)	Mae HEP yn adnewyddadwy. Does dim llygredd aer. Gall gorsafoedd HEP mawr gynhyrchu symiau enfawr o drydan mewn ffordd ddibynadwy. Mae gan orsafoedd HEP amser dechrau bron yn syth, felly mae'n bosibl eu cynnau a'u diffodd yn hawdd. Does dim costau tanwydd. Does dim tanwyddau ffosil yn cael eu defnyddio.	Rhaid adeiladu argaeau mawr, sy'n gallu bod yn ddrud. Mae cymoedd yn cael eu llifogi pan mae argaeau yn cael eu hadeiladu, gan ddinistrio cynefinoedd. Mae safleoedd HEP addas yn tueddu i fod yn bell o ardaloedd poblog – mae angen llinellau pŵer foltedd uchel i drawsyrru'r trydan. Gall y rhain fod yn hyll. Gall sychder leihau'r cyflenwad dŵr sydd ei angen i gynhyrchu HEP.
Egni llanw/tonnau	Mae egni tonnau ac egni llanw yn adnewyddadwy fel ei gilydd. Mae egni llanw yn rhagweladwy iawn. Gallai gorsafoedd trydan egni llanw ar raddfa fawr gynhyrchu llawer iawn o drydan. Does dim tanwyddau ffosil yn cael eu defnyddio. Dim llygredd. Mae'n bosibl cynnau a diffodd y ddau fath o gynhyrchu pŵer yn gyflym iawn.	Mae egni tonnau yn annibynadwy ac mae angen tonnau addas iddo weithio. Byddai angen nifer mawr o generaduron tonnau i generadu symiau ystyrlon o egni. Byddai morgloddiau egni llanw yn achosi i forydau lifogi ar raddfa fawr, gan ddinistrio cynefinoedd.
Biodanwyddau (e.e. gwastraff anifeiliaid, pren a chnydau sy'n tyfu'n gyflym)	Ffurf adnewyddadwy ar egni. Mae'n bosibl adeiladu gorsafoedd trydan graddfa fawr wedi'u pweru gan fiodanwyddau, gan gynhyrchu llawer iawn o drydan.	Mae angen ardaloedd mawr o dir er mwyn plannu planhigion/coed sy'n tyfu'n gyflym, neu mae angen llawer o wastraff anifeiliaid. Byddai'n rhaid cludo'r gwastraff hwn mewn ffordd lân. Er eu bod yn garbon niwtral, mae carbon deuocsid yn parhau i gael ei ryddhau i'r atmosffer. Gall gorsafoedd trydan biodanwyddau fod yn hyll.
Egni geothermol	Ffurf adnewyddadwy ar egni. Ddim yn cynhyrchu llygredd. Ffynhonnell ddibynadwy o egni mewn lleoedd lle mae tarddellau poeth neu lle mae creigiau poeth yn agos at yr arwyneb. Mae'n bosibl gosod pympiau gwres o'r ddaear mewn cartrefi domestig. Ffurf rad ar egni.	Dim ond mewn rhai ardaloedd penodol mae tarddellau poeth a chreigiau poeth ar gael, fel arfer yn bell o boblogaethau mawr, felly mae angen peilonau a cheblau hyll. Mae angen ardal fawr ar bympiau gwres o'r ddaear i allu dal gwres.

Ffigur 2.4 Tyrbin micro a phanel solar ar do tŷ.

Ffigur 2.5 Lleoliadau gorsafoedd trydan astudiaethau achos 1–4.

Ffigur 2.6 Gorsaf drydan Drax.

Ydy pob cartref yn gallu dod yn orsaf drydan ficro?

Rydym ni i gyd yn dibynnu ar allu cael trydan a nwy ar unwaith yn ein cartrefi . Mae cynnau tegell yn gallu defnyddio tua 3 kW o bŵer trydan (3000 joule, J, o egni yr eiliad) – tua'r un maint â 400 o fylbiau golau egni isel! Fodd bynnag, mae pris i'w dalu am gael mynd at egni mor rhwydd – pris economaidd a phris amgylcheddol. Mae gorsafoedd trydan enfawr, wedi'u pweru gan danwyddau ffosil neu niwclear, argaeau a thyrbinau trydan dŵr enfawr a channoedd o dyrbinau gwynt mawr wrthi'n gyson yn cynhyrchu'r miliynau o gilowatiau o drydan sydd eu hangen i sicrhau cyflenwad cyson. Mae effeithlonrwydd y gorsafoedd trydan mawr gorau tua 40% sy'n golygu, o bob tunnell fetrig o lo neu olew sy'n cael ei llosgi mewn gorsaf drydan, fod tua 600 kg yn cael ei wastraffu yn gwresogi'r orsaf drydan a'r aer o'i chwmpas. Hefyd, caiff 1500 kg o garbon deuocsid ei ryddhau i'r atmosffer, sy'n ychwanegu at gynhesu byd-eang. Yn fras iawn mewn termau economaidd, mae'n costio £100 i ni gynhyrchu gwerth £40 o drydan!

Oes dewis arall heblaw gorsafoedd trydan mawr?

Wel, oes a nac oes! Ar yr un llaw, gallem ni osod paneli solar (sy'n gweithio mewn golau dydd; does dim angen tywydd heulog o reidrwydd) a thyrbinau micro os yw'n ddigon gwyntog yn gyson, ar dai unigol, ysgolion, busnesau ac adeiladau'r llywodraeth. Trwy gyfuno hyn â rhaglen ynysu adeiladau, byddem ni'n lleihau'r galw am egni ac yn cynhyrchu rhan sylweddol o'r egni sy'n cael ei ddefnyddio at ddibenion domestig a masnachol. Fodd bynnag, mae rhai cyfyngiadau i hyn. Dydy hi ddim yn olau dydd drwy'r amser, dydy'r gwynt ddim yn chwythu drwy'r amser, ac ni fyddai microgynhyrchu lleol yn gallu cyflenwi'r symiau mawr o bŵer sicr a dibynadwy sydd eu hangen ar ddiwydiannau mawr. Efallai mai'r ateb yw cyfuniad cymhleth o nifer o wahanol ffynonellau – atomfeydd a gorsafoedd trydan yn llosgi tanwydd ffosil ar raddfa fawr, ynghyd â chymysgedd o ffynonellau egni adnewyddadwy, gwella ynysiad adeiladau, a dyfeisiau sy'n defnyddio egni'n fwy effeithlon. Ffordd dda o ddeall y broblem yw edrych ar wahanol astudiaethau achos.

Astudiaeth achos 1 – gorsaf drydan tanwydd glo Drax

Gorsaf drydan gonfensiynol yn defnyddio tanwydd glo a phelenni pren yw gorsaf drydan Drax yng Ngogledd Swydd Efrog (Ffigur 2.6). Pan mae ar lein, mae'n gallu cynhyrchu hyd at 3960 megawat (MW) o drydan yn barhaus am 24 awr y diwrnod, 7 diwrnod yr wythnos – tua 7% o drydan y Deyrnas Unedig gyfan! Mae 36 000 o dunelli metrig o lo a phelenni pren yn cyrraedd yr orsaf drydan bob dydd ar reilffyrdd o byllau glo'r Deyrnas Unedig ac wedi'u mewnforio o Rwsia, Colombia ac UDA. Caiff y glo a'r pelenni pren eu llosgi, ynghyd ag aer/ocsigen, mewn ffwrnais ar sawl mil gradd Celsius, gan gynhyrchu digon o egni gwres thermol i droi bron i 60 tunnell fetrig o ddŵr yn ager bob eiliad. Yna, caiff yr ager ei or-wresogi (*superheated*) i 568 °C a'i wasgeddu i 166 gwaith gwasgedd atmosfferig. Mae'r ager poeth iawn yn troi'r tyrbinau, gan achosi iddynt droelli ar 3000 rpm. Mae pob un o'r chwe thyrbin wedi'i gysylltu â generadur trydan sy'n cynhyrchu 660 MJ (660 MW) o drydan sy'n cael ei allbynnu i'r Grid Cenedlaethol. Yna, mae'r ager sydd wedi'i or-wresogi yn cael ei oeri a'i gyddwyso yn ôl i ddŵr trwy ei basio trwy gilometrau o bibellau tu mewn i dyrau oeri, wrth i ddŵr oeri o Afon Ouse gael ei chwistrellu ar y pibellau.

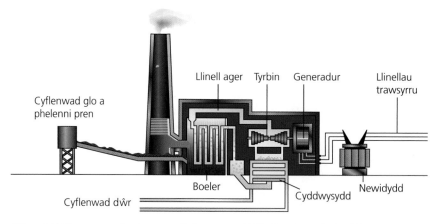

| Llinell ager | Tyrbin | Generadur | Llinellau trawsyrru |

Cyflenwad glo a phelenni pren

Boeler

Cyflenwad dŵr

Cyddwysydd

Newidydd

Ffigur 2.7 Diagram cynllunio o orsaf bŵer tanwydd ffosil nodweddiadol fel Drax.

Effaith amgylcheddol

Mae safle Drax yn sefyll ar 750 hectar o dir a fu'n dir amaethyddol gynt. Bydd hi'n anodd iawn troi'r tir hwn yn ôl yn dir i adeiladu tai arno neu'n dir fferm. Mae'r adeiladau'n enfawr ac maen nhw'n dominyddu'r golygfeydd lleol. Mae prif ffyrdd wedi'u hadeiladu i roi mynediad i'r safle, ac i'r traffig cysylltiedig. Mae rheilffordd yn rhedeg yn uniongyrchol i'r orsaf drydan i gludo glo a phelenni pren. Caiff dŵr oeri ei godi o Afon Ouse, a chaiff ei ddychwelyd ar dymheredd ychydig yn uwch, sy'n achosi gwresogi lleol sy'n effeithio ar yr anifeiliaid a'r planhigion dyfrol. Mae llosgi glo a phren yn cynhyrchu'r nwy tŷ gwydr carbon deuocsid, gan gyfrannu at gynhesu byd-eang. Mae'r glo hefyd yn cynnwys amhureddau fel sylffwr a nitrogen sydd, wrth gael eu llosgi ar dymheredd uchel, yn creu sylffwr deuocsid (SO_2) ac ocsidau nitrogen (NO_x). Mae'r nwyon hyn yn hydawdd ac yn cyfrannu at law asid. Mae peilonau trydan 'uwchgrid' enfawr yn cludo'r trydan o'r gwaith i'r Grid Cenedlaethol. Mae'r gwaith yn cynhyrchu sŵn cefndir parhaol.

> ## Ffeithiau Drax
> **Math:** Gorsaf drydan gonfensiynol yn defnyddio tanwydd ffosil a phelenni pren
> **Adeiladwyd:** 1974
> **Prif ffynhonnell egni:** glo a phelenni pren
> **Allbwn trydan:** 3960 MW
> **Egni mewnbwn:** 11 250 MW
> **Effeithlonrwydd:** 35%
> **Ôl troed carbon:** 22.8 miliwn tunnell fetrig y flwyddyn
> **Cost sefydlu:** amcangyfrif o £1.25 biliwn i adeiladu gorsaf drydan debyg yn defnyddio costau 2016: pris trydan cyfartalog: £58.30/MWawr; costau tanwydd cyfartalog: £25.10/MWawr
> **Rhagamcaniad oes:** 2020au cynnar os na chaiff systemau storio a dal carbon eu gosod
> **Rhagamcaniad cost datgomisiynu:** £15 miliwn
> **Amser cynnau:** ymlaen drwy'r amser
> **Effaith amgylcheddol:** uchel iawn
> **Dibynadwyedd:** uchel a rhagfynegadwy iawn

Ffigur 2.8 Gorsaf drydan tyrbin nwy Indian Queens.

Astudiaeth achos 2 – gorsaf drydan tyrbin nwy Indian Queens

I bob pwrpas, mae gorsaf drydan Indian Queens (Ffigur 2.5) yn beiriant jet enfawr wedi'i leoli ar Goss Moor sy'n Safle o Ddiddordeb Gwyddonol Arbennig (*SSSI: Site of Special Scientific Interest*) yng nghanol Cernyw. Mae'n gallu cynhyrchu 140 MW o drydan am hyd at 24 awr ar y tro, a dim ond am 450 awr y flwyddyn ar gyfartaledd y mae'n gweithredu. Ar bŵer llawn, caiff 44 000 litr yr awr o gerosin (tanwydd jet) neu danwydd diesel eu chwistrellu dan wasgedd, ynghyd â dŵr puredig ac aer, i beiriant jet enfawr. Caiff y cymysgedd tanwydd ei gynnau ac mae'r ffrwydrad rheoledig parhaus sy'n dilyn hyn yn cynhyrchu nwy gwacáu sy'n troelli tyrbin. Yn ei dro, mae'r tyrbin yn troi generadur 140 MW.

Effaith amgylcheddol

Mae gorsaf drydan Indian Queens yn sefyll ar sawl hectar o weundir sy'n gyfagos i warchodfa natur *SSSI*. Mae'r simnai wacáu dal yn hawdd ei gweld yn lleol, ac mae'r tanwydd yn cyrraedd y safle mewn tanceri mawr ar hyd ffordd fynediad a gafodd ei hadeiladu'n arbennig. Fodd bynnag, does dim angen y tanceri oni bai bod yr orsaf ar waith, sef tuag 20 diwrnod y flwyddyn yn unig. Mae llosgi cerosin neu ddiesel yn cynhyrchu'r nwy tŷ gwydr carbon deuocsid, sy'n cyfrannu at gynhesu byd-eang. Mae'r tanwydd hefyd yn cynnwys amhureddau fel sylffwr a nitrogen, sydd, wrth gael eu llosgi ar dymheredd uchel, yn creu sylffwr deuocsid (SO_2) ac ocsidau nitrogen (NO_x). Mae sylffwr deuocsid ac ocsidau nitrogen yn hydawdd ac yn cyfrannu at law asid. Mae peilonau trydan mawr yn cludo'r trydan o'r gwaith i'r Grid Cenedlaethol. Pan mae'r peiriant tyrbin nwy'n weithredol, mae'n gwneud llawer o sŵn.

Ffeithiau gorsaf drydan Indian Queens

Math: tyrbin nwy cylch agored
Adeiladwyd: 1996
Prif ffynhonnell egni: cerosin/diesel
Allbwn trydan: 140 MW
Egni mewnbwn: 425 MW
Effeithlonrwydd: 33%
Ôl troed carbon: 57 000 tunnell fetrig y flwyddyn
Cost sefydlu: £60 miliwn
Prisiau a chostau 2016: caiff trydan ei werthu i'r Grid am tua £300/MWawr; mae diesel yn costio tua 55c y litr.
Rhagamcaniad oes: 30 mlynedd
Rhagamcaniad cost datgomisiynu: £3.5 miliwn
Amser cynnau: 14 munud
Effaith amgylcheddol: uchel
Dibynadwyedd: uchel a rhagfynegadwy iawn

Astudiaeth Achos 3 – fferm wynt alltraeth Gogledd Hoyle

Mae fferm wynt Gogledd Hoyle yn fferm wynt 30 tyrbin sydd wedi'i lleoli ar y môr, 5 milltir o Brestatyn yng Ngogledd Cymru (gweler Ffigur 2.5). Gogledd Hoyle yw un o'r mannau mwyaf gwyntog yn y Deyrnas Unedig. Mae buanedd cymedrig blynyddol y gwynt yn 9 m/s. Pan mae'r gwynt yn chwythu, mae llafnau tyrbin *pob un* o'r tyrbinau gwynt yn troi generadur sy'n cynhyrchu 2 MW o drydan. Mae'r 30 tyrbin gwynt gyda'i gilydd yn cynhyrchu 60 MW o drydan – digon i bweru 50 000 o gartrefi y flwyddyn.

Ffigur 2.9 Fferm wynt alltraeth Gogledd Hoyle.

Effaith amgylcheddol

Mae pob un o'r 30 tyrbin gwynt yn 67 m o uchder, ac mae'r safle cyfan yn cymryd 10 km² o le. Ar ddiwrnod clir, mae'n bosibl ei weld o dros 16 milltir i ffwrdd. Mae cyfyngiadau ar bysgota o gwmpas y fferm wynt, ond mae hyn wedi achosi cynnydd mewn sawl rhywogaeth yn lleol. Mae llafnau'r tyrbinau sy'n troelli yn creu perygl i adar môr. Mae cebl dan y môr yn cysylltu'r fferm wynt â pheilonau atraeth sydd yna'n cysylltu â'r Grid Cenedlaethol. Mae'r 30 tyrbin yn cynhyrchu sŵn cefndir pan maen nhw'n gweithredu.

Ffeithiau fferm wynt alltraeth Gogledd Hoyle

Math: tyrbin gwynt
Adeiladwyd: 2003
Prif ffynhonnell egni: gwynt
Allbwn trydan: 60 MW
Egni mewnbwn: yn dibynnu ar gryfder y gwynt
Effeithlonrwydd: yn dibynnu ar fuanedd y gwynt
Ôl troed carbon: yn arbed 160 000 tunnell fetrig y flwyddyn
Cost sefydlu: £80 miliwn
Prisiau a chostau 2016: £70/MWawr (ar ôl cymhorthdal – costau cynhyrchu gwirioneddol = £155/MWawr)
Rhagamcaniad oes: 25 mlynedd
Rhagamcaniad cost datgomisiynu: wedi'i chynnwys yn y gost sefydlu
Amser cynnau: ar unwaith
Effaith amgylcheddol: canolig/isel
Dibynadwyedd: dim ond yn gweithredu ar bŵer llawn am ryw 35% o'r flwyddyn

---

Astudiaeth achos 4 – Ysgol Gynradd St Columb Minor, Newquay

Mae Ysgol Gynradd St Columb Minor yn ysgol gynradd anarferol yn Newquay, Gogledd Cernyw (gweler Ffigur 2.5).

Yn ogystal â thyrbin gwynt micro 6 kW ar gaeau chwarae'r ysgol, mae rhes hir o baneli solar ffotofoltaidd ar do'r ysgol sy'n cynhyrchu 13.8 kW mewn golau dydd, yn ogystal â system dŵr thermol solar 4 kW. Ers 2008, mae'r defnydd o drydan wedi gostwng 37%, o ganlyniad i osod y paneli solar a'r tyrbin gwynt, ynghyd ag arbedion o ddefnyddio llai o oleuadau ac offer trydanol eraill. Mae ynysiad gwell a gosod boeleri egni effeithlon hefyd wedi creu gostyngiad o 6% yn y nwy sy'n cael ei ddefnyddio. O ganlyniad i hyn, lleihaodd costau egni'r ysgol 10% yn 2008/09 ac 20% ymhellach yn 2009/10, er bod cost yr egni sy'n cael ei gyflenwi wedi cynyddu 50%.

Effaith amgylcheddol

Uchder y tyrbin gwynt micro yw 15 m ac mae i'w weld yn glir yn yr ardal breswyl leol. Mae'n cynhyrchu sŵn cefndir pan mae'n gweithredu. Mae'r paneli ffotofoltaidd a'r paneli thermol solar

Ffigur 2.10 Paneli ffotofoltaidd a thyrbin gwynt Ysgol Gynradd St Columb Minor.

wedi eu gosod ar doeau fflat a thoeau ar ongl yr ysgol ac maen nhw i'w gweld o'r ardal gyfagos. Mae'r ysgol wedi ei chysylltu â'r Grid Cenedlaethol trwy ei linellau pŵer arferol.

Ffeithiau Ysgol Gynradd St Columb Minor

Math: un tyrbin gwynt micro, paneli solar ffotofoltaidd (*PV: photovoltaic*) a phaneli dŵr thermol solar

Adeiladwyd: 2008

Prif ffynhonnell egni: gwynt a solar

Allbwn trydan: 19.8 kW (ac arbediad 4 kW o'r paneli thermol solar)

Egni mewnbwn: yn arbed 23.8 kW

Effeithlonrwydd: yn dibynnu ar fuanedd y gwynt

Ôl troed carbon: yn arbed 11 tunnell fetrig y flwyddyn

Cost sefydlu: £118 000

Prisiau a chostau 2016: yn arbed tua £2700 y flwyddyn; y Grid yn talu tua 50c/kWawr am y trydan mae'r paneli ffotofoltaidd yn ei gynhyrchu a'r Grid yn talu 35c/kWawr am y trydan mae'r tyrbin gwynt yn ei gynhyrchu.

Rhagamcaniad oes: 20 mlynedd

Rhagamcaniad cost datgomisiynu: anhysbys

Amser cynnau: ar unwaith

Effaith amgylcheddol: isel

Dibynadwyedd: dim ond yn gweithredu ar bŵer llawn am ryw 35% o'r flwyddyn – allbwn yn lleihau bob nos

---

 Gweithgaredd

Adroddiad Llywodraeth

Dyma weithgaredd sy'n eich helpu i wneud y canlynol:

> cyflwyno gwybodaeth mewn graff
> cynhyrchu adroddiad ysgrifenedig
> ymchwilio i wybodaeth wyddonol
> dethol gwybodaeth wyddonol
> nodi ffynonellau gwybodaeth wyddonol.

Tasgau

1 Defnyddiwch y wybodaeth yn y pedair astudiaeth achos a gwybodaeth arall o ymchwil ar y rhyngrwyd (gan nodi'ch ffynonellau), i gynhyrchu adroddiad ar gyfer yr Adran Egni a Newid yn yr Hinsawdd i egluro sut gallai'r Deyrnas Unedig ddefnyddio cymysgedd o wahanol fathau o gyflenwadau trydan i fodloni lefelau defnyddio trydan yn y presennol a'r dyfodol.

2 Rhowch fanylion am effaith amgylcheddol yr opsiynau rydych chi wedi eu dewis. Mae angen i chi drafod effeithlonrwydd y gwahanol ffyrdd o gynhyrchu trydan a rhaid i chi drafod olion troed carbon pob dull, ynghyd â'i effaith ar gynhesu byd-eang. Cofiwch gyfeirio'n llawn at unrhyw wybodaeth rydych chi'n ei defnyddio yn eich adroddiad.

Mynd yn ysgol werdd

Dyma weithgaredd sy'n eich helpu i wneud y canlynol:

> cyflwyno gwybodaeth mewn diagram
> ymchwilio i wybodaeth wyddonol
> dethol gwybodaeth wyddonol
> nodi ffynonellau gwybodaeth wyddonol
> defnyddio data a'u dadansoddi.

Dychmygwch fod eich ysgol chi'n mynd i gael ei dymchwel a'i hailadeiladu fel ysgol newydd 'o'r radd flaenaf' â'r 'ôl troed carbon lleiaf posibl'.

Tasgau

1 Cynhyrchwch gyfres o frasluniau wedi'u labelu ar gyfer eich pennaeth, i ddangos eich cynllun newydd a'r mesurau arbed/cynhyrchu egni y byddech chi'n eu cynnwys.
2 Ar gyfer pob syniad i arbed neu i gynhyrchu egni, rhowch fanylion eich ymchwil (gyda chyfeiriadau at eich ffynonellau) i system addas sydd ar gael yn fasnachol. Dylai'r manylion gynnwys dadansoddiad o'r costau a rhagamcaniad o'r arbedion o ran arian ac o ran carbon deuocsid.

▶ Pam mae angen i bawb wybod am effeithlonrwydd a throsglwyddo egni

Pan mae iPod yn chwarae trac cerddoriaeth trwy glustffonau, mae egni cemegol sydd wedi'i storio ym matri ailwefradwy'r iPod yn cael ei drosglwyddo i egni trydanol defnyddiol (sydd yna'n cael ei drosglwyddo i sain gan y clustffonau). Bydd rhywfaint o egni yn cael ei wastraffu fel egni gwres (thermol), sy'n achosi i'r iPod a'r batri gynhesu. Mae batrïau ailwefradwy iPod yn gwneud eu gwaith yn dda iawn, ac am bob 100 J o egni cemegol sy'n cael ei storio yn y batri, caiff 98 J ei drosglwyddo i egni trydanol a dim ond 2 J sy'n cael ei wastraffu fel gwres. Gan fod y batrïau'n trosglwyddo cymaint o'r egni cemegol sydd wedi'i storio ynddynt i egni trydanol defnyddiol (ac yn gwastraffu cyn lleied) rydym ni'n dweud bod y batrïau'n effeithlon iawn. Fel rheol, caiff effeithlonrwydd dyfais neu broses ei fynegi fel canran (%). Mae dyfais (ddamcaniaethol) sy'n trosglwyddo'r holl egni mewnbwn sydd ar gael iddi i egni allbwn defnyddiol yn 100% effeithlon.

Rydym ni'n defnyddio'r fformiwla fathemategol ganlynol i gyfrifo effeithlonrwydd:

$$\% \text{ effeithlonrwydd} = \frac{\text{egni (neu bŵer) sy'n cael ei drosglwyddo mewn ffordd ddefnyddiol}}{\text{cyfanswm egni (neu bŵer) sy'n cael ei gyflenwi}} \times 100\%$$

★ Enghreifftiau wedi'u datrys

Cwestiynau ar gyfrifo effeithlonrwydd

1 Mae'r batri mewn ffôn symudol yn gallu dal 18 000 J o egni cemegol. Os yw'r batri'n trawsnewid 16 000 J yn egni trydanol defnyddiol a bod 2000 J yn cael ei wastraffu fel egni gwres, beth yw effeithlonrwydd y batri?

2 Mae gorsaf drydan yn cyflenwi trydan i'r Grid Cenedlaethol ar bŵer allbwn o 60 MW. Er mwyn gwneud hyn, mae'n llosgi glo ar gyfradd sydd ag egni mewnbwn cywerth â 200 MW. Beth yw effeithlonrwydd yr orsaf drydan?

3 Mae effeithlonrwydd panel solar yn 30%. Mae'r panel yn rhoi pŵer allbwn trydanol o 180 W. Beth yw pŵer mewnbwn golau'r haul ar y panel?

Atebion

1 Cyfanswm egni mewnbwn = 18 000 J
Egni allbwn defnyddiol = 16 000 J

$$\% \text{ effeithlonrwydd} = \frac{\text{egni sy'n cael ei drosglwyddo mewn ffordd ddefnyddiol}}{\text{cyfanswm egni sy'n cael ei gyflenwi}} \times 100\%$$

$$\% \text{ effeithlonrwydd} = \frac{16\,000\,\text{J}}{18\,000\,\text{J}} \times 100\% = 89\%$$

2 Cyfanswm pŵer mewnbwn = 200 MW
Egni allbwn defnyddiol = 60 MW

$$\% \text{ effeithlonrwydd} = \frac{\text{pŵer sy'n cael ei drosglwyddo mewn ffordd ddefnyddiol}}{\text{cyfanswm pŵer sy'n cael ei gyflenwi}} \times 100\%$$

$$\% \text{ effeithlonrwydd} = \frac{60\,\text{MW}}{200\,\text{MW}} \times 100\% = 30\%$$

3 Effeithlonrwydd = 30%
Egni allbwn defnyddiol = 180 W

$$\% \text{ effeithlonrwydd} = \frac{\text{pŵer sy'n cael ei drosglwyddo mewn ffordd ddefnyddiol}}{\text{cyfanswm pŵer sy'n cael ei gyflenwi}} \times 100\%$$

Wedi'i aildrefnu:

$$\text{cyfanswm pŵer sy'n cael ei gyflenwi} = \frac{\text{pŵer sy'n cael ei drosglwyddo mewn ffordd ddefnyddiol}}{\% \text{ effeithlonrwydd}} \times 100\%$$

$$\text{cyfanswm pŵer sy'n cael ei gyflenwi} = \frac{180\,\text{W}}{30\%} \times 100\%$$
$$= 600\,\text{W}$$

✔ Profwch eich hun

11 Mae bylbiau golau egni isel yn effeithlon iawn – yn llawer mwy effeithlon na'r hen fylbiau ffilament twngsten â'r un golau allbwn, sy'n gwastraffu llawer o'r egni mewnbwn trydanol fel gwres. Cyfrifwch effeithlonrwydd y bylbiau canlynol:
  a) egni isel, allbwn 1.6 W, mewnbwn 8 W
  b) ffilament twngsten, allbwn 1.6 W, mewnbwn 60 W.

12 Mae'r math mwyaf effeithlon o fwlb golau sydd ar gael heddiw'n cael ei gynhyrchu o ddeuodau allyrru golau (*LED*au: *light-emitting diodes*) arddwysedd uchel. Mae effeithlonrwydd y bylbiau hyn yn gallu cyrraedd 90%. Os yw un bwlb *LED* o'r fath yn rhoi 18 W o olau, faint o bŵer trydan yw'r mewnbwn?

13 Mae tyrbin gwynt mawr yn gallu allbynnu pŵer trydanol gwerth 0.50 MW o uchafswm pŵer gwynt gwerth 0.75 MW. Cyfrifwch:
  a) effeithlonrwydd y tyrbin gwynt
  b) faint o bŵer gwynt sy'n cael ei wastraffu fel egni gwres a sain os yw'r tyrbin yn gweithio ar ei bŵer uchaf.

14 Mae gorsaf drydan storfa bwmp Dinorwig yng Ngogledd Cymru. Yn ystod y nos, pan mae'r galw am drydan yn isel ac mae trydan 'sbâr' ar gael (gan nad yw'n bosibl 'diffodd' pob gorsaf drydan gonfensiynol fawr dros nos), caiff dŵr ei bwmpio o lyn wrth droed Mynydd Elidir trwy dwnnel dŵr enfawr i lyn arall, Marchlyn Mawr, sydd 70 m i fyny'r mynydd. Yn ystod y dydd neu gyda'r nos, os bydd cynnydd sydyn yn y galw am drydan (e.e. yn

Ffigur 2.11 Bwlb golau sy'n defnyddio egni'n effeithlon.

Ffigur 2.12 Bwlb golau *LED*.

ystod hanner amser rownd derfynol Cwpan yr FA – pan fydd miliynau o bobl yn penderfynu bod eisiau paned o de arnynt yr un pryd, a chaiff miliynau o degelli eu cynnau), caiff y dŵr sydd yn y llyn uchaf ei anfon yn ôl i lawr y twnnel dŵr trwy'r pympiau. Y tro hwn, mae'r pympiau'n gweithredu fel generaduron ac yn cynhyrchu 1800 MW o drydan.

Mae'n bosibl cynnau gorsaf Dinorwig mewn 12 eiliad, ond mae'r egni sydd wedi ei storio yn y llyn uchaf yn para am 5 awr yn unig. Mae hyn yn ddigon i ddelio â chynnydd sydyn mewn galw yn ystod oriau brig. Dros nos, mae'r pympiau'n gweithio ar 2400 MW.

a) Cyfrifwch effeithlonrwydd yr orsaf drydan.

b) Pan fydd y dŵr i gyd wedi rhedeg o'r llyn uchaf i'r llyn isaf, bydd y generaduron pwmp wedi cynhyrchu 32.4 TJ (TJ = terajoule, 32.4×10^{12} J) o egni trydanol. Defnyddiwch effeithlonrwydd yr orsaf drydan y gwnaethoch chi ei gyfrifo yn rhan a) i gyfrifo cyfanswm yr egni (mewn TJ) sydd ei angen dros nos i bwmpio'r dŵr yn ôl i'r llyn uchaf.

c) Mae'r Grid Cenedlaethol yn talu tua £200 y MW am y trydan sy'n cael ei gynhyrchu yng ngorsaf drydan Dinorwig. Mae'r trydan sy'n cael ei gynhyrchu mewn gorsaf drydan olew neu lo gonfensiynol yn costio dim ond tua £30 y MW. Pam mae angen Dinorwig ar y Grid Cenedlaethol pan mae'r trydan yn costio cymaint yn fwy?

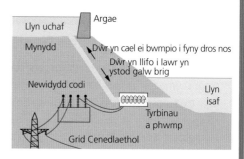

Ffigur 2.13 Cynllun storfa bwmp.

Ffigur 2.14 Gorsaf drydan storfa bwmp Dinorwig.

→ Gweithgaredd

Yr Ampair UW100

Dyma weithgaredd sy'n eich helpu i wneud y canlynol:

> gweithio gyda data mewn tabl
> cyflwyno gwybodaeth mewn graff
> cyfrifo gwerthoedd o ddata
> chwilio am batrymau mewn data
> tynnu llinellau ffit gorau
> ailosod data.

Generadur tyrbin dŵr micro bach yw'r Ampair UW100. Gall unigolion ei brynu a'i ddefnyddio yn eu cartrefi os ydyn nhw'n byw wrth ymyl afon. Bydd yr uned yn cynhyrchu swm bach o drydan yn lleol – i wefru batrïau fel rheol.

Ffigur 2.15 Tyrbin dŵr Ampair UW100.

Mae dalen ddata gan y cwmni'n rhoi'r data canlynol am berfformiad yr UW100:

> cyfradd llif isaf sydd ei hangen i droi'r tyrbin = 1 m/s
> cyfradd llif uchaf i weithredu'n ddiogel = 6 m/s.

Tabl 2.2 Data i gyfrifo effeithlonrwydd yr UW100.

Buanedd llif dŵr (m/s)	Pŵer mewnbwn posibl (W)	Pŵer allbwn trydanol (W)	% effeithlonrwydd
1	19	12	
2	152	24	
3	513	50	
4	1216	72	
5	2375	84	
6	4104	94	

Cwestiynau

1 Copïwch a chwblhewch y tabl trwy gyfrifo effeithlonrwydd yr UW100 ar gyfer pob buanedd llif dŵr.

2 Plotiwch graff i ddangos sut mae effeithlonrwydd yr UW100 yn amrywio yn ôl buanedd llif y dŵr a thynnwch linell ffit orau trwy'r data.

3 Disgrifiwch mewn geiriau pa batrwm mae'r llinell ffit orau'n ei ddangos.

4 Pam rydych chi'n meddwl bod yr effeithlonrwydd yn amrywio fel hyn?

5 Sut rydych chi'n meddwl bod yr effeithlonrwydd yn amrywio gyda buaneddau llif dŵr isel iawn ac uchel iawn (i lawr at y gyfradd llif isaf ac i fyny at y gyfradd llif uchaf)?

a) Tynnwch linellau toredig ar eich graff, i allosod (parhau) eich llinell ffit orau i ddangos sut rydych chi'n meddwl bod yr effeithlonrwydd yn newid ar gyfer buaneddau llif dŵr isel ac uchel.

b) Rhowch eglurhad am eich allosodiadau.

6 Beth fyddai canlyniadau posibl cynyddu effeithlonrwydd y tyrbin yn ormodol?

7 Pam gallai'r cynllunydd fod eisiau cyfyngu ar y pŵer allbwn trydanol?

⚙ Gwaith ymarferol

Mesur effeithlonrwydd gwresogydd trydan

Dyma weithgaredd sy'n eich helpu i wneud y canlynol:

> gweithio fel tîm
> trin cyfarpar
> trefnu eich gwaith
> mesur a chofnodi data
> cyfrifo gwerthoedd o ddata
> dadansoddi canlyniadau arbrawf.

Yn yr arbrawf hwn, byddwch chi'n ymchwilio i ba mor effeithlon mae gwresogydd trydan bach 12 V yn gwresogi dŵr. Bydd rhywfaint o'r egni trydanol mae'r gwresogydd yn ei gyflenwi'n cael ei wastraffu, gan wresogi'r aer a'r gwydr o gwmpas y gwresogydd. Bydd y gweddill yn cael ei ddefnyddio'n ddefnyddiol i wresogi'r dŵr. Mae angen i chi wybod ei bod yn cymryd 420 J i gynyddu tymheredd 100 g o ddŵr 1 °C.

Cyfarpar

> uned cyflenwad pŵer 12 V
> gwresogydd trydan 12 V
> joulemedr
> thermomedr

> bicer gwydr 100 cm³
> rhoden droi
> gwifrau cysylltu 4 mm
> silindr mesur 100 cm³

Nodyn diogelwch

> Bydd y gwresogydd yn mynd yn boeth wrth ei ddefnyddio. Peidiwch â'i gyffwrdd. Gadewch iddo oeri cyn cyffwrdd ag ef.

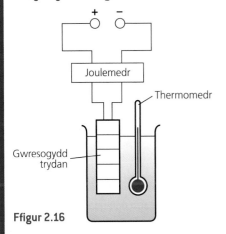

Ffigur 2.16

Dull

1 Defnyddiwch y silindr mesur i fesur 100 cm³ o ddŵr a'i arllwys i'r bicer.

2 Cysylltwch y cyflenwad pŵer â'r joulemedr ac yna'r gwresogydd â'r joulemedr, fel yn Ffigur 2.16.

3 Rhowch y gwresogydd a'r thermomedr yn y dŵr. Mesurwch a chofnodwch dymheredd y dŵr, $T_{dechrau}$.

4 Gofalwch fod y joulemedr yn darllen sero (ailosodwch ef os oes angen) ac yna cyneuwch y cyflenwad pŵer 12 V.

5 Bob 30 eiliad, trowch y dŵr â'r rhoden droi a monitrwch dymheredd y dŵr nes bod y tymheredd wedi cynyddu 10 °C. Yna diffoddwch y cyflenwad pŵer a chofnodwch y darlleniad ar y joulemedr, $E_{mewnbwn}$.

6 Daliwch ati i fesur tymheredd y dŵr gyda'r gwresogydd wedi'i ddiffodd a chofnodwch dymheredd uchaf y dŵr, T_{mwyaf}.

7 Cyfrifwch newid tymheredd y dŵr,
$T_{newid} = T_{mwyaf} - T_{dechrau}$.

8 Cyfrifwch egni allbwn defnyddiol y gwresogydd,
$E_{defnyddiol} = 420 \times T_{newid}$.

9 Cyfrifwch effeithlonrwydd y gwresogydd,
$$\% \text{ effeithlonrwydd} = \frac{E_{defnyddiol}}{E_{mewnbwn}} \times 100\%$$

10 Rhowch eich holl offer i'w cadw'n daclus ar ôl iddynt oeri.

Dadansoddi eich canlyniadau

1 Ar wahân i'r aer, ym mha le arall mae'r egni gwres yn cael ei wastraffu? (Awgrym: beth arall sy'n cynhesu heblaw'r dŵr?)

2 Faint o egni sy'n cael ei wastraffu i gyd?

3 Pam mae'n bwysig dal i fesur tymheredd y dŵr hyd yn oed ar ôl i'r uned cyflenwi pŵer gael ei diffodd?

4 Ydych chi'n meddwl y bydd y gwresogydd yn fwy neu'n llai effeithlon wrth wresogi 250 cm³ o ddŵr yn hytrach na 100 cm³? Eglurwch eich ateb.

▶ Diagramau Sankey

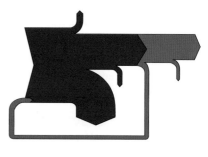

Ffigur 2.17 a) Llong ager; b) diagram Sankey ar gyfer llong ager.

Ffigur 2.18 Y Capten Matthew Sankey.

Mae diagramau Sankey yn ffordd glyfar o ddangos trosglwyddiadau egni (neu bŵer) ac effeithlonrwydd. Cafodd diagramau Sankey eu dyfeisio gan gapten llong o Loegr, y Capten Matthew Sankey. Roedd gan y Capten Sankey ddiddordeb mawr yn y peiriannau ager (stêm) oedd yn pweru ei long, a dyfeisiodd ddiagramau Sankey fel ffordd o ddangos y trosglwyddiadau egni oedd yn digwydd wrth i'r peiriannau ar ei long weithio – roedd yn ceisio gwneud y peiriannau'n fwy effeithlon. Y peth da am ddiagramau Sankey yw eu bod nhw, yn ogystal â dangos y gwahanol drosglwyddiadau egni sy'n digwydd, yn dangos y swm cymharol neu ganrannol o egni sy'n cael ei drawsffurfio ym mhob cam yn y trosglwyddiad, gan eu bod nhw'n cael eu llunio wrth raddfa bob amser. Mae lled y bar(rau) ar unrhyw bwynt ar y diagram Sankey yn dangos faint o egni sydd yno ac, oherwydd hyn, gallwn ni ddangos yr effeithlonrwydd trwy gymharu lled yr egni (neu'r egnïon) defnyddiol â lled cyfanswm yr egni mewnbwn neu led yr egni sy'n cael ei wastraffu.

★ | Enghraifft wedi'i datrys

Cwestiwn

Lluniwch ddiagram Sankey ar gyfer bwlb golau sy'n defnyddio egni'n effeithlon. Bob eiliad, mae'r bwlb yn cael mewnbwn o 10 J o drydan. Dim ond 2 J sy'n cael ei allbynnu fel egni golau defnyddiol, felly caiff 8 J ei wastraffu fel egni gwres.

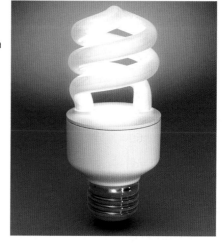

Ffigur 2.19 Bwlb golau sy'n defnyddio egni'n effeithlon.

Ateb

Dylai'r diagram Sankey hwn gael ei lunio fel bod lled y bar egni trydanol yn 10 uned. Dylai'r bar egni golau fod yn 2 uned o led a'r bar egni gwres yn 8 uned o led. Fel rheol (ond nid bob tro) mae'r trosglwyddiad egni defnyddiol yn mynd ar hyd brig y diagram (bar syth) ac mae'r rhai sy'n cael eu gwastraffu'n crymu i lawr. Yn yr achos hwn, mae'n hawdd gweld mai dim ond 2 J o'r 10 J o egni mewnbwn trydanol sy'n cael ei allbynnu fel egni golau defnyddiol. Mae hyn yn golygu mai dim ond 20% yw effeithlonrwydd bylbiau golau 'egni isel' – sydd ddim yn swnio'n dda nes i chi gael gwybod bod effeithlonrwydd bylbiau ffilament gwynias safonol tua 2%.

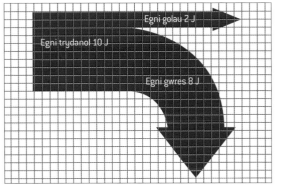

Ffigur 2.20 Diagram Sankey o fwlb golau sy'n defnyddio egni'n effeithlon.

✔ Profwch eich hun

15 Mae effeithlonrwydd bylbiau golau *LED* yn gallu cyrraedd 80%. Lluniwch ddiagram Sankey ar gyfer bwlb golau *LED*, gan dybio bod mewnbwn yr egni trydanol yn 100 J.

16 Mae effeithlonrwydd rhai peiriannau tanio mewnol yn 25%. Dyma ddiagram Sankey yn dangos un ar waith.
Mae pob litr o betrol yn cynhyrchu tua 35 MJ o egni gwres pan gaiff ei losgi yn y peiriant.
a) Faint o'r egni hwn sy'n cael ei droi'n egni cinetig defnyddiol (pŵer effeithiol)?
b) Faint sy'n cael ei wastraffu fel nwy gwacáu?

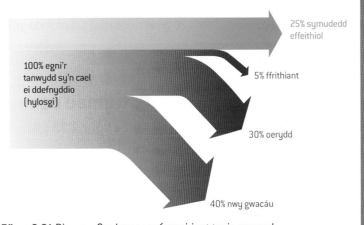

Ffigur 2.21 Diagram Sankey ar gyfer peiriant tanio mewnol.

Ffigur 2.22 Al Gore.

▶ Gwirionedd anghyfleus?

Yn 2006, rhyddhaodd cyn Is-arlywydd UDA, Al Gore, ffilm ddogfen o'r enw *An Inconvenient Truth* i hyrwyddo'r angen i'r byd fynd i'r afael â phroblem cynhesu byd-eang. Amlinellodd yn fanwl beth fyddai canlyniadau parhau i losgi tanwyddau ffosil a'r ôl troed carbon sy'n deillio o hynny. Gallai cynhesu byd-eang dros y 100 mlynedd nesaf godi lefel y môr gan hyd at 2 m. Byddai canlyniadau hyn yn ddinistriol iawn i ddynolryw.

💬 Pwyntiau trafod

Trafodwch rai o'r cwestiynau canlynol, neu bob un ohonyn nhw:

1 Ydym ni'n gallu fforddio parhau â'r cynnydd direolaeth yn y defnydd o danwyddau ffosil?
2 Ydy hi'n iawn i ni barhau i redeg rhai gorsafoedd trydan sydd ag effeithlonrwydd o 30% pan mae rhai eraill sydd wedi eu cynllunio'n debyg ond yn fwy modern yn cyrraedd effeithlonrwydd o 50–60%?
3 O safbwynt moesol, ydym ni'n gallu amddiffyn defnyddio bylbiau golau gwynias ag effeithlonrwydd o 2%?
4 Ydy hi'n foesol dderbyniol bod bylbiau golau *LED* effeithlonrwydd uchel mor ddrud?

5 Ydych chi'n gadael dyfeisiau trydanol mewn modd 'cysgu' dros nos? Mae hyn yn golygu bod rhaid i'r Grid Cenedlaethol redeg cywerth ag un orsaf drydan tanwydd ffosil gyfan.

6 Ydy hi'n iawn bod gwneuthurwyr dyfeisiau trydanol ddim yn gorfod (yn ôl y gyfraith) rhoi switsh ar offer sy'n eu cynnau/diffodd yn llwyr?

7 Ydy hi'n iawn bod ceir modur sy'n cael eu cynhyrchu yn Ewrop ar gyfartaledd yn gallu defnyddio cyn lleied â 5 litr o danwydd bob 100 km, ond bod ceir modur sy'n cael eu cynhyrchu yn UDA ar gyfartaledd yn defnyddio 11 litr bob 100 km?

8 Beth ydych chi'n ei feddwl am adeiladu llethr sgïo cromen eira fwyaf y byd yn anialwch y Dwyrain Canol, lle mae'r tymheredd cyfartalog yn ystod y dydd yn llawer uwch na 30 °C, sy'n golygu y byddai angen defnyddio symiau enfawr o egni trydanol ar gyfer yr aerdymheru'n unig?

9 Ydy hi'n deg bod gorsafoedd trydan sy'n cael eu hadeiladu yn y Deyrnas Unedig yn gorfod cydymffurfio â thargedau llym ar gyfer allyrru carbon, ond na fyddai bob tro angen targedau allyrru carbon ar yr un orsaf drydan pe bai'n cael ei hadeiladu yn rhywle arall yn y byd?

10 Pam mae rhai pobl yn gwrthwynebu adeiladu fferm wynt yn agos atynt, ond yna'n cwyno am bris trydan?

11 Mae'r byd yn wynebu 'gwirionedd anghyfleus'. Cwmnïau olew yw tri o bedwar cwmni mwyaf proffidiol y byd (yn ôl ffigurau 2015). Ar gyfartaledd, mae Americanwr yn defnyddio dwywaith cymaint o egni â dinesydd yn y Deyrnas Unedig, a bron 20 gwaith cymaint â dinesydd yn India. Ydym ni'n gallu gadael i hyn barhau?

▶ ## Patrymau cenedlaethol yn y defnydd o drydan

Mae Ffigur 2.23 yn dangos patrymau defnyddio trydan y Deyrnas Unedig.

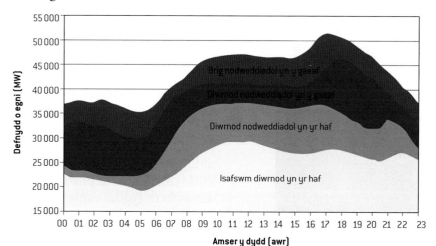

Ffigur 2.23 Newidiadau tymhorol yn y defnydd o drydan.

Ffigur 2.24 Y Grid Cenedlaethol yng Nghymru a Lloegr.

Y Grid Cenedlaethol sy'n gyfrifol am gynhyrchu digon o drydan i gyfateb i faint sy'n cael ei ddefnyddio'n flynyddol ac yn ddyddiol yn y Deyrnas Unedig. Mae'r Grid wedi'i leoli yn y Ganolfan Reoli Genedlaethol yn Wokingham. Rhaid i'r ddwy broses gystadleuol gael eu cydbwyso'n union. Weithiau, does dim digon o allu cynhyrchu yn y Deyrnas Unedig i gyfateb yn llawn i'r trydan sy'n cael ei ddefnyddio, a rhaid i'r Grid Cenedlaethol brynu trydan ychwanegol gan Grid Cenedlaethol Ffrainc. Mae'r Grid Cenedlaethol wrthi'n gyson yn rhagfynegi ac yn rhagweld faint o drydan sy'n mynd i gael ei ddefnyddio, er mwyn gallu paratoi'r generaduron i gynhyrchu'r swm union gywir o drydan.

Sut rydym ni'n symud trydan o le i le?

Dydy 4 Ionawr ddim yn ddyddiad arbennig o arwyddocaol (heblaw am fod yn ben-blwydd geni Isaac Newton, o bosibl y gwyddonydd mwyaf erioed!). Mae'r graff yn Ffigur 2.25 yn dangos y galw cenedlaethol am drydan yn y Deyrnas Unedig, mewn megawatiau (MW), o hanner nos tan hanner nos ar y dyddiad hwn mewn blwyddyn nodweddiadol. Yn ystod y cyfnod 24 awr hwnnw, mae'r galw am drydan ar gyfartaledd yn amrywio o isafswm o 30 894 MW am 5.30 a.m. i uchafswm o 50 599 MW am 5.00 p.m. – gwahaniaeth o 19 705 MW.

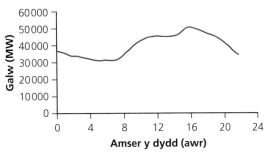

Ffigur 2.25 Y galw am drydan yn y Deyrnas Unedig ar 4 Ionawr nodweddiadol.

Mae trydan y Deyrnas Unedig yn cael ei gynhyrchu gan rwydwaith enfawr o orsafoedd trydan tanwydd ffosil, ffermydd gwynt, gorsafoedd trydan dŵr ac atomfeydd. Maen nhw wedi eu cysylltu â'i gilydd, ac â ni (ac â'r cyfandir), gan rwydwaith o geblau, gwifrau a pheilonau sy'n ymestyn fel gwe pry cop ar draws y wlad. Drwy'r dydd a'r nos, mae gweithwyr y Grid Cenedlaethol yn rhagfynegi'r galw am drydan mewn blociau 30 munud, ac yna'n cyfarwyddo'r cwmnïau cynhyrchu pŵer i gyflenwi'r swm gofynnol. Os na chaiff digon o drydan ei gynhyrchu, bydd rhannau o'r Deyrnas Unedig yn colli eu pŵer dros dro. Mae rhai gorsafoedd trydan, fel Drax yng Ngogledd Swydd Efrog, yn cynhyrchu trydan yn gyson (tua 7% o'r cyfanswm, yn achos Drax) ac maen nhw 'ymlaen' drwy'r amser. Mae generaduron eraill, fel gorsaf drydan storfa bwmp Dinorwig yng Ngogledd Cymru, yn cael eu defnyddio ar gyfnodau brig yn unig – mae'n bosibl eu cynnau neu eu diffodd ar fyr rybudd wrth i'r galw amrywio. Rydym ni hefyd yn mewnforio ac yn allforio trydan ar draws Môr Udd (*English Channel*). At ei gilydd, effaith y system gymhleth hon yw cyfateb cyflenwad i'r patrwm galw am drydan, fel mae graff 4 Ionawr yn ei ddangos er enghraifft. Heb y system hon, byddai sicrwydd ein cyflenwad trydan mewn perygl a byddem ni'n treulio cyfnodau sylweddol yn y tywyllwch ac mewn oerfel heb allu defnyddio ein cyfrifiaduron, ein setiau teledu a'n ffonau!

 Pwynt trafod

Yn ystod hanner amser rownd derfynol Cwpan y Byd, mae galw'r wlad am drydan yn codi'n sylweddol – wrth i filiynau o degelli gael eu cynnau i wneud paned o de! Mae digwyddiadau fel hyn yn achosi sbigyn enfawr yn y galw am drydan. Sut rydych chi'n meddwl bod y Grid Cenedlaethol yn ymdopi â sbigynnau sydyn iawn mewn galw?

✔ **Profwch eich hun**

17 Pa ffactorau ydych chi'n meddwl sy'n effeithio ar faint y galw am drydan?

18 Brasluniwch gopi o'r graff ar gyfer 4 Ionawr nodweddiadol. Ar 4 Gorffennaf nodweddiadol, y galw isaf yw 21 756 MW am 5.00 a.m. a'r galw uchaf yw 34 755 MW am 11.30 a.m. Tynnwch linell galw ar gyfer 4 Gorffennaf ar eich braslun.

19 Pam mae'r galw am drydan yn amrywio yn ystod y dydd?

20 Pam mae'r galw am drydan yn amrywio yn ystod y flwyddyn?

Pa mor fawr yw megawat?

Uned o bŵer trydanol yw'r megawat. 1 MW = 1 000 000 W = 1 miliwn wat. **Pŵer** yw'r gair rydym ni'n ei ddefnyddio am yr egni sy'n cael ei drosglwyddo bob eiliad. Mae pŵer uchel yn golygu llawer o egni bob eiliad. Mae peirianwyr yn defnyddio MW i fesur pŵer allbwn gorsafoedd trydan. Rydym ni hefyd yn defnyddio pŵer trydanol yn y cartref. Mae pŵer bwlb golau egni isel safonol tua 8 W. Mae pŵer tegell trydan tua 3 kW (3000 W). Mae gorsaf drydan Drax yn gallu cynhyrchu digon o drydan i bweru bron i 1.3 miliwn o degelli trydan ar yr un pryd!

Mae pŵer trydanol yn dibynnu ar foltedd y cyflenwad a'r cerrynt sy'n llifo. Dyma'r hafaliad sy'n cysylltu cerrynt, foltedd a phŵer:

$$\text{pŵer, } P \text{ (W)} = \text{foltedd, } V \text{ (V)} \times \text{cerrynt, } I \text{ (A)}$$

neu

$$P = VI$$

★ **Enghraifft wedi'i datrys**

Cwestiwn

Mae gan ffwrn drydan gerrynt trydan 13 A a chyflenwad foltedd 230 V. Beth yw pŵer y ffwrn?

Ateb

$$\text{pŵer (W)} = \text{foltedd (V)} \times \text{cerrynt (A)}$$
$$\text{pŵer} = 230 \text{ V} \times 13 \text{ A} = 2990 \text{ W}$$

✔ **Profwch eich hun**

21 Mae gan sychwr gwallt gerrynt trydan 2.5 A a chyflenwad foltedd 230 V. Beth yw ei bŵer?

22 Mae tegell teithio'n tynnu 1.8 A pan gaiff ei ddefnyddio yn UDA lle mae'r foltedd yn 110 V. Beth yw pŵer y tegell teithio?

23 Mae ffwrn drydan yn gweithredu ar y prif gyflenwad gyda foltedd 230 V a phŵer allbwn 3 kW (3000 W). Faint o gerrynt mae'r ffwrn yn ei dynnu?

Symud trydan o amgylch y wlad

Pan fydd cerrynt trydan yn llifo trwy wifren, bydd y wifren yn cynhesu. Pe bai trydan yn cael ei drawsyrru o amgylch y wlad ar gerrynt uchel, byddai swm anferthol o egni'n cael ei wastraffu fel gwres a byddai pris trydan mor uchel fel na fyddai neb yn gallu ei fforddio. Felly, sut caiff ei symud o gwmpas?

Cofiwch yr hafaliad pŵer trydanol:

pŵer = foltedd × cerrynt

Felly, gallai tyrbin gwynt 250 kW gynhyrchu trydan ar 10 A a 25 000 V neu ar 1 A a 250 000 V – byddai'r ddau o'r rhain yn cynhyrchu pŵer allbwn o 250 kW. Mae prif orsafoedd trydan y Deyrnas Unedig yn cynhyrchu trydan ar 25 kV, ond maen nhw wedi'u cysylltu â'i gilydd gan ran o'r Grid Cenedlaethol o'r enw'r Uwchgrid, sy'n gweithredu ar 400 kV, a lle mae tuag 1% o'r egni trydanol yn cael ei wastraffu fel gwres. Mae'r rhan o'r Grid Cenedlaethol sy'n cysylltu cartrefi a busnesau bach â'r Uwchgrid yn gweithredu ar 275 kV neu 132 kV. Pe bai'r grid cyfan yn gweithredu ar foltedd is o 25 kV, byddai tua 40% o'r egni trydanol yn cael ei wastraffu. Felly, caiff egni ei drawsyrru ledled y wlad ar foltedd uchel iawn ond ar gerrynt isel iawn er mwyn lleihau'r egni sy'n cael ei wastraffu fel gwres.

Ffigur 2.26 Peilonau trydan.

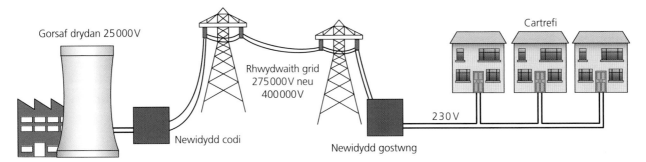

Ffigur 2.27 System drawsyrru'r Grid Cenedlaethol.

Y broblem gyda foltedd uchel/cerrynt isel yw fod y folteddau uchel yn beryglus iawn ac nad yw dyfeisiau'r cartref, fel sychwyr gwallt, peiriannau torri gwair, setiau teledu a chyfrifiaduron, yn gallu eu defnyddio. Mae angen i'r trydan gael ei newid gan **newidydd** cyn cyrraedd ein cartrefi. Mae **newidyddion codi** i'w cael mewn gorsafoedd trydan. Mae'r rhain yn trawsnewid yr egni trydanol i foltedd uchel/cerrynt isel er mwyn iddo allu cael ei drawsyrru o gwmpas y wlad ar y Grid Cenedlaethol, gan golli cyn lleied â phosibl o wres. Mae **newidyddion gostwng** i'w cael ar ochr defnyddwyr y Grid Cenedlaethol. Maen nhw'n trawsnewid yr egni trydanol i foltedd isel/cerrynt uchel er mwyn i ni allu ei ddefnyddio'n ddiogel mewn dyfeisiau trydanol. Mae cyfanswm effeithlonrwydd y Grid Cenedlaethol tua 92%, sy'n eithaf da.

✔ Profwch eich hun

24 Ysgrifennwch unedau pŵer, foltedd a cherrynt.

25 Beth yw'r hafaliad sy'n cysylltu pŵer, foltedd a cherrynt?

26 Mae gorsaf drydan y Barri yn orsaf drydan pŵer nwy yn Ne Cymru. Mae'n gallu cynhyrchu trydan â foltedd o 25 000 V ar gerrynt o 10 000 A. Beth yw pŵer gorsaf drydan y Barri mewn megawatiau, MW?

27 Pam mae trydan yn cael ei drawsyrru o amgylch y Grid Cenedlaethol ar foltedd uchel iawn?

28 Pam nad ydym ni'n defnyddio dyfeisiau trydan foltedd uchel yn ein cartrefi?

29 Beth yw enw'r ddyfais sy'n newid foltedd a cherrynt trydan?

Ymchwilio i newidyddion

Dyma weithgaredd sy'n eich helpu i wneud y canlynol:

> gweithio fel tîm
> trin cyfarpar
> trefnu eich gwaith
> mesur data a'u cofnodi
> defnyddio data i gyfrifo gwerthoedd.

Gallwch chi ddefnyddio'r cyfarpar canlynol i wneud newidydd syml:

Cyfarpar

> gwifrau wedi'u gorchuddio â phlastig
> craidd-C × 2 a chlamp sbring
> cyflenwad pŵer c.e. foltedd isel
> bylbiau golau foltedd isel × 2
> amlfesurwyr × 2, wedi'u gosod ar foltiau c.e.

Dull

1 Cysylltwch y gylched sy'n cael ei dangos yn Ffigur 2.29.
2 I wneud newidydd codi, rhowch 20 troad ar y coil cynradd a 40 troad ar y coil eilaidd.
3 Mesurwch a chofnodwch y foltedd ar draws y bwlb cynradd a'r bwlb eilaidd, ynghyd â'r ceryntau cynradd ac eilaidd.
4 Cymharwch ddisgleirdeb y bwlb cynradd a'r bwlb eilaidd.
5 Defnyddiwch y foltedd a'r cerrynt cynradd i gyfrifo'r pŵer cynradd, a defnyddiwch y foltedd a'r cerrynt eilaidd i gyfrifo'r pŵer eilaidd.
6 Defnyddiwch y gwerthoedd hyn i gyfrifo effeithlonrwydd y newidydd.
7 Datgysylltwch y newidydd a'i droi i'r cyfeiriad arall. Defnyddiwch ef i wneud newidydd gostwng. Ailadroddwch yr arbrawf.

Dadansoddi eich canlyniadau

1 Cymharwch effeithlonrwydd y ddau fath o newidydd. Ydy'r newidydd gostwng yn fwy effeithlon neu'n llai effeithlon na'r newidydd codi?
2 Ymchwiliwch i beth sy'n digwydd pan newidiwch chi nifer y troadau ar y coil cynradd a'r coil eilaidd.

Ffigur 2.28 Arbrawf trawsyrru craidd-C.

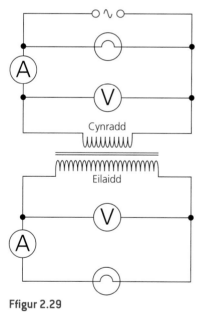

Ffigur 2.29

Crynodeb o'r bennod

- Mae trydan yn ffurf ddefnyddiol iawn ar egni gan ei fod yn hawdd ei gynhyrchu ac yn hawdd ei drosglwyddo'n fathau defnyddiol eraill o egni.

- Mae gan orsafoedd trydan (adnewyddadwy, anadnewyddadwy a niwclear) gostau comisiynu, costau rhedeg (gan gynnwys tanwydd) a chostau datgomisiynu arwyddocaol ond gwahanol iawn. Mae angen ystyried y rhain wrth gynllunio strategaeth egni genedlaethol.

- Mae gwahanol fanteision ac anfanteision i gynhyrchu pŵer ar raddfa fawr mewn gorsafoedd trydan a microgynhyrchu trydan, e.e. gan ddefnyddio tyrbinau gwynt domestig a chelloedd ffotofoltaidd ar doeon adeiladau. Mae ganddynt i gyd effeithiau amgylcheddol gwahanol iawn.

- Mae'n bosibl defnyddio data i fesur effeithlonrwydd a phŵer allbwn gorsafoedd trydan a microgeneraduron.

- Mewn gorsaf drydan sy'n cael ei rhedeg ar danwydd, cynhyrchir trydan gan y tanwydd sy'n llosgi, gan gynhyrchu egni thermol sy'n berwi dŵr i gynhyrchu ager. Mae'r ager symudol yn troi tyrbin, wedi'i gysylltu â generadur, sy'n cynhyrchu'r egni trydanol.

- Gallwn ni ddefnyddio diagramau Sankey i ddangos trosglwyddiadau egni.

- Gallwn ni gyfrifo effeithlonrwydd trosglwyddiad egni trwy ddefnyddio'r hafaliad:

$$\% \text{ effeithlonrwydd} = \frac{\text{egni sy'n cael ei drosglwyddo mewn ffordd ddefnyddiol}}{\text{cyfanswm egni sy'n cael ei gyflenwi}} \times 100\%$$

- Mae angen system genedlaethol i ddosbarthu trydan (y Grid Cenedlaethol), er mwyn cynnal cyflenwad trydan dibynadwy sy'n gallu ymateb i alw newidiol.

- Mae'r Grid Cenedlaethol yn cynnwys gorsafoedd trydan, is-orsafoedd a llinellau pŵer.

- Caiff trydan ei drawsyrru ar draws y wlad ar folteddau uchel gan fod hynny'n fwy effeithlon, ond rydym ni'n defnyddio folteddau isel yn ein cartrefi gan fod hynny'n fwy diogel.

- Mae angen newidyddion i newid y foltedd a'r cerrynt yn y Grid Cenedlaethol.

- Mae'n bosibl cynnal arbrawf i ymchwilio i sut mae newidyddion codi a gostwng yn gweithredu, yn nhermau'r foltedd mewnbwn ac allbwn, y cerrynt a'r pŵer.

pŵer = foltedd $\times$ cerrynt; $P = VI$

► Cwestiynau ymarfer

1 a) Disgrifiwch y system Grid Cenedlaethol. *[2]*

b) Mae'r Grid Cenedlaethol yn cael ei fonitro i wneud yn siŵr bod digon o drydan i ateb y galw. Mae'r graff yn dangos y galw am drydan dros gyfnod o 24 awr.

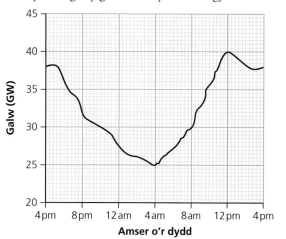

Ffigur 2.30

i) Defnyddiwch y graff i ddarganfod y galw lleiaf ar y Grid Cenedlaethol. *[1]*

ii) Defnyddiwch y graff i ddarganfod y cynnydd yn y galw rhwng 4 a.m. a 12 p.m. *[1]*

c) Mae'r Ffigur 2.31 yn dangos un math o orsaf bŵer trydan dŵr. Ar adegau penodol, mae trydan o'r Grid Cenedlaethol yn cael ei ddefnyddio i bwmpio dŵr o'r gronfa ddŵr isaf i'r gronfa ddŵr uchaf.

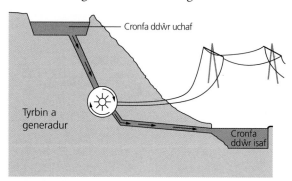

Ffigur 2.31

i) Defnyddiwch y graff i awgrymu pryd dylai hyn gael ei wneud. *[1]*

ii) Rhowch reswm dros eich ateb. *[1]*

iii) Rhowch reswm pam mae'r orsaf drydan yma'n gallu cyflenwi trydan i'r grid heb oediad amser. *[1]*

(TGAU Ffiseg CBAC P1, Sylfaenol, haf 2010, cwestiwn 6)

2 a) Mae Ffigur 2.32 yn dangos rhan o'r Grid Cenedlaethol. Mae trydan yn cael ei gynhyrchu yng ngorsaf drydan A.

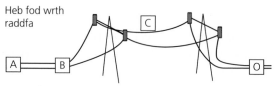

Ffigur 2.32

Defnyddiwch air o'r blwch isod i gwblhau'r brawddegau sy'n dilyn. Gallwch ddefnyddio pob gair unwaith, fwy nag unwaith neu ddim o gwbl.

newidydd	peilon	generadur	pŵer	cerrynt

i) Yn B, mae _____ yn cynyddu'r foltedd. *[1]*

ii) Mae trydan yn cael ei anfon ar foltedd uchel ar hyd C, fel bod y_____ yn llai. *[1]*

iii) Yn D, mae'r foltedd yn cael ei leihau trwy ddefnyddio _____ *[1]*

b) Y pŵer mewnbwn i B yw 100 MW. Mae gwres yn cael ei gynhyrchu yn B ar gyfradd o 1 MW.

i) Darganfyddwch yr allbwn pŵer defnyddiol o B. *[1]*

ii) Defnyddiwch yr hafaliad

$$\% \text{ effeithlonrwydd} = \frac{\text{pŵer sy'n cael ei drosglwyddo mewn ffordd ddefnyddiol}}{\text{cyfanswm pŵer sy'n cael ei gyflenwi}} \times 100\%$$

i ddarganfod effeithlonrwydd B. *[1]*

(TGAU Ffiseg CBAC P1, Sylfaenol, Ionawr 2010, cwestiwn 7)

3 Mae Ffigur 2.33 yn dangos sut y gwnaeth y pŵer trydanol defnyddiol o'r holl ffermydd gwynt yn Nenmarc newid yn ystod un diwrnod, sef 25 Mehefin 1997.

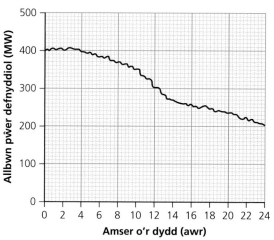

Ffigur 2.33

2 Cynhyrchu trydan

a) Disgrifiwch sut y gwnaeth cryfder y gwynt newid yn ystod y dydd. [1]

b) i) Defnyddiwch y graff i ganfod allbwn pŵer defnyddiol y ffermydd gwynt am 14.00 o'r gloch. [1]

ii) Am 14.00 o'r gloch, cyfanswm y mewnbwn pŵer i'r ffermydd gwynt oedd 650 MW.

Defnyddiwch yr hafaliad:

$$\% \text{ effeithlonrwydd} = \frac{\text{pŵer sy'n cael ei drosglwyddo mewn ffordd ddefnyddiol}}{\text{cyfanswm pŵer sy'n cael ei gyflenwi}} \times 100\%$$

i ganfod effeithlonrwydd y ffermydd gwynt. [2]

c) Mae ffynonellau egni adnewyddadwy yn cael eu defnyddio i gynhyrchu trydan. Copïwch a chwblhewch y lluniad isod. Tynnwch linell syth i gysylltu pob disgrifiad yn y blychau ar y chwith â'r blychau ar y dde. Mae un wedi'i gwneud drosoch chi. [3]

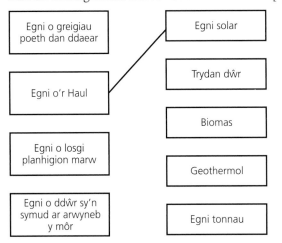

(TGAU Ffiseg CBAC P1, Sylfaenol, Ionawr 2008, cwestiwn 1 a chwestiwn 6)

4 Mae Tabl 2.3 yn dangos ychydig o'r wybodaeth mae cynllunwyr yn ei ddefnyddio i'w helpu i benderfynu ar y math o orsaf drydan y byddan nhw'n fodlon iddi gael ei hadeiladu.

Tabl 2.3

Sut maen nhw'n cymharu		
	Gwynt	Niwclear
Cost gyffredinol cynhyrchu trydan (c/kWawr)	5.4c	2.8c
Pŵer allbwn mwyaf (MW)	3.5	3600
Hyd oes	15 mlynedd	50 mlynedd
Gwastraff sy'n cael ei gynhyrchu	Dim	Sylweddau ymbelydrol, rhai yn dal yn beryglus am filoedd o flynyddoedd
Ôl troed carbon yn ystod ei oes (g o CO_2/kWawr)	4.64g/5.25g (atraeth/alltraeth)	5g

Defnyddiwch y wybodaeth yn y tabl i ateb y cwestiynau.

a) Rhowch un rheswm pam nad yw'r wybodaeth yn y tabl yn cytuno â'r syniad bod pŵer gwynt yn ddull rhatach o gynhyrchu trydan. [1]

b) Mae cefnogwyr pŵer gwynt yn dadlau y bydd yn lleihau cynhesu byd-eang yn fwy na phŵer niwclear. Eglurwch a yw'r wybodaeth yn y tabl yn cefnogi hyn ai peidio. [2]

c) Mae cefnogwyr pŵer niwclear yn dadlau y bydd yn gallu cwrdd â'r galw am fwy o drydan yn y dyfodol, yn wahanol i bŵer gwynt. Rhowch ddwy ffordd y mae'r wybodaeth yn y tabl yn cefnogi hyn. [2]

(TGAU Ffiseg CBAC P1, Uwch, Ionawr 2010, cwestiwn 2)

5 Mae Ffigur 2.34 yn dangos diagram llif egni ar gyfer gorsaf drydan sy'n llosgi glo.

Ffigur 2.34

Mae effeithlonrwydd yr orsaf drydan hon wrth gynhyrchu trydan yn 35%. Mae'n rhyddhau 65% o'r egni o losgi glo i'r amgylchedd,

a) Nodwch pa effeithiau y mae gorsafoedd trydan sy'n llosgi glo yn eu cael ar yr amgylchedd. [3]

b) Mae gorsafoedd gwres a phŵer cyfunol (CHP: combined heat and power) yn cael eu hadeiladu yn lle rhai confensiynol. Mae'r rhain yn defnyddio'r gwres yn y dŵr sy'n cael ei ddefnyddio ar gyfer oeri. Caiff y dŵr ei yrru trwy bibellau i ddarparu gwres canolog ar gyfer yr orsaf drydan a'r tai gerllaw. Mae gorsaf gwres a phŵer cyfunol penodol yn derbyn 400 MJ/s o egni trwy losgi glo. Caiff 210 MJ/s ei ddosbarthu i wresogi'r ardal. Mae effeithlonrwydd yr orsaf drydan yn 82%.

i) Dewiswch hafaliad ac yna defnyddiwch hwn i gyfrifo'r egni defnyddiol sy'n cael ei drosglwyddo gan yr orsaf drydan bob eiliad.

ii) Cyfrifwch nifer y MJ/s o egni trydanol sy'n cael eu trosglwyddo i'r Grid Cenedlaethol gan yr orsaf drydan.

iii) Awgrymwch reswm pam dylai gorsafoedd CHP gael eu lleoli yn agos at gymuned fawr. [5]

(TGAU Ffiseg CBAC P1, Uwch, Ionawr 2007, cwestiwn 7)

6 a) Mae'n bosibl berwi dŵr trwy ddefnyddio sosban ar alch (*cooker ring*) nwy. Mae'r egni sy'n cael ei drosglwyddo i'w weld isod.

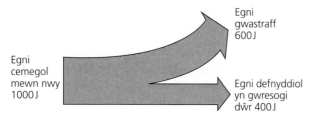

Egni cemegol mewn nwy 1000 J

Egni gwastraff 600 J

Egni defnyddiol yn gwresogi dŵr 400 J

b) Mae tegell trydan yn 90% effeithlon wrth ferwi dŵr. Cwblhewch y diagram trosglwyddo egni isod. Nid yw'r diagram wrth raddfa. [2]

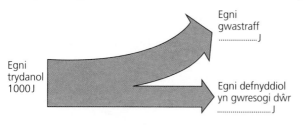

Egni trydanol 1000 J

Egni gwastraff .... J

Egni defnyddiol yn gwresogi dŵr .... J

(TGAU Ffiseg CBAC P1, Uwch, haf 2010, cwestiwn 3)

7 Astudiwch Dabl 2.1 ar dudalen 24. Gan ddefnyddio'r wybodaeth honno, copïwch y tabl isod a phenderfynwch os yw pob datganiad yn fantais neu'n anfantais. Ym mhob achos, rhowch gylch o amgylch yr ateb cywir.

Tabl 2.4

A	Mae tanwyddau ffosil yn ffurfiau anadnewyddadwy o egni.	Mantais	Anfantais
B	Dydy egni gwynt ddim yn cynhyrchu llygredd aer.	Mantais	Anfantais
C	Gall gorsafoedd egni solar ar raddfa fawr gymryd llawer o le.	Mantais	Anfantais
Ch	Mae lleoliadau addas ar gyfer gorsafoedd pŵer trydan dŵr yn tueddu i fod yn bell o ganolfannau poblogaeth.	Mantais	Anfantais

[4]

3 Defnyddio egni

🏠 | **Cynnwys y fanyleb**

Mae'r bennod hon yn ymdrin ag adran 1.3 Defnyddio egni yn y fanyleb TGAU Ffiseg ac adran 3.3 Defnyddio egni yn y fanyleb TGAU Gwyddoniaeth (Dwyradd), sy'n edrych ar y syniad bod gwahaniaethau tymheredd yn gallu arwain at drosglwyddo egni thermol trwy ddargludiad, darfudiad a phelydriad. Mae'n defnyddio model moleciwlaidd mater i egluro'r gwahaniaethau ym mecanwaith trosglwyddo egni thermol gan ddefnyddio'r tri dull hyn. Mae hefyd yn defnyddio'r syniadau sy'n cael eu datblygu i drafod effeithlonrwydd ac effeithiolrwydd cost dulliau gwahanol o leihau colledion egni thermol yn y sefyllfa ddomestig.

▶ Cynhyrchu trydan 'am ddim'

Generadur sy'n cynhyrchu trydan. Mae magnet mawr (neu electromagnet) yn troelli y tu mewn i goil gwifren, gan gynhyrchu cerrynt. Mewn gorsaf drydan gonfensiynol wedi'i phweru gan danwydd ffosil, caiff y generadur ei droelli gan dyrbin sy'n cael ei yrru gan ager gwasgedd uchel. Caiff yr ager ei gynhyrchu pan mae'r tanwydd ffosil yn llosgi ac mae'r gwres yn cael ei ddefnyddio i ferwi dŵr.

Bydd unrhyw **lifydd** (hylif neu nwy) sy'n symud yn troelli tyrbin, felly mae dŵr sy'n rhedeg a'r gwynt yn gallu troi'r tyrbin yr un mor effeithiol ag ager. Yn wir, rydym ni wedi bod yn defnyddio dŵr sy'n rhedeg a'r gwynt ers canrifoedd i roi egni i ni – olwynion dŵr a melinau gwynt.

Ffigur 3.1 Argae Cwm Elan, Canolbarth Cymru. Mae dŵr o argae yn gallu gyrru tyrbin.

Ffigur 3.2 Mae a) olwynion dŵr a b) melinau gwynt wedi bod yn cynhyrchu egni ers canrifoedd.

Mae tyrbinau dŵr a gwynt modern yn cynnwys llafnau tyrbin ffrithiant isel sy'n cael eu troi'n rhwydd gan y llifydd sy'n symud. Mae'r llafnau wedi'u cysylltu'n uniongyrchol â'r generadur sy'n cynhyrchu'r trydan. Y peth pwysig am hyn, fodd bynnag, yw fod rhaid cael digon o egni cinetig yn y dŵr neu'r gwynt i droi llafnau'r tyrbin. Mae hyn yn dibynnu ar fuanedd y gwynt/dŵr sy'n symud ac ar fàs yr aer/dŵr sy'n symud trwy lafnau'r tyrbin. Gallwn ni gyfrifo màs y gwynt neu'r dŵr trwy wybod ei ddwysedd.

Mae dwysedd yn ffordd o fesur faint o fàs (mater) sy'n bresennol mewn cyfaint penodol o ddefnydd – fel rheol, $1 \, cm^3$ neu $1 \, m^3$ fydd hwn. Dwysedd dŵr yw $1 \, g/cm^3$ neu $1000 \, kg/m^3$. Dwysedd aer (ar lefel y môr ac $15 \, °C$) yw $0.0012 \, g/cm^3$ neu $1.2 \, kg/m^3$.

Gallwn ni ddefnyddio'r hafaliad canlynol i gyfrifo dwysedd:

$$\text{dwysedd} = \frac{\text{màs}}{\text{cyfaint}}$$

▶ Pam mae dwysedd mor bwysig i gynhyrchu trydan?

Mae dŵr tua 1000 gwaith dwysach nag aer. Mae hyn yn golygu, pan mae dŵr yn symud trwy lafn tyrbin, fod mwy o fàs ohono yn symud ac felly mwy o egni cinetig. Mae defnyddio dŵr sy'n symud yn ffordd effeithlon iawn o gynhyrchu trydan. Mae symiau mawr o ddŵr sy'n llifo'n gyflym trwy orsaf drydan dŵr yn gallu cynhyrchu symiau enfawr o drydan. Mae'r generaduron wrth droed Argae Hoover yn Nevada yn darparu mwy na digon o drydan i ddinas Las Vegas gyda'i holl oleuadau llachar.

Ffigur 3.3 Argae Hoover yn Nevada, UDA.

Ffigur 3.4 Goleuadau llachar Las Vegas.

★ | Enghreifftiau wedi'u datrys

Cwestiynau ar gyfrifo dwysedd

1 Mae myfyriwr yn mesur bod màs $100 \, cm^3$ o ddŵr mewn silindr mesur yn $101.05 \, g$. Beth yw dwysedd y dŵr?

2 Mae clown yn chwythu $0.5 \, g$ o aer i falŵn, sy'n ehangu i gyfaint o $400 \, cm^3$. Beth yw dwysedd yr aer?

3 Mae angen $24 \, kg$ o aer bob eiliad ar dyrbin gwynt, gyda dwysedd o $1.2 \, kg/m^3$, er mwyn troi ar yr effeithlonrwydd uchaf posibl. Beth yw cyfaint yr aer sydd ei angen am bob eiliad?

Atebion

1 $\text{dwysedd} = \frac{\text{màs}}{\text{cyfaint}} = \frac{101.05 \, g}{100 \, cm^3} = 1.0105 \, g/cm^3$

2 $\text{dwysedd} = \frac{\text{màs}}{\text{cyfaint}} = \frac{0.500 \, g}{400 \, cm^3} = 0.00125 \, g/cm^3$

3 $\text{dwysedd} = \frac{\text{màs}}{\text{cyfaint}}$

Wedi'i aildrefnu:

$\text{cyfaint} = \frac{\text{màs}}{\text{dwysedd}} = \frac{24 \, kg}{1.2 \, kg/m^3} = 20 \, m^3$

Profwch eich hun

1 Mae dŵr môr yn ddwysach na dŵr ffres (oherwydd yr halen sydd wedi hydoddi ynddo). Cyfrifwch ddwysedd dŵr môr os 2060 g yw màs 2000 cm³ o ddŵr.

2 Mae fferm wynt Farr ger Inverness yn safle anarferol o uchel i fferm wynt, gydag uchder cyfartalog o 500 m. Er bod aer yn symud yn gyflymach ar uchder, mae'n llai dwys nag ydyw ar lefel y môr. Ar 500 m, mae màs 10 m³ o aer yn 9.5 kg. Cyfrifwch ddwysedd yr aer yn fferm wynt Farr.

3 Mae cynllun trydan dŵr ac argaeau Cwm Elan yng Nghanolbarth Cymru'n cyflenwi trydan i gyfanswm o 11 000 o gartrefi ac yn cyflenwi 300 000 m³ o ddŵr i Birmingham bob dydd. Os yw dwysedd dŵr yn 1000 kg/m³, cyfrifwch fàs y dŵr sy'n cael ei ddanfon i Birmingham bob dydd o Gwm Elan.

Gwaith ymarferol penodol

Mesur dwysedd solidau a hylifau

Dyma weithgaredd sy'n eich helpu i wneud y canlynol:

> gweithio mewn tîm
> trin cyfarpar
> gwneud rhagfynegiad
> trefnu eich gwaith
> mesur a chofnodi data
> cyfrifo gwerthoedd o ddata
> dadansoddi ansicrwydd mewn arbrofion
> dadansoddi canlyniadau arbrawf.

Yn yr arbrawf hwn byddwch chi'n defnyddio nifer o ddulliau gwahanol i fesur dwysedd dŵr ac iâ. Eich tasg chi yw penderfynu pa un o'r dulliau sy'n rhoi'r gwerth mwyaf manwl gywir.

a) **Mesur dwysedd dŵr**

Byddwch chi'n ceisio mesur dwysedd dŵr. Caiff dwysedd dŵr ei gyfrifo trwy fesur màs cyfaint penodol. Mae hyn yn golygu bod rhaid i chi fesur y màs a'r cyfaint ar wahân. Edrychwch ar Dabl 3.1.

Tabl 3.1 Dulliau mesur màs a chyfaint hylifau.

Ffyrdd o fesur màs hylif	Ffyrdd o fesur cyfaint hylif
Clorian electronig y labordy	Bicer
Clorian fecanyddol y labordy	Silindr mesur
Clorian cegin	Fflasg safonol

Rhagfynegwch pa gyfuniad o offer fydd yn eich barn chi'n rhoi'r gwerth mwyaf manwl gywir ar gyfer dwysedd dŵr. Eglurwch pam.

Cyfarpar

> clorian labordy
> clorian cegin
> clorian fecanyddol y labordy
> bicer 100 cm³
> silindr mesur 100 cm³
> fflasg safonol 100 cm³
> riwl 30 cm, wedi'i raddnodi mewn mm
> ciwbiau iâ petryal

Dull

1 Defnyddiwch bob darn o gyfarpar mesur cyfaint i fesur 100 cm³ o ddŵr.

2 Yna, defnyddiwch bob cyfarpar mesur màs i fesur màs pob 100 cm³ o ddŵr. Cofnodwch eich canlyniadau mewn tabl addas. Cyfrifwch ddwysedd y dŵr ar gyfer pob cyfuniad o gyfarpar cyfaint a màs, trwy ddefnyddio'r hafaliad:

$$\text{dwysedd} = \frac{\text{màs}}{\text{cyfaint}}$$

Gwerthuso eich canlyniadau

1 Y gwerth sy'n cael ei roi ar gyfer dwysedd dŵr yw 1.00 g/cm³. Pa gyfuniad o offer sy'n rhoi:
   a) y gwerth mwyaf manwl gywir (yr agosaf i'r gwerth sydd wedi'i roi)
   b) y gwerth lleiaf manwl gywir?

2 Rhowch resymau pam rydych chi'n meddwl bod cymaint o wahaniaeth yng nghywirdeb y dwyseddau dŵr rydych chi wedi eu cyfrifo.

3 Ydych chi'n meddwl y byddai ailadrodd pob mesuriad yn gwneud gwahaniaeth i'ch canlyniadau? Eglurwch eich ateb.

4 Oes ots sut rydym ni'n mesur maint ffisegol fel dwysedd?

1. Rydym ni'n gallu pennu cyfaint ciwb iâ petryal solet trwy fesur hyd, lled a dyfnder y ciwb iâ â riwl ac yna defnyddio'r hafaliad:

   cyfaint = hyd × lled × dyfnder
2. Defnyddiwch offeryn mesur addas i fesur màs y ciwb iâ.
3. Cyfrifwch ddwysedd y ciwb iâ.
4. Eglurwch pam bydd eich cyfrifiad o gyfaint yn danamcangyfrif.

5. Cymharwch ddwysedd y dŵr a fesurwyd â dwysedd yr iâ a fesurwyd. Eglurwch pam gallai'r gwerthoedd hyn fod yn wahanol.

Gwaith estynedig – mesur dwysedd aer

Mae'r Sefydliad Ffiseg (*IOP: Institute of Physics*) wedi cynhyrchu dull rhagorol o fesur dwysedd aer gan ddefnyddio balŵn a bwced o ddŵr. Mae ar gael ar: www.practicalphysics.org/measuring-density-air-1.html

▶ ## Faint gallech chi ei arbed?

Mae'r erthygl ganlynol yn dod o bapur newydd y *Guardian*:

Ffigur 3.5 Mae delweddu thermol yn dangos colledion gwres amrywiol mewn rhes o dai.

Ffigur 3.6 Mae ar y byd eich angen CHI!

O leiaf 10% o gartrefi newydd yn methu prawf effeithlonrwydd egni

Yn ôl ffigurau swyddogol dydy nifer uchel o gartrefi newydd ddim yn cydymffurfio â safonau cyfreithiol i leihau allyriadau carbon a biliau gwasanaethau. Mae o leiaf un o bob 10 cartref newydd ym Mhrydain yn methu bodloni gofynion cyfreithiol o ran effeithlonrwydd egni, sy'n condemnio degau o filoedd o ddeiliaid tai i filiau egni uwch, ac yn gwaethygu'r newid yn yr hinsawdd. Mae'r llywodraeth wedi penderfynu mai gwella effeithlonrwydd egni cartrefi yw'r ffordd orau o leihau allyriadau carbon a chadw biliau gwasanaethau dan reolaeth ar yr un pryd. Ers mis Ebrill 2008, mae pob cartref newydd wedi gorfod bodloni safonau caeth ar atal drafftiau, goleuo a gwresogi. Mae pob cartref yn gorfod cael Tystysgrif Perfformiad Egni i nodi pa mor effeithlon ydyw. Ond dydy o leiaf 30,000 o'r 300,000 o gartrefi sydd wedi cael eu hadeiladu ers hynny ddim yn bodloni'r safonau cyfreithiol hyn, yn ôl ffigurau swyddogol sydd newydd gael eu rhyddhau. Meddai Andrew Warren, cyfarwyddwr y Gymdeithas Cadwraeth Egni: "Prynu cartref yw'r pryniad sengl mwyaf a wnaiff pobl yn eu bywydau. Mae costau egni'n codi – heb sôn am y materion amgylcheddol – ac mae'n gwbl resymol disgwyl i adeiladau fodloni'r safonau cyfreithiol gofynnol ar gyfer effeithlonrwydd egni."

Mae ar y byd eich angen CHI! Eich cenhedlaeth chi sy'n gorfod wynebu, a gwneud, penderfyniadau anodd am y dyfodol. Dydy'r byd ddim yn gallu parhau i ddefnyddio egni mewn ffordd mor ddifeddwl. Rhaid i wastraffu egni ddod yn gymdeithasol annerbyniol, yn yr un ffordd ag mae yfed a gyrru'n annerbyniol i gymdeithas heddiw. Rhaid i effeithlonrwydd egni, ynysu a defnyddio mwy o egni adnewyddadwy ddod yn ffordd gyffredin a derbyniol o ddefnyddio egni, a rhaid i unigolion yn ogystal â llywodraethau lleol, cenedlaethol a rhyngwladol i gyd wneud eu rhan. Beth fydd eich cyfraniad chi? Yn yr erthygl yn y *Guardian*, mae'r awdur yn cyfeirio at y Dystysgrif Perfformiad Egni (*EPC: Energy Performance Certificate*). Mae'r *EPC* sy'n cael ei chynhyrchu ar adeg gwerthu tŷ yn cynnwys sgôr effeithlonrwydd egni – mae Ffigur 3.7 yn dangos enghraifft o un o'r rhain.

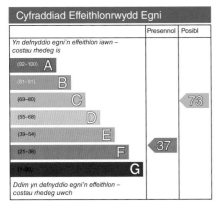

Ffigur 3.7 Tystysgrif Perfformiad Egni.

Mae cyfraddiad effeithlonrwydd egni'r tŷ hwn yn dangos bod effeithlonrwydd y tŷ yn 37%, sef gradd F. Caiff yr effeithlonrwydd ei gyfrifo trwy ddefnyddio model cyfrifiadurol sy'n seiliedig ar ffactorau fel ynysu, gwresogi a systemau dŵr poeth, awyru a'r tanwyddau sy'n cael eu defnyddio yn y cartref. Mae effeithlonrwydd egni cyfartalog tai Cymru a Lloegr ym mand E (sgôr o 46%). Yna, mae'r *EPC* yn awgrymu ffyrdd y gallai deiliaid y tŷ wella effeithlonrwydd cyffredinol y tŷ. Yn yr achos hwn, argymhellodd yr *EPC* fod deiliaid y tŷ'n gwneud y pethau canlynol:

▸ gosod ynysiad wal geudod	arbed £411 y flwyddyn
▸ gosod goleuadau egni isel	arbed £11 y flwyddyn
▸ gosod thermostat silindr dŵr poeth	arbed £102 y flwyddyn
▸ cael boeler cyddwyso Band A yn lle'r boeler presennol	arbed £323 y flwyddyn
▸ cael ffenestri gwydr dwbl yn lle'r ffenestri gwydr sengl	arbed £30 y flwyddyn
▸ gosod paneli ffotofoltaidd solar (ar 25% o'r to)	arbed £49 y flwyddyn
▸ **Cyfanswm yr effaith**	**arbed £926 y flwyddyn**

Yna, mae'r *EPC* yn rhoi manylion pob math o fesur arbed egni, gan awgrymu ffyrdd o'u gosod nhw a lle i gael mwy o wybodaeth. Mae rhai o'r mesurau arbed egni'n eithaf drud i'w gosod. Dydy prynu boeleri newydd a gosod ffenestri gwydr dwbl a phaneli ffotofoltaidd solar ddim yn rhad, ond mae rhai mesurau syml yn syndod o rad. Mae gormod o ddrafftiau mewn llawer o dai hŷn, yn bennaf trwy ochrau ffenestri a drysau sydd ddim yn ffitio'n dda. Mae gosod stribedi tywydd a rhimynnau drafft (sydd ar gael am rai punnoedd yn unig ac y gallwch chi eu gosod eich hun) ar ddrysau a ffenestri'n gallu gwneud llawer i wella ynysiad tŷ.

Ffigur 3.8 Rhimyn drafft wedi'i ffitio ar waelod drws.

Sut mae rhimynnau drafft yn gweithio?

Mae pob math o ynysiad yn gweithio yn yr un ffordd sylfaenol – mae'n atal egni gwres rhag symud o rywle poeth i rywle oer.

Trosglwyddiad thermol

1. Dargludiad
2. Darfudiad
3. Pelydriad

POETH **OER**

Ffigur 3.9 Trosglwyddiad thermol.

Mae ynysiad yn lleihau llif egni gwres o le poeth i le oer trwy leihau effaith y tri dull o drosglwyddiad thermol, sef:

▸ dargludiad
▸ darfudiad
▸ pelydriad.

Mae rhimynnau drafft yn gweithio trwy leihau ceryntau darfudiad o dan ddrws neu drwy'r bylchau yn y ffrâm – maen nhw'n gallu arbed rhwng 10% ac 20% o gostau gwresogi cartref.

Termau allweddol

Dargludiad yw trosglwyddiad egni o boeth i oer trwy basio dirgryniad gronynnau ymlaen y tu mewn i solidau, hylifau a nwyon.

Darfudiad yw trosglwyddiad egni o boeth i oer trwy drawsfudiad (symudiad) gronynnau trwy hylifau a nwyon.

Pelydriad yw trosglwyddiad egni o boeth i oer trwy allyriad tonnau electromagnetig isgoch.

Mae rhimynnau drafft yn gweithredu fel rhwystrau rhwng y mannau poeth a'r mannau oer. Mae'r aer oer y tu allan i ystafell yn cael ei rwystro rhag cael ei sugno trwy'r bwlch aer o dan ddrws wrth i'r aer poeth yn yr ystafell godi. Mae'r rhimyn drafft yn ffisegol yn atal y gronynnau aer oerach rhag mynd i mewn i'r ystafell.

⚙ | Gwaith ymarferol penodol

Ymchwilio i ddulliau trosglwyddiad thermol

a) Ymchwilio i ddarfudiad

Dyma weithgaredd sy'n eich helpu i wneud y canlynol:
> gwneud arsylwadau arbrofol
> defnyddio model gwyddonol i ddadansoddi arsylwadau arbrofol
> lluniadu diagram ar gyfer arbrawf.

Bydd eich athro/athrawes yn arddangos ceryntau darfudiad ar waith mewn model o simnai.

Cyfarpar

> cyfarpar arddangos simnai
> cannwyll
> prennyn/sblint

Nodiadau diogelwch

> Arddangosiad enghreifftiol yw hwn.
> Bydd y simnai uwchben y gannwyll yn mynd yn boeth iawn, yn ogystal â'r aer sy'n dod ohoni. Peidiwch â chyffwrdd y gwydr na rhoi eich llaw uwchben y simnai boeth nes bod y gannwyll wedi ei diffodd a'r simnai wedi oeri.

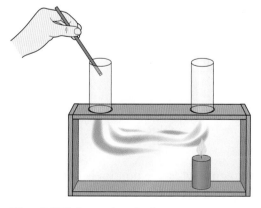

Ffigur 3.10 Cyfarpar simnai sy'n mygu.

Dull

1 Tynnwch y panel gwydr ar flaen y cyfarpar i ffwrdd.
2 Cyneuwch y gannwyll o dan un o'r simneiau gwydr.
3 Rhowch y panel gwydr yn ei ôl.
4 Cyneuwch brennyn, gadewch iddo fflamio am ychydig yna chwythwch arno i'w ddiffodd. Bydd y prennyn yn cynhyrchu mwg.
5 Daliwch y prennyn sy'n mygu yn rhan uchaf y simnai wydr arall, ac edrychwch ar y mwg yn symud.
6 Lluniadwch ddiagram o'r cyfarpar ac ychwanegwch saethau i ddangos mudiant y mwg.

Egluro mudiant y mwg (a cheryntau darfudiad llifyddion eraill)

Mae'r egni thermol sy'n cael ei gynhyrchu gan y gannwyll yn gwresogi'r aer yn union uwchben y fflam. Mae'r gronynnau yn yr aer wedi'i wresogi yn symud yn gyflymach. Wrth iddynt symud yn gyflymach maen nhw'n mynd (ar gyfartaledd) yn bellach oddi wrth ei gilydd. Mae hyn yn golygu bod 1 cm^3 o aer poeth uwchben fflam y gannwyll yn cynnwys llai o ronynnau na'r aer oer o'i gwmpas. Mae llai o ronynnau aer yn golygu llai o fàs o aer i bob centimetr ciwbig – mae hyn yn golygu bod dwysedd (màs am bob uned o gyfaint) yr aer poeth yn llai na dwysedd yr aer oerach o'i gwmpas. Yna, mae'r aer poeth llai dwys yn codi'n uwch na'r aer oerach, dwysach. Wrth i'r aer poeth godi mae aer oerach yn cael ei sugno i mewn i gymryd lle'r aer poeth yn union uwchben y fflam. Mae unrhyw ronynnau mwg yn system y simneiau'n cael eu cludo ar y cerrynt **darfudiad** hwn o aer wrth iddo symud i lawr y simnai oer ac i fyny'r simnai boeth (gweler Ffigur 3.11).

Aer oer, dwysach yn disgyn

Aer poeth, llai dwys yn codi

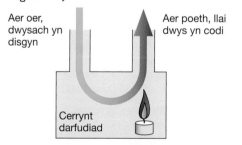

Cerrynt darfudiad

Ffigur 3.11 Sut mae'n gweithio.

Gwaith ymarferol penodol

Ymchwilio i ddulliau o drosglwyddiad thermol

b) Darfudiad mewn hylif

Dyma weithgaredd sy'n eich helpu i wneud y canlynol:

> gweithio mewn tîm
> gweithio'n ddiogel ym maes gwyddoniaeth
> gwneud arsylwadau gwyddonol.

Gallwch chi hefyd archwilio i geryntau darfudiad mewn dŵr.

Nodiadau diogelwch

> Gwisgwch sbectol ddiogelwch

Dull

1 Bydd eich athro/athrawes yn rhoi grisial bach o botasiwm manganad(VII) (permanganad) i chi. Defnyddiwch efel fach i'w ollwng yn ofalus i fflasg o ddŵr oer. Peidiwch â chyffwrdd y grisial.

2 Defnyddiwch fflam isel iawn i wresogi'r dŵr yn araf yn agos at y grisial.

3 Arsylwch beth sy'n digwydd.

Wrth i'r dŵr sy'n agos at y grisial gael ei wresogi, mae'r gronynnau dŵr yn cyflymu ac yn mynd (ar gyfartaledd) yn bellach oddi wrth ei gilydd, gan gynyddu cyfaint y dŵr a gan leihau ei ddwysedd. Mae'r dŵr llai dwys, poethach yn codi trwy'r dŵr oerach, mwy dwys, gan ffurfio cerrynt darfudiad. Mae'r dŵr lliw yn dangos llwybr y cerrynt darfudiad yn y dŵr. Mae'r cerrynt yn cludo'r egni thermol gydag ef.

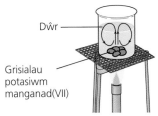

Ffigur 3.12 Cyfarpar i ddangos ceryntau darfudiad.

Mae ceryntau darfudiad ym mhobman. Bydd darfudiad yn digwydd i bob **llifydd** (hylif neu nwy) pan gaiff ei wresogi. Bydd darfudiad hyd yn oed yn digwydd i hylifau trwchus iawn fel y graig dawdd ym mantell y Ddaear (yn wir, y ceryntau darfudiad hyn sy'n gyrru tectoneg platiau – symudiad platiau cramennol y Ddaear). Darfudiad sydd hefyd yn rheoli prifwyntoedd y Ddaear, sef y Gwyntoedd Cyson. Yr Haul yw'r ffynhonnell gwres ac enw'r ceryntau darfudiad atmosfferig sy'n cael eu hachosi ganddo yw celloedd Hadley.

Ffigur 3.13 Ceryntau darfudiad ym mantell y Ddaear.

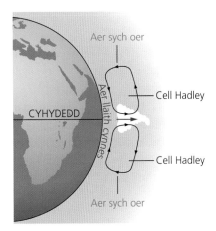

Ffigur 3.14 Celloedd Hadley wrth y cyhydedd.

Mae'r rhan fwyaf o systemau gwres canolog yn gweithio o ganlyniad i geryntau darfudiad. Caiff dŵr poeth ei bwmpio trwy system o bibellau a rheiddiaduron. Mae'r aer mewn ystafell yn cael ei wresogi gan y rheiddiadur, gan greu ceryntau darfudiad. Mae'r aer poeth uwchben y rheiddiadur yn mynd yn llai dwys ac yn codi, gan achosi i aer oerach, dwysach gymryd ei le. Pan fydd y rheiddiadur yn boeth bydd cerrynt parhaus o aer poeth sy'n codi ac o aer oerach sy'n disgyn yn cylchredeg o gwmpas yr ystafell ac yn ei chynhesu.

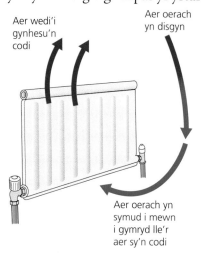

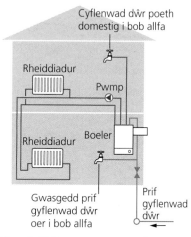

Ffigur 3.15 Ceryntau darfudiad yn trosglwyddo gwres o'r rheiddiadur i'ch ystafell.

Ffigur 3.16 System gwres canolog domestig.

⚙ Gwaith ymarferol penodol

Ymchwilio i ddulliau o drosglwyddiad thermol

c) Ymchwilio i geryntau darfudiad

Dyma weithgaredd sy'n eich helpu i wneud y canlynol:
> defnyddio cofnodydd data i fonitro tymereddau
> defnyddio meddalwedd cofnodi data neu Excel i blotio graffiau
> canfod patrymau mewn data wedi'u plotio ar graff
> defnyddio model gwyddonol i egluro patrymau arbrofol.

Gallwch chi ddefnyddio cofnodydd data a chwiliedyddion tymheredd i fesur amrywiadau tymheredd mewn cerrynt darfudiad. Bydd angen i chi allu defnyddio ystafell lle mae rheiddiadur, a bydd angen i chi gysylltu tri neu bedwar chwiliedydd tymheredd â'r cofnodydd data.

Cyfarpar
> cofnodydd data
> chwiliedydd thermomedr × 4
> mynediad at gyfrifiadur er mwyn llwytho data i lawr o'r cofnodydd data

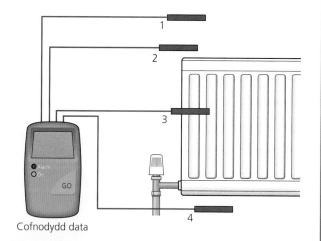

Cofnodydd data

Ffigur 3.17 Cofnodydd data'n mesur tymereddau'n agos at reiddiadur.

Dull

1 Cydosodwch y cofnodydd data mewn modd tebyg i'r diagram yn Ffigur 3.17.
2 Gwnewch i'r cofnodydd data gofnodi tymheredd pob chwiliedydd bob 10–20 munud dros gyfnod o 24 awr. Rhaid i'r cyfnod 24 awr gynnwys cyfran o'r amser pan fydd y rheiddiadur ymlaen.
3 Pan fydd y cofnodydd data wedi gorffen, gallwch chi lwytho'r data i lawr i raglen plotio graffiau, fel y →

rhaglenni sy'n cael eu cyflenwi gyda'r cofnodydd data. Fel arall, gallwch chi eu trosglwyddo i Excel.

4 Plotiwch graff o dymheredd pob chwiliedydd yn erbyn amser dros y cyfnod 24 awr.

Dadansoddi eich canlyniadau

1 Sut mae tymheredd y chwiliedydd sydd wedi'i gysylltu â'r rheiddiadur yn amrywio? Bydd y chwiliedydd hwn wedi mesur tymheredd gwirioneddol y rheiddiadur ac wedi mapio patrwm cynnau/diffodd y rheiddiadur dros y cyfnod 24 awr.

2 Dewiswch un amser pan oedd y rheiddiadur wedi'i gynnau. Sut roedd y tymereddau a fesurwyd gan y chwiliedyddion eraill yn cymharu â thymheredd y chwiliedydd a gysylltwyd â'r rheiddiadur?

3 Eglurwch eich ateb i Gwestiwn 2 yn nhermau cerrynt darfudiad aer.

4 Cymharwch broffiliau tymheredd (dros amser) pob un o'r chwiliedyddion eraill â'r chwiliedydd sydd wedi'i gysylltu â'r rheiddiadur.

5 Eglurwch y gwahaniaethau yn y patrymau a welsoch chi yng Nghwestiwn 4.

Sut arall rydw i'n gallu arbed egni?

Ffordd rad arall o arbed egni ar fil gwresogi cartref yw gosod haen drwchus o ynysiad yn y llofft (*loft*)/atig. Mae'r defnyddiau sy'n cael eu defnyddio mewn ynysiad llofft yn wael am ddargludo gwres. Yn gyffredinol, mae'r aer yn ystafelloedd tai'n tueddu i fod yn eithaf cynnes, a'r aer yn rhan uchaf yr ystafell sy'n tueddu i fod boethaf oherwydd ceryntau darfudiad. Mae'r aer mewn llofftydd (*lofts*) yn tueddu i fod yn eithaf oer, ac mae rhannau oeraf y llofft yn tueddu i fod yn agos at lawr y llofft. Mae hyn yn golygu bod tipyn o wahaniaeth yn nhymheredd ochr ystafell o dan y nenfwd ac ochr llofft uwchben y nenfwd. Bydd yr egni thermol yn symud trwy ddefnydd y nenfwd, o'r man poeth (yr ystafell) i'r man oer (y llofft).

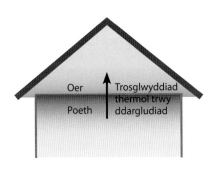

Ffigur 3.18 Trosglwyddiad gwres mewn tŷ sydd â llofft (*loft*)/atig.

Mae'r egni thermol yn symud trwy ddefnydd y nenfwd trwy ddirgrynu'r gronynnau sydd yn y bwrdd nenfwd. Enw'r broses hon yw **dargludiad**. Gall dargludiad ddigwydd mewn solidau, hylifau a nwyon, ac mae'n digwydd pan fydd gronynnau o fater yn dirgrynu. Y gronynnau poethaf sy'n dirgrynu'r mwyaf gan drosglwyddo eu dirgryniad i'r gronynnau (oerach) sydd nesaf atynt. Mae metelau'n ddargludyddion arbennig o dda, gan fod eu hadeiledd yn cynnwys electronau symudol sy'n rhydd i symud. Mae'r electronau symudol yn teithio trwy'r adeiledd metelig, gan wrthdaro yn erbyn gronynnau dirgrynol yr adeiledd ac yn trosglwyddo egni thermol. Gan fod metelau'n dargludo gwres yn dda iawn, ni fyddai'n gwneud llawer o synnwyr rhoi nenfydau metel mewn tai.

Mae anfetelau'n ynysyddion da. Dydy gwres ddim yn dargludo trwyddynt yn dda iawn. Fel rheol, mae'r defnyddiau sy'n cael eu defnyddio mewn ynysiad llofft wedi'u gwneud o anfetelau fel gwlân, ffibrau gwydr neu fwynau, ac mae'r ffibrau hefyd yn dal aer rhyngddynt gan fod aer yn ynysydd da. (Dyma pam mae adar yn gwneud eu plu'n drwchus mewn tywydd oer.) Y mwyaf trwchus yw'r haen o ynysiad, y gorau mae'r ynysiad yn gweithio. Fodd bynnag, mae gosod ynysiad mwy trwchus yn fwy drud.

Ymchwilio i ddulliau o drosglwyddiad thermol

ch) Ymchwilio i ddargludiad

Dyma weithgaredd sy'n eich helpu i wneud y canlynol:

> ymchwilio i fodel gwyddonol
> cymharu arsylwadau gwyddonol
> gwneud mesuriadau gwyddonol.

Cyfarpar

> stand clampio â chnap
> bar metel
> pennau matsis
> Vaseline
> llosgydd Bunsen
> mat gwrth-wres

Dull

1 Cydosodwch y cyfarpar fel yn Ffigur 3.19.

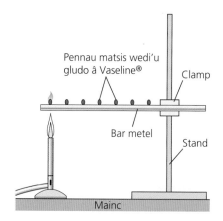

Ffigur 3.19 Mae'r matsis yn tanio wrth i'r gwres deithio ar hyd y bar.

2 Gwresogwch un pen i'r bar ac arsylwch beth sy'n digwydd. Mae'r pen agosaf at y llosgydd Bunsen yn mynd yn boethach na gweddill y bar. Mae'r gwahaniaeth tymheredd hwn yn achosi i egni gwres gael ei basio ar hyd y bar metel trwy ddargludiad. Mae metelau'n dargludo gwres yn dda. Mae'r pennau matsis yn tanio wrth i'r gwres deithio ar hyd y bar.

Ymchwilio i ddulliau o drosglwyddiad thermol

d) Ymchwilio i ynysiad llofft

Dyma weithgaredd sy'n eich helpu i wneud y canlynol:

> cynllunio arbrawf gwyddonol
> ysgrifennu asesiad risg addas
> cynnal ymchwiliad gwyddonol
> casglu a chofnodi mesuriadau gwyddonol
> dadansoddi canlyniadau ymchwiliad gwyddonol
> gwerthuso ymchwiliad gwyddonol.

Ydy ynysiad mwy trwchus yn lleihau faint o wres sy'n cael ei golli? Yn yr ymchwiliad hwn, byddwch chi'n modelu ystafell gynnes trwy ddefnyddio cynhwysydd o ddŵr poeth. Calorimedrau copr sy'n gweithio orau i wneud hyn, ond gallech chi ddefnyddio biceri. I leihau effaith colli gwres trwy ddarfudiad ac anweddiad, mae angen i chi sicrhau bod caead addas gan bob un o'r cynwysyddion a ddefnyddiwch. Gallwch chi fesur effaith ynysiad trwy fesur y newid yn nhymheredd y dŵr poeth yn y cynwysyddion ar ôl 10 munud, neu gallech chi fesur tymheredd y dŵr bob munud am 10 munud. Gallai ymchwiliad syml gynnwys cymharu'r newid tymheredd mewn cynhwysydd heb ynysiad â'r newid tymheredd mewn cynwysyddion sydd wedi'u hynysu ag ynysiadau o drwch gwahanol. Dyluniwch a chynlluniwch ymchwiliad i fesur effaith cynyddu trwch ynysiad o amgylch cynhwysydd o ddŵr poeth.

Cyfarpar

Bydd angen i chi ddewis offer addas i gynnal yr arbrawf hwn a rhoi trefn arnynt gyda'ch athro/athrawes a'ch technegydd gwyddoniaeth.

Nodiadau diogelwch

> Bydd angen i chi gynhyrchu asesiad risg addas i'r arbrawf hwn.
> Bydd eich athro/athrawes yn gwirio'ch asesiad risg i chi cyn i chi ddechrau ar eich ymchwiliad.

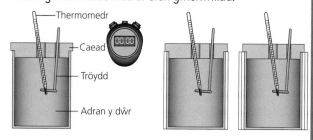

Ffigur 3.20 Defnyddio tri chalorimedr gwahanol i fodelu ynysiad llofft, un heb ynysydd a dau â gwahanol feintiau o ynysydd.

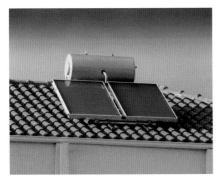

Ffigur 3.21 Panel dŵr solar.

Ydw i'n gallu arbed arian trwy ddefnyddio egni 'am ddim' o'r Haul?

Gallwch chi ddefnyddio paneli solar. Mae dau fath o'r rhain:

▶ Mae paneli ffotofoltaidd solar yn defnyddio celloedd solar i drawsnewid golau haul yn uniongyrchol i drydan.

▶ Mae paneli dŵr solar yn gwresogi dŵr oer wrth iddo basio trwy bibellau ar y to sydd wedi'u cynllunio i ddal cymaint â phosibl o wres o olau'r haul.

Mae Ffigur 3.22 yn dangos sut mae system gwresogi dŵr solar yn gweithio.

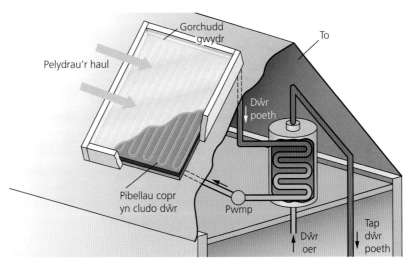

Ffigur 3.22 Casglydd thermol plât fflat ar do tŷ.

Yn y Deyrnas Unedig, caiff paneli dŵr solar eu gosod fel rheol fel rhan o system dŵr poeth ynghyd â system boeler effeithlon. Caiff y paneli solar eu defnyddio i ragboethi'r dŵr sy'n mynd i'r boeler, sy'n golygu bod angen llai o drydan, olew neu nwy i gynhesu'r dŵr at dymheredd ei ddefnyddio. Ar ddyddiau llwyd, cymylog a dros nos, mae'r boeler yn gwneud y gwaith i gyd ac mae'r paneli solar yn diffodd. Mewn gwledydd â hinsawdd heulog iawn, paneli dŵr solar yw un o'r prif ffyrdd o wresogi dŵr.

Mae paneli dŵr solar yn gweithio trwy ddal **pelydriad** ar ffurf egni electromagnetig **isgoch** o'r Haul. Mae pob gwrthrych yn allyrru pelydriad isgoch ond mae gwrthrychau poeth, fel yr Haul, yn allyrru llawer o belydrau isgoch ag egni uwch. Byddwch chi'n dysgu am belydriad isgoch ym Mhennod 5. Fel cyflwyniad, mae'n bosibl y bydd eich athro/athrawes yn dangos yr arddangosiad yn Ffigur 3.23 i chi.

Ffigur 3.23 Cymharu'r pelydriad sy'n cael ei allyru gan wahanol arwynebau. Arwynebau pŵl, du sydd orau am allyru pelydriad ac arwynebau metelig sgleiniog sydd waethaf.

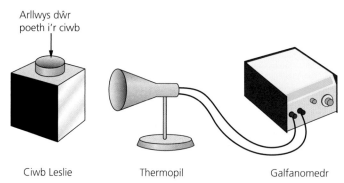

Ciwb Leslie   Thermopil   Galfanomedr

Mae Ffigur 3.23 yn dangos thermopil sy'n cynhyrchu cerrynt trydan bach pan fydd pelydriad isgoch (gwres) yn ei daro. Caiff pob un o wynebau'r ciwb ei droi i wynebu'r thermopil. Bydd y mesurydd yn dangos y darlleniad uchaf pan fydd yn wynebu'r arwyneb du mat (pŵl). Bydd yn dangos y darlleniad lleiaf pan fydd yn wynebu'r arwyneb arian sgleiniog.

✔ Profwch eich hun

4 Mae'r Ymddiriedolaeth Arbed Egni'n cynhyrchu llawer o wybodaeth i berchenogion tai am sut i arbed egni yn y cartref. Dyma'r wybodaeth maen nhw'n ei chyhoeddi am wresogi dŵr solar:

- Mae **costau** system gwresogi dŵr solar nodweddiadol tua £3000 i £5000.
- Mae'r **arbedion** yn gymedrol – gall system gwresogi dŵr solar leihau eich bil gwresogi dŵr rhwng £65 ac £80 y flwyddyn. Bydd hefyd yn arbed rhwng 270 kg a 610 kg o allyriadau CO_2, gan ddibynnu pa danwydd rydych chi'n arfer ei ddefnyddio.
- Mae'r costau **cynnal a chadw** yn isel iawn. Mae'r rhan fwyaf o systemau gwresogi dŵr solar yn dod gyda gwarant 5–10 mlynedd, a does dim angen llawer o waith cynnal a chadw arnynt. Dylech chi edrych ar eich paneli bob blwyddyn a gofyn i osodwr achrededig eu harchwilio'n fwy trwyadl bob 3–5 mlynedd, neu'n unol â chyfarwyddyd eich gosodwr.

Mae pob arbediad yn fras ac yn seiliedig ar ofynion gwresogi dŵr poeth cartref pâr â 3 ystafell wely a phanel 3.6 m².

Tabl 3.2 Arbedion gwresogi dŵr solar gan ddibynnu pa fath o danwydd sy'n cael ei ddefnyddio.

Tanwydd gwreiddiol	Arbediad y flwyddyn	Arbediad CO_2 y flwyddyn (kg)
Nwy	£65	370
Trydan	£75	500
Olew	£75	350
Glo	£80	610

Mae'r Ymddiriedolaeth Arbed Egni hefyd yn cynhyrchu gwybodaeth am atal drafftiau:

- **Cost:** Mae'r defnyddiau i osod cyfarpar atal drafftiau eich hun yn costio rhwng £120 a £290. Mae cyfarpar atal drafftiau wedi'i osod yn broffesiynol yn costio tua dwbl y swm hwn.
- **Buddion:** Mae atal drafftiau'n arbed arian ac yn gwneud eich cartref yn glyd ac yn braf.
- **Arbedion:** Bydd atal drafftiau'n llwyr yn arbed £25 y flwyddyn ar gyfartaledd. Gallai blocio bylchau o amgylch byrddau sgyrtin ac estyll y llawr arbed £20 arall y flwyddyn. Mae cartrefi heb ddrafftiau'n gysurus ar dymereddau is, felly byddwch chi'n gallu troi eich thermostat i lawr. Gallai hyn arbed £55 arall y flwyddyn i chi.

Pe bai pob cartref yn y Deyrnas Unedig yn defnyddio'r systemau atal drafftiau gorau posibl, bob blwyddyn byddem ni'n arbed:

- bron i £200 miliwn
- digon o CO_2 i lenwi bron 225 000 o falwnau aer poeth
- digon o egni i wresogi dros 260 000 o gartrefi.

a) Os bydd yn costio £4800 i osod system dŵr solar, cyfrifwch yr amser talu yn ôl gan ddefnyddio'r hafaliad

$$\text{amser talu yn ôl} = \frac{\text{cyfanswm cost gosod}}{\text{arbediadau y flwyddyn}}$$

b) Defnyddiwch y wybodaeth hon i gyfrifo faint o garbon deuocsid y byddech chi'n ei arbed yn ystod y cyfnod talu yn ôl.

→

3 **Defnyddio egni**

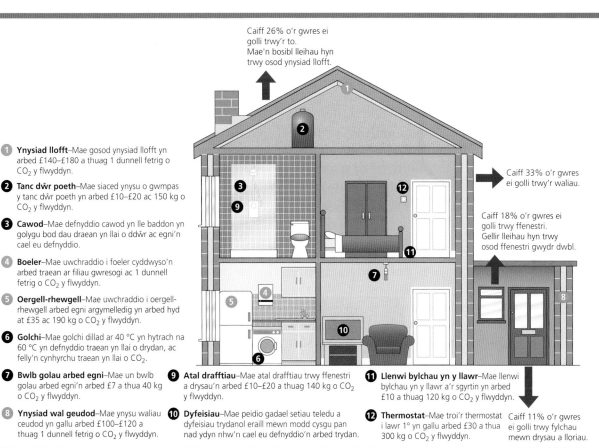

Caiff 26% o'r gwres ei golli trwy'r to. Mae'n bosibl lleihau hyn trwy osod ynysiad llofft.

Caiff 33% o'r gwres ei golli trwy'r waliau.

Caiff 18% o'r gwres ei golli trwy ffenestri. Gellir lleihau hyn trwy osod ffenestri gwydr dwbl.

1 Ynysiad llofft–Mae gosod ynysiad llofft yn arbed £140–£180 a thuag 1 dunnell fetrig o CO_2 y flwyddyn.

2 Tanc dŵr poeth–Mae siaced ynysu o gwmpas y tanc dŵr poeth yn arbed £10–£20 ac 150 kg o CO_2 y flwyddyn.

3 Cawod–Mae defnyddio cawod yn lle baddon yn golygu bod dau draean yn llai o ddŵr ac egni'n cael eu defnyddio.

4 Boeler–Mae uwchraddio i foeler cyddwyso'n arbed traean ar filiau gwresogi ac 1 dunnell fetrig o CO_2 y flwyddyn.

5 Oergell-rhewgell–Mae uwchraddio i oergell-rhewgell arbed egni argymelledig yn arbed hyd at £35 ac 190 kg o CO_2 y flwyddyn.

6 Golchi–Mae golchi dillad ar 40 °C yn hytrach na 60 °C yn defnyddio traean yn llai o drydan, ac felly'n cynhyrchu traean yn llai o CO_2.

7 Bwlb golau arbed egni–Mae un bwlb golau arbed egni'n arbed £7 a thua 40 kg o CO_2 y flwyddyn.

8 Ynysiad wal geudod–Mae ynysu waliau ceudod yn gallu arbed £100–£120 a thuag 1 dunnell fetrig o CO_2 y flwyddyn.

9 Atal drafftiau–Mae atal drafftiau trwy ffenestri a drysau'n arbed £10–£20 a thuag 140 kg o CO_2 y flwyddyn.

10 Dyfeisiau–Mae peidio gadael setiau teledu a dyfeisiau trydanol eraill mewn modd cysgu pan nad ydyn nhw'n cael eu defnyddio'n arbed trydan.

11 Llenwi bylchau yn y llawr–Mae llenwi bylchau yn y llawr a'r sgyrtin yn arbed £10 a thuag 120 kg o CO_2 y flwyddyn.

12 Thermostat–Mae troi'r thermostat i lawr 1° yn gallu arbed £30 a thua 300 kg o CO_2 y flwyddyn.

Caiff 11% o'r gwres ei golli trwy fylchau mewn drysau a lloriau.

Ffigur 3.24 Sut i arbed egni yn eich tŷ chi (mae'r cylchoedd glas yn dangos bod grantiau a chyngor ar gael gan yr Ymddiriedolaeth Arbed Egni, ac mae'r cylchoedd du'n dangos mesurau y byddai'n bosibl eu cymryd am gost isel neu heb gost).

c) Defnyddiwch y wybodaeth sydd wedi'i rhoi i gymharu arbedion ariannol atal drafftiau ag arbedion gwresogi dŵr solar.

5 Mae Ffigur 3.24 yn dangos tŷ nodweddiadol. Mae'r labeli wedi'u rhifo yn dangos y gwahanol fesurau arbed egni y gellir eu cymryd i arbed arian ac i leihau ôl troed carbon y tŷ. Mae Tabl 3.3 yn rhoi crynodeb o arbedion egni y dulliau ynysu mwyaf cyffredin.

a) Ar ddalen o bapur A3, lluniadwch ddiagram cynllunio (*schematic diagram*) o'ch cartref.

b) Defnyddiwch y wybodaeth uchod i archwilio'r mesurau arbed egni y gallech chi eu cyflawni yn eich tŷ chi. Nodwch y mesurau hyn ar eich diagram cynllunio.

c) Cyfrifwch gyfanswm cost gosod yr holl fesurau. Cyfrifwch gyfanswm arbedion blynyddol yr holl fesurau, yr amser talu yn ôl a chyfanswm y carbon deuocsid fydd yn cael ei arbed bob blwyddyn o ganlyniad i'r holl fesurau.

ch) Pa un yw'r mesur arbed egni mwyaf cost-effeithiol i'w osod? Eglurwch sut gwnaethoch chi eich penderfyniad. Dangoswch eich holl gyfrifiadau ar eich diagram cynllunio.

d) Pa fesur arbed egni sy'n arbed y mwyaf o arian bob blwyddyn?

dd) Pa fesur arbed egni sy'n arbed y mwyaf o CO_2 bob blwyddyn?

Tabl 3.3 Costau ac arbedion ynysiad mewn tŷ pâr modern.

Math o ynysiad	Cost gosod (£)	Arbediad blynyddol ar filiau tanwydd (£)
Ynysiad wal geudod	260–380	100–120
Ynysiad llofft 250 mm os nad oes dim yno'n barod	220–250	140–180
Gosod siaced ar danc dŵr poeth (ei wneud eich hun)	10+	10–20
Atal drafftiau (ei wneud eich hun)	40+	15–25
Ynysu lloriau (ei wneud eich hun)	100+	15–25
Llenwi bylchau rhwng byrddau sgyrtin a'r llawr	25	10–20
Ffenestri gwydr dwbl	3000+	40

e) Pa ran(nau) o dŷ nodweddiadol sy'n colli'r gwres mwyaf?

f) Faint o arian y gallech chi ei arbed bob blwyddyn trwy ddefnyddio'r holl fesurau arbed egni yn Ffigur 3.24?

ff) Pam rydych chi'n meddwl bod grant ar gael gan yr Ymddiriedolaeth Arbed Egni ar gyfer rhai mesurau arbed egni?

g) Cyfrifwch amser talu yn ôl pob mesur arbed egni yn Nhabl 3.3.

Pe baech chi'n adeiladu eich tŷ eich hun o'r dechrau, pa systemau y byddech chi'n eu gosod i arbed egni, lleihau allyriadau carbon deuocsid a gostwng eich biliau egni gymaint â phosibl?

Ydym ni'n gallu ei arbed? Gallwn wir!

Sut gallwch chi gyfrannu at arbed egni? Pa gamau syml pob dydd y gallech chi eu cymryd i leihau dibyniaeth y byd ar egni? Pe bai pawb yn cymryd rhai camau bach syml, byddai'r effaith at ei gilydd yn enfawr. Gallem ni leihau nifer y gorsafoedd trydan tanwydd ffosil a'r allyriadau CO_2 maen nhw'n eu hachosi. Ond... mae angen ymdrech, ac mae angen cydweithredu, ac mae angen gwyddoniaeth dda. Heb y rhain... wel... edrychwch ar y blaned Gwener – atmosffer trwchus o garbon deuocsid, nitrogen a chymylau o asid sylffwrig. Mae'r tymheredd yn ystod y dydd dros 450 °C ac mae'r gwasgedd 95 gwaith yn fwy nag ar y Ddaear. Mae hyn i gyd o ganlyniad i effaith tŷ gwydr enfawr afreolus a gafodd ei hachosi gan weithgaredd folcanig rywbryd yng ngorffennol Gwener, pan gafodd symiau enfawr o garbon deuocsid eu rhyddhau o du mewn y blaned. Sut hoffech chi fyw ar blaned fel yna?

Ffigur 3.25 Argraff artist o arwyneb y blaned Gwener.

Crynodeb o'r bennod

- Gallwn ni gynnal arbrofion i ganfod dwysedd defnyddiau, gan gynnwys aer a dŵr, trwy fesur cyfeintiau a masau.

$$dwysedd = \frac{màs}{cyfaint}$$

- Gallwn ni ddefnyddio ein gwybodaeth am ddwysedd i oleuo'r drafodaeth am yr egni sydd ar gael o ddŵr ac aer sy'n symud.
- Mae gwahaniaethau mewn tymheredd yn arwain at drosglwyddo egni'n thermol trwy gyfrwng dargludiad, darfudiad a phelydriad.

- Mae newidiadau yn nwysedd llifyddion yn achosi darfudiad naturiol. Wrth i ronynnau hylifau wresogi, maen nhw'n symud yn gyflymach, yn mynd ymhellach oddi wrth ei gilydd, ac mae cyfaint yr hylif yn cynyddu. Mae hyn yn gostwng y dwysedd ac mae'r gronynnau hylif poeth yn codi tuag i fyny.
- Mewn dargludiad, mae egni yn cael ei drosglwyddo trwy ddirgryniad gronynnau. Mae metelau'n ddargludyddion da iawn gan fod ganddynt electronau symudol o fewn eu hadeiledd.
- Mae sawl ffordd o leihau colledion egni o dai, fel atal drafftiau, ynysiad llofft a ffenestri gwydr dwbl.

▶ Cwestiynau ymarfer

1 Mae'r diagramau yn Ffigur 3.36 yn dangos tri o dai o'r un maint yn union. Does dim un o'r tai wedi eu hynysu'n llawn.

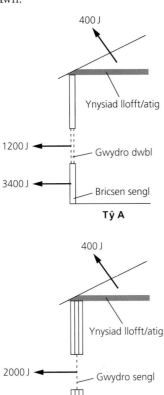

400 J — Ynysiad llofft/atig
1200 J — Gwydro dwbl
3400 J — Bricsen sengl

Tŷ A

400 J — Ynysiad llofft/atig
2000 J — Gwydro sengl
2000 J — Wal geudod yn llawn aer

Tŷ B

1600 J — Dim ynysiad
2000 J — Gwydro sengl
700 J — Wal geudod yn llawn ewyn

Tŷ C

Ffigur 3.26

Mae'r diagramau hefyd yn dangos faint o wres sy'n cael ei golli bob eiliad trwy'r ffenestri, waliau a tho pob un o'r tai pan fydd gwahaniaeth mewn tymheredd o 20°C yn cael ei gynnal rhwng y tu fewn a'r tu allan.

a) Defnyddiwch y wybodaeth yn y diagram i ddarganfod pa dŷ sy'n colli'r lleiaf o egni gwres bob eiliad. *[1]*

b) Os bydd perchennog tŷ B yn gosod ffenestri gwydro dwbl ac yn llenwi'r wal geudod ag ewyn, cyfrifwch faint o egni bydd hi'n ei arbed bob eiliad. Dangoswch eich gwaith cyfrifo. *[2]*

c) i) Enwch y broses sy'n gadael i wres gael ei golli trwy waliau brics tŷ. *[1]*

ii) Eglurwch pam mae waliau ceudod wedi'u llenwi ag ewyn yn well na waliau ceudod wedi'u llenwi ag aer er mwyn lleihau faint o wres sy'n cael ei golli. *[2]*

(TGAU Ffiseg CBAC P1, Sylfaenol, Ionawr 2009, cwestiwn 12)

2 a) i) Copïwch a chwblhewch Ffigur 3.27 trwy ychwanegu saethau i ddangos sut mae aer mewn ystafell yn cael ei wresogi trwy ddarfudiad. *[2]*

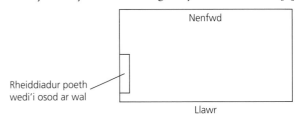

Nenfwd

Rheiddiadur poeth wedi'i osod ar wal

Llawr

Ffigur 3.27

ii) Mae Ffigur 3.28 yn dangos symudiad aer mewn ystafell â gwres dan y llawr (*underfloor heating*). Mae'r llawr cyfan yn cael ei wresogi gan grid o wifrau. Maen nhw'n mynd yn boeth pan fydd cerrynt trydan yn llifo drwyddyn nhw.

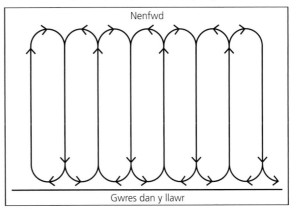

Nenfwd

Gwres dan y llawr

Ffigur 3.28

Eglurwch pam mae gwres dan y llawr yn fwy effeithiol wrth wresogi'r aer yn yr ystafell na rheiddiadur sengl wedi'i osod ar wal. *[2]*

b) Mae'r pŵer sy'n cael ei gynhyrchu gan y grid gwifrau yn dibynnu ar ei arwynebedd fel sy'n cael ei ddangos yn y tabl isod.

Tabl 3.4

Arwynebedd y grid gwifrau (m²)	Pŵer o'r grid gwifrau (W)
0.0	0
1.0	150
2.0	300
4.0	600
6.0	900
8.0	1200

i) Plotiwch y data ar graff addas a thynnwch linell ffit orau. *[3]*

ii) Disgrifiwch y berthynas rhwng y pŵer ac arwynebedd y grid gwifrau. *[2]*

iii) Defnyddiwch y data i ddarganfod y pŵer sy'n cael ei gynhyrchu gan grid ag arwynebedd o 12 m². *[1]*

c) Mae'r diagramau'n dangos sut mae'r system wresogi dan y llawr yn cael ei gosod o dan y teils.

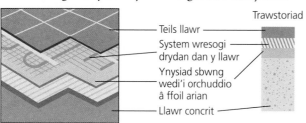

Trawstoriad
— Teils llawr
— System wresogi drydan dan y llawr
— Ynysiad sbwng wedi'i orchuddio â ffoil arian
— Llawr concrit

Ffigur 3.29

Eglurwch sut mae nodweddion yn Ffigur 3.29 yn gwella effeithiolrwydd gwresogi'r ystafell.

Dylech chi gynnwys y canlynol yn eich ateb:

– pam mae rhywfaint o'r gwres yn trosglwyddo trwy'r llawr concrit;

– sut mae'r gwres hwn sy'n cael ei golli yn cael ei leihau. *[6 ACY]*

(TGAU Ffiseg CBAC P1, Sylfaenol, Ionawr 2015, cwestiwn 8)

3 Mae disgybl eisiau darganfod dwysedd olew penodol. Mae hi'n defnyddio clorian gemegol sy'n mesur i'r gram (g) agosaf. Mae hi'n gosod silindr mesur gwag ar y glorian.

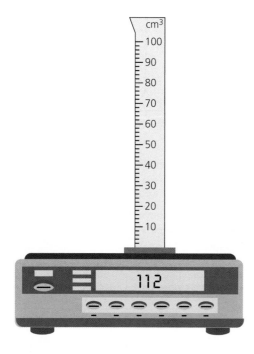

Ffigur 3.30

Mae hi'n arllwys ychydig o olew i mewn i'r silindr. Mae lefel yr olew yn y silindr mesur yn cael ei dangos (Ffigur 3.31).

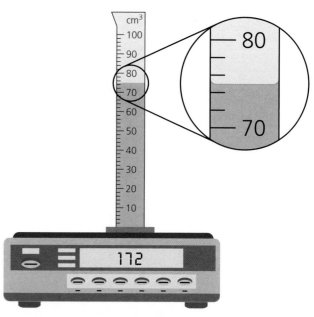

Ffigur 3.31

a) i) Defnyddiwch y data hyn i ddarganfod dwysedd olew.

– Dewiswch a defnyddiwch hafaliad addas.

– Dangoswch eich holl waith cyfrifo.

– Eglurwch bob cam wrth i chi gyfrifo. *[6 ACY]*

ii) Nodwch ddwy ffordd gallai dwysedd yr olew gael ei ddarganfod yn fwy manwl gywir. *[2]*

b)

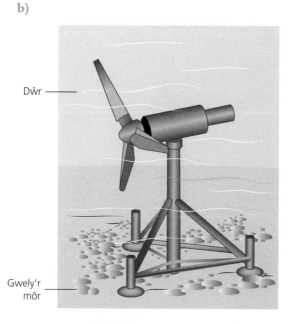

Dŵr

Gwely'r môr

Ffigur 3.32 Tyrbin dŵr llanw

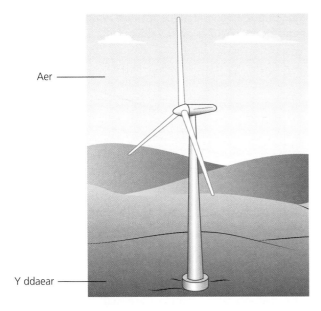

Aer —————

Y ddaear —————

Ffigur 3.33 Tyrbin gwynt

Mae'r tabl isod yn dangos y gwahaniaethau rhwng tyrbin dŵr llanw a thyrbin gwynt.

Tabl 3.5

	Tyrbin dŵr llanw	Tyrbin gwynt
Buanedd y dŵr neu'r gwynt (m/s)	5	15
Dwysedd y dŵr neu'r aer (kg/m³)	1000	1
Hyd y llafn (m)	10	35
Arwynebedd sy'n cael ei sgubo allan gan y llafn (m²)	314	3850
Pŵer allbwn ar y buanedd hwn (MW)	2.9	1.5

i) Defnyddiwch wybodaeth o Dabl 3.5 i ateb y cwestiynau canlynol.

   I) Cyfrifwch y gwahaniaeth mewn pŵer allbwn rhwng y ddau fath o dyrbin. *[1]*

   II) Nodwch **un** rheswm pam mae gan dyrbin dŵr bŵer allbwn mwy na thyrbin gwynt. *[1]*

ii) Heblaw am bŵer allbwn mwy, eglurwch **un** fantais sydd gan dyrbin dŵr llanw dros dyrbin gwynt. *[2]*

(TGAU Ffiseg CBAC P1, Uwch, haf 2014, cwestiwn 2)

4 Mae tŷ pâr wedi'i ynysu'n wael. Mae £3200 ar gael i'r perchennog ei wario ar wella'r ynysu. Mae gwybodaeth am bob math o ynysiad yn cael ei dangos yn Nhabl 3.6.

Tabl 3.6

Rhan o'r tŷ	Wedi'i hynysu neu beidio	Egni gwres sy'n cael ei golli bob eiliad (W)	Cost yr ynysiad (£)	Amser talu yn ôl (Blynyddoedd)	Arbediad blynyddol sydd i'w ddisgwyl (£)
Llofft/atig	Dim ynysiad	4200			
	Gwydr ffibr wedi'i osod ar lawr y llofft	1500	800		200
Wal geudod	Dim ynysiad	3000			
	Wedi'i ynysu â sbwng	1300	1200	10	120
Drysau	Pren	1200			
	PVCu	1000	1200	60	
Ffenestri	Gwydr sengl	1500			
	Gwydr dwbl	1200	2400	96	25

a) Copïwch Dabl 3.6 a chwblhewch y bylchau yn y **ddwy** golofn olaf o'r tabl. *[2]*

b) Defnyddiwch wybodaeth o'r tabl i roi cyngor i'r perchennog ar y ffordd orau o wario'r £3200 i gyd ar ynysu. *[6 ACY]*

c) Mae'r diagram yn dangos canrannau'r egni sy'n cael ei golli o'r tŷ os yw wedi'i **ynysu'n llawn**. Copïwch Ffigur 3.34 a labelwch y saethau i ddangos o ba ran o'r tŷ mae pob canran yn dod. Mae un wedi'i wneud i chi. Dylech gyfeirio at Dabl 3.6. *[2]*

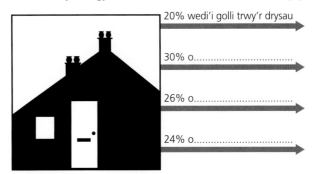

20% wedi'i golli trwy'r drysau

30% o...................................

26% o...................................

24% o...................................

Ffigur 3.34

ch) Eglurwch sut mae ceryntau darfudiad yn cael eu gosod mewn wal geudod heb ynysiad. [2]

d) Mae'r teulu yn y tŷ yn cael cyngor i leihau'r tymheredd yn y brif ardal fyw yn y gaeaf er mwyn arbed arian. Eglurwch sut byddai hyn yn cynyddu'r amser talu yn ôl am y gwelliannau sy'n cael eu gwneud. [2]

dd) Mae ynysu'r wal geudod yn lleihau'r egni sy'n cael ei golli bob eiliad o 1 700 W. Defnyddiwch y wybodaeth hon i gyfrifo'r amser mae'n ei gymryd i arbed £120. Mae un uned o drydan yn costio 15c. [3]

Dylech ddefnyddio'r hafaliadau canlynol:

$$\text{unedau sy'n cael eu harbed} = \frac{\text{arbediad}}{\text{cost yr uned}}$$

ac

$$\text{amser (awr)} = \frac{\text{unedau sy'n cael eu harbed}}{\text{pŵer (kW)}}$$

(TGAU Ffiseg CBAC P1, Uwch, haf 2013, cwestiwn 2)

5 Mae dau dun tebyg wedi'u llenwi'n rhannol â symiau cyfartal o baraffin. Mae pob tun yn cynnwys thermomedr, yn cael ei orchuddio gan gaead ac yn sefyll ar sylfaen corcyn (*cork base*), yr un pellter (*d*) o wresogydd pelydrol. Mae gan y naill dun arwyneb du pŵl ac mae gan y llall arwyneb lliw arian sgleiniog.

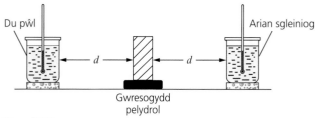

Ffigur 3.35

Mae Ffigur 3.36 yn dangos sut mae tymheredd y paraffin yn newid ar gyfer y ddau dun.

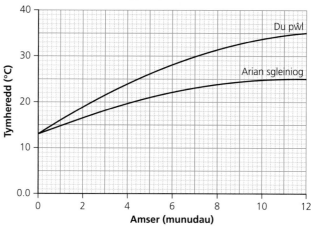

Ffigur 3.36

a) Cyfrifwch nifer y graddau sy'n cael eu hennill bob munud gan y paraffin yn y tun du pŵl dros amser yr arbrawf. [2]

b) Mae'r tuniau'n derbyn y rhan fwyaf o'u hegni trwy belydriad.

i) Eglurwch pam maen nhw'n derbyn ychydig o wres yn unig trwy ddargludiad trwy'r aer rhwng y gwresogydd a'r tuniau. [1]

ii) Eglurwch pam maen nhw'n derbyn ychydig o wres yn unig trwy ddarfudiad. [1]

c) Awgrymwch reswm dros ddefnyddio caead ar y tuniau a'u rhoi ar sylfaen corcyn. [1]

ch) Pa gasgliad gwyddonol y gallwch ei dynnu ynghylch canlyniadau'r arbrawf? [1]

(TGAU Ffiseg CBAC P1, Uwch, Ionawr 2007, cwestiwn 4)

4 Trydan domestig

⌂ | Cynnwys y fanyleb

Mae'r bennod hon yn ymdrin ag adran **1.4 Trydan domestig** yn y fanyleb TGAU Ffiseg ac adran **3.4 Trydan domestig** yn y fanyleb TGAU Gwyddoniaeth (Dwyradd), sy'n edrych ar swyddogaethau ffiwsiau a dyfeisiau eraill sydd wedi'u cynllunio i atal llif cerrynt pan fydd namau'n datblygu mewn cylchedau domestig. Mae'n cyflwyno'r syniad o gylched prif gylch ac yn egluro swyddogaethau'r gwifrau byw, niwtral a daear. Mae hefyd yn cymharu effeithiolrwydd cost defnyddio gwahanol ffynonellau egni adnewyddadwy, fel egni solar ac egni'r gwynt, i ategu anghenion y defnyddiwr yn y sefyllfa ddomestig.

▶ Faint mae'n ei gostio i redeg popeth?

Mae gan y rhan fwyaf o bobl lwythi o ddyfeisiau trydanol yn eu cartrefi. O setiau teledu i boptai, o gyfrifiaduron i beiriannau golchi dillad, mae pob dyfais neu offeryn yn costio arian i'w redeg, ond mae rhai dyfeisiau ac offer yn fwy effeithlon na'i gilydd, sy'n golygu eu bod nhw'n costio llai. Mae cost rhedeg dyfais drydanol yn dibynnu ar faint o egni trydanol mae'r ddyfais yn ei ddefnyddio ac ar y tariff trydan (cost uned yr egni trydanol). Mae'r hafaliad canlynol yn cyfrifo'r egni trydanol sy'n cael ei ddefnyddio gan ddyfais:

egni sy'n cael ei drosglwyddo, E = pŵer, P × amser, t

neu

$$E = Pt$$

Wrth gyfrifo cost trydan domestig, mae cwmnïau cyflenwi trydan yn defnyddio unedau o egni trydanol o'r enw **cilowat oriau** (kWawr) neu'n syml 'unedau'. 1 kWawr yw swm yr egni trydanol mae tân trydan 1-bar safonol (1 kW) yn ei ddefnyddio mewn awr. Gallwn ddefnyddio'r hafaliad canlynol i gyfrifo unedau o egni trydanol:

unedau sy'n cael eu defnyddio (kWawr) = pŵer (kW) × amser (oriau)

Yna, caiff cost yr egni trydanol ei chyfrifo trwy luosi nifer yr unedau sydd wedi'u defnyddio â chost yr uned:

cyfanswm y cost = unedau sy'n cael eu defnyddio × cost yr uned

Mae cost un uned o egni trydanol yn dibynnu ar y cwmni cyflenwi trydan ac ar y math o gynllun trydan sydd gan y defnyddiwr, ond mae cost uned gyfartalog yn y Deyrnas Unedig rhwng 10c ac 15c. Mae yna blât gwybodaeth drydanol rhywle ar bob dyfais neu offeryn trydanol sy'n defnyddio'r prif gyflenwad. Weithiau bydd hwn yn blât wedi'i sgriwio neu wedi'i lynu at y ddyfais, ond gyda'r rhan

Ffigur 4.1 Mae'r label hwn yn dangos y gyfradd y mae'r ddyfais yn trosglwyddo egni trydanol.

fwyaf o ddyfeisiau ag amgaead plastig bydd y wybodaeth drydanol wedi'i mowldio i'r plastig yn rhywle (fel arfer ar gefn neu ar waelod y ddyfais). Mae'r wybodaeth drydanol yn dweud wrth y defnyddiwr:

▶ **pŵer** y ddyfais mewn watiau neu gilowatiau
▶ **amledd** y cyflenwad trydanol mewn hertz (50 Hz yn yr Undeb Ewropeaidd a 60 Hz yn UDA)
▶ **foltedd** y cyflenwad mewn foltiau (220 V yn yr Undeb Ewropeaidd ac 110 V yn UDA)
▶ (weithiau) beth yw'r **cerrynt** mae'r ddyfais yn ei dynnu mewn amperau (fel rheol ar newidyddion cyflenwad pŵer cyfrifiaduron, consolau gemau, etc.).

★ Enghreifftiau wedi'u datrys

Cwestiynau

1 Mae lamp 100 W yn cael ei gadael ymlaen am 10 munud. Faint o egni trydanol sy'n cael ei drosglwyddo?

2 Cymerwch eich bod chi'n gadael gwresogydd 3 kW wedi'i gynnau yn eich ystafell. Rydych chi'n ei gynnau am 8 a.m. ac yn anghofio amdano nes i chi gyrraedd adref am 4 p.m. Os yw uned (1 kWawr) yn costio 12.5c, faint fydd cost gadael y gwresogydd ymlaen?

Atebion

1 egni sy'n cael ei drosglwyddo (J) = pŵer (W) × amser (s)
Rhowch y rhifau i mewn a thrawsnewid y munudau'n eiliadau.
egni sy'n cael ei drosglwyddo (J) = 100 W × (10 mun × 60 s) = 60 000 J = 60 kJ

2 nifer yr unedau sy'n cael eu defnyddio (kWawr) = pŵer (kW) × amser (oriau)
Rhowch y rhifau i mewn:
nifer yr unedau = 3 kW × 8 awr = 24 kWawr (unedau)
cost = unedau sy'n cael eu defnyddio × cost yr uned
Rhowch y rhifau i mewn:
cost = 24 kWawr × 12.5c = £3.00

✔ Profwch eich hun

1 Mae Beth yn pryderu. Mae hi wedi gadael gwresogydd wedi'i gynnau yn ei hystafell o 7.00 a.m. tan 5.00 p.m. Mae'n wresogydd 3 kW.
   a) Am sawl awr cafodd y gwresogydd ei adael wedi'i gynnau?
   b) Sawl uned o drydan ddefnyddiodd y gwresogydd?
   c) Os oedd uned o drydan yn costio 12.5c, faint wnaeth ei chamgymeriad hi ei ychwanegu at fil trydan y teulu?

2 Pa un o'r dyfeisiau canlynol yw'r drutaf ei rhedeg bob dydd?
   A Popty 4 kW wedi'i gynnau am 1 awr
   B 10 × bwlb golau 60 W wedi'u cynnau am 4 awr
   C Peiriant golchi 1 kW wedi'i gynnau am 45 munud
   CH Playstation 45 W wedi'i gynnau am 3 awr

3 Erbyn heddiw, dydy hi ddim yn bosibl prynu bylbiau golau ffilament twngsten 100 W yn y Deyrnas Unedig. Y bwlb golau egni isel cywerth sy'n rhoi'r un maint o olau â bwlb ffilament 100 W yw bwlb fflwroleuol bach

25 W. Os oes gennych chi bedwar bwlb ffilament twngsten 100 W yn eich tŷ a'u bod nhw wedi'u cynnau am 2 awr yr un bob dydd ar gyfartaledd, faint rydych chi'n ei arbed bob blwyddyn trwy eu newid am fylbiau fflwroleuol bach 25 W, os yw eich cyflenwr trydan yn codi 12.5 c yr uned am drydan?

4 Aled oedd yr olaf allan o'r tŷ pan aeth ei deulu ar wyliau am wythnos gyfan. Gadawodd olau'r cyntedd wedi'i gynnau; roedd bwlb golau 60 W ynddo. Faint oedd cost y camgymeriad hwnnw? (Tybiwch fod trydan yn costio 12.5 c yr uned.)

5 Mae tad Aled yn cael bil trydan. Y darlleniad presennol ar y mesurydd trydan yw 34 231 uned, a'r darlleniad blaenorol oedd 33 571 uned.

   a) Faint o unedau sydd wedi cael eu defnyddio?

   Mae'r cwmni trydan yn codi 12.5c yr uned am y 250 uned gyntaf i gael eu defnyddio, a 10c yr uned ar ôl hynny.

   b) Ar y bil trydan, faint oedd cyfanswm cost y 250 uned gyntaf?

   c) Faint oedd cost yr unedau eraill a gafodd eu defnyddio?

  ch) Beth yw cyfanswm y bil?

→ Gweithgaredd

Faint yw cost fy egni i?

Dyma weithgaredd sy'n eich helpu i wneud y canlynol:

> dadansoddi data gwyddonol sydd wedi'u cyflwyno mewn tabl
> gwneud dewisiadau'n seiliedig ar ddata gwyddonol
> cyflwyno data gwyddonol mewn siartiau cylch.

Tabl 4.1 Costau cymharol gwahanol fathau o ffynonellau tanwydd domestig.

Ffynhonnell tanwydd	Cost am bob kWawr (c)	CO_2 bob kWawr (kg)
Trydan domestig	12	0.527
Nwy domestig	4	0.185
Glo domestig	4	0.966
Olew tanwydd domestig	6	0.245

Cwestiynau

1 Pa un yw'r ffordd ddrutaf o wresogi eich tŷ?

2 Pe baech chi'n gorfod dewis rhwng tân nwy neu dân glo i wresogi eich ystafell fyw, pa un byddech chi'n ei ddewis a pham?

3 Mae pobl sy'n byw'n bell o'r brif system nwy'n aml yn dewis olew tanwydd domestig fel ffynhonnell egni. Pam rydych chi'n meddwl bod hyn yn aml yn ddewis da?

4 Mae nifer o hen flociau tŵr yn defnyddio trydan fel prif ffynhonnell egni gwres. Yn aml, caiff gwresogyddion stôr dros nos eu gosod yn y fflatiau. Mae'r rhain yn cynnau dros nos yn unig. Maen nhw'n cynnwys blociau concrit mawr sy'n gwresogi dros nos ac yna'n rhyddhau'r egni gwres yn araf yn ystod y dydd. Dros nos, mae'r tariff trydan yn gallu bod mor isel â 7c yr uned. Pam mae hwn yn ddewis da os nad oes yna nwy ar gael?

5 Lluniadwch siartiau cylch i ddangos costau ac olion troed carbon cymharol y pedwar gwahanol fath o ffynhonnell tanwydd domestig.

▶ Ydw i'n gallu defnyddio technoleg adnewyddadwy yn fy nghartref?

> Mae gan yr Ymddiriedolaeth Arbed Egni ddetholydd cynhyrchu egni cartref rhagorol ar-lein. Gallwch chi ddefnyddio hwn i ddewis pa fathau o egni adnewyddadwy fyddai'n addas i'ch cartref chi. Mae'r detholydd cynhyrchu egni cartref ar gael yn: www.energysavingtrust.org.uk/renewableselector/start/ Gwyliwch yr animeiddiadau byr sy'n dangos sut mae pob math o dechnoleg egni adnewyddadwy'n gweithio.

Mae'r penderfyniad i osod technoleg egni adnewyddadwy, fel paneli solar ffotofoltaidd (PV) a/neu dyrbin gwynt, yn eich tŷ yn dibynnu ar nifer o ffactorau. Y peth cyntaf i'w ystyried yw'r gost o osod y dechnoleg – **y gost osod**. Byddai paneli solar PV domestig, gyda phŵer tua 4 kW, yn costio rhwng £5000 ac £8000 i'w prynu a'u gosod, tra byddai tyrbin gwynt micro ar y to (1 kW) yn costio tua £3000. Byddai gosod y systemau hyn yn arbed arian i chi o ran costau tanwydd – fel arfer, byddan nhw'n lleihau eich bil trydan neu'ch bil nwy gan roi **arbediad ar gost tanwydd** y flwyddyn (ar gyfer system PV 4 kW, gallai'r arbediad hwn fod yn tua £65 y flwyddyn). Byddech chi hefyd yn cael **tariff cyflenwi trydan** (FIT: *feed-in tariff*), sy'n cael ei roi i annog perchenogion cartrefi i osod technoleg adnewyddadwy; ar hyn o bryd, mae'r taliad hwn tua £500 y flwyddyn. Gan ddefnyddio'r data hyn, gallwch chi benderfynu ar yr **amser talu yn ôl** ar gyfer technoleg adnewyddadwy lle mae'r:

$$\text{amser talu yn ôl (bl.)} = \frac{\text{cost osod (£)}}{(\text{arbediad ar gost tanwydd y flwyddyn (£/bl.)} + \text{FIT (£/bl.)})}$$

Ar gyfer system PV nodweddiadol yn costio £5650 byddai'r amser talu yn ôl tua 10 mlynedd.

✔ Profwch eich hun

6 Copïwch Dabl 4.2 a'i gwblhau. Defnyddiwch y detholydd ar-lein i gyfrifo a fyddai'r technolegau egni adnewyddadwy'n addas i'ch cartref chi ai peidio.

Tabl 4.2

Ffynhonnell egni adnewyddadwy	Cost osod nodweddiadol	Rheswm pam mae'n addas/anaddas i fy nghartref	Arbediad cost bob blwyddyn	Arbediad CO_2 bob blwyddyn
Boeler tanwydd coed				
Stof tanwydd coed				
Pwmp gwres ffynhonnell aer				
Panel trydan solar				
Gwresogi dŵr solar				
Pwmp gwres ffynhonnell daear				
Tyrbin gwynt				
Trydan dŵr				

Ymchwilio i egni adnewyddadwy

Dyma weithgaredd sy'n eich helpu i wneud y canlynol:

> cynllunio arbrawf gwyddonol
> cynnal asesiad risg priodol
> cynnal ymchwiliad gwyddonol
> casglu a chofnodi mesuriadau gwyddonol
> dadansoddi canlyniadau ymchwiliad gwyddonol
> gwerthuso ymchwiliad gwyddonol.

Gallwch chi ymchwilio i ddau fath o egni adnewyddadwy'n hawdd yn y labordy:

> pŵer solar, gan ddefnyddio cell ffotofoltaidd (*PV*)
> pŵer gwynt, gan ddefnyddio tyrbin bychan.

Cyfarpar

> cell ffotofoltaidd (*PV*)
> mesurydd arddwysedd golau
> tyrbin gwynt micro neu fodur trydan bach gyda llafn gwthio
> anemomedr digidol i'w ddal yn y llaw
> bwlb golau prif gyflenwad wedi'i fowntio'n addas
> chwythwr trac aer llinol
> gwrthydd newidiol
> amedr digidol
> foltmedr digidol
> gwifrau cysylltu

Nodiadau diogelwch

Cofiwch gynnal asesiad risg addas ar gyfer yr ymchwiliad hwn. Gwiriwch eich asesiad risg gyda'ch athro/athrawes cyn i chi ddechrau eich ymchwiliad.

Dull

Cysylltwch y gell ffotofoltaidd neu'r tyrbin gwynt â'r gwrthydd newidiol gan ddefnyddio'r gwifrau cysylltu. Ychwanegwch amedr digidol mewn cyfres â'r gwrthydd newidiol, a chysylltwch y foltmedr digidol ar draws y gwrthydd newidiol fel a ddangosir yn Ffigur 4.2.

Trwy fesur y cerrynt a'r foltedd ar yr un pryd, byddwch yn gallu cyfrifo'r pŵer sy'n cael ei gynhyrchu trwy ddefnyddio'r hafaliad:

pŵer, P (W) = foltedd, V (V) $\times$ cerrynt, I (A)

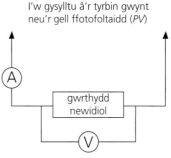

Ffigur 4.2 Cysylltu â'r tyrbin gwynt micro neu'r gell ffotofoltaidd.

Defnyddiwch y cyfarpar a'r hafaliad hwn i gynllunio dulliau addas i ymchwilio i sut mae:

> pŵer y tyrbin gwynt yn amrywio gyda buanedd y gwynt yn y tyrbin
> pŵer gell *PV* yn amrywio gydag arddwysedd golau.

Lluniwch dablau addas i gofnodi eich canlyniadau.

Dadansoddi eich canlyniadau

1 Lluniwch graffiau addas i arddangos eich canlyniadau. Gwnewch yn siŵr eich bod yn cynnwys yr holl labeli, unedau a theitlau cywir. Plotiwch linell ffit orau ar eich graffiau.
2 Disgrifiwch mewn geiriau y patrwm sy'n cael ei ddangos gan bob graff.

Gwerthuso eich arbrawf

1 Awgrymwch ym mha ffyrdd y gallech chi wella eich dulliau – gallech chi feddwl am ba mor addas yw'r cyfarpar y gwnaethoch ei ddefnyddio a dilyniant eich dulliau.
2 Awgrymwch ym mha ffyrdd y gallech chi wella dilysrwydd eich data – gallech chi feddwl am amrediad a chyfyngau'r newidyn annibynnol y gwnaethoch ei newid, a'r nifer o weithiau y gwnaethoch ailadrodd pob mesuriad. Gallech chi hefyd feddwl am ffyrdd eraill o wirio eich data.

▶ ## Defnyddio'r prif gyflenwad trydan yn ddiogel

Mae trydan domestig yn cael ei gludo i'ch tŷ trwy geblau o newidydd lleol. Mae'r trydan yn cael ei gyflenwi ar 230 V gydag uchafswm pŵer o ryw 15 kW, sy'n caniatáu cerrynt o ryw 65 A ar y mwyaf. Yr offer mwyaf pwerus yn eich tŷ fel arfer yw unrhyw ddyfais wresogi fawr, fel ffwrn/popty trydan, boeler neu uned gawod. Gall y dyfeisiau hyn fod cymaint â 10–12 kW yr un ac felly, pan maen nhw'n rhedeg ar y pŵer mwyaf, mae terfyn i faint ohonyn nhw sy'n gallu cael eu defnyddio ar yr un pryd.

Mae dosbarthiad cerrynt trydan o gwmpas eich tŷ yn cael ei reoli gan **uned defnyddiwr** (*consumer unit*). Mae'r uned hon yn cynnwys y cysylltiad cyflenwi a chyfres o **dorwyr cylchedau** sy'n rheoli faint o gerrynt trydan sy'n cael ei gyflenwi i bob cylched unigol o gwmpas y tŷ. Mae cylched ddomestig nodweddiadol yn Ffigur 4.3.

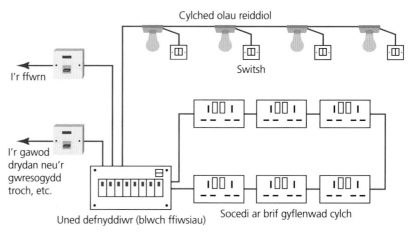

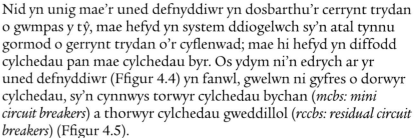

Ffigur 4.3 System cysylltiad trydan domestig nodweddiadol.

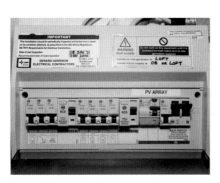

Ffigur 4.4 Uned defnyddiwr trydan.

Nid yn unig mae'r uned defnyddiwr yn dosbarthu'r cerrynt trydan o gwmpas y tŷ, mae hefyd yn system ddiogelwch sy'n atal tynnu gormod o gerrynt trydan o'r cyflenwad; mae hi hefyd yn diffodd cylchedau pan mae cylchedau byr. Os ydym ni'n edrych ar yr uned defnyddiwr (Ffigur 4.4) yn fanwl, gwelwn ni gyfres o dorwyr cylchedau, sy'n cynnwys torwyr cylchedau bychan (*mcbs: mini circuit breakers*) a thorwyr cylchedau gweddillol (*rccbs: residual circuit breakers*) (Ffigur 4.5).

Mae'r switshis *mcb* yn rheoli cylchedau unigol yn y tŷ, fel goleuadau nenfwd. Mae'r switsh yn caniatáu i'r defnyddiwr gynnau a diffodd y cylchedau, ond maen nhw hefyd yn cyfyngu ar faint o gerrynt sy'n cael ei dynnu (fel arfer tua 6 A ar gylched oleuo). Os yw cylched fer yn digwydd yn un o'r goleuadau, mae'r cerrynt sy'n cael ei dynnu o'r uned defnyddiwr yn codi'n gyflym iawn, yn fwy na chyfraddiad cerrynt yr *mcb*. Bydd yr *mcb* yn diffodd y gylched, gan ei hynysu oddi wrth y cyflenwad ac felly'n gwneud y gylched yn ddiogel. Mae switshis *rccb* wedi'u gosod ym mhob uned defnyddiwr fodern. Bydd switsh *rccb* yn monitro'r cerrynt sy'n cael ei dynnu o'r uned defnyddiwr a'r cerrynt sy'n dychwelyd iddi drwy'r amser. Os bydd y gwahaniaeth rhwng y ddau gerrynt yn fwy na'r cyfraddiad (neu'r cerrynt uchaf) ar yr *rccb*, bydd yn diffodd, ac yn ynysu'r gylched oddi wrth y cyflenwad unwaith eto. Mae'r switshis *rccb* hyn yn lleihau'r risg y bydd y bobl yn y tŷ yn cael eu trydanu. Os bydd rhywun yn cyffwrdd â'r wifren fyw mewn unrhyw ran o'r gylched yn ddamweiniol, bydd y cerrynt sy'n cael ei dynnu o'r uned defnyddiwr yn uwch na'r hyn sy'n dychwelyd i'r uned. Mae hyn yn sbarduno'r *rccb*, gan leihau'r risg o drydaniad. Mae switshis *rccb* wedi'u cynllunio i ymateb yn gyflym iawn i unrhyw wahaniaeth rhwng y cerrynt sy'n cael ei dynnu a'i ddychwelyd. Gall switshis *mcb* ac *rccb* gael eu hailosod trwy wasgu'r switsh togl.

Ffigur 4.5 a) Uned defnyddiwr *mcb* a b) *rccb*.

Y gylched prif gylch

Y **gylched prif gylch** yw'r enw ar brif gylched socedi eich tŷ. Mae hyn oherwydd bod y socedi yn cael eu trefnu mewn dolen gaeedig neu gylch. Mae hyn yn golygu bod gosod a chynnal y gylched yn hawdd, gan mai dim ond un cebl sydd ei angen i gysylltu'r holl socedi yn y tŷ. Mae Ffigur 4.6 yn dangos cylched prif gylch syml.

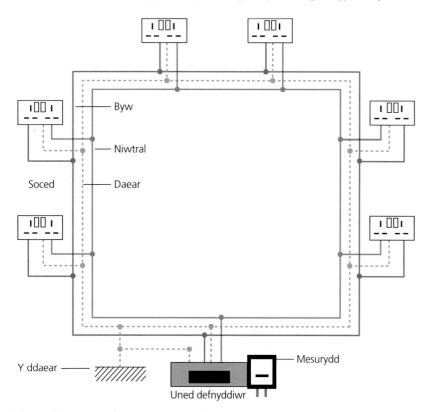

Ffigur 4.6 Cylched prif gylch ddomestig 20 A.

Mae'r gylched prif gylch yn cynnwys tair gwifren, **y wifren fyw** (lliw **brown** bob tro), sy'n cludo cerrynt o'r uned defnyddiwr i'r socedi; **y wifren niwtral** (lliw **glas** bob tro), sy'n dychwelyd y cerrynt i'r uned defnyddiwr; a'r **wifren ddaearu** (lliw **gwyrdd** a **melyn**), sy'n gweithredu fel system ddiogelwch ar gyfer y gylched. Mae'r wifren ddaearu yn cysylltu defnydd y soced cyfan â rhoden fetel fawr sydd wedi'i drilio i mewn i'r ddaear ychydig y tu allan i'r tŷ (Ffigur 4.7).

Ffigur 4.7 Rhoden ddaearu.

Os bydd y wifren fyw yn dod yn rhydd ac yn creu cylched fer mewn soced (neu mewn dyfais unigol sy'n gysylltiedig â'r soced), bydd y cerrynt trydan yn llifo i lawr y wifren ddaearu yn ddiogel i mewn i'r ddaear, gan leihau'r risg o drydaniad. Mae'r cerrynt sy'n llifo allan o'r gylched i lawr y wifren ddaearu yn cael ei ganfod ar unwaith gan yr *rccb*, ac mae'r gylched yn cael ei diffodd a'i hynysu.

Ffiwsiau

Mae plygiau offer unigol, megis teledu neu sychwr gwallt, hefyd yn cael eu ffitio â dyfais ddiogelwch ychwanegol, sef **ffiws**. Mae ffiwsiau ychydig fel torwyr cylchedau, yn yr ystyr os bydd cerrynt yn fwy na **chyfraddiad** (neu gerrynt uchaf) y ffiws, bydd y wifren arbennig y tu mewn i'r ffiws yn gwresogi'n gyflym ac yn ymdoddi, gan ddatgysylltu'r offer oddi wrth y gylched prif gylch. Mae ffiwsiau bob amser yn cael eu gosod ar wifren fyw plwg, gan atal gormod o gerrynt rhag llifo trwy'r ddyfais ac achosi tân. Mae Ffigur 4.8 yn dangos llun o ffiws safonol a'r symbol cylched ar gyfer ffiws.

Yn wahanol i switshis *mcb*, dydy hi ddim yn bosibl ailosod ffiwsiau safonol (gan fod y wifren y tu mewn iddynt wedi ymdoddi). Mae angen gosod ffiws newydd cyn gallu defnyddio'r ddyfais eto. Mae cyfraddiad y ffiws (mewn amps) bob amser yn uwch na cherrynt gweithredu arferol y ddyfais. Mae ffiwsiau domestig safonol yn dod mewn amrywiaeth o gyfraddiadau gwahanol:

Ffigur 4.8 Ffiws 13 A safonol a'i symbol chylched.

▶ Ffiwsiau 3 A (**coch** fel arfer) – ar gyfer plygiau sy'n gysylltiedig â dyfeisiau hyd at 700 W
▶ Ffiwsiau 5 A (**du** fel arfer) – ar gyfer plygiau sy'n gysylltiedig â dyfeisiau o 700 W i 1200 W
▶ Ffiwsiau 13 A (**brown** fel arfer) – ar gyfer plygiau sy'n gysylltiedig â dyfeisiau o 1200 W i 3000 W.

★ | Enghraifft wedi'i datrys

Cwestiwn

Cyfrifwch y cerrynt sy'n cael ei dynnu fel arfer o degell 2.5 kW, a defnyddiwch y gwerth hwn i benderfynu ar gyfraddiad y ffiws i'w osod ar y plwg.

Ateb

Defnyddiwch yr hafaliad:

$$\text{pŵer} = \text{foltedd} \times \text{cerrynt}$$

Wedi'i aildrefnu:

$$\text{cerrynt} = \frac{\text{pŵer}}{\text{foltedd}} = \frac{2500\,\text{W}}{230\,\text{V}} = 10.9\,\text{A}$$

Mae hyn yn golygu y byddai ffiws 5 A yn rhy isel, felly byddai ffiws 13 A yn addas.

✔ | Profwch eich hun

7 Nodwch beth yw diben torrwr cylched.

8 Eglurwch y gwahaniaeth rhwng torrwr cylched bychan (*mcb*) a thorrwr cylched cerrynt gweddillol (*rccb*).

9 Beth yw 'prif gylch'?

10 Eglurwch sut mae'r wifren ddaearu mewn cylched prif gylch yn gwneud y gylched yn fwy diogel.

11 Eglurwch sut mae ffiws yn gweithio.

12 Enwch un o fanteision *mcb* dros ffiws cetris.

13 Eglurwch beth yw ystyr 'cyfraddiad' ffiws.

14 Pŵer trydanol sychwr gwallt yw 1.3 kW. Cyfrifwch raddfa'r ffiws y dylid ei osod ar y plwg hwn. Eglurwch eich dewis.

15 Pa un o'r datganiadau canlynol am ffiwsiau cetris sy'n **wir**?

    A Mae ffiwsiau 3 A fel arfer yn frown.

    B Caiff ffiwsiau eu rhoi mewn plygiau i leihau'r siawns y bydd y ddyfais yn mynd ar dân.

    C Caiff ffiwsiau eu rhoi mewn plygiau i leihau'r siawns o gael eich trydanu.

    CH Mae'n bosibl ailosod ffiwsiau cetris fel ffiwsiau *mcb*.

| Crynodeb o'r bennod

- Mae'r cilowat (kW) yn uned bŵer ddefnyddiol sy'n cael ei defnyddio gan ddyfeisiau yn y cartref. Y cilowat awr (kWawr) yw'r uned egni a ddefnyddir hefyd gan gwmnïau trydan wrth godi ar eu cwsmeriaid.

- Gallwn ni gyfrifo cost trydan gan ddefnyddio'r hafaliadau:

  unedau sy'n cael eu defnyddio (kWawr)
     = pŵer (kW) × amser (awr)
  cost = unedau sy'n cael eu defnyddio × cost yr uned

- Mae ffiwsiau, torwyr cylched bychan (*mcb*) a thorwyr cylched cerrynt gweddillol (*rccb*) yn ddyfeisiau sy'n cael eu rhoi mewn cylchedau trydanol y prif gyflenwad (ac meun dyfeisiau) i gyfyngu ar y cerrynt sy'n llifo trwy'r gylched, gan wneud y cylchedau'n fwy diogel. Cyfraddiad ffiws yw'r cerrynt mwyaf posibl a all lifo

trwyddo cyn y bydd y wifren arbennig y tu mewn i'r ffiws yn ymdoddi, gan ddatgysylltu'r gylched. Mae cyfraddiad y ffiws mewn plwg bob amser ychydig yn uwch na cherrynt gweithredol arferol y ddyfais.

- Mae prif gylch domestig yn ffordd o gysylltu'r socedi mewn tŷ. Mae'r wifren fyw'n cludo'r trydan o uned y defnyddiwr, mae'r wifren niwtral yn mynd â'r trydan yn ôl i uned y defnyddiwr ac mae'r wifren ddaearu yn gweithredu fel system ddiogelwch rhag ofn bod cylched fer.

- Wrth edrych ar effeithiolrwydd cost gosod offer domestig sy'n gweithio ar egni solar ac egni'r gwynt mewn tŷ, rhaid edrych ar gost gosod yr offer a'r arbedion mewn costau tanwydd. Yr amser talu yn ôl yw'r amser (mewn blynyddoedd) cyn i'r arbedion ddechrau bod yn uwch na chostau gosod yr offer.

► Cwestiynau ymarfer

1 Mae'r label canlynol yn sownd i gefn ffwrn/popty microdon sydd hefyd yn cynnwys gril trydan.

230 V	~	50Hz
Pŵer y microdon		1.2 kW
Pŵer y gril		1.8 kW

a) Defnyddiwch y wybodaeth ar y label i gwblhau'r gosodiad canlynol. [3]

Mae'r prif gyflenwad trydan yn y cartref yn _____ folt sydd ag amledd o _____ . Pŵer y gril yw _____ wat.

b) Enwch y **ddau** fath o donnau electromagnetig mae'r ffwrn/popty yn eu defnyddio i goginio bwyd. [2]

c) Mae'r gril a'r microdon yn cael eu defnyddio'n barhaus i goginio darn bach o gig.

i) Ysgrifennwch gyfanswm y pŵer sy'n cael ei ddefnyddio i goginio'r cig. [1]

ii) 0.5 awr yw'r amser coginio. Defnyddiwch yr hafaliad:

unedau sy'n cael eu defnyddio (kWawr)
= pŵer (kW) × amser (awr)

i gyfrifo nifer yr unedau sy'n cael eu defnyddio i goginio'r cig. [1]

iii) O wybod bod uned o drydan yn costio 14c, defnyddiwch yr hafaliad:

cost = unedau sy'n cael eu defnyddio × cost yr uned

i gyfrifo'r gost o goginio'r cig. [1]

(TGAU Ffiseg CBAC P1, Sylfaenol, Ionawr 2014, cwestiwn 3)

2 Mae paneli solar yn cael eu gosod ar dŷ.

a) Maen nhw'n arbed arian i'r perchennog tŷ mewn dwy ffordd:

– maen nhw'n lleihau nifer yr unedau o drydan sy'n cael eu prynu oddi wrth y Grid Cenedlaethol, gan arbed 16c yr uned;

– hefyd, mae'r llywodraeth yn talu tariff cyflenwi trydan (*feed-in tariff*) o 14c i'r perchennog tŷ am bob uned o drydan sy'n cael ei chynhyrchu.

i) Beth yw **cyfanswm** yr arbediad i'r perchennog tŷ am bob uned sy'n cael ei ddefnyddio o'r paneli solar? [1]

ii) Bob blwyddyn, mae'r perchennog tŷ yn defnyddio 4000 uned o drydan sydd wedi'u cynhyrchu gan y paneli solar. Cyfrifwch gyfanswm yr arbediad mewn blwyddyn gan ddefnyddio'r hafaliad:

cyfanswm yr arbediad mewn blwyddyn
= cyfanswm yr arbediad am bob uned [2]
× nifer yr unedau

iii) Mae'r paneli solar yn cynhyrchu trydan am 2000 o oriau bob blwyddyn. Cyfrifwch bŵer allbwn cymedrig y paneli solar gan ddefnyddio'r hafaliad:

$$\text{pŵer (kW)} = \frac{\text{unedau sy'n cael eu defnyddio (kWawr)}}{\text{amser (awr)}}$$

b) Mae'n cael ei amcangyfrif bod gosod paneli solar yn lleihau allyriadau CO_2 o 0.5 kg am bob uned o drydan sy'n cael ei chynhyrchu. Cyfrifwch faint o CO_2 fydd yn cael ei arbed gan y tŷ hwn bob blwyddyn. [2]

(TGAU Ffiseg CBAC P1, Sylfaenol, haf 2015, cwestiwn 3)

3 Mae Ffigur 4.9 yn dangos rhan o gylched oleuo prif gyflenwad sy'n cael ei hamddiffyn gan ffiws ym mlwch ffiwsiau y tŷ (uned defnyddiwr). Lampau yw A, B a C; a switshis yw S_1, S_2 a S_3.

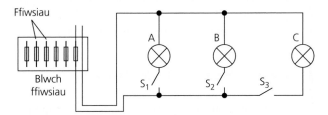

Ffigur 4.9

a) Copïwch a dewiswch un gair sy'n cwblhau'r frawddeg isod yn gywir. [1]

Am resymau diogelwch mae'n rhaid rhoi'r ffiws a'r switshis yn y wifren (niwtral/byw/daearu).

b) Mae'n rhaid bod yna gylched gyflawn i lamp gynnau.

i) Nodwch pa lamp(au) sy'n cynnau pan fydd S_1 a S_2 ar gau (ymlaen) a S_3 ar agor (i ffwrdd). [1]

ii) Nodwch pa lamp(au) sy'n cynnau pan fydd S_3 ar gau (ymlaen) a S_1 a S_2 ar agor (i ffwrdd). [1]

(TGAU Ffiseg CBAC P1, Sylfaenol, haf 2010, cwestiwn 9)

4 a) Mae peiriant torri gwair/glaswellt 2 kW yn gweithio ar y prif gyflenwad 230 V. Ysgrifennwch hafaliad a'i ddefnyddio i gyfrifo'r cerrynt sy'n cael ei dynnu o'r prif gyflenwad. [4]

b) Mae'r wifren ddaear a'r ffiws yn y plwg gyda'i gilydd yn rhoi peth amddiffyniad i'r rhai sy'n defnyddio'r peiriant torri gwair. Er hyn, mae gwneuthurwyr yn argymell bod torrwr cylched cerrynt gweddillol (*rccb*) yn cael ei ddefnyddio yng nghylched y peiriant torri gwair i roi mwy o amddiffyniad i'r defnyddiwr.

i) Eglurwch sut mae *rccb* yn gweithio. [2]

ii) Rhowch **ddau** reswm pam mae'r *rccb* yn rhoi mwy o amddiffyniad na'r wifren ddaearu a'r ffiws. [2]

(TGAU Ffiseg CBAC P2, Uwch, haf 2010, cwestiwn 5)

5 Mae cylchedau yn y cartref yn cynnwys gwifrau byw, niwtral a daearu a naill ai ffiwsiau neu dorwyr cylched.

a) **i)** Disgrifiwch bwrpas y wifren niwtral. [1]

ii) Mewn cartrefi modern, mae torwyr cylchedau bychain (*mcbs*) wedi cymryd lle ffiwsiau. Beth yw'r manteision o ddefnyddio *mcb* yn lle ffiwsys? [2]

iii) Nodwch y math o nam (*fault*) fyddai'n achosi i *mcb* dorri cylched. [1]

b) Eglurwch sut mae'r wifren ddaearu a'r ffiws, gyda'i gilydd, yn amddiffyn defnyddiwr rhag tân a sioc drydan. [3]

(TGAU Ffiseg CBAC P2, Uwch, Ionawr 2011, cwestiwn 3)

6 Mae Ffigur 4.10 yn dangos panel solar wedi'i wneud o gasgliad o ffotogelloedd, ac wedi'i osod ar do tŷ. Mae'r panel solar yn trawsnewid egni pelydrol yr Haul i egni trydanol yn uniongyrchol. Mae'r egni trydanol yn gwefru batri lle mae'n cael ei storio i'w ddefnyddio'n ddiweddarach.

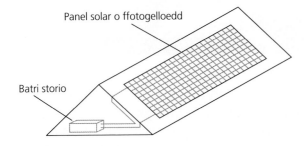

Ffigur 4.10

Ar ddiwrnod arferol o haf yn y DU, mae'r pelydriad solar sy'n cael ei dderbyn ar y panel yn 6000 W (pan nad oes cymylau). Effeithlonrwydd y panel wrth drawsnewid pŵer solar i bŵer trydanol yw 20 %.

a) Dewiswch hafaliad addas a'i ddefnyddio i gyfrifo pŵer allbwn y panel. [3]

b) Ar y rhan fwyaf o ddyddiau'r haf bydd y panel yn cynhyrchu trydan, fel sydd wedi ei ddisgrifio uchod, am 10 awr.

Defnyddiwch yr hafaliad:

nifer y kW awr = pŵer (kW) × amser (oriau)

i gyfrifo nifer y kW awr o egni trydanol sy'n cael ei gynhyrchu bob dydd. [2]

c) Mae'r cartref yn y cwestiwn yma'n defnyddio 10 kW awr o egni'r dydd ar gyfartaledd. Trafodwch a yw defnyddio'r panel solar yma i gynhyrchu trydan yn opsiwn ymarferol. [3]

(TGAU Ffiseg CBAC P1, Uwch, haf 2009, cwestiwn 6)

7 Yn Ffigur 4.11, mae diagram (a) yn cynrychioli cylched 'prif gylch' ('*ring main*') sy'n cael ei defnyddio yn y cartref. Mae soced trydan i'w weld wedi'i wifro'n gywir i'r prif gylch. Mae'r switsh wedi ei ddangos ar wahân i'ch helpu. Mae diagram (b) yn cynrychioli soced trydan arall â switsh.

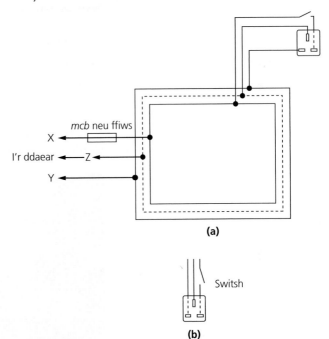

Ffigur 4.11

a) **i)** Cwblhewch y diagram i ddangos sut dylech chi wifro'r soced trydan yn niagram (b) i'r 'prif gylch' yn gywir. [1]

ii) Rhowch reswm pam mae'n rhaid mai X yw'r wifren fyw yn niagram (a). [1]

iii) Mae dyfais yn cael ei chysylltu'n ddiogel ag un o'r socedi trydan yma. Cymharwch y cerrynt yn X ac Y. [1]

b) Dylai corff metel pob dyfais drydanol gael ei gysylltu â'r wifren ddaearu. Eglurwch sut mae hyn yn amddiffyn defnyddiwr y ddyfais. [2]

(TGAU Ffiseg CBAC P2, Uwch, Ionawr 2010, cwestiwn 1)

5 Priodweddau tonnau

🏠 **Cynnwys y fanyleb**

Mae'r bennod hon yn ymdrin ag adran 1.5 Priodweddau tonnau yn y fanyleb TGAU Ffiseg ac adran 3.5 Priodweddau tonnau yn y fanyleb TGAU Gwyddoniaeth (Dwyradd), sy'n edrych ar briodweddau sylfaenol tonnau ardraws ac arhydol, a'r gwahaniaethau rhyngddynt. Mae'n cyflwyno'r hafaliad tonnau ac yn rhoi'r syniadau a'r sgiliau sylfaenol sydd eu hangen arnoch i astudio tonnau electromagnetig a thonnau sain.

▶ Syrffio'r don – bywyd yn yr 'Ystafell Werdd'

Ym myd syrffio, wrth i'r tonnau ddechrau torri, gallan nhw grymu dros ben syrffiwr, gan ffurfio beth mae syrffwyr yn ei alw'n diwb. Wrth i syrffiwr symud ar hyd y tiwb, mae'n dweud ei fod yn yr 'Ystafell Werdd' oherwydd lliw'r môr. Hon yw'r wefr eithaf i syrffiwr. Dim ond gyda thonnau mawr iawn mae hyn yn gallu digwydd, a dim ond y syrffwyr gorau sy'n gallu mynd i'r lle arbennig hwn.

Ffigur 5.1 Syrffiwr mewn tiwb ton.

Mae tonnau'r môr yn cael eu ffurfio gan nifer o wahanol ffactorau, fel topograffi (siâp) y draethlin a gwely'r môr islaw, ond y ffactor bwysicaf yw cyfeiriad a chryfder y gwynt. Mae'r gwynt ymhell allan ar y môr yn achosi i'r dŵr 'frigo' a 'chafnu' gan ffurfio **ymchwydd**. Wrth i'r ymchwydd symud at y lan a thorri, mae'n ffurfio ewyn môr. Mae'r traethau syrffio gorau, fel Traeth Fistral yn Newquay, yn wynebu tuag at y prifwynt a'r ymchwydd. Pan mae syrffwyr yn asesu'r tonnau ar draeth, maen nhw'n gwneud gwaith ffiseg sylfaenol. Mae uchder y tonnau yn fesur o osgled y tonnau. Mae mwy o osgled yn golygu mwy o egni, tonnau mwy, a mwy o hwyl. Mae'r amser rhwng pob ton yn gysylltiedig ag amledd y tonnau. Os yw'r amledd yn rhy uchel mae'r tonnau'n mynd yn flêr, gan darfu ar ei gilydd. Mae'r tonnau gorau i'w cael pan mae'r amledd yn isel iawn ac mae cyfnod hir iawn rhwng y tonnau – sef

Termau allweddol

Mae osgled ton yn cael ei fesur o echelin y don at dop y brig neu at waelod y cafn.

Amledd ton yw nifer y tonnau cyflawn mewn un eiliad.

Ffigur 5.2 Syrffwyr ar draeth Fistral, Newquay.

12 i 18 eiliad fel arfer yn y Deyrnas Unedig. Enw'r pellter rhwng y tonnau yw'r **donfedd**, ac mae hon yn gysylltiedig â'r amledd. Fel rheol, mae amledd uchel yn golygu tonfedd fer ac i'r gwrthwyneb. Yn y tonnau syrffio gorau, gall y pellter rhwng y tonnau fod hyd at 50 m. Mae amledd a thonfedd y tonnau bob amser yn gysylltiedig â buanedd y tonnau.

▶ Sut rydym ni'n disgrifio ton?

Mae dau fath o don: i) **tonnau ardraws**, fel tonnau dŵr, lle mae cyfeiriad mudiant ton ar ongl sgwâr i gyfeiriad dirgryniad y don, a ii) **tonnau arhydol**, fel sain, lle mae cyfeiriad y mudiant i'r un cyfeiriad â chyfeiriad dirgryniad y don. Mae tonnau ardraws yn teithio fel cyfres o **frigau** a **chafnau**, ond mae tonnau arhydol yn teithio fel **cywasgiadau** a **theneuadau**. Gall tonnau o'r mathau hyn gael eu harddangos trwy ddefnyddio sbring slinci (gweler Ffigur 5.3).

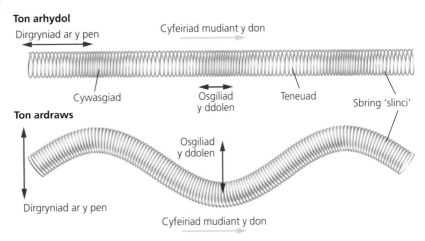

Ffigur 5.3 Tonnau arhydol a thonnau ardraws ar 'slinci'.

Amledd, f, unrhyw don yw nifer y tonnau sy'n mynd heibio i bwynt mewn 1 eiliad. Hertz (Hz) yw enw'r uned sy'n cael ei defnyddio i fesur amledd. Mae gan donnau'r môr amledd isel iawn, tua 0.1 Hz yn nodweddiadol – mae hyn yn golygu eich bod chi'n cael un bob 10 s yn fras. Mae gan belydrau X a phelydrau gama amleddau anhygoel o uchel. Mae amledd y pelydrau X sy'n cael eu hallyrru gan y **twll du** Cygnus X1, er enghraifft, tua 10^{18} Hz, h.y. mae 1 000 000 000 000 000 000 ohonynt yn cyrraedd bob eiliad!

Ffigur 5.4 Llun gan artist o ofod o amgylch twll du.

Tonfedd, λ, yw'r pellter mae ton yn ei gymryd i ailadrodd ei hun dros un gylchred. Gallwn ni ei fesur o frig un don at frig y don nesaf neu o un cafn i'r cafn nesaf (gweler Ffigur 5.5). Mae Ffigur 5.6 yn dangos y gwahaniaeth yn nhonfedd dwy don sy'n teithio ar yr un buanedd.

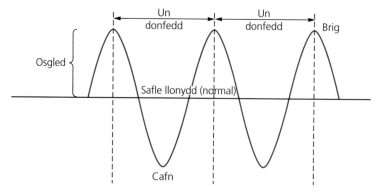

Ffigur 5.5 Mesuriadau ton ardraws.

Gan mai pellter yw tonfedd, caiff ei fesur mewn metrau, m. Tonfedd y tonnau radio sy'n cael eu defnyddio i drawsyrru Radio Five Live ar AM yw 909 m neu 693 m, gan ddibynnu ar ble rydych chi'n byw. Gall tonfedd y pelydrau gama sy'n cael eu defnyddio i drin tiwmor canser fod yn 10^{-12} m, sydd tua chant o weithiau'n llai na radiws un atom!

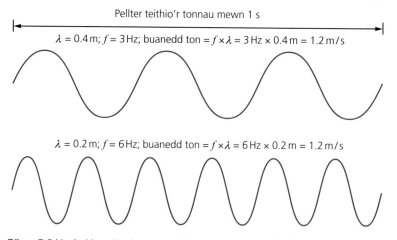

Ffigur 5.6 Mae'r ddwy don hyn yn teithio ar yr un buanedd, felly mae tonfedd fyrrach gan yr un ag amledd uwch.

Mae osgled ton yn fesur o'r egni sy'n cael ei gludo gan y don – mwy o egni, mwy o osgled. Caiff yr osgled ei fesur o safle llonydd (normal) y don at bwynt uchaf brig neu bwynt isaf cafn ar gyfer tonnau ardraws fel tonnau dŵr neu donnau'r sbectrwm electromagnetig. Roedd osgled y don gafodd ei chynhyrchu yn Tsunami Dydd San Steffan 2004 yn 24 m pan darodd draethlin Bandar Aceh yn Indonesia!

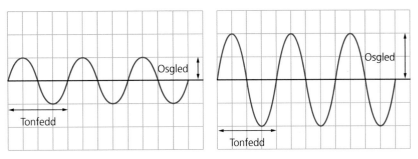

Ffigur 5.7 Mae amledd a thonfedd y ddwy don hyn yr un fath, ond mae'r osgledau'n wahanol.

Pa mor gyflym y gallwch chi fynd ar don ddŵr?

Ydy pob ton ddŵr yn symud ar yr un buanedd neu ydyn nhw'n gyflymach wrth y traeth nag allan ar y môr? Ydy tonnau dŵr yn y labordy'n ymddwyn yn wahanol o gwbl? Mae'n hawdd mesur buanedd ton ddŵr. Fel yn achos buanedd gwrthrychau fel ceir a rhedwyr, rydym ni'n gallu canfod buanedd ton trwy fesur y pellter mae'n ei deithio mewn amser penodol, a'i gyfrifo trwy ddefnyddio'r hafaliad buanedd:

$$\text{buanedd} = \frac{\text{pellter}}{\text{amser}}$$

Mae buanedd ton yn un o briodweddau cyffredinol pob ton. Mae holl donnau'r sbectrwm electromagnetig yn teithio ar yr un buanedd yn union – buanedd golau, sef 300 000 000 m/s (3×10^8 m/s). Mae tonnau sain yn teithio ar tua 330 m/s ar lefel y môr, ac mae uwchsain yn teithio ar tua 1500 m/s trwy gnawd. Mae'r tonnau seismig sy'n cael eu cynhyrchu gan ddaeargryn yn gallu teithio mor gyflym â 5000 m/s (5 km/s) trwy graig galed fel gwenithfaen.

★ | Enghraifft wedi'i datrys

Cwestiwn

Mae syrff-ganŵydd (*surf canoeist*) yn cymryd 12 s i deithio 48 m ar frig ton sy'n mynd tuag at y traeth. Beth yw ei buanedd?

Ateb

$$\text{buanedd ton} = \frac{\text{pellter}}{\text{amser}} = \frac{48 \, \text{m}}{12 \, \text{s}} = 4 \, \text{m/s}$$

✔ | Profwch eich hun

1. Mae ton ddŵr yn cymryd 20 s i deithio 90 m rhwng dau fwi (*buoy*). Beth yw buanedd y don ddŵr?
2. Mae daeargryn yn digwydd 16 km (16 000m) i ffwrdd ac mae'n cymryd 4 s i'r don seismig gyntaf gyrraedd. Pa mor gyflym mae'r don seismig yn teithio?
3. Mewn storm fellt a tharanau, mae'r fellten yn cael ei gweld bron ar unwaith. Mae'r taranau, fodd bynnag, yn teithio'n llawer arafach, ar 330 m/s. Os bydd yr oediad amser rhwng gweld y fellten a chlywed y taranau'n 6 s, pa mor bell i ffwrdd yw'r storm?

Pwynt trafod

Yn y blynyddoedd diwethaf, mae rhaglenni newyddion wedi dechrau cynnwys cyfweliadau 'byw' â gohebwyr mewn gwledydd pell. Yn fwyfwy aml, caiff y cyfweliadau byw hyn eu cynnal dros gysylltiad gwe gamera yn hytrach na defnyddio cyswllt lloeren llawn o safon uchel. Pam rydych chi'n meddwl bod darlledwyr fel y BBC ac ITN yn defnyddio systemau o'r fath? Beth yw manteision ac anfanteision gwe-ddarllediadau o'u cymharu â chysylltau lloeren?

4 Mae'r Lleuad 384 403 000 m i ffwrdd o'r Ddaear. Caiff signal radio ei anfon i synhwyrydd pell ar arwyneb y Lleuad o drosglwyddydd ar y Ddaear. Mae'r synhwyrydd yn anfon cydnabyddiaeth yn ôl i'r trosglwyddydd ar unwaith. Faint o amser, mewn eiliadau, sydd rhwng pryd mae'r trosglwyddydd yn allyrru'r signal a phryd mae'n derbyn y gydnabyddiaeth?

5 Mae signalau ffonau symudol yn teithio ar ffurf microdonnau ar fuanedd golau, 3×10^8 m/s. Os ydych chi 20 km (20 000 m) o'r mast ffôn agosaf:

a) faint o amser mae'n ei gymryd i'ch signal fynd o'ch ffôn chi i'r mast agosaf

b) beth yw goblygiadau hyn i gyfathrebu ar ffonau symudol

c) sut mae cwmnïau ffonau symudol yn goresgyn y broblem hon?

Mesur buanedd tonnau

Buanedd tonnau yw'r cyflymder mae brig pob ton yn symud, ac mae'n cael ei fesur mewn metrau yr eiliad (m/s).

Gwaith ymarferol

Buanedd tonnau ar hyd sbring

Dyma weithgaredd sy'n eich helpu i wneud y canlynol:

> gweithio fel rhan o dîm
> trin cyfarpar
> trefnu eich tasgau
> cymryd mesuriadau a'u cofnodi
> defnyddio hafaliadau i gyfrifo atebion
> plotio graffiau
> chwilio am batrymau mewn canlyniadau
> gwneud rhagfynegiadau a'u profi.

Apparatus

> sbring slinci
> stopwatsh
> tâp mesur
> mesurydd newton
> cyfrifiannell

Dull

1 Gweithiwch mewn grŵp o dri neu fwy.

2 Estynnwch y sbring rhyngoch chi a'ch partner.

3 Rhowch un fflic i'r ochr i'r sbring er mwyn gwirio bod y don yn gallu cyrraedd y pen sefydlog a chael ei hadlewyrchu'n ôl o fewn cyfnod rhesymol.

4 Mesurwch hyd estynedig y sbring.

5 Ar signal penodol, dechreuwch y don a'i hamseru dros lwybr mor hir â phosibl.

6 Cyfrifwch fuanedd y don trwy ddefnyddio'r fformiwla hon:

$$\text{buanedd ton} = \frac{\text{pellter}}{\text{amser}}$$

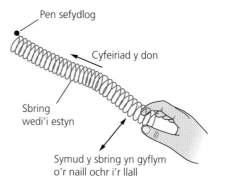

Ffigur 5.8 Gwneud ton mewn sbring slinci.

7 Mae'n well amseru'r don dros nifer o wahanol lwybrau adlewyrchu. Lluoswch y pellter â faint o weithiau mae'r don wedi teithio'r pellter hwn.

8 Nawr darganfyddwch sut mae buanedd y don yn newid wrth i chi estyn y sbring, os yw'n newid o gwbl.

9 Penderfynwch sut byddwch chi'n cyflwyno eich canlyniadau.

10 Plotiwch graff i ddarganfod a oes perthynas rhwng buanedd a thensiwn (faint caiff y sbring ei estyn).

11 Beth ydych chi'n meddwl fyddai'n digwydd i'r don pe baech chi'n rhoi'r slinci ar garped? Gwnewch ragfynegiad ac, os oes gennych chi amser, profwch y rhagfynegiad hwnnw.

Estyniad

Ailadroddwch yr arbrawf, ond defnyddiwch donnau arhydol yn lle tonnau ardraws.

⚙️ Gwaith ymarferol penodol

Ymchwilio i fuanedd tonnau dŵr

Darganfod beth sy'n effeithio ar fuanedd tonnau mewn dŵr

Dyma weithgaredd sy'n eich helpu i wneud y canlynol:

> gweithio fel rhan o dîm
> cynllunio ymchwiliad
> cynhyrchu asesiad risg
> trin cyfarpar

> trefnu eich tasgau
> cymryd mesuriadau a'u cofnodi
> ffurfio casgliadau
> cynhyrchu adroddiad gwyddonol.

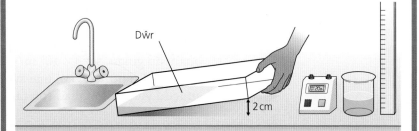

Ffigur 5.9 Cyfarpar mesur tonnau.

Cyfarpar

> hambwrdd
> stopwatsh

> pren mesur
> bicer

Nodiadau diogelwch

Bydd angen i chi wneud asesiad risg ar gyfer yr arbrawf hwn. Gwiriwch eich asesiad risg gyda'ch athro/athrawes cyn dechrau eich ymchwiliad.

Dull

1 Yn eich grŵp, meddyliwch am ganlyniadau eich ymchwiliad i fuanedd ton slinci a gwnewch restr o bethau a allai effeithio ar fuanedd tonnau ar ddŵr.

2 Penderfynwch pa gyfarpar i'w ddefnyddio.

3 Meddyliwch am:
   a) y math o gynhwysydd sydd ei angen i ddal y dŵr (ni ddylai'r dŵr yn eich cynhwysydd fod yn ddyfnach nag 1 cm)
   b) sut rydych chi'n mynd i greu'r tonnau
   c) pa fath o fesuriadau byddwch chi'n eu gwneud ar y tonnau
   ch) sut byddwch chi'n gwneud y mesuriadau
   d) pa gyfarpar sydd ei angen arnoch i wneud y mesuriadau
   dd) pa bethau rydych chi am eu newid neu eu cadw'n gyson
   e) pa bethau rydych chi am eu mesur o ganlyniad i'ch newidiadau
   f) sut byddwch chi'n cofnodi eich mesuriadau
   ff) sut byddwch chi'n arddangos ac yn cyflwyno eich canfyddiadau.

4 Ysgrifennwch adroddiad am sut gwnaethoch chi gyflawni'r ymchwiliad. Beth oedd eich casgliadau?

▶ Yr hafaliad ton

Gallwn ni ddefnyddio sbring slinci i ddangos tonnau (gweler Ffigur 5.8). Os symudwch chi'r sbring yn gyflym o ochr i ochr, gallwch chi greu ton lle mae'n ymddangos nad yw'r brigau a'r cafnau'n symud ar hyd y slinci. Os cynyddwch chi amledd symud y sbring, gan greu ton arall, gallwch chi weld yn glir bod y brigau a'r cafnau'n mynd yn agosach at ei gilydd – mae yna gysylltiad uniongyrchol rhwng amledd a thonfedd y tonnau. Mae'r hafaliad ton yn creu cysylltiad uniongyrchol rhwng buanedd, amledd a thonfedd ton:

buanedd ton (m/s) = amledd, f (Hz) × tonfedd, λ (m)

Mae tonnau electromagnetig i gyd yn symud ar yr un buanedd – buanedd golau, sef 3×10^8 m/s. Mae'r rhif arbennig hwn yn cael ei symbol ei hun, c. Gan mai symbol tonfedd yw λ ac mai symbol amledd yw f, yr hafaliad ton (ar gyfer tonnau electromagnetig) yw:

$c = f\lambda$

★ Enghreifftiau wedi'u datrys

Cwestiynau

1 Mae slinci'n cynhyrchu tonnau ag amledd o 2 Hz a thonfedd o 0.75 m. Beth yw buanedd y tonnau ar y slinci?

2 Mae llong danfor yn defnyddio sonar ag amledd o 7500 Hz i ganfod gwrthrychau ar wely'r môr. Os yw buanedd sain mewn dŵr môr yn 1500 m/s, beth yw tonfedd y tonnau sonar?

Atebion

1 buanedd ton = amledd × tonfedd
= 2 Hz × 0.75 m
= 1.5 m/s

2 buanedd ton = amledd × tonfedd
Wedi'i aildrefnu:

$$\text{tonfedd} = \frac{\text{buanedd ton}}{\text{amledd}} = \frac{1500 \text{ m/s}}{7500 \text{ Hz}} = 0.2 \text{ m}$$

✔ Profwch eich hun

6 Mae morfilod yn gallu cyfathrebu ar draws cefnforoedd enfawr, yn aml dros filoedd o gilometrau. Maen nhw'n gwneud hyn trwy gynhyrchu tonnau sain egni uchel ar amledd isel iawn. Mae amledd o 3 Hz ond tonfedd o 500 m gan gân morfil nodweddiadol. Beth yw buanedd cân y morfil mewn dŵr môr?

7 Mae osgilosgop yn mesur bod gan signal trydanol amledd o 50 Hz a thonfedd o 0.2 m. Beth yw buanedd ton y signal?

8 Mae obo yn chwarae nodyn cerddorol ag amledd o 200 Hz a thonfedd o 1.65 m. Beth yw buanedd y sain?

9 Mae gan y golau coch llachar sy'n cael ei gynhyrchu gan bwyntydd laser donfedd o 6×10^{-7} m ac amledd o 5×10^{14} Hz. Beth yw buanedd y golau?

10 Mae gemau prawf criced yn cael eu trawsyrru gan BBC Radio 4 Longwave ar donfedd o 1500 m. Mae'r tonnau radio'n teithio ar fuanedd golau ($c = 3 \times 10^8$ m/s; 300 000 000 m/s). Beth yw amledd BBC Radio 4 Longwave?

11 Mae syrffiwr yn gwylio'r tonnau ar draeth. Mae hi'n cyfrif 20 ton yn taro'r lan mewn 5 munud. Mae hi'n amcangyfrif bod y tonnau'n teithio ar fuanedd ton o 4.5 m/s. Amcangyfrifwch donfedd y tonnau.

12 Mae amledd tonnau seismig yn gallu bod yn isel – rhwng 25 a 40 Hz fel rheol. Mae buanedd tonnau seismig mewn gwenithfaen yn 5000 m/s, ond dim ond 3000 m/s ydyw mewn tywodfaen. Yn ystod daeargryn mewn ardal lle mae tywodfaen a gwenithfaen i'w cael, beth fyddai'r tonfeddi seismig byrraf a hiraf i gael eu cofnodi?

▶ Adlewyrchiad tonnau

Mae adlewyrchiad yn un o briodweddau sylfaenol pob ton. Pan mae blaendonnau syth (plân) yn taro yn erbyn rhwystr gwastad, maen nhw'n adlamu, gan ufuddhau i **ddeddf adlewyrchiad**. Mae Ffigur 5.10 yn dangos hwn yn digwydd mewn tanc crychdonni.

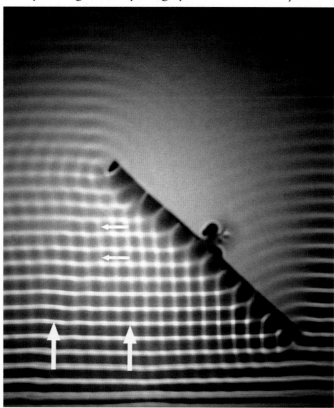

Ffigur 5.10 Tonnau dŵr yn adlewyrchu oddi ar rwystr plân mewn tanc crychdonni.

Mae'r diagram yn Ffigur 5.11 yn dangos sut mae hyn yn digwydd.

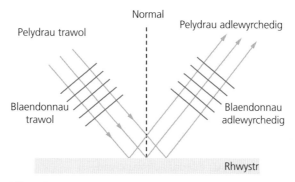

Ffigur 5.11

Mae'r pelydrau dychmygol, sydd wedi'u lluniadu ar ongl sgwâr i'r blaendonnau, yn dangos cyfeiriad teithio'r blaendonnau. Mae'r onglau rhwng y pelydrau trawol a'r pelydrau adlewyrchedig a'r llinell normal (llinell ddychmygol ar ongl sgwâr i'r rhwystr/drych) yn hafal, ac yn ufuddhau i ddeddf adlewyrchiad, lle mae:

> ongl drawiad = ongl adlewyrchiad

Ymchwilio i adlewyrchiad golau

Dyma weithgaredd sy'n eich helpu i wneud y canlynol:

> gweithio mewn tîm
> trin cyfarpar

> rhoi trefn ar eich tasgau
> cymryd a chofnodi mesuriadau
> dod i gasgliadau.

Cyfarpar

> onglydd
> dalen o bapur gwyn plaen
> pensil miniog

> blwch pelydru
> cyflenwad pŵer 12 V
> drych plân

Nodiadau diogelwch

Gofalwch: mae bwlb y blwch pelydru'n mynd yn boeth – peidiwch â'i gyffwrdd.

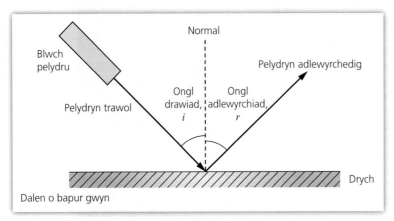

Ffigur 5.12 Ymchwilio i adlewyrchiad golau o ddrych plân.

Dull

Cydosodwch y cyfarpar a ddangosir yn Ffigur 5.12.

1 Defnyddiwch onglydd i fesur onglau trawiad 10° ar y papur – marciwch y rhain ar y papur gan ddefnyddio pensil.
2 Disgleiriwch y pelydryn o'r blwch pelydru i lawr pob ongl drawiad. Cofnodwch leoliad pob ongl adlewyrchiad gyfatebol.
3 Mesurwch a chofnodwch yr ongl adlewyrchiad ar gyfer pob pelydryn adlewyrchedig.

Dadansoddi eich canlyniadau

1 Plotiwch graff yr ongl adlewyrchiad (echelin-y) yn erbyn yr ongl drawiad (echelin-x).
2 Defnyddiwch eich graff i gadarnhau'r ddeddf adlewyrchiad – y berthynas rhwng yr ongl drawiad a'r ongl adlewyrchiad.

▶ Plygiant tonnau

Pan mae tonnau dŵr yn teithio o ddŵr dwfn i ddŵr bas, maen nhw'n arafu ac mae'r blaendonnau yn mynd yn nes at ei gilydd, gan leihau eu tonfedd. **Plygiant** yw'r enw ar yr effaith hon. Pan fydd y blaendonnau'n taro rhwystr rhwng y dŵr dyfnach a'r dŵr bas ar ongl, bydd yn ymddangos fel eu bod nhw'n newid cyfeiriad. Mae Ffigur 5.13 yn dangos hyn.

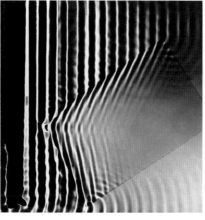

Ffigur 5.13 Plygiant tonnau dŵr mewn tanc crychdonni.

Mae plygiant hefyd yn un o briodweddau sylfaenol pob ton, ac mae'n digwydd pan fydd unrhyw donnau'n teithio ar draws y ffin o un cyfrwng lle maen nhw'n teithio'n gyflymach i gyfrwng arall lle maen nhw'n teithio'n arafach (neu i'r gwrthwyneb). Mae plygiant golau trwy floc gwydr yn dangos y pelydrau golau'n newid cyfeiriad wrth iddynt fynd o'r aer i mewn i'r gwydr, ac yna'n ôl eto i mewn i'r aer (Ffigur 5.14).

Ffigur 5.14 Plygiant golau trwy floc gwydr.

Mae Ffigur 5.15 yn fersiwn diagramatig o Ffigur 5.14, gyda'r onglau wedi'u labelu.

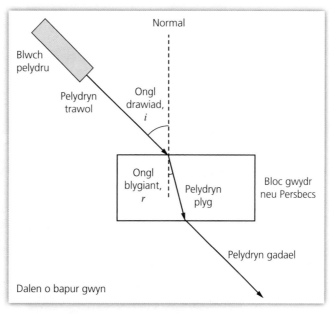

Ffigur 5.15 Yr ongl drawiad a'r ongl blygiant.

Ymchwilio i blygiant

Dyma weithgaredd sy'n eich helpu i wneud y canlynol:

> gweithio fel rhan o dîm
> trin cyfarpar
> rhoi trefn ar eich tasgau
> cymryd a chofnodi mesuriadau
> dod i gasgliadau.

Cyfarpar

> blwch pelydru
> cyflenwad pŵer 12 V
> bloc petryal gwydr neu Persbecs
> onglydd
> dalen o bapur gwyn plaen
> pensil miniog

Nodiadau diogelwch

Bydd eich athro/athrawes yn dangos dull diogel i chi ar gyfer y gweithgaredd hwn, gan ddefnyddio mesurau rheoli addas, yn dilyn eu hasesiad risg eu hunain. Bydd y blwch pelydru'n mynd yn boeth. Peidiwch â'i gyffwrdd.

Dull

1 Cydosodwch y cyfarpar fel yn Ffigur 5.15.
2 Lluniwch linell o amgylch y bloc.
3 Defnyddiwch onglydd i fesur onglau trawiad 10° ar y papur – marciwch y rhain ar y papur gan ddefnyddio pensil.
4 Disgleiriwch y pelydryn o'r blwch pelydru i lawr pob ongl drawiad. Cofnodwch safle pob pelydryn gadael cyfatebol.
5 Cysylltwch bob pelydryn gadael â'r pwynt lle mae'r pelydryn trawol yn mynd i mewn i'r bloc.
6 Mesurwch bob ongl blygiant gyfatebol.

Dadansoddi eich canlyniadau

1 Plotiwch graff yr ongl blygiant (echelin-y) yn erbyn yr ongl drawiad (echelin-x).
2 Does dim perthynas syml rhwng yr ongl blygiant a'r ongl drawiad, fel sydd i'w weld gydag adlewyrchiad – disgrifiwch y patrwm sy'n cael ei ddangos ar y graff.

Yn gyffredinol, os yw tonnau fel tonnau golau'n teithio o ddefnydd lle maen nhw'n teithio'n gyflym i ddefnydd lle maen nhw'n teithio'n arafach, byddan nhw'n plygu *tuag at* y llinell normal (ac i'r gwrthwyneb).

▶ Y sbectrwm electromagnetig

Mae'r ffotograffau yn Ffigur 5.16 i gyd yn ffotograffau o'r un peth – yr Haul. Maen nhw wedi cael eu tynnu gan wahanol delesgopau a chamerâu sydd wedi'u lleoli yn y gofod neu ar y ddaear, gan

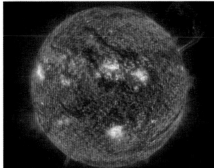
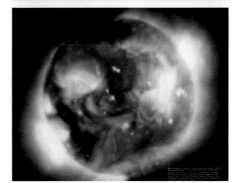

Ffigur 5.16 Yr Haul cudd – beth rydym ni'n ei weld a beth na allwn ni ei weld!

ddefnyddio gwahanol rannau o'r sbectrwm electromagnetig (em). Dydym ni ddim yn gallu gweld y rhan fwyaf o'r sbectrwm electromagnetig – mae ein llygaid yn gallu canfod golau gweladwy yn unig, ac mae ein croen yn gallu canfod peth golau isgoch. Mae'r lluniau'n dangos arddwyseddau rhannau gwahanol o'r sbectrwm mewn **lliw ffug**. Mae'r rhannau â llawer o egni'n tueddu i fod yn fwy llachar na'r rhannau â llai o egni.

Teulu o donnau yw'r sbectrwm electromagnetig, ac mae gan y tonnau hyn lawer o bethau'n gyffredin. Mae pob ton electromagnetig:

▶ yn teithio ar yr un buanedd, *c*, buanedd golau (3×10^8 m/s yng ngwactod y gofod)
▶ yn trosglwyddo egni o un lle i'r llall
▶ yn gallu trawsyrru gwybodaeth
▶ yn codi tymheredd y defnydd sy'n ei hamsugno
▶ yn gallu cael ei hadlewyrchu a'i phlygu.

Mae pellafion y Bydysawd yn cael eu trochi'n gyson ym mhob rhan o'r sbectrwm. Mae gwrthrychau masfawr a phoeth iawn fel sêr, tyllau du, sêr niwtron a chanol galaethau i gyd yn cynhyrchu symiau enfawr o bob rhan o'r sbectrwm. Yn wir, y poethaf a'r mwyaf egnïol yw'r gwrthrych, y mwyaf yw egni'r tonnau electromagnetig sy'n cael eu hallyrru. Yn achos gwrthrychau oerach ag egni is fel planedau, nifylau (cymylau nwy) a gofod cefndir y Bydysawd, dim ond tonnau electromagnetig egni is fel tonnau radio, microdonnau ac isgoch sy'n cael eu hallyrru. Mae Ffigur 5.17 yn dangos y sbectrwm electromagnetig cyfan.

Term allweddol

Nifwl (lluosog nifylau) yw cwmwl rhyngserol (h.y. wedi'i leoli rhwng sêr) o nwy a llwch.

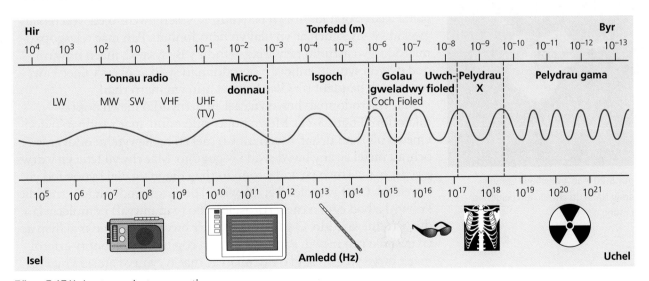

Ffigur 5.17 Y sbectrwm electromagnetig.

Tonnau radio a theledu

Tonnau radio sydd â'r tonfeddi hiraf, yr amleddau isaf a'r lleiaf o egni. Maen nhw'n cael eu hallyrru gan amrywiaeth eang o wrthrychau yn y gofod. Mae sêr, nifylau, comedau, planedau a galaethau i gyd yn allyrru tonnau radio. Mae signalau radio o'r gofod yn arbennig o ddefnyddiol pan mae seryddwyr yn edrych ar wrthrychau ag egni a thymheredd cymharol isel. Maen nhw'n arbennig o dda ar gyfer astudio adeiledd nifylau sy'n cael eu

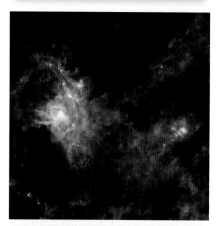

Ffigur 5.18 Nifwl yr Eryr.

Ffigur 5.20 Mae Archwilydd Cefndir Cosmig NASA yn chwilio am belydriad microdon o'r gofod.

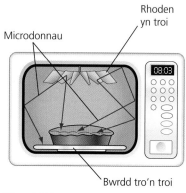

Ffigur 5.21 Popty microdon.

cynhyrchu gan **uwchnofâu** sy'n ffrwydro – yn y cymylau nwy enfawr hyn mae sêr newydd yn ffurfio. Gallwn ni ddefnyddio tonnau radio ar y Ddaear i drawsyrru signalau cyfathrebu. Mae signalau teledu a radio'n cael eu cynhyrchu gan drosglwyddyddion erial ac yn cael eu canfod gan dderbynyddion erial. Gallwn ni ddefnyddio lloerenni geosefydlog i drosglwyddo'r signalau hyn ar draws y blaned, ac mae hyn yn ein galluogi i gael rhwydwaith cyfathrebu byd-eang.

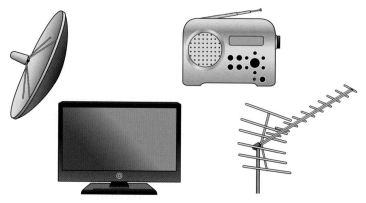

Ffigur 5.19 Mae'r dyfeisiau hyn yn dibynnu ar signalau radio a theledu.

Microdonnau

Cafodd y Bydysawd ei ffurfio tuag 13.5 biliwn o flynyddoedd yn ôl, o ganlyniad i ffrwydrad enfawr o'r enw'r **Glec Fawr**. Cynhyrchodd y ffrwydrad belydrau gama egni uchel a lanwodd y Bydysawd. Yn ystod y biliynau o flynyddoedd ers hynny mae'r Bydysawd wedi ehangu ac oeri, ac mae'r pelydrau gama a gafodd eu cynhyrchu adeg y Glec Fawr hefyd wedi 'oeri' (colli egni). Wrth iddynt golli egni, mae'r pelydrau gama wedi troi'n raddol yn belydrau X, yna'n uwchfioled, yna'n olau gweladwy, yn isgoch ac yn olaf yn ficrodonnau. Pan mae telesgopau microdon yn astudio pelydriad cefndir y Bydysawd, maen nhw'n dod o hyd i symiau enfawr o ficrodonnau sydd ar ôl ers y Glec Fawr – tystiolaeth bendant o'r Glec Fawr ei hun ym marn rhai!

Mae microdonnau hefyd yn cael eu defnyddio mewn poptai microdon (Ffigur 5.21). Mewn popty microdon, mae'r tonnau'n dod i mewn o'r rhan uchaf. Maen nhw'n cael eu hadlewyrchu oddi ar yr ochrau metel ac ar y bwyd sydd i'w goginio. Mae rhwyll fetel yn y drws gwydr, ac mae hwn yn atal y tonnau rhag dianc – gallai hynny fod yn niweidiol. Caiff yr amledd ei ddewis fel bod y microdonnau'n treiddio i'r bwyd a bod egni'n cael ei drosglwyddo (gan mwyaf) i'r moleciwlau dŵr y tu mewn iddo. O ganlyniad, mae'r bwyd yn coginio'n gyflym ac yn gyson o'r tu mewn. Pan fyddwn ni'n coginio mewn popty arferol mae'r bwyd yn gwresogi o'r tu allan ac mae'n cymryd amser i'r gwres deithio i'r canol. Mae'r tonnau radio a theledu sy'n cael eu defnyddio i gyfathrebu â lloerenni yn ficrodonnau ond mae eu tonfeddi ychydig yn fyrrach na thonnau radio. Mae ffonau symudol hefyd yn defnyddio microdonnau ac, fel trosglwyddyddion teledu, mae angen llinell olwg dda (llwybr clir) ar signalau ffôn symudol.

Tonnau isgoch

Dim ond ychydig o donnau isgoch sy'n gallu mynd trwy ein hatmosffer. Felly, dydy telesgopau isgoch ar y Ddaear ddim yn gweithio'n dda iawn. Er mwyn cael gwell signalau isgoch, rhaid i

Ffigur 5.22 Arsyllfa Ofod Herschel.

ni osod canfodyddion isgoch ar delesgopau sydd mewn orbit isel o amgylch y Ddaear, er mwyn iddynt osgoi dylanwad ein hatmosffer. Un enghraifft o hyn yw Arsyllfa Ofod Herschel.

Mae angen i ganfodyddion isgoch gael eu hoeri i dymheredd isel iawn a'u cysgodi rhag pelydriad isgoch yr Haul. Gall isgoch fynd trwy gymylau llwch trwchus (nifylau) yn y gofod, felly mae telesgopau isgoch yn arbennig o dda am arsylwi mannau lle mae sêr yn ffurfio ac am edrych i ganol ein galaeth. Gallwn greu delweddau isgoch o sêr oer a nifylau rhyngserol oer – byddai'r rhain yn anweledig mewn golau optegol.

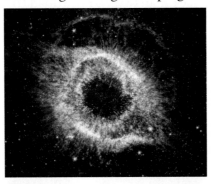

Ffigur 5.23 Delwedd isgoch o nifwl Helix.

Ffigur 5.24 Diffoddwyr tân yn defnyddio camerâu isgoch i chwilio am bobl mewn adeiladau llawn mwg.

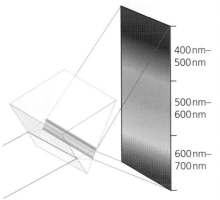

400 nm–
500 nm

500 nm–
600 nm

600 nm–
700 nm

Ffigur 5.25 Defnyddio prism i ddangos y lliwiau sy'n gwneud golau gweladwy.

Rydym ni'n adnabod ac yn teimlo pelydriad isgoch fel pelydriad gwres, yn enwedig o wrthrychau poeth iawn fel tanau neu o'r Haul. Mae popeth â thymheredd uwch na sero absoliwt (–273 °C) yn allyrru pelydriad isgoch. Dydy pelydriad isgoch ddim yn beryglus ynddo'i hun, cyn belled ag na chewch chi ormod ohono. Os ydych chi'n sefyll o flaen coelcerth am gyfnod rhy hir, gall yr egni sy'n cael ei belydru wneud mwy na'ch cynhesu – gallai eich llosgi. Mae camerâu isgoch yn canfod gwres. Mae'r gwasanaeth tân yn eu defnyddio i ddod o hyd i bobl mewn adeiladau llawn mwg, ac mae hofrenyddion yr heddlu'n eu defnyddio yn y nos i ddod o hyd i bobl sy'n ceisio cuddio rhagddynt. Hefyd gall camerâu isgoch ddangos pa dai sydd wedi'u hynysu'n dda a pha rai sydd ddim.

Golau gweladwy

Mae ein Haul yn cynhyrchu symiau enfawr o olau gweladwy o'i arwyneb gweladwy, sef y **ffotosffer**. Mae'r golau cynnes melyn/gwyn rydym ni'n ei weld yn sbectrwm cyflawn o liwiau mewn gwirionedd. Isaac Newton oedd y cyntaf i'w astudio'n wyddonol yn 1704. Mae sêr eraill yn edrych fel eu bod yn lliwiau gwahanol oherwydd eu tymheredd. Mae'r sêr mwyaf, poethaf yn sêr gorgawr (*supergiant*) glas masfawr fel Rigel yng nghytser Orion. Yn yr un cytser, mae Betelgeuse – seren orgawr goch enfawr. Yr Haul yw ein prif ffynhonnell o olau a gwres. Mae ei egni yn ein cadw'n gynnes ac mae'n hanfodol ar gyfer cynnal bywyd. Mae planhigion yn defnyddio golau gweladwy ar gyfer ffotosynthesis i wneud eu bwyd a'u hocsigen eu hunain. Dyma'r unig ran o'r sbectrwm electromagnetig y gallwn ni ei gweld â'n llygaid.

Ffigur 5.26 Mae egni'r Haul yn cyrraedd ein cadwyn fwyd trwy blanhigion.

Pelydriad uwchfioled

Caiff pelydriad uwchfioled (*UV: ultraviolet*) ei gynhyrchu gan wrthrychau poeth ac egnïol iawn fel:

▸ sêr ifanc, llachar, masfawr iawn, fel clwstwr sêr Pleiades yng nghytser Taurus

▸ sêr corrach gwyn gorboeth (*superhot*) fel Sirius, Seren y Ci, yng nghytser Canis Major

▸ galaethau actif fel Centaurus A.

Mae'r rhan fwyaf o'r pelydriad *UV* sy'n dod o'r gofod yn cael ei amsugno gan ein hatmosffer, felly mae angen i seryddwyr *UV* roi telesgopau *UV* ar loerenni sydd mewn orbit o amgylch y Ddaear, fel yr *Extreme Ultraviolet Explorer* (*EUVE*), a oedd yn weithredol o 1992 i 2001.

a)  b)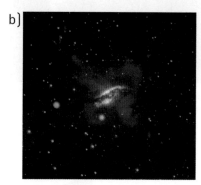

Ffigur 5.27 Delweddau uwchfioled o a) clwstwr Pleiades a b) galaeth Centaurus A.

Ffigur 5.28 Yr *Extreme Ultraviolet Explorer*.

Mae'r tonnau yn y rhanbarth hwn o'r sbectrwm electromagnetig yn mynd yn fwyfwy peryglus. Wrth i'r donfedd fynd yn fyrrach mae'r amledd yn cynyddu. Wrth i'r amledd gynyddu, mae'r egni yn y pelydriad hefyd yn cynyddu. Mae'r pelydriad uwchfioled sy'n llwyddo i fynd trwy ein hatmosffer yn niweidio'r croen oherwydd bod gan y pelydriad ddigon o egni i ïoneiddio atomau yng nghelloedd y croen. Mae lliw haul yn dangos bod eich croen wedi cael ei niweidio eisoes. Weithiau, gall pelydriad sy'n ïoneiddio achosi mwtaniad mewn celloedd. Gall hyn arwain at ganser.

 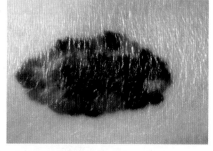

Ffigur 5.29 Fel arfer, caiff canser y croen ei sbarduno gan belydriad uwchfioled niweidiol.

Pelydrau X

Caiff pelydrau X eu cynhyrchu gan y gwrthrychau mwyaf egnïol a phoeth yn y Bydysawd. Mae tyllau du, sêr niwtron a ffrwydradau enfawr sêr masfawr iawn sy'n marw (uwchnofâu) i gyd yn allyrru pelydrau X. Yn aml, caiff y pelydrau X eu cynhyrchu gan ddefnydd sy'n symud ar fuanedd eithriadol o uchel. Mae tyllau du'n cynhyrchu llawer o belydrau X wrth i'r mater o amgylch y twll du gael ei sugno i mewn gan y grym disgyrchiant enfawr. Wrth i'r mater gyflymu i mewn i'r twll du, mae'n allyrru pelydrau X egni uchel mewn paladr sy'n aml yn cael ei ddefnyddio i ganfod bodolaeth y twll du. Mae ein hatmosffer ni'n amsugno pelydrau X, felly mae angen i seryddiaeth pelydr X gael ei chyflawni ar delesgopau mewn orbit yn y gofod fel Arsyllfa Pelydr X Chandra, a gafodd ei lansio gan y wennol ofod Columbia yn 1999.

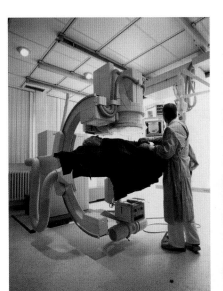

Ffigur 5.30 Peiriant angiograffi'n defnyddio pelydrau X i roi diagnosis o gyflwr calon claf.

Ffigur 5.31 Arsyllfa Pelydr X Chandra mewn orbit.

Mae pelydrau X hefyd yn ïoneiddio (fel *UV*), ac mae dod i gysylltiad â gormod ohonynt yn gallu achosi canser. Fodd bynnag, maen nhw'n ddefnyddiol ym myd meddygaeth lle mae'r buddion yn llawer mwy na'r peryglon (Ffigur 5.30). Gallwn ni eu defnyddio dan amodau wedi'u rheoli'n ofalus i wella canser. Mae pelydrau X pwerus iawn hefyd yn cael eu defnyddio i ganfod diffygion a thoriadau mewn metelau.

Pelydrau gama

Ddydd Iau, 23 Ebrill 2009, fe wnaeth Telesgop Byrst Pelydrau Gama Swift, sydd mewn orbit o amgylch y Ddaear, ganfod y gwrthrych pellaf i gael ei arsylwi erioed. Cafodd delwedd ei chynhyrchu o Fyrst Pelydrau Gama (*GRB: Gamma-Ray Burst*) 090423, sef byrst 10 eiliad o belydrau gama egni uchel, a chadarnhaodd telesgopau eraill fod y ddelwedd dros 13 biliwn o flynyddoedd golau i ffwrdd. Yn wir, dim ond tua 600 miliwn o flynyddoedd ar ôl y Glec Fawr y digwyddodd y ffrwydrad a gynhyrchodd y byrst hwn o belydrau gama – tua 5% o oed y Bydysawd! Mae seryddwyr yn credu mai seren enfawr yn ffrwydro fel uwchnofa oedd *GRB*090423, a'i bod wedi cynhyrchu twll du masfawr iawn.

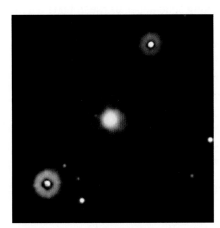

Ffigur 5.32 Llun artist o *GRB*090423 yn dangos yr allyriadau pelydrau gama mewn oren/melyn (canol) a'r ddwy sêr yn y blaendir (de uchaf a chwith gwaelod).

Ffigur 5.33 Llun artist o delesgop GR Swift.

Gallwch chi gael gwybod mwy am Genhadaeth Pelydrau Gama Swift yn: http://swift.gsfc.nasa.gov/docs/swift/swiftsc.html

Mae pelydriad gama hefyd yn dod o niwclysau defnyddiau ymbelydrol fel wraniwm. Mae pelydrau gama, fel pelydrau X ac uwchfioled, yn ïoneiddio ac felly maen nhw'n beryglus iawn i bob peth byw. Maen nhw'n gallu achosi canser neu ladd celloedd. Fel pelydrau X, maen nhw'n cael eu defnyddio i ganfod diffygion mewn metelau. Hefyd mae'n bosibl eu defnyddio i ddelweddu a thrin canser, i ddiheintio offer meddygol, ac i archwilio pobl a cherbydau mewn porthladdoedd i weld a ydyn nhw'n mewnforio defnyddiau ymbelydrol yn anghyfreithlon. Mae'r gair 'pelydriad' yn cael ei ddefnyddio i gyfeirio at donnau electromagnetig neu at yr egni sy'n cael ei allyrru gan ddefnyddiau ymbelydrol.

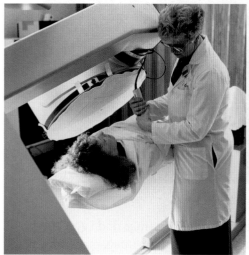

Ffigur 5.34 Camera pelydrau gama meddygol.

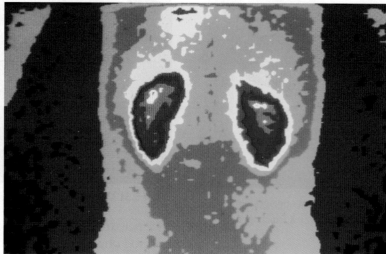

Ffigur 5.35 Delwedd o gamera pelydrau gama meddygol.

✔ | Profwch eich hun

13 Ym mha ran o'r sbectrwm electromagnetig mae:
   a) y donfedd hiraf
   b) yr amledd uchaf
   c) yr egni lleiaf?

14 Pa rannau o'r sbectrwm electromagnetig sydd ar goll o'r rhestr hon?
   gama   UV   gweladwy   radio

15 Nodwch ac eglurwch pa rannau o'r sbectrwm electromagnetig sy'n cael eu defnyddio mewn ysbytai.

16 Mae'r Haul yn allyrru pob rhan o'r sbectrwm electromagnetig. Beth mae hyn yn ei ddweud wrthych chi am dymheredd yr Haul?

17 Pam mae rhai telesgopau'n cael eu rhoi mewn orbit?

18 Pa wybodaeth mae'r sbectrwm electromagnetig yn ei rhoi i ni am wrthrychau seryddol?

💬 | Pwynt trafod

Pam mae seryddwyr yn un o ychydig iawn o grwpiau o wyddonwyr sy'n defnyddio'r sbectrwm electromagnetig cyfan?

▶ Cyfathrebu gan ddefnyddio microdonnau

Mae ffonau symudol yn defnyddio microdonnau. Mae microdonnau yn signalau di-wifr – does dim angen cebl copr na ffibr optegol. Un o anfanteision defnyddio microdonnau yw fod rhaid cael llwybr clir rhwng y trosglwyddydd a'r derbynnydd. Gallai hwn fod yn erial deledu neu'n ffôn symudol. Er mwyn cyrraedd

Ffigur 5.36 Y Ddaear o bwynt uwchben Pegwn y Gogledd; gall tair lloeren geocydamseredig ddanfon signalau i'r rhan fwyaf o'r Ddaear.

Ffigur 5.37 Dysglau lloeren yng Nghanolfan Gyfathrebu Madley.

yr ardal fwyaf bosibl, mae trosglwyddyddion teledu a ffonau symudol yn dal ac yn cael eu gosod ar fryniau. Mae crymedd y Ddaear yn golygu bod rhaid i orsafoedd aildrosglwyddo anfon y signalau microdon ymlaen i drosglwyddyddion pell. Rhaid defnyddio lloerenni i gyfathrebu dros bellter hir o amgylch y byd. Yn ddamcaniaethol, dim ond tair lloeren sydd eu hangen i drosglwyddo signalau o amgylch y byd. Yn ymarferol, mae mwy na hyn yn cael eu defnyddio.

Mae'r lloerenni'n cael eu rhoi mewn orbit ar uchder o 36 000 km. Maen nhw'n troi o amgylch y Ddaear, uwchben y cyhydedd, yn yr un amser yn union â chylchdro'r Ddaear. Yr enw ar hwn yw orbit **geocydamseredig (geosefydlog)**. Yma yn y Deyrnas Unedig, mae signalau teledu, ffôn, ffacs a data yn cael eu hanfon at loerenni yn un o dair gorsaf BT. Canolfan Gyfathrebu Madley ger Henffordd yw'r orsaf Ddaear fwyaf yn y byd, ac mae'r rhan fwyaf o gyfathrebu lloeren y Deyrnas Unedig yn pasio trwyddi.

✔ Profwch eich hun

19 Pa fath o belydriad electromagnetig sy'n cael ei ddefnyddio i gyfathrebu trwy ffonau symudol?
20 Fel rheol, caiff lloerenni cyfathrebu eu rhoi mewn orbit geocydamseredig. Eglurwch beth yw ystyr hyn, gyda chymorth diagram.
21 Eglurwch pam mae angen gorsafoedd aildrosglwyddo wrth ddefnyddio microdonnau i gyfathrebu dros bellter hir.
22 Rhaid defnyddio lloerenni i gyfathrebu trwy ficrodonnau dros bellter hir o amgylch y byd. Lluniadwch ddiagram syml i ddangos sut mae hyn yn bosibl.

⬇ Crynodeb o'r bennod

- Mae tonnau ardraws yn dirgrynu ar ongl sgwâr i gyfeiriad teithio'r don. Mae tonnau arhydol yn dirgrynu i'r un cyfeiriad â chyfeiriad teithio'r don.
- Gallwn ni wahaniaethu rhwng tonnau yn nhermau tonfedd, amledd, buanedd, osgled (ac egni).
- Yr hafaliadau sy'n gysylltiedig â thonnau yw:

buanedd ton = $\dfrac{\text{pellter}}{\text{amser}}$

buanedd ton (m/s) = amledd (Hz) × tonfedd (m)
- Bydd tonnau'n plygu wrth iddynt groesi'r ffin rhwng un cyfrwng lle maen nhw'n teithio ar un buanedd a chyfrwng arall lle maen nhw'n teithio ar fuanedd gwahanol. Mae plygiant yn newid tonfedd y don.
- Mae pob rhan o'r sbectrwm electromagnetig yn trawsyrru gwybodaeth ac egni.
- Mae'r sbectrwm electromagnetig yn sbectrwm di-dor o donnau â gwahanol donfeddi ac amleddau sy'n cynnwys tonnau radio, microdonnau, isgoch, golau gweladwy, pelydriad uwchfioled, pelydrau X a phelydrau gama, ond mae'r tonnau i gyd yn teithio ar yr un buanedd mewn gwactod – buanedd golau.
- Gallwn ni ddefnyddio'r term 'pelydriad' i ddisgrifio tonnau electromagnetig a'r egni sy'n cael ei ryddhau gan ddefnyddiau ymbelydrol.
- Mae allyriadau ymbelydrol a rhannau o'r sbectrwm electromagnetig sydd â thonfeddi byr (uwchfioled, pelydrau X a phelydrau gama) yn belydriadau ïoneiddio, ac maen nhw'n gallu rhyngweithio ag atomau, gan ddinistrio celloedd gyda'r egni maen nhw'n ei gludo.
- Mae microdonnau a phelydriad isgoch yn cael eu defnyddio ar gyfer ffonau symudol, cysylltiadau ffibr-optegol rhyng-gyfandirol, ac ar gyfer cyfathrebu dros bellter hir, trwy gyfrwng lloerenni geocydamseredig (gweler Pennod 6 hefyd).

▶ Cwestiynau ymarfer

1 a) Copïwch a chwblhewch Ffigur 5.38 isod. Tynnwch linell o bob math o don ar y chwith i ddangos ei safle cywir yn y sbectrwm electromagnetig (em).

Tynnwch **4** llinell yn unig. Mae un wedi'i gwneud i chi. [3]

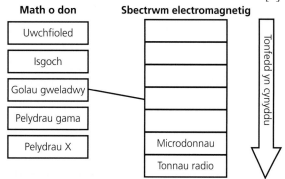

Ffigur 5.38

b) i) Ton em yw pelydriad microdon, ac mae yn yr amrediad tonfedd 0.1 cm i 30 cm. Nodwch **un** donfedd bosibl ar gyfer ton radio. [1]

ii) Nodwch **un** briodwedd sydd yr un peth ar gyfer tonnau radio a microdonnau. [1]

(TGAU Ffiseg CBAC P1, Sylfaenol, Ionawr 2014, cwestiwn 1)

2 Mae lloeren geocydamseredig (geosefydlog) yn teithio mewn orbit yn uchel uwchben y Ddaear. Mae lloerenni geocydamseredig yn cael eu defnyddio i drosglwyddo rhaglenni teledu i'n cartrefi. Mae'n cymryd **0.24 s** i signal gyrraedd y lloeren o'r Ddaear.

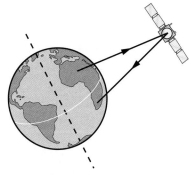

Ffigur 5.39

a) Pa **dri** o'r gosodiadau isod am y lloeren sy'n gywir? [3]

   A Mae'n aros uwchben yr un pwynt ar y Ddaear bob amser.

   B Mae'n trosglwyddo tonnau radio.

   C Mae'n gwneud orbit o amgylch y Ddaear unwaith mewn 365 diwrnod.

  CH Mae'n gwneud orbit o amgylch yr Haul unwaith mewn 1 diwrnod.

   D Mae'n trosglwyddo signalau microdon.

  DD Mae mewn orbit uwchben y cyhydedd.

b) Nodwch pam mae signal sy'n cael ei anfon o stiwdio deledu trwy loeren yn cymryd **0.48 s** i gyrraedd eich tŷ. [1]

(TGAU Ffiseg CBAC P1, Sylfaenol, Ionawr 2015, cwestiwn 2)

3 Mae isgoch, tonnau radio a microdonnau yn fathau o belydriad electromagnetig sy'n cael eu defnyddio i gyfathrebu dros bellter hir.

a) Copïwch a chwblhewch y tabl isod trwy ddewis **isgoch**, **tonnau radio** neu **microdonnau**. [3]

Tabl 5.1

Dull o gyfathrebu	Math o belydriad sy'n cael ei ddefnyddio
Signalau ffibr optegol	
Cyfathrebu â lloeren	
Signalau o fastiau ffôn symudol	

b) O'r tri math o belydriad sy'n cael eu henwi uchod, pa un sydd â'r donfedd hiraf? [1]

(TGAU Ffiseg CBAC P1, Sylfaenol, haf 2014, cwestiwn 2)

4 Mae tonnau i'w gweld yn Ffigur 5.40 isod.

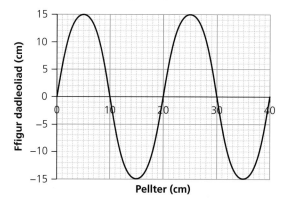

Ffigur 5.40

a) Nodwch osgled y tonnau. [1]

b) Nodwch donfedd y tonnau. [1]

c) Os oes 10 ton yn cael eu cynhyrchu mewn 5 eiliad, cyfrifwch yr amledd. [2]

ch) Defnyddiwch yr hafaliad:

> buanedd ton = tonfedd × amledd

i gyfrifo buanedd y tonnau. Nodwch yr uned. [3]

d) Copïwch a chwblhewch y frawddeg isod. Dewiswch y datganiad cywir mewn cromfachau.

Os yw osgled y don yn dyblu mae buanedd y tonnau yn (dyblu/aros yr un peth/haneru). [1]

(TGAU Ffiseg CBAC P1, Sylfaenol, Ionawr 2013, cwestiwn 6)

5 Mae'r data yn Nhabl 5.2 yn dangos sut mae buanedd tonnau dŵr yn newid gyda dyfnder y dŵr.

a) i) Defnyddiwch y data yn y tabl isod i blotio graff yn dangos amrywiad buanedd y tonnau gyda dyfnder y dŵr. [3]

Tabl 5.2

Dyfnder y dŵr (mm)	Buanedd ton (m/s)
0.0	0.0
0.5	1.8
1.5	3.8
2.5	4.9
3.5	5.7
4.0	6.0

ii) Disgrifiwch sut mae'r buanedd ton yn newid gyda dyfnder y dŵr. [2]

b) Defnyddiwch y graff i ateb y cwestiynau canlynol.

Mae peiriant tonnau yn cynhyrchu tonnau mewn pwll nofio. Mae gan y tonnau donfedd o 8.1 m lle mae dyfnder y dŵr yn 3.0 m.

i) Defnyddiwch hafaliad addas i gyfrifo amledd y tonnau hyn yn y pwll. [3]

ii) Wrth i'r tonnau deithio o **A** i **B** yn y pwll, mae amledd y tonnau'n aros yn gyson. Eglurwch beth sy'n digwydd i donfedd y tonnau. [2]

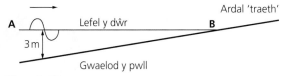

Ffigur 5.41

(TGAU Ffiseg CBAC P1, Uwch, haf 2015, cwestiwn 4)

6 Mae rhwydwaith ffonau symudol yn defnyddio microdonnau i drawsyrru signalau rhwng ffonau symudol a mastiau. Mae gan y microdonnau amledd o 1.5 GHz ac maen nhw'n teithio ar fuanedd o 3×10^8 m/s. Y pellter mwyaf sy'n gallu bod rhwng ffôn a mast heb golli signal yw 35 km.

a) Defnyddiwch hafaliad addas i gyfrifo tonfedd y microdonnau. [3]

b) Defnyddiwch hafaliad addas i gyfrifo'r amser mwyaf mae'n ei gymryd i signal deithio rhwng ffôn a mast sydd 35 km i ffwrdd. [3]

(TGAU Ffiseg CBAC P1, Uwch, Ionawr 2015, cwestiwn 5)

7 Mewn ateb i gwestiwn arholiad diweddar, ysgrifennodd ymgeisydd: 'Mae lloeren geosefydlog SENGL yn aros yn yr un man a dyma'r unig ffordd o anfon yr holl donnau electromagnetig o amgylch y byd.'

Eglurwch yn fanwl beth sy'n anghywir am y gosodiad uchod. [6 ACY]

(TGAU Ffiseg CBAC P1, Uwch, haf 2014, cwestiwn 6)

8 a) Mae tabl o'r sbectrwm electromagnetig (em) yn cael ei ddangos isod (gweler Tabl 5.3).

i) Copïwch y tabl a chwblhewch y **golofn gyntaf** i ddangos y rhanbarthau ïoneiddio sydd ar goll mewn trefn amledd sy'n lleihau. [2]

Tabl 5.3

Rhanbarth o sbectrwm em	Amrediad tonfedd (m)
pelydrau gama	
golau gweladwy	

ii) Mae amrediadau tonfedd nodweddiadol ar gyfer pob rhanbarth o'r sbectrwm em mewn metrau wedi cael eu rhestru isod mewn trefn ar hap.

4×10^{-7} i 7×10^{-7}	$<1 \times 10^{-11}$	1×10^{-9} i 4×10^{-7}	1×10^{-11} i 1×10^{-9}

Defnyddiwch y gwerthoedd hyn i **gwblhau**'r golofn tonfedd yn eich tabl. [2]

b) Mae gan un rhanbarth sy'n ïoneiddio o'r sbectrwm em donfeddi yn yr amrediad 4×10^{-7} i 1×10^{-9} m. Defnyddiwch hafaliad addas i gyfrifo amledd mwyaf y rhanbarth hwn o'r sbectrwm em. 3×10^8 m/s yw buanedd ton tonnau em. [3]

(TGAU Ffiseg CBAC P1, Uwch, Ionawr 2014, cwestiwn 6)

9 Mae'r sbectrwm electromagnetig yn deulu o donnau gyda rhai priodweddau tebyg. Astudiwch adran 'y sbectrwm electromagnetig' yn gynharach yn y bennod hon, a phenderfynwch os oes gwybodaeth i gefnogi pob un o'r datganiadau canlynol. Copïwch Dabl 5.4, a rhowch gylch o amgylch 'Cywir' neu 'Anghywir' ar gyfer pob datganiad.

Tabl 5.4

A	Mae pob ton yn y sbectrwm electromagnetig yn teithio ar yr un buanedd.	Cywir	Anghywir
B	Mae seryddwyr yn defnyddio pob rhan o'r sbectrwm electromagnetig ar wahân i ficrodonnau.	Cywir	Anghywir
C	Mae pelydrau UV, pelydrau-X a phelydrau gama i gyd yn belydriadau ïoneiddio a gallant fod yn niweidiol i gelloedd byw.	Cywir	Anghywir
CH	Mae gan belydrau gama yr egni isaf gan fod ganddynt yr amledd isaf.	Cywir	Anghywir

[4]

6 Adlewyrchiad mewnol cyflawn tonnau

🏠 **Cynnwys y fanyleb**

Mae'r bennod hon yn ymdrin ag adran **1.6 Adlewyrchiad mewnol cyflawn tonnau** yn y fanyleb TGAU Ffiseg, sy'n astudio'r amodau sy'n angenrheidiol ar gyfer adlewyrchiad mewnol cyflawn golau. Mae'n cyflwyno cymwysiadau meddygol a chymwysiadau cyfathrebu o adlewyrchiad mewnol cyflawn gan ddefnyddio ffibrau optegol. Dydy'r bennod hon ddim yn berthnasol i fyfyrwyr TGAU Gwyddoniaeth (Dwyradd).

▶ Beth yw adlewyrchiad mewnol cyflawn tonnau?

Mae ffibrau optegol yn galluogi cysylltiadau rhyngrwyd cyflym iawn i ddigwydd ac yn caniatáu i lawfeddygon medrus gynnal llawdriniaethau twll clo.

Term allweddol

Adlewyrchiad mewnol cyflawn yw adlewyrchiad ton oddi ar ffin rhwng cyfrwng lle mae'r tonnau'n teithio'n araf a chyfrwng lle mae'r tonnau'n teithio'n gyflymach, ar ongl drawiad sy'n fwy na'r ongl gritigol.

Ffigur 6.1 Cebl cyfathrebu ffibr optegol.

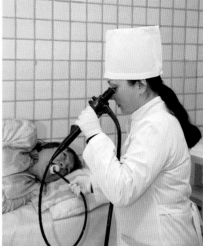

Ffigur 6.2 Defnyddio endosgop.

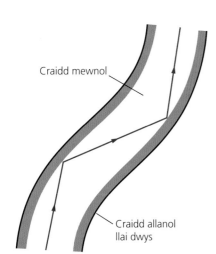

Craidd mewnol

Craidd allanol llai dwys

Ffigur 6.3 Mae adlewyrchiad mewnol cyflawn yn caniatáu i baladrau golau neu isgoch fynd ar hyd ffibrau optegol.

Mae ffibrau optegol yn cynnwys tiwbiau hir tenau hyblyg o wydr pur iawn, wedi'u hamgylchynu â haen sy'n caniatáu i baladr o olau neu i donnau isgoch adlewyrchu drosodd a throsodd i lawr y ffibr. Rydym ni'n galw hyn yn **adlewyrchiad mewnol cyflawn**.

⚙️ Gwaith ymarferol

Ymchwilio i adlewyrchiad mewnol cyflawn

Dyma weithgaredd sy'n eich helpu i wneud y canlynol:

> gweithio mewn tîm
> gweithio'n ddiogel
> trin cyfarpar
> rhoi trefn ar eich tasgau
> cymryd a chofnodi mesuriadau.

Cyfarpar

> blwch pelydru
> cyflenwad pŵer 12 V
> bloc gwydr hanner cylch
> onglydd
> dalen o bapur gwyn plaen
> pensil miniog

Nodiadau diogelwch

Gofalwch: mae bwlb y blwch pelydru'n mynd yn boeth – peidiwch â'i gyffwrdd.

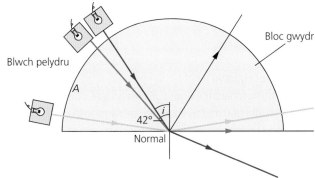

Ffigur 6.4 Plygiant ac adlewyrchiad mewn bloc gwydr.

Dull

1 Cydosodwch y cyfarpar fel yn Ffigur 6.4.
2 Lluniwch linell o amgylch y bloc hanner cylch ar ddalen o bapur gwyn.
3 Tynnwch y bloc oddi yno a lluniwch linell normal ar ganolbwynt ochr syth siâp y bloc.

4 Rhowch y bloc yn ôl yn ei le a disgleiriwch baladr o olau i mewn iddo ar ongl fach, i, i'r llinell normal.
5 Marciwch a mesurwch y paladr allddodol.
O'r arbrawf, fe welwch chi fod:
   • Y paladr trawol bob amser ar ongl sgwâr i'r bloc hanner cylch, felly nid yw'n cael ei blygu.
   • Y paladr allddodol yn cael ei blygu oddi wrth y normal.
   • Paladr golau gwan yn cael ei adlewyrchu'n ôl i mewn i'r bloc hanner cylch (wedi'i ddangos mewn du ar Ffigur 6.4).
6 Gwnewch yr ongl drawiad yn fwy. Dylech chi weld bod:
   • Yr ongl blygiant yn mynd yn fwy ac mae'r paladr allddodol yn mynd yn agosach at ochr syth y bloc hanner cylch.
   • Ar un ongl drawiad benodol, mae'r paladr yn dod allan ar hyd ymyl y bloc (wedi'i ddangos mewn glas ar Ffigur 6.4).
7 Marciwch safle'r paladr trawol wrth i'r paladr allddodol deithio ar hyd ymyl y bloc, a mesurwch yr ongl drawiad i'r normal.
Rydym ni'n galw'r ongl hon yn **ongl gritigol**.
8 Gwnewch yr ongl drawiad yn fwy, y tu hwnt i'r ongl gritigol. Dylech chi hefyd weld bod:
   • Y paladr bob amser yn cael ei adlewyrchu'n ôl i mewn i'r bloc ar gyfer pob ongl sy'n fwy na'r ongl gritigol.
   • Yr effaith hon yn cael ei galw'n adlewyrchiad mewnol cyflawn gan fod yr holl olau'n cael ei adlewyrchu'n ôl i mewn i'r bloc.
   • Y ddeddf adlewyrchiad yn gymwys: ongl drawiad = ongl adlewyrchiad

Mae'n bwysig i chi gofio'r pwyntiau canlynol am adlewyrchiad mewnol cyflawn:

> Mae'n digwydd pan fydd paladr o olau'n teithio o gyfrwng lle mae'n teithio'n araf (fel gwydr neu ddŵr) i mewn i gyfrwng lle mae'n teithio'n gyflymach (fel aer).
> Rhaid i'r ongl drawiad fod yn fwy na'r ongl gritigol.
> Yr ongl gritigol ar gyfer gwydr yw 42°.
> Yr ongl gritigol ar gyfer dŵr yw 49°.

Endosgopau

Gall ffibrau optegol gael eu cynhyrchu i fod yn hynod o denau (yn deneuach na gwallt dynol), ac maen nhw'n hyblyg iawn. Mae hyn yn eu gwneud yn ddefnyddiol iawn ar gyfer trosglwyddo signalau cyfathrebu (mae'r signalau'n teithio ar fuanedd golau mewn gwydr) ac mewn endosgopau meddygol. Yn gyffredinol, mae gan endosgop meddygol ddwy set o ffibrau optegol y tu mewn iddo. Mae un set o ffibrau yn mynd â golau o ffynhonnell i lawr trwy'r endosgop ac mae'r set arall yn codi'r golau sy'n cael ei adlewyrchu oddi ar du mewn y corff ac yn ei drosglwyddo'n ôl i fyny'r endosgop, fel y gall meddyg ei weld ar sgrin.

Ffigur 6.5 Y ffibrau optegol ac offer eraill y tu mewn i endosgop.

Mae endosgopau'n ei gwneud hi'n bosibl cynnal llawdriniaethau 'twll clo'. Gall endosgop gael ei fewnosod yn y corff trwy'r geg neu'r anws, gan ganiatáu mynediad da at y system dreulio, heb wneud unrhyw endoriadau llawfeddygol. Mae'n bosibl mynd at rannau eraill o'r corff trwy wneud endoriad bach 'twll clo' ei faint yn y croen a phasio tiwb yr endosgop i mewn i geudodau'r corff neu i lif y gwaed. Mae gan endosgopi nifer o fanteision dros dechnegau delweddu llawfeddygol a meddygol eraill fel llawdriniaeth gonfensiynol a sganiau pelydr X:

▶ Mae endosgopi yn defnyddio agorfeydd presennol y corff fel y geg a'r anws, neu endoriadau bach yn y croen. Mae amser adfer y llawdriniaethau hyn yn gyflym iawn, ac mae'r risg o gael haint yn fach iawn.
▶ Dydy pelydriad ïoneiddio ddim yn cael ei ddefnyddio, ac felly mae'r siawns o wneud niwed i gelloedd normal yn cael ei lleihau.
▶ Gall biopsïau (samplau bach o feinwe) gael eu cymryd gan chwiliedydd ar ben yr endosgop, gan ganiatáu i samplau o gelloedd a meinweoedd gael eu dadansoddi gan wyddonwyr biofeddygol.
▶ Mae'n bosibl cael delweddau lliw neu fideo manwl o nodweddion mewnol y corff mewn amser real.

✔ | Profwch eich hun

1 Eglurwch beth yw ystyr y termau:
   a) 'ongl gritigol'
   b) 'adlewyrchiad mewnol cyflawn'.
2 Eglurwch pam mae adlewyrchiad mewnol cyflawn yn gallu digwydd pan mae golau'n teithio o wydr i aer, ond nid i'r cyfeiriad dirgroes.
3 Lluniadwch ddiagramau i ddangos taith paladr o olau sy'n taro ffin dŵr-i-aer ar yr onglau canlynol:
   • 30° i'r normal
   • 70° i'r normal.
4 Rhestrwch ddwy fantais dros ddefnyddio endosgop, yn hytrach na sgan pelydr X, i benderfynu a oes gan glaf dyfiant canseraidd yn ei stumog ai peidio.

▶ Defnyddio isgoch a microdonnau i gyfathrebu

Sut mae'n bosibl cael sgwrs amser real â rhywun yn Awstralia?

Ffigur 6.6 Sgyrsiau amser real â rhywun sydd ym mhen draw'r byd.

Mae'r ddau unigolyn yn Ffigur 6.6. yn defnyddio llawer iawn o dechnoleg i wneud galwad ffôn syml. Mae eu ffonau symudol yn cysylltu â rhwydwaith enfawr o gysylltau microdon a ffibr optegol sy'n trawsyrru'r signalau ffôn i ben draw'r byd ac yn ôl ar fuanedd golau.

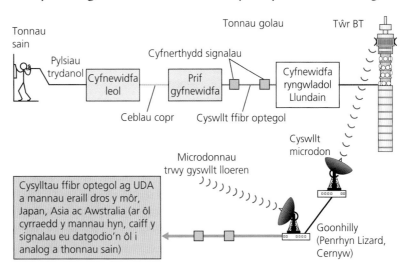

Ffigur 6.7 Llwybr galwad ffôn ryngwladol wrth iddi adael y wlad.

Mae galwadau ffôn llinell tir arferol yn teithio ar hyd ffibrau optegol, gan ddefnyddio pelydriad isgoch. Mae ffibrau optegol yn llawer gwell am drosglwyddo gwybodaeth na'r gwifrau copr a oedd yn arfer cludo galwadau ffôn pellter hir. Gall un ffibr gludo dros 1.5 miliwn o sgyrsiau ffôn, o'i gymharu â 1000 o sgyrsiau trwy wifrau copr. Mae'r rhan fwyaf o alwadau ffôn cenedlaethol, negeseuon ffacs, galwadau dros y rhyngrwyd ac ati yn teithio ar hyd llinellau ffibr optegol. Mae'r ffibrau'n gallu cludo deg sianel deledu (teledu cebl). Mae llawer o ffibrau mewn ceblau optegol rhwng cyfandiroedd, felly mae'n bosibl trosglwyddo swm enfawr o wybodaeth. Mae'n gost-effeithiol iawn.

Pan fyddwn ni'n ffonio dros bellter hir, caiff y signalau trydanol eu trawsnewid yn bylsiau digidol (ymlaen/i ffwrdd) yn y gyfnewidfa. Yna, bydd laser yn trawsnewid y signal digidol yn bylsiau golau. Mae'r laser isgoch yn fflachio'n gyflym iawn. Rydym ni'n defnyddio golau isgoch oherwydd mae'n symud trwy'r ffibrau optegol gwydr yn well na golau gweladwy. Mae'r signalau yn cael eu cyfnerthu bob 30 km ar hyd y ffibr. Ar y pen pellaf, mae datgodiwr arall yn trawsnewid y signal digidol o'r laser i roi foltedd newidiol sydd yna'n cael ei drawsnewid i sain yng nghlustffon y ffôn.

Mae gan ffibrau optegol rai manteision eraill dros wifrau copr:

▸ Mae llinellau ffibr optegol yn defnyddio llai o egni.
▸ Mae angen llai o gyfnerthwyr arnynt.
▸ Does dim sgyrsiau croes (ymyriant) â cheblau cyfagos.
▸ Maen nhw'n anodd eu bygio.
▸ Maen nhw'n pwyso llai ac felly'n haws eu gosod.

Ffibrau optegol neu ficrodonnau?

Mae ffibrau optegol (sy'n defnyddio rhan isgoch y sbectrwm electromagnetig) a chyfathrebu trwy loeren (sy'n defnyddio microdonnau) yn cael eu defnyddio ar gyfer galwadau ffôn rhyngwladol a darllediadau teledu. Mae'n cymryd amser i'r signalau deithio o orsaf ar y Ddaear i fyny i un o'r lloerenni ac yn ôl eto (Ffigur 6.8). Dewch i ni gymharu'r oediad amser wrth anfon signal o A i B.

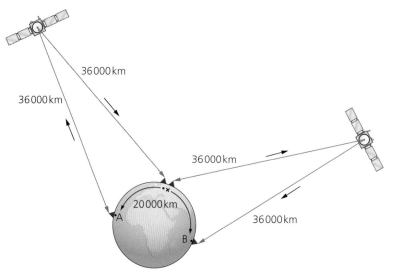

Ffigur 6.8 Rhaid i'r signal lloeren deithio'n llawer pellach.

Mae'r lloerenni mewn orbit ar uchder o 36 000 km. Felly, hyd y llwybr yw 4 × 36 000 km, neu 144 000 km. Hwn yw'r llwybr o stiwdio i stiwdio trwy gyfrwng lloeren. Defnyddiwch y fformiwla ganlynol:

$$\text{buanedd(km/s)} = \frac{\text{pellter teithio (km)}}{\text{amser mae'n ei gymryd(s)}}$$

Wedi'i aildrefnu:

$$\text{amser mae'n ei gymryd(s)} = \frac{\text{pellter teithio(km)}}{\text{buanedd(km/s)}}$$

Rhowch y rhifau i mewn:

$$\text{amser mae'n ei gymryd(s)} = \frac{144\,000\,\text{km}}{300\,000\,\text{km/s}} = \text{(tua)}\,0.5\,\text{s}$$

Gallai darllediad allanol gynyddu'r pellter teithio i 200 000 km, gan olygu bod yr amser teithio tua 0.7 s. Bydd hi'n hawdd sylwi ar yr oediad amser hwn ar ddarllediadau newyddion neu mewn sgyrsiau ffôn. Mae'n bosibl iawn y byddwch chi wedi sylwi ar yr effaith hon ar eich teledu. Os yw ffibrau optegol yn cysylltu'r ddwy stiwdio, gall y pellter teithio fod mor isel ag 20 000 km, ac mae tonnau isgoch yn teithio 200 000 km/s mewn ffibrau optegol:

$$\text{oediad amser(s)} = \frac{20\,000\,\text{km}}{200\,000\,\text{km/s}} = \text{(tua)}\,0.1\,\text{s}$$

Dim ond 0.1 s yw'r oediad amser gyda ffibrau optegol, sy'n llawer llai amlwg.

A fydd ffibrau optegol yn cymryd drosodd?

Gall ffibrau optegol ymdopi â nifer enfawr o alwadau llais a data. Oherwydd eu bod nhw'n gallu dal mwy o wybodaeth, ac oherwydd does dim oediad amser amlwg na dim angen gorsafoedd aildrosglwyddo, mae yna symudiad byd-eang tuag at ddefnyddio ffibrau optegol i gludo signalau dros bellter hir. Fodd bynnag, ni fyddan nhw byth yn cymryd lle microdonnau a lloerenni. Yn aml, mae cysylltau microdon yn cael eu defnyddio i gludo 'traffig' ffibrau optegol pan fydd cebl yn cael ei atgyweirio.

✔ Profwch eich hun

5 a) Pa fath o belydriad electromagnetig sy'n teithio i lawr ffibrau optegol mewn systemau cyfathrebu?

  b) Pa mor gyflym fydd y signalau'n teithio i lawr y ffibr?

6 Lluniwch restr o'r manteision dros ddefnyddio ffibrau optegol yn hytrach na gwifrau copr ar gyfer systemau cyfathrebu.

7 Y pellter ar yr arwyneb rhwng Caerdydd a Perth, Gorllewin Awstralia, yw tua 14 700 km. Cyfrifwch yr oediad amser mewn cyswllt fideo rhwng y ddwy ddinas hyn:

  a) trwy gyfrwng cyswllt ffibr-optegol, lle mae'r signalau isgoch yn teithio ar 200 000 000 m/s

  b) trwy gyfrwng lloeren geosefydlog mewn orbit uwchben y cyhydedd, 36 000 000 m o Gaerdydd a 36 000 000 m o Perth. Mae microdonnau'n teithio ar 3 000 000 000 m/s

8 Pa rai o'r datganiadau canlynol am adlewyrchiad mewnol cyflawn sy'n gywir a pha rai sy'n anghywir?

  A Mae ffibrau optegol yn cael eu defnyddio y tu mewn i endosgop er mwyn helpu i gael delweddau o rannau o'r corff.

  B Mae'r ongl gritigol ar gyfer adlewyrchiad mewnol cyflawn paladr o olau'n digwydd pan mae paladr yn teithio o aer i mewn i wydr.

  C Mae cyfathrebu dros bellter hir trwy releiau lloeren yn cynhyrchu llai o oediad amser yn y signalau na chyfathrebu trwy gyswllt ffibr optegol.

  CH Mae paladr o olau'n cael ei adlewyrchu'n fewnol yn gyfan gwbl oddi ar ffin rhwng dau gyfrwng pan mae ei ongl drawiad yn llai nag ongl gritigol y ffin.

⬇ Crynodeb o'r bennod

- Mae adlewyrchiad mewnol cyflawn yn digwydd mewn golau (a ffurfiau eraill ar donnau) os yw'r golau'n ceisio croesi ffin o gyfrwng lle mae'n teithio'n araf i mewn i gyfrwng lle mae'n teithio'n gyflymach, ar ongl drawiad sy'n fwy nag ongl gritigol y ffin.
- Mae ffibrau optegol yn dibynnu ar adlewyrchiad mewnol cyflawn er mwyn iddynt allu gweithredu.
- Mae'n bosibl defnyddio ffibrau optegol sy'n defnyddio tonnau isgoch, a lloerenni geocydamseredig sy'n defnyddio tonnau radio neu ficrodonnau, ar gyfer cyfathrebu dros bellter hir. Gall ffibrau optegol gludo nifer mawr o signalau

ac mae ganddynt oediadau amser byrrach na systemau cyfathrebu trwy loerenni, ond mae angen cysylltiad sefydlog arnynt, sy'n wahanol i systemau cyfathrebu trwy loerenni.

- Gellir defnyddio ffibrau optegol ar gyfer archwiliadau meddygol endosgopig. Mae endosgopau'n cynhyrchu delweddau agos, amser real o ansawdd uchel ac mae'n bosibl cymryd biopsïau. Dydy endosgopeg ddim yn ïoneiddio a dydy hi ddim yn difrodi celloedd sydd heb eu heffeithio.

▶ Cwestiynau ymarfer

1 Mae Ffigur 6.9 yn dangos pelydryn o olau yn mynd trwy ran o ffibr optegol. Mae'r ffibr tenau wedi ei orchuddio â chladin gwydr.

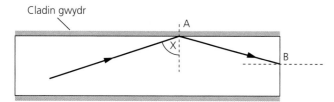

Cladin gwydr

Ffigur 6.9

a) Pan fydd pelydryn o olau yn taro ochr y ffibr gwydr yn A mae'n dilyn y llwybr sydd i'w weld uchod.

   i) Pa enw sy'n cael ei roi ar newid cyfeiriad y golau yn A? *[1]*

   ii) Beth allwch chi ei ddweud am yr ongl sydd wedi ei labelu'n X? *[1]*

b) Sut mae dwysedd y cladin gwydr yn cymharu â dwysedd y ffibr gwydr? *[1]*

c) Cwblhewch y diagram i ddangos sut mae'r pelydryn yn dod allan i'r aer ar bwynt B. *[1]*

(TGAU Ffiseg CBAC P1, Sylfaenol, haf 2008, cwestiwn 10)

2 Mae Ffigur 6.10 yn dangos signal yn pasio o aer, trwy ffibr gwydr ac yn ôl allan i'r aer.

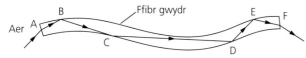

Ffigur 6.10

a) Dewiswch ymadrodd o'r blychau sy'n cwblhau'r brawddegau sy'n dilyn yn gywir. Gallwch ddefnyddio pob ymadrodd unwaith, fwy nag unwaith neu ddim o gwbl. *[3]*

yn pasio i mewn i gyfrwng llai dwys	yn pasio i mewn i gyfrwng mwy dwys	yn taro ar ongl sy'n fwy na'r ongl gritigol	yn taro ar ongl sy'n llai na'r ongl gritigol

   i) Mae'r signal yn newid cyfeiriad ar A oherwydd ei fod ...

   ii) Mae'r signal yn newid cyfeiriad ar B oherwydd ei fod ...

   iii) Mae'r signal yn newid cyfeiriad ar F oherwydd ei fod ...

b) Nodwch un rheswm pam mae ffibrau optegol wedi gwella cyfathrebu dros bellter hir. *[1]*

(TGAU Ffiseg CBAC P1, Sylfaenol, haf 2009, cwestiwn 6)

3 **a)** Mewn ateb i gwestiwn am loerenni geocydamseredig, ysgrifennodd ymgeisydd:

"Mae lloeren geocydamseredig *yn aros yn yr un lle yn y gofod* ac mae'n gwneud orbit o amgylch y Ddaear yn yr un amser ag y mae'r Ddaear yn gwneud orbit."

Cafodd yr ateb ddim marciau. Ailysgrifennwch yr ateb, gan gywiro'r rhannau mewn llythrennau italig. *[2]*

b) Pan fydd lloeren geocydamseredig yn cael ei rhoi mewn orbit o amgylch y Ddaear, mae'n cael ei phrofi trwy anfon pwls o belydriad electromagnetig ati. Mae pwls gwannach yn cael ei dderbyn yn ôl ar y Ddaear ychydig o amser yn ddiweddarach. Mae'r pwls gafodd ei anfon yn cael ei ddangos ar y grid osgilosgop (C.R.O) isod.

Graddfa llorweddol = 0.1 s/cm
Graddfa fertigol = 0.2 V/cm

Ffigur 6.11

   i) Cyfrifwch osgled y pwls gafodd ei anfon. *[2]*

   ii) Mae lloeren geocydamseredig ar uchder o 36 mil km uwchben y Ddaear.

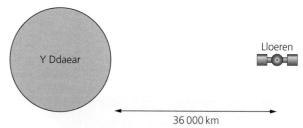

Y Ddaear   Lloeren

36 000 km

Ffigur 6.12

Mae'n cymryd 0.12 s i signal microdon deithio 36 mil km. Nodwch pam mae'n cymryd 0.24 s i'r signal gael ei dderbyn yn ôl yn yr orsaf. *[1]*

   iii) **Lluniadwch** y pwls sy'n cael ei dderbyn ar gopi o'r grid C.R.O. *[2]*

(TGAU Ffiseg CBAC P1, Uwch, haf 2013, cwestiwn 5)

4 Mae Ffigur 6.13 yn dangos lloeren gyfathrebu A mewn orbit geocydamseredig (geosefydlog) o amgylch y Ddaear. Dydy'r diagram ddim wrth raddfa.

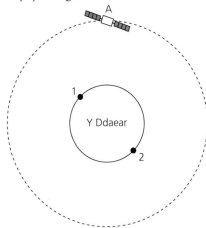

Ffigur 6.13

a) i) Eglurwch y manteision o osod lloerenni cyfathrebu mewn orbit geocydamseredig. *[2]*

ii) Copïwch Ffigur 6.13 ac ychwanegwch loeren arall B, a fydd yn galluogi i orsaf radio 1 gyfathrebu â gorsaf radio 2.

iii) Ar y diagram, dangoswch y llwybr sy'n cael ei gymryd gan y signal, trwy loeren A a B, pan fydd gorsaf radio 1 yn cyfathrebu â gorsaf radio 2. *[3]*

b) i) Mae microdonnau â thonfedd o 20 cm ac sy'n teithio ar 3×10^8 m/s yn cael eu defnyddio ar gyfer cyfathrebu rhwng lloerenni geocydamseredig a'r Ddaear. Ysgrifennwch hafaliad a'i ddefnyddio i gyfrifo amledd y microdonnau. *[3]*

ii) Yr amser oediad rhwng anfon signal o 1 a'i dderbyn yn 2 yw 0.48 s. Defnyddiwch hafaliad addas i ddarganfod uchder bras lloerenni geocydamseredig uwchben y Ddaear. *[3]*

(TGAU Ffiseg CBAC P1, Uwch, Ionawr 2010, cwestiwn 6)

5 Mae'r diagram yn dangos golau'n teithio o aer i mewn i floc gwydr.

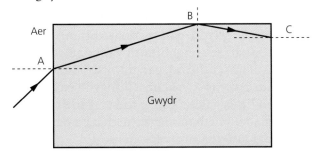

Ffigur 6.14

a) i) Pa enw sy'n cael ei roi i'r newid yng nghyfeiriad y golau ar bwynt A? *[1]*

ii) Rhowch reswm pam mae'r golau yn newid cyfeiriad ar A. *[1]*

b) Nodwch beth sy'n digwydd i'r golau ar bwynt B. *[1]*

c) Ar bwynt C, mae'r golau'n teithio allan i'r aer.

i) Rhowch un rheswm pam nad yw'r golau'n mynd yn ôl i mewn i'r bloc fel mae'n gwneud ar bwynt B. *[1]*

ii) Copïwch y ffigur a lluniadwch gyfeiriad y pelydryn i mewn i'r aer ar bwynt C. *[1]*

ch) Mae bloc hir a thenau iawn o wydr yn cael ei wneud yn ffibr optegol.

i) Enwch un math o belydriad electromagnetig (heblaw golau gweladwy) sy'n gallu cael ei ddefnyddio i anfon neges ar hyd ffibr optegol. *[1]*

ii) Nodwch ddwy fantais o anfon signalau ar hyd ffibrau optegol yn lle defnyddio signalau trydanol mewn gwifrau. *[2]*

iii) Buanedd signalau ar hyd ffibrau optegol yw 2.0×10^8 m/s. Dewiswch hafaliad addas a'i ddefnyddio i ddarganfod yr amser mae signal yn ei gymryd i deithio o Lundain i Efrog Newydd ar hyd ffibr optegol os yw'r pellter yn 4.8×10^7 m. Rhowch yr uned gywir ar gyfer eich ateb. *[4]*

(TGAU Ffiseg CBAC P1, Uwch, Ionawr 2011, cwestiwn 3)

7 Tonnau seismig

🏠 **Cynnwys y fanyleb**

Mae'r bennod hon yn ymdrin ag adran **1.7 Tonnau seismig** yn y fanyleb TGAU Ffiseg, sy'n edrych ar briodweddau tonnau P, tonnau S a thonnau arwyneb seismig, a sut mae'r priodweddau hyn yn galluogi cofnodion seismig i leoli uwchganolbwyntiau daeargrynfeydd. Mae hyn yn adeiladu ar briodweddau tonnau y buoch chi'n eu hastudio ym Mhennod 5. Dydy'r bennod hon ddim yn berthnasol i fyfyrwyr TGAU Gwyddoniaeth (Dwyradd).

▶ Beth yw tonnau seismig?

Ffigur 7.1 Difrod gan ddaeargryn.

Gall y difrod sy'n cael ei achosi gan ddaeargrynfeydd fod yn enfawr. Mae daeargrynfeydd yn digwydd pan mae platiau tectonig yn symud mewn perthynas â'i gilydd, gan ryddhau diriannau anferth sy'n cynhyrchu tonnau seismig. Effaith y tonnau seismig ar arwyneb y Ddaear sy'n achosi'r difrod, gan ddinistrio adeiladau neu gynhyrchu tsunamïau pwerus sy'n achosi llifogydd eang. Mae astudio seismoleg yn bwysig iawn gan ei fod yn gallu helpu i gyfyngu ar ddifrod i adeiladau, lleihau marwolaethau, a darparu rhywfaint o rybudd cynnar am ddaeargrynfeydd posibl.

Y mathau o donnau seismig

Mae daeargrynfeydd yn cynhyrchu tri math o don seismig. Mae Ffigur 7.2 yn dangos y ddau brif fath.

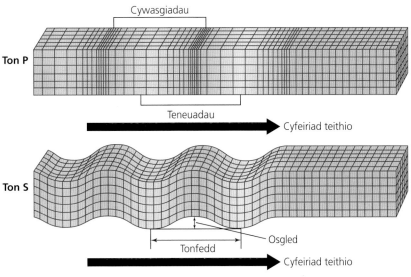

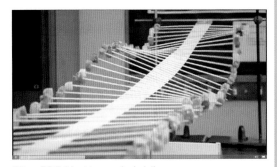

Cywasgiadau

Ton P

Teneuadau

Cyfeiriad teithio

Ton S

Osgled

Tonfedd

Cyfeiriad teithio

Ffigur 7.2 Y ddau brif fath o don seismig.

Mae tonnau cynradd neu donnau P yn donnau **arhydol**, lle mae cyfeiriad dirgryniad y graig yn mynd yn yr un cyfeiriad â lledaeniad y don. Mae tonnau P yn cael eu galw yn donnau cynradd oherwydd maen nhw bob amser yn cyrraedd yn gyntaf ar ôl daeargryn gan mai nhw sy'n teithio gyflymaf, tua 5–8 km/s, yn dibynnu ar y math o graig. Gan fod tonnau P yn cael eu cynhyrchu gan fudiant gwthio-tynnu y graig, maen nhw'n gallu teithio trwy graig solet a hylifol, ac mae'n bosibl eu canfod ledled arwyneb y Ddaear yn dilyn daeargryn. Mae tonnau eilaidd neu donnau S yn donnau **ardraws**, lle mae cyfeiriad dirgryniad y graig ar ongl sgwâr i gyfeiriad lledaenu'r don. Mae tonnau S yn arafach, gyda buanedd nodweddiadol o 2–8 km/s. Mae tonnau eilaidd yn cael eu cynhyrchu gan fudiant croesrym y graig ac felly dydyn nhw ddim yn gallu teithio trwy hylifau. Mae craidd hylifol allanol y Ddaear yn ffurfio ardal gysgodol ar arwyneb y Ddaear mewn man sy'n ddirgroes i'r daeargryn – dim ond tonnau P sy'n cael eu canfod yn yr ardal hon.

Tonnau arwyneb yw'r enw ar y trydydd math o don seismig gan nad ydyn nhw'n gwneud mwy na lledaenu ar draws arwyneb platiau tectonig. Mae tonnau arwyneb yn teithio'n arafach na'r tonnau P a'r tonnau S, gyda buanedd nodweddiadol o rhwng 1 a 6 km/s.

→ | **Gweithgaredd**

Arbrofion gyda slincis a losin jeli

Dyma weithgaredd sy'n eich helpu i wneud y canlynol:
> rhoi trefn ar eich tasgau   > chwilio am batrymau
> gwneud arsylwadau   > gweithio mewn tîm.

Cyfarpar
> peiriant tonnau losin jeli   > sbring slinci

Dull
Bydd eich athro/athrawes yn dangos peiriant tonnau i chi, wedi'i wneud o losin jeli (Ffigur 7.3).

Ffigur 7.3 Peiriant tonnau losin jeli.

Gall y peiriant tonnau losin jeli ddangos lledaeniad tonnau P ardraws trwy graig. Arsylwch fudiant y losin jeli wrth i'r don ledaenu. Lluniadwch ddiagramau i ddangos mudiant y losin jeli.

Gallwch chi nawr ymchwilio i ledaeniad tonnau gan ddefnyddio slinci (fel ym Mhennod 5), sy'n cael ei ddangos yn Ffigur 7.4.

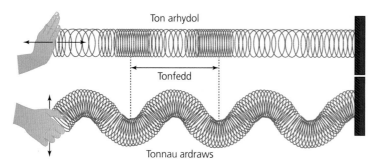

Ffigur 7.4 Arbrofion slinci.

Defnyddiwch y slinci i ddangos:

> tonnau ardraws – (fel tonnau S, tonnau dŵr a thonnau electromagnetig)
> tonnau arhydol – (fel tonnau P a thonnau sain)
> pwls ton (ton sengl)
> dilyniant tonnau (tair neu bedair ton un ar ôl y llall)
> ton ddi-dor.

Hefyd:

> Ymchwiliwch i sut mae buanedd tonnau'r slinci yn amrywio gyda pha mor dynn yw'r sbring.
> Ymchwiliwch i beth sy'n digwydd os byddwch chi'n rhoi mwy o egni yn nhonnau'r slinci trwy gynyddu osgled y tonnau (ardraws).
> Ymchwiliwch i beth sy'n digwydd i donfedd y tonnau (ardraws) ar y slinci os yw eu hamledd yn cynyddu.

Lluniadwch ddiagramau wedi'u labelu i ddangos nodweddion pob un o'r tonnau slinci hyn.

→ | **Gweithgaredd**

Daeargrynfeydd – cywir neu anghywir?

Dyma weithgaredd sy'n eich helpu i wneud y canlynol:
> chwilio am wybodaeth.

Yn y dasg hon, mae gofyn i chi chwilio am wybodaeth am ddaeargrynfeydd. Eich prif ffynhonnell wybodaeth yw gwefan Arolwg Daearegol Prydain (*British Geological Survey*) ac, yn benodol, yr adran ar Ddaeargrynfeydd sydd ar gael yn: http://www.bgs.ac.uk/discoveringGeology/hazards/earthquakes/home.html

Gallwch chi ddefnyddio'r rhyngrwyd i ganfod cysylltau eraill i'ch helpu hefyd.

Defnyddiwch yr adnodd hwn i ateb y cwestiynau canlynol. Cywir neu anghywir?

1 Mae tua 100 o ddaeargrynfeydd a allai achosi difrod difrifol yn digwydd bob blwyddyn.
2 Caiff daeargryn ei achosi gan egni diriant yn cael ei ryddhau'n raddol ar hyd ffawt.
3 Mae tonnau seismig yn lledaenu fel crychdonnau oddi wrth uwchganolbwynt y daeargryn.

4 Dim ond ar hyd ymylon platiau tectonig mae daeargrynfeydd yn digwydd.
5 Mae platiau tectonig yn symud ar gyfradd debyg i gyfradd twf ewinedd eich bysedd.
6 Y lithosffer yw enw arall ar gramen y Ddaear.
7 Mae tonnau seismig yn ein galluogi i astudio tu mewn y Ddaear.
8 Mae gan y Ddaear: graidd mewnol o haearn tawdd; craidd allanol o haearn solet; mantell solet a chramen solet.
9 Dydy tonnau S ddim yn gallu teithio trwy'r craidd allanol, ond gall tonnau P wneud hynny.
10 Mae tonnau P yn rhai ardraws.
11 Mae tonnau S yn teithio'n gyflymach na thonnau P trwy wenithfaen.
12 Gall yr ymylon rhwng platiau tectonig fod yn: adeiladol; distrywiol; cydgyfeiriol ac adlewyrchol.
13 Mae teclyn o'r enw seismogram yn cael ei ddefnyddio i fesur daeargrynfeydd.
14 Mae'r gwahaniaeth amser rhwng cyrhaeddiad y tonnau P a'r tonnau S yn penderfynu pa mor bell yw'r daeargryn oddi wrth y person sy'n ei arsylwi.

→

15 Mae osgled daeargryn maint 8 ar y raddfa Richter 100 gwaith cymaint ag osgled daeargryn maint 6.

16 Bydd llawer o dai'n cwympo yn ystod daeargryn Arddwysedd Macroseismig Gradd 8.

17 Mae lleoliad daeargrynfeydd yn cael ei ganfod trwy benderfynu ar groestoriad pellterau'r daeargryn o ddwy orsaf gofnodi.

18 Mae daeargryn maint 4 yn digwydd tua dwywaith y flwyddyn ym Mhrydain.

19 Roedd yr ail ddaeargryn mwyaf o ran maint ac o ran nifer y marwolaethau yn un maint 9.3, a digwyddodd yn Sumatra yn 2004.

20 Roedd y daeargryn mwyaf erioed yn mesur 9.4 ar y raddfa Richter a digwyddodd yn Chile yn 1960.

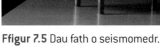

Profwch eich hun

1 Defnyddiwch ddiagramau i ddangos y gwahaniaeth rhwng tonnau P a thonnau S.

2 Pam mai tonnau P sydd bob amser yn cyrraedd gyntaf ar ôl daeargryn?

3 Dydy hi ddim yn bosibl canfod tonnau S o ochr arall y Ddaear i'r fan lle digwyddodd y daeargryn. Pam?

4 Ar 19 Gorffennaf 1984, cafwyd daeargryn 5.4 ar y raddfa Richter ym Mhen Llŷn yng Ngogledd Cymru, sef y daeargryn mwyaf ar Ynysoedd Prydain ers i fesuriadau gael eu cofnodi. Teimlwyd effaith y daeargryn trwy Ynysoedd Prydain gyfan, gyda rhywfaint o ddifrod (bach) i adeiladau cyn belled â Chaerdydd, tua 240 km i ffwrdd. Os yw tonnau P yn teithio ar 7 km/s, a thonnau S yn teithio ar 5 km/s, cyfrifwch yr oediad amser rhwng pryd bydd y ddwy don yn cyrraedd Caerdydd.

Seismogramau a dadansoddi daeargrynfeydd

Mae seismogramau yn cael eu cynhyrchu gan seismomedrau ac maen nhw'n gofnod gweledol o ddirgryniadau'r tir sy'n cael eu hachosi gan ddaeargryn.

Ffigur 7.5 Dau fath o seismomedr.

Mae gan seismomedr bwysyn mawr ynghlwm wrth gyfres o synwyryddion sy'n cynhyrchu cerrynt bach wrth i'r daeargryn fynd heibio, gan fod y pwysyn a'r synwyryddion yn symud mewn perthynas â'i gilydd. Mae'r cerrynt bach yn cael ei gofnodi gan gyfrifiadur a'i arddangos fel olin ar y sgrin.

Ffigur 7.6 Seismogram yn dilyn daeargryn.

Mae amser bob tro'n cael ei gynrychioli o'r chwith i'r dde ar yr olin. Mae osgled y dirgryniadau yn cael ei ddangos yn fertigol ar yr olin. Gan mai tonnau P yw'r tonnau seismig cyflymaf, byddan nhw'n cael eu dangos yn gyntaf ar yr olin bob tro, wedi'u dilyn gan y tonnau S, ac yna'r tonnau arwyneb.

Y mesuriad pwysig ar seismogram yw'r oediad amser rhwng cyrhaeddiad y tonnau P a chyrhaeddiad y tonnau S. Mae'n bosibl defnyddio'r mesuriad hwn i ddarganfod y pellter o'r seismomedr i **uwchganolbwynt** y daeargryn. Gall tri o'r mesuriadau hyn o wahanol orsafoedd seismig gael eu defnyddio i ddarganfod union leoliad yr uwchganolbwynt.

Gallwch chi fynd at olinau seismig byw ar wefan Arolwg Daearegol Prydain neu'r USGS:

▶ http://www.earthquakes.bgs.ac.uk/helicorder/heli.html
▶ http://earthquake.usgs.gov/monitoring/helicorders.php

Dadansoddi olin seismig enghreifftiol

Mae Ffigur 7.7 yn dangos y signalau gafodd eu cynhyrchu gan ddaeargryn mewn dwy orsaf fonitro, A a B.

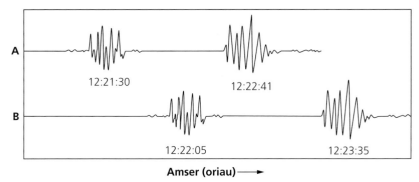

Ffigur 7.7 Dau olin seismogram o orsafoedd monitro gwahanol.

Mae pob gorsaf fonitro yn derbyn dau signal ar wahanol adegau, gan fod y signal cyntaf yn cyfateb i'r tonnau P cyflymach ac mae'r ail signal yn dod o'r tonnau S arafach.

Term allweddol

Yr **uwchganolbwynt** yw'r pwynt ar arwyneb y Ddaear sydd yn union uwchben ffocws (neu ganol) y daeargryn.

Derbyniodd Gorsaf B y signalau ar ôl gorsaf A, gan ei bod yn bellach i ffwrdd o uwchganolbwynt y daeargryn. Yr oediadau amser S–P ar gyfer pob gorsaf monitro yw:

$$A_{\text{oediad amser S–P}} = 12:22:41 - 12:21:30 = 71\,\text{s}$$

$$B_{\text{oediad amser S–P}} = 12:23:35 - 12:22:05 = 90\,\text{s}$$

Gall yr oediad amser gael ei ddefnyddio i gyfrifo pellter gorsaf fonitro o uwchganolbwynt y daeargryn gan ddefnyddio'r fformiwla:

$$\text{pellter}(\text{km}) = \left(\frac{\text{oediad amser (s)}}{5}\right) \times 60$$

Pellterau uwchganolbwynt y daeargryn o bob un o'r gorsafoedd yw:
  Pellter o A:

$$\text{pellter}(\text{km}) = \left(\frac{71\,\text{s}}{5}\right) \times 60 = 852\,\text{km}$$

Pellter o B:

$$\text{pellter}(\text{km}) = \left(\frac{90\,\text{s}}{5}\right) \times 60 = 1080\,\text{km}$$

Mae angen seismogram o drydedd orsaf fonitro seismig i driongli union uwchganolbwynt y daeargryn.

→ Gweithgaredd

Dadansoddi tonnau seismig ac adeiledd y Ddaear

Dyma weithgaredd sy'n eich helpu i wneud y canlynol:

> dadansoddi data
> gwneud cyfrifiadau
> dod i gasgliadau.

Mae'r diagram yn Ffigur 7.8 yn dangos croestoriad o'r Ddaear.

Mae daeargrynfeydd yn digwydd yn y gramen solet ac maen nhw'n gallu lledaenu trwy'r Ddaear gyfan. Fel rydym ni wedi nodi eisoes, gall tonnau P ledaenu trwy holl haenau'r Ddaear, ond dydy tonnau S ddim yn gallu lledaenu trwy'r craidd allanol hylifol. Mae'r graff isod, Ffigur 7.9, yn dangos sut mae buanedd tonnau P yn newid gyda dyfnder y tu mewn i'r Ddaear.

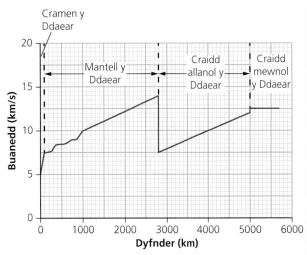

Ffigur 7.9 Buanedd tonnau P trwy'r Ddaear.

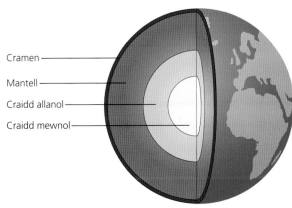

Ffigur 7.8 Croestoriad o'r Ddaear.

Cwestiynau

1 Ar ba ddyfnder mae'r ffin rhwng y fantell a'r craidd allanol?

2 Nodwch sut ac eglurwch pam mae buanedd tonnau P yn newid wrth iddynt symud o'r fantell i'r craidd allanol.

3 Defnyddiwch y graff i wneud y canlynol:
   a) cyfrifo trwch y craidd allanol
   b) amcangyfrif buanedd cymedrig tonnau P trwy'r craidd allanol.

4 Cyfrifwch yr amser y byddai'n ei gymryd i don P deithio trwy'r craidd allanol o'r ffin â'r fantell at y ffin â'r craidd mewnol.

5 Mae'r diagramau yn Ffigur 7.10 yn dangos llwybrau tonnau seismig trwy'r Ddaear.

Yn Ffigur 7.10, mae diagram 1 yn dangos tonnau S ac mae diagram 2 yn dangos tonnau P. Eglurwch, yn nhermau priodweddau'r fantell a'r craidd:
   a) pam mae'r tonnau S yn dilyn y llwybrau sy'n cael eu dangos yn niagram 1 a pham mae yna ardal gysgodol lle nad yw'r tonnau S yn cael eu canfod
   b) pam mae'r tonnau P yn dilyn y llwybrau sy'n cael eu dangos yn niagram 2.

Mae bodolaeth ardal gysgodol ton S yn cynnig tystiolaeth uniongyrchol bod craidd allanol y Ddaear yn hylif.

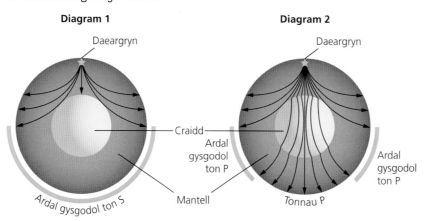

Ffigur 7.10 Tonnau seismig yn teithio trwy'r Ddaear.

⬇ Crynodeb o'r bennod

- Tonnau seismig arhydol yw tonnau P. Rhain yw'r tonnau seismig cyflymaf ac maen nhw'n gallu teithio trwy graig solet a chraig hylifol.

- Tonnau seismig ardraws yw tonnau S. Maen nhw'n arafach na thonnau P a dim ond trwy graig solet maen nhw'n gallu teithio.

- Tonnau seismig wedi'u ffurfio ar arwyneb y Ddaear yw tonnau arwyneb. Tonnau arwyneb yw'r tonnau seismig arafaf.

- Mae seismograffau'n gofnodion seismig wedi'u symleiddio, sy'n caniatáu i ni weld yr oediad amser rhwng cyrhaeddiad y tonnau P a'r tonnau S. Trwy ddefnyddio seismograffau o nifer o orsafoedd, mae'n bosibl canfod lleoliad uwchganolbwynt daeargryn.

- Mae llwybr tonnau P a thonnau S trwy'r Ddaear yn dibynnu ar fuanedd tonnau seismig.

- Mae cofnodion seismig yn dangos ardal gysgodol ton S. Mae hyn wedi arwain daearegwyr i lunio model o'r Ddaear sydd â mantell solet a chraidd hylifol.

► Cwestiynau ymarfer

1 Mae Ffigur 7.11 yn dangos llwybr tonnau P (cynradd) ac S (eilaidd) o ddaeargryn ar E. Nid yw tonnau arwyneb yn cael eu dangos ar y diagram hwn. Gorsafoedd sy'n canfod tonnau seismig yw X, Y a Z.

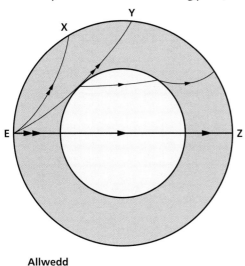

Allwedd

→→→ Tonnau P ac S   →→ Tonnau P yn unig

Ffigur 7.11

a) i) Nodwch y gwahaniaeth rhwng tonnau arwyneb a thonnau P ac S. *[1]*

ii) Defnyddiwch y diagram isod i'ch helpu i egluro'r gwahaniaeth rhwng sut mae'r gronynnau'n symud mewn tonnau P ac S. *[2]*

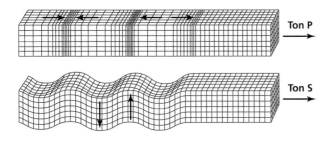

Ffigur 7.12

b) Cafodd y signalau 1, 2 a 3 isod eu canfod yn naill ai gorsaf **X**, **Y** neu **Z**.

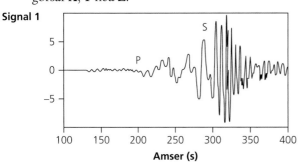

Signal 1

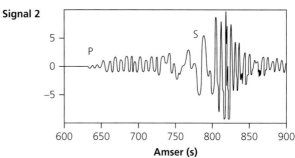

Signal 2

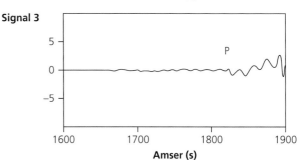

Signal 3

Ffigur 7.13

i) Nodwch pa signal **1**, **2** neu **3** gafodd ei ganfod yng ngorsaf **Z**. Rhowch reswm dros eich ateb. *[2]*

ii) Nodwch pa signal **1**, **2** neu **3** gafodd ei ganfod yng ngorsaf **Y**. Eglurwch eich dewis. *[3]*

(TGAU Ffiseg CBAC P3, haf 2013, cwestiwn 4)

2 Mae Ffigur 7.14 yn dangos llwybrau tonnau seismig trwy'r Ddaear.

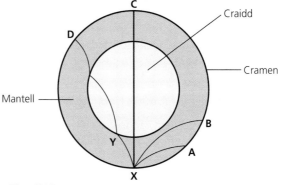

Ffigur 7.14

Mae canfodydd ar **A** a **B** yn cofnodi'r signalau sydd i'w gweld isod.

i) Rhowch **un** rheswm pam mae **tonnau P** ac **S** yn cyrraedd **A** ar amserau gwahanol. *[1]*

ii) Nodwch **ddau** wahaniaeth arall rhwng **tonnau P** ac **S**. *[2]*

iii) Eglurwch pam mae'r signal sy'n cael ei dderbyn ar **C** yn wahanol i'r signalau ar **A** a **B**. *[2]*

(TGAU Ffiseg CBAC P3, Sylfaenol, Ionawr 2012, cwestiwn 5)

3 Mae Ffigur 7.15 yn dangos sut mae tonnau seismig o ddaeargryn ar bwynt E yn teithio trwy'r Ddaear. Mae'r tonnau hyn yn teithio trwy'r Ddaear ac maen nhw'n cael eu canfod gan wyddonwyr mewn man arall.

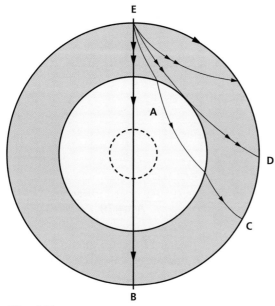

Ffigur 7.15

a) Nodwch pa donnau seismig (os oes rhai o gwbl) sy'n cael eu canfod:

  i) rhwng pwyntiau **B** a **C** *[1]*

  ii) rhwng pwyntiau **C** a **D**. *[1]*

b) Eglurwch sut mae adeiledd y Ddaear yn effeithio ar lwybr y don seismig sy'n pasio o **E** i **A** ar y diagram. *[4]*

(TGAU Ffiseg CBAC P3, Uwch, haf 2013, cwestiwn 5)

4 a) Defnyddiwch Ffigur 7.16 isod a'ch gwybodaeth eich hun i gymharu priodweddau tonnau P, tonnau S a thonnau arwyneb seismig. *[6 ACY]*

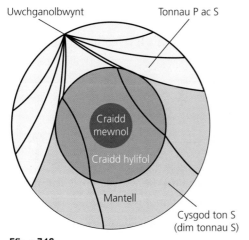

Ffigur 7.16

b) Trwy edrych ar y seismogramau o orsafoedd monitro gwahanol rydym yn gallu darganfod eu pellterau o uwchganolbwynt y daeargryn. Mae'r signalau sy'n cyrraedd 3 gorsaf sydd wedi'u henwi'n GSF 1, GSF 2 a GSF 3 yn cael eu dangos yn Ffigur 7.17 (GSF = gorsaf).

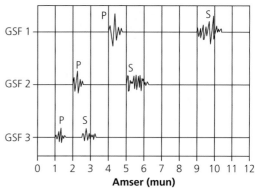

Ffigur 7.17

i) Defnyddiwch y wybodaeth yn y diagram a'r graff isod i ddarganfod y pellter o'r orsaf fonitro GSF 2 i uwchganolbwynt y daeargryn, gan ddisgrifio sut rydych chi wedi cael eich ateb. *[2]*

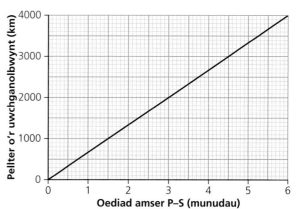

Ffigur 7.18

ii) Disgrifiwch sut byddech chi'n darganfod lleoliad uwchganolbwynt y daeargryn gan ddefnyddio eich ateb yn (b)(i) a'r wybodaeth isod. Copïwch Ffigur 7.19 a **dangoswch** ei leoliad ar y diagram. *[3]*

Pellter GSF 1 o'r uwchganolbwynt = 3300 km

Pellter GSF 3 o'r uwchganolbwynt = 900 km

(TGAU Ffiseg CBAC P3, haf 2014, cwestiwn 3)

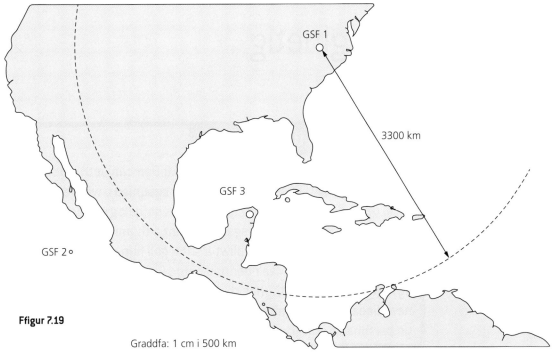

Ffigur 7.19

Graddfa: 1 cm i 500 km

5 Mae'r map yn Ffigur 7.20 yn dangos uwchganolbwynt daeargryn ddigwyddodd yn China am 2:28 p.m. yn union ar 16 Rhagfyr 2013. Mae safleoedd gorsafoedd cofnodi seismig yn Tokyo, Hawaii a Hong Kong yn cael eu dangos hefyd. Mae'r olin gafodd ei gynhyrchu gan orsaf Hong Kong yn cael ei ddangos o dan y map.

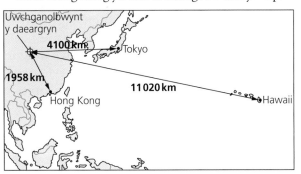

Olin gorsaf Hong Kong

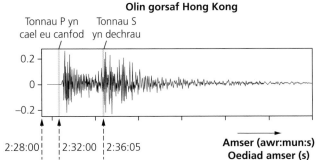

Ffigur 7.20

Defnyddiwch wybodaeth o'r map ac olin gorsaf Hong Kong i ateb y cwestiynau canlynol.

a) Dewiswch a defnyddiwch hafaliad i gyfrifo buanedd y tonnau P sy'n teithio o'r uwchganolbwynt i Hong Kong. Rhowch eich ateb mewn km/s. [3]

b) Eglurwch pa bethau byddech chi'n disgwyl iddyn nhw fod yn debyg ac yn wahanol am olinau gorsafoedd Hong Kong, Hawaii a Tokyo. [6 ACY]

Dylai eich ateb gynnwys y canlynol:

- gosodiadau'n disgrifio sut byddai'r olinau yn wahanol;
- gosodiadau'n disgrifio sut byddai'r olinau yn debyg;
- cyfrifiadau'n dangos sut mae'r pellterau mwy yn effeithio ar rannau o'r olinau.

c) Mae myfyriwr yn cyfrifo buanedd tonnau P daeargryn arall yn ardal San Francisco ac mae'n canfod ei fod yn wahanol. Rhowch reswm am hyn. [1]

(TGAU Ffiseg CBAC P3, Uwch, haf 2015, cwestiwn 6)

6 Copïwch a chwblhewch Ffigur 7.21. Tynnwch linellau fel bod y termau allweddol ar y chwith yn cydweddu i'w diffiniadau ar y dde. Pa un o'r termau allweddol sydd heb ddiffiniad?

Termau allweddol	Diffiniadau
Ton P	Yr haen o'r Ddaear na all tonnau seismig ardraws deithio trwyddi.
Ton ardraws	Bob tro'n cyrraedd yn ail ar ôl daeargryn.
Seismogram	Mudiant ton lle mae cyfeiriad teithio a chyfeiriad dirgrynu'r don ar onglau sgwâr.
Craidd allanol	Tonnau seismig sy'n teithio fel tonnau arhydol.
Mantell	Y dirgryniadau sy'n cael eu cofnodi yn ystod daeargryn.
Ton S	

Ffigur 7.21 [4]

8 Damcaniaeth ginetig

Cynnwys y fanyleb

Mae'r bennod hon yn ymdrin ag adran 1.8 Damcaniaeth ginetig yn y fanyleb TGAU Ffiseg sy'n cyflwyno'r cysyniad o wasgedd ac yn ei ddefnyddio i drafod ymddygiad màs sefydlog o nwy o dan wahanol amodau o ran gwasgedd, cyfaint a thymheredd. Mae'n datblygu'r syniad o sero absoliwt a sut y gall hyn ddiffinio graddfa tymheredd absoliwt. Mae'r bennod hefyd yn cyflwyno hafaliadau sy'n ymwneud â'r berthynas rhwng trosglwyddiad thermol a newidiadau mewn tymheredd a chyflwr. Dydy'r bennod hon ddim yn berthnasol i fyfyrwyr TGAU Gwyddoniaeth (Dwyradd).

Ffigur 8.1 Breitling Orbiter 3.

Breitling Orbiter 3 oedd y balŵn cyntaf i lwyddo i fynd o amgylch y byd. Cafodd y balŵn, sy'n falŵn math Rozière, ei adeiladu ym Mryste ac mae'n cynnwys cell heliwm ganolog wedi'i hamgylchynu gan amlen aer poeth, wedi'i gwresogi gan losgydd propan. Wrth i dymheredd yr aer gynyddu, mae gwasgedd yr aer poeth hefyd yn cynyddu. O ganlyniad, mae'r balŵn yn ehangu, mae'r gwasgedd yn dychwelyd i wasgedd atmosfferig ac mae'r balŵn yn arnofio uwchben yr aer oerach sy'n ei amgylchynu. Ar yr amod bod gan y balŵn ddigon o nwy propan a bod y prifwyntoedd yn chwythu'r balŵn i'r cyfeiriad cywir, gall y balŵn deithio'r holl ffordd o amgylch y byd heb stopio.

Gwasgedd

Pan fydd grym yn gweithredu dros arwynebedd penodol, mae gwasgedd yn cael ei roi:

$$\text{gwasgedd, } p = \frac{\text{grym, } F}{\text{arwynebedd, } A}$$

neu

$$p = \frac{F}{A}$$

Yr uned safonol ar gyfer gwasgedd yw'r Pascal (Pa), lle mae 1 Pa = 1 N/m². Mae gwasgedd safonol ein hatmosffer hefyd yn cael ei ddefnyddio fel uned o wasgedd, yn enwedig yn achos nwyon – mae dwy uned i'w disgrifio, atmosfferau (atm) a bar, lle mae 1 atm neu 1 bar ≈ 1 × 10⁵ Pa. Mae gwasgedd nwy yn ganlyniad i'r grym mae'r gronynnau nwy yn ei roi ar waliau ei gynhwysydd (neu ar wrthrychau y tu mewn i'r nwy). Mae'r gronynnau sy'n gwrthdaro yn rhoi grym sy'n gweithredu dros arwynebedd y waliau neu arwyneb y gwrthrych. Mae gwasgedd nwy yn cael ei fesur gan fedrydd gwasgedd, e.e. medrydd Bourdon.

⚙️ Gwaith ymarferol

Mesur gwasgedd

Yn yr arbrawf hwn, byddwch chi'n teimlo effaith gwasgedd ac yn cyfrifo'r gwasgedd mae gwrthrychau'n ei weithredu ar arwynebau.

Dyma weithgaredd sy'n eich helpu i wneud y canlynol:
> gweithio â phartner
> cyfrifo gwasgedd.

Cyfarpar

> chwistrelli wedi'u cysylltu â'i gilydd
> gwrthrych petryalog
> amrywiaeth o gloriannau sbring gwahanol
> band rwber
> papur graff

a) Teimlo'r gwasgedd

Gan ddefnyddio chwistrell blastig wedi'i llenwi ag aer, rhowch un bys dros y pen a phwyswch i lawr ar y plymiwr. Beth rydych chi'n ei arsylwi? Rhowch ddŵr yn lle'r aer. Beth rydych chi'n ei arsylwi nawr? Allwch chi egluro eich arsylwadau?

Byddwch chi'n cael dwy chwistrell o faint gwahanol wedi'u cysylltu â'i gilydd gyda hyd byr o diwbin rwber. I gychwyn, bydd y chwistrelli wedi'u llenwi â dŵr.

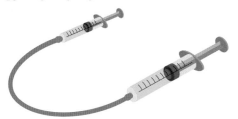

Ffigur 8.2 Dwy chwistrell wedi'u cysylltu â'i gilydd.

Gan weithio gyda phartner, cymerwch eich tro i ddefnyddio'r ddwy chwistrell er mwyn gwthio plymiwr chwistrell y person arall i fyny ac i lawr. A yw hi'n haws i chi wthio i lawr a thynnu i fyny ar y chwistrell fawr neu ar y chwistrell fach?

Rhowch aer yn y chwistrell yn lle dŵr. Gwnewch yr arbrawf unwaith eto. Pa wahaniaethau rydych chi'n eu harsylwi?

Defnyddiwch fodel gronynnau syml ar gyfer hylifau a nwyon i egluro pam mae dŵr ac aer yn ymddwyn yn wahanol pan ydych chi'n rhoi gwasgedd arnynt.

b) Mesur y gwasgedd – yn fanwl gywir!

Pan mae gwrthrychau solet yn gorffwys ar arwyneb, mae eu pwysau'n rhoi grym sy'n gweithredu dros arwynebedd cyswllt yr arwyneb. Mae hyn yn creu gwasgedd. Yn y gwaith ymarferol hwn, byddwch chi'n mesur a chyfrifo gwasgeddau cyswllt ac yn ystyried ansicrwydd eich mesuriadau.

1 Rhowch y band rwber o amgylch y gwrthrych petryalog – mae hwn yn cael ei ddefnyddio i osod y mesurydd newton ar y gwrthrych.

2 Defnyddiwch glorian sbring addas a fydd yn mesur pwysau'r gwrthrych petryalog gyda'r **manwl gywirdeb mwyaf**.

3 Tynnwch y gwrthrych o'r band rwber a rhowch y glorian ar sero, gyda'r band rwber yn dal i fod ynghlwm wrthi.

4 Rhowch y gwrthrych petryalog yn ôl ar y glorian, a mesurwch a chofnodwch bwysau'r gwrthrych.

5 Newidiwch y sero ar y glorian trwy wneud hanner tro ac yna ailadroddwch gamau 3 a 4, **bump o weithiau**.

6 Cyfrifwch bwysau cymedrig y gwrthrych a nodwch amrediad eich mesuriadau – bydd **ansicrwydd** y mesuriad yn **hanner** yr amrediad. Cyflwynwch eich mesuriad o bwysau'r gwrthrych fel:

(cymedr ± ansicrwydd) N.

7 Dewiswch un o ochrau'r gwrthrych. Rhowch ef ar y papur graff a thynnwch linell o amgylch y siâp. Ailadroddwch hyn **bum** gwaith.

8 Ar gyfer pob un o'r pum siâp tebyg sydd gennych, mesurwch arwynebedd y siâp trwy gyfrif sgwariau. Ar bapur graff safonol, mae un sgwâr bach yn 1 mm².

9 Cyfrifwch arwynebedd cymedrig y gwrthrych a nodwch amrediad eich mesuriadau – bydd **ansicrwydd** y mesuriad yn **hanner** yr amrediad. Cyflwynwch eich mesuriad o arwynebedd y gwrthrych fel:

(cymedr ± ansicrwydd) mm².

10 Defnyddiwch eich gwerthoedd cymedrig ar gyfer y pwysau a'r arwynebedd i gyfrifo'r gwasgedd mae gwrthrych yn ei roi ar y papur graff. Defnyddiwch yr hafaliad:

$$\text{gwasgedd} = \frac{\text{grym}}{\text{arwynebedd}} \qquad p = \frac{F}{A}$$

11 Defnyddiwch eich gwerthoedd ansicrwydd i ganfod gwasgedd mwyaf **a** lleiaf posibl y gwrthrych ar y papur graff. Defnyddiwch y gwerthoedd hyn i ganfod ansicrwydd ym mesuriad y gwasgedd. Cyflwynwch eich mesuriad o wasgedd y gwrthrych fel: (cymedr ± ansicrwydd) N/mm².

12 Os oes gennych chi amser, ailadroddwch yr arbrawf gydag arwynebedd arwyneb o faint gwahanol a/neu bloc wedi'i wneud o ddefnydd gwahanol.

Dadansoddi eich canlyniadau

1 Eglurwch pam mae gan bob mesuriad elfen o ansicrwydd.

2 Pa fesuriad sydd â'r **canran** uchaf o ansicrwydd?

3 Pam mae'n bwysig ym myd Ffiseg eich bod yn gwybod ansicrwydd eich mesuriadau?

1 Mae myfyrwraig â phwysau o 500 N yn sefyll ar un goes. Mae'n gwisgo esgidiau ymarfer â gwadn gwastad. Mae gan bob un arwynebedd o 100 cm².
   a) Beth yw'r gwasgedd rhwng ei throed a'r llawr?
   b) Os bydd hi nawr yn sefyll ar ei dwy droed, beth yw'r gwasgedd rhwng ei thraed a'r llawr?
   c) Os yw'r fyfyrwraig yn gwisgo esgidiau stileto â sodlau uchel yn lle'r esgidiau ymarfer, a phob un gydag arwynebedd o 40 cm², cyfrifwch y gwasgedd newydd ar ei thraed a nodwch pa effaith y gallai hyn ei chael ar ei thraed.

ch) Eglurwch beth allai ddigwydd i'r llawr pe bai hi'n sefyll ar sawdl un o'r esgidiau stileto yn unig (arwynebedd = 1 cm²).

2 Y gwasgedd atmosfferig ar lefel y môr yw 1×10^5 Pa. Cyfrifwch y grym sy'n cael ei roi ar wal ystafell wely 2 m × 3 m gan y gronynnau aer y tu mewn i'r ystafell.

3 Mae pêl rygbi'n cael ei phwmpio at wasgedd o 1.5 atm (1 atm = 1×10^5 Pa). Cyfanswm grym y gronynnau aer y tu mewn i'r bêl sy'n gweithredu ar arwyneb mewnol y bêl yw 16 kN (1 kN = 1000 N). Cyfrifwch arwynebedd mewnol y bêl.

▶ Ymddygiad nwyon

Mae màs penodol o nwy, fel y gell heliwm wedi'i selio yn y balŵn Breitling Orbiter, yn ehangu neu'n cyfangu (yn newid ei gyfaint) pan fydd tymheredd y nwy yn newid. Mae cynyddu tymheredd y nwy yn rhoi mwy o egni cinetig i'r gronynnau nwy, ac maen nhw'n symud yn gyflymach. Oherwydd eu bod yn symud yn gyflymach, maen nhw'n gwrthdaro yn fwy aml yn erbyn muriau'r gell, sy'n cynyddu'r grym sy'n gweithredu ar y waliau, a thrwy hynny'n cynyddu'r gwasgedd. Wrth i'r cyfaint gynyddu, mae'r gwasgedd yn disgyn, nes ei fod yn hafal i'r gwasgedd allanol.

Ymchwilio i ddeddfau nwyon

Yn yr arbrofion ymarferol hyn, byddwch chi'n canfod sut mae gwasgedd, cyfaint a thymheredd nwy'n gysylltiedig â'i gilydd.

Dyma weithgaredd sy'n eich helpu i wneud y canlynol:
> cymryd a chofnodi mesuriadau
> plotio graffiau.

Cyfarpar
> pwmp a chyfarpar deddf Boyle
> fflasg â gwaelod crwn a thiwb capilari

a) Ymchwilio i ddeddf Boyle – y berthynas rhwng gwasgedd a chyfaint

Yn y gweithgaredd hwn, bydd eich athro/athrawes yn dangos ymddygiad nwy (aer) pan mae'n cael ei gywasgu gan bwmp. Byddwch chi'n cymryd mesuriadau o'r darlleniadau ar gyfarpar deddf Boyle i ganfod y cysylltiad rhwng gwasgedd a chyfaint swm penodol o nwy ar dymheredd cyson.

Mae'r aer wedi'i selio y tu mewn i'r golofn wydr, sydd ag arwynebedd croestoriadol o 1 cm², fel bod uchder y golofn aer yn fesuriad uniongyrchol o'r cyfaint mewn cm³.

Mae'r golofn aer yn cael ei chywasgu pan mae'r pwmp (llaw neu droed) yn cywasgu'r golofn olew. Bydd gwasgedd y golofn aer yn cael ei fesur gan ddefnyddio medrydd Bourdon.

Bydd eich athro/athrawes yn rhoi (neu'n gofyn i chi ddylunio) tabl addas i gofnodi canlyniadau'r arbrawf hwn.

1 Bydd eich athro/athrawes yn dangos i chi fod dyblu'r gwasgedd yn haneru cyfaint yr aer.

2 Yna caiff y gwasgedd ei gynyddu i'r gwerth uchaf posibl ar y cyfarpar, gan ddefnyddio'r pwmp. Yna mae'r falf yn cael ei chloi; dylech chi gofnodi gwasgedd uchaf a chyfaint lleiaf y golofn aer. Caiff y pwmp ei ddatgysylltu ar ôl hyn.

3 Mae'r falf yn cael ei hagor ychydig er mwyn gadael i lefel yr olew yn y tiwb fynd ychydig gentimetrau'n is.

4 Arhoswch am ychydig, fel bod tymheredd yr aer yn y golofn yn dychwelyd i dymheredd yr ystafell ac er mwyn gadael i'r holl olew sy'n weddill lithro i lawr wal y tiwb. Cofnodwch wasgedd a chyfaint newydd y golofn aer.

5 Ailadroddwch gamau 3 a 4 nes bod y gwasgedd wedi gostwng yn ôl at y lefel gwasgedd atmosfferig a bod cyfaint y golofn aer ar ei uchaf.

➡

Dadansoddi eich canlyniadau

1 Ychwanegwch drydedd a phedwaredd golofn at eich tabl. Yn y golofn ychwanegol gyntaf, cyfrifwch a chofnodwch werthoedd $\dfrac{1}{\text{cyfaint}}$ ac, yn yr ail golofn ychwanegol, cyfrifwch a chofnodwch werthoedd gwasgedd $\times$ cyfaint.

2 Plotiwch graffiau:

   a) gwasgedd (echelin-y) yn erbyn cyfaint (echelin-x)

   b) gwasgedd (echelin-y) yn erbyn $\dfrac{1}{\text{cyfaint}}$ (echelin-x)

3 Disgrifiwch siâp bob graff. Eglurwch beth mae graff (b) yn ei ddangos i chi.

4 Beth yw'r patrwm yn y gwerthoedd (gwasgedd $\times$ cyfaint)?

Sut mae'r gwerthoedd hyn yn berthnasol i graff (b)?

b) Y ddeddf cyfaint–tymheredd

Mae'r gweithgaredd blaenorol yn dangos i ni fod:

gwasgedd, $p \propto \dfrac{1}{\text{cyfaint, } V}$

neu

$p \times V = \text{cysonyn}$

Ffigur 8.3 Thermomedr aer.

Gellir cynnal arbrofion eraill sy'n ymchwilio i'r cysylltiad rhwng cyfaint a thymheredd, a gwasgedd a thymheredd. (Efallai y gall eich athro/athrawes ddangos y rhain i chi – mae un arbrawf ansoddol syml yn ymwneud â dal fflasg neu botel â gwaelod crwn ac sydd â chyfaint o aer wedi'i selio o'r atmosffer, gan ddefnyddio tap dŵr wedi'i liwio. Trwy afael yn y fflasg, mae'r aer yn gwresogi, sydd yna'n ehangu ac yn gwthio'r dŵr i fyny'r tiwb capilari.)

Mae'r arbrofion hyn yn dangos bod:

$\dfrac{pV}{T} = \text{cysonyn}$

neu

$\dfrac{p_1 \times V_1}{T_1} = \dfrac{p_2 \times V_2}{T_1}$

lle mae p_1, V_1 a T_1 yn cynrychioli gwasgedd, cyfaint a thymheredd swm penodol o nwy cyn unrhyw newid, ac mae p_2, V_2 a T_2 yn cynrychioli gwasgedd, cyfaint a thymheredd y nwy ar ôl y newid. (Rhaid mesur y tymereddau fel tymereddau absoliwt mewn kelvin, K.) Yna gallwn ddefnyddio'r berthynas hon fel sail i unrhyw gyfrifiadau sy'n ymwneud â nwyon.

4 Cyfaint colofn aer mewn cyfarpar deddf Boyle yw 50 cm³ ar wasgedd atmosfferig (1 × 10⁵ Pa) a thymheredd ystafell (293 K). Os yw'r tymheredd yn parhau'n gyson a'r cyfaint yn cael ei gywasgu i 30 cm³, beth yw gwasgedd yr aer?

5 Cyfaint ysgyfaint deifiwr rhydd ar yr arwyneb yw tua 6 litr (1 litr = 1000 cm³) lle mae'r gwasgedd yn 1 atm (1 × 10⁵ Pa). Mae pob 10 m o ddyfnder dŵr yn gwneud y gwasgedd ar ysgyfaint y deifiwr 1 atm yn fwy, felly'r gwasgedd ar 10 m yw 2 atm ac ar 20 m mae'n 3 atm, etc. Record y byd am ddyfnder deif rydd yw 214 m, a gafodd ei gosod gan Herbert Nitsch yn 2007. Cyfrifwch gyfaint ysgyfaint Herbert ar 214 m – gan gymryd yn ganiataol bod tymheredd ei ysgyfaint yn aros yn gyson.

6 Cyfaint balŵn heliwm wedi'i selio ar dennyn yw 20 m³ wrth iddi gael ei chwythu ar wasgedd atmosfferig a thymheredd o 290 K (17 °C). Yna caiff llosgyddion nwy eu defnyddio i wresogi'r aer y tu mewn i'r balŵn at dymheredd o 510 K. Os yw'r balŵn yn gallu cael ei chwythu ar wasgedd atmosfferig, beth yw cyfaint y balŵn ar 510 K?

7 Cyfaint balŵn tywydd heliwm, uchder uchel, wedi'i selio yw 5 litr ar lefel y tir, lle mae tymheredd yr aer yn 293 K a gwasgedd yr aer yn 1 × 10⁵ Pa. Cyfrifwch gyfaint y balŵn ar uchder o 4 km lle mae'r tymheredd yn 260 K (−13°C) a gwasgedd yr atmosffer yn 3394 Pa.

▶ Sero absoliwt

Mae nwyon yn cynnwys gronynnau sy'n symud ar fuaneddau uchel i gyfeiriadau ar hap. Yr uchaf yw'r tymheredd, yr uchaf yw'r buanedd. Mae'r gronynnau nwy'n gwrthdaro â waliau'r cynhwysydd. Wrth iddynt wrthdaro, maen nhw'n rhoi grym ar y waliau. Mae'r grym sy'n gweithredu dros arwynebedd y waliau yn creu gwasgedd ac mae gwasgedd nwy yn lleihau wrth i'r tymheredd leihau ($p \propto T$). Ar gyfer nwy delfrydol wrth i'r tymheredd fynd yn is ac yn is, mae'r gronynnau nwy yn symud yn arafach ac yn arafach, gan roi llai o wasgedd ar y cynhwysydd. O'r diwedd, ar −273 °C, mae mudiant moleciwlau'n stopio a dydy'r nwy ddim yn rhoi gwasgedd ar ei gynhwysydd. Mae'r tymheredd hwn yn cael ei adnabod fel sero absoliwt.

Mae sero absoliwt yn cael ei ddefnyddio fel man sefydlog ar y raddfa tymheredd absoliwt, lle mae gan sero absoliwt dymheredd o 0 kelvin (0 K) sy'n hafal i −273 °C.

I drawsnewid o kelvin i raddau Celsius:

$$T\,(\text{K}) = \theta\,(°\text{C}) + 273$$

→ **Gweithgaredd**

Canfod sero absoliwt

Dyma weithgaredd sy'n eich helpu i wneud y canlynol:

> meddwl am ansicrwydd

> plotio graffiau

> llunio llinellau ffit gorau.

Mae myfyriwr yn cynnal arbrawf i fesur gwasgedd swm penodol o nwy ar dymereddau gwahanol. Tabl 8.1 yw ei dabl canlyniadau – dydy e ddim wedi cwblhau tair colofn olaf y tabl.

Tabl 8.1

Tymheredd, T (°C)	Gwasgedd, p (atm)						
	1	2	3	4	Cymedr	Uchaf	Isaf
−20	0.94	0.94	0.92	0.96			
0	1.00	0.98	1.00	1.04			
20	1.08	1.08	1.04	1.12			
40	1.16	1.16	1.16	1.12			
60	1.22	1.22	1.26	1.22			
80	1.30	1.30	1.34	1.26			
100	1.37	1.37	1.42	1.35			

Tasgau

1 Copïwch a chwblhewch y tabl canlyniadau trwy gyfrifo cymedr y gwasgedd a thrwy ganfod y gwerthoedd uchaf ac isaf yn amrediad y darlleniadau ar gyfer pob tymheredd.

2 Plotiwch graff gwasgedd (echelin-y) yn erbyn tymheredd (echelin-x). Dechreuwch yr echelin-y o 0 ac ewch i fyny at 1.60 atm; dechreuwch yr echelin-x o −350°C ac ewch i fyny at 150°C.

3 Ychwanegwch farrau amrediad at bob un o'r pwyntiau rydych wedi'u plotio, gan ddefnyddio'r gwerthoedd uchaf ac isaf ym mhob amrediad.

4 Lluniadwch linell ffit orau trwy eich pwyntiau a thynnwch y llinell tuag yn ôl at yr echelin dymheredd (x). Mesurwch ryngdoriad x y llinell ffit orau.

5 Defnyddiwch eich barrau amrediad i lunio dwy linell ffit orau arall – un gyda graddiant uwch (goledd) na'r llinell ffit orau ac un gyda graddiant is. Mesurwch ryngdoriadau x y ddwy linell hyn.

6 Defnyddiwch y tri rhyngdoriad x i fynegi gwerth ar gyfer sero absoliwt – rhyngdoriad x y graff hwn – gydag ansicrwydd cysylltiedig, h.y. mae sero absoliwt = (ffit gorau ± ansicrwydd) °C.

7 Y gwerth sy'n cael ei gydnabod yn rhyngwladol ar gyfer sero absoliwt yw −273.15 °C – pa mor agos yw eich ffit gorau chi at y gwerth hwn? A yw'r gwerth y cytunir arno yn gorwedd o fewn eich cyfwng ansicrwydd chi?

8 Edrychwch yn ofalus ar eich graff, y barrau amrediad a'r data ym mhob rhes yn eich tabl. Sut gallai'r arbrawf hwn gynhyrchu llai o ansicrwydd ynghylch mesuriad sero absoliwt?

➔ Gweithgaredd

Y tymheredd isaf

Dyma weithgaredd sy'n eich helpu i wneud y canlynol:

> darllen am wybodaeth

> tynnu gwybodaeth allan o destun.

Mae'r erthygl ar dudalen 118 wedi'i haddasu o wefan *Massachusetts Institute of Technology (MIT) News*. Darllenwch yr erthygl ac atebwch y cwestiynau hyn.

Cwestiynau

1 Beth yw'r tymheredd isaf erioed a gofnodwyd mewn labordy?

2 Beth sy'n digwydd i ronynnau ar sero absoliwt?

3 Pa effaith mae sero absoliwt yn ei gael ar y gwasgedd mae nwy yn ei roi ar ei 'gynhwysydd'?

4 Cyfrifwch fuanedd atomau ar 500 nanokelvin.

5 Sut mae cyddwysiad Bose–Einstein yn wahanol i ffurfiau eraill mater?

6 Eglurwch pam nad yw'n bosibl cadw atomau ar 500 nanokelvin mewn cynhwysydd ffisegol. Sut maen nhw'n dal i allu gweithredu gwasgedd?

7 Sut rydych chi'n meddwl mae 'trap disgyrchiant-magnetig' yn gweithio?

'Mae gwyddonwyr *MIT* wedi oeri nwy sodiwm i'r tymheredd isaf i'w gofnodi erioed – dim ond hanner miliynfed gradd uwchben sero absoliwt. Mae'r gwaith yn curo'r record flaenorol yn ôl ffactor o chwech, a dyma'r tro cyntaf i nwy gael ei oeri o dan 1 microkelvin (un miliynfed gradd).

Ar sero absoliwt (−273.15 °C), mae mudiant atomig yn dod i stop gan fod y broses oeri wedi tynnu'r holl egni cinetig o'r gronynnau. Trwy wella dulliau oeri, mae gwyddonwyr wedi llwyddo i ddod yn agosach ac agosach at sero absoliwt. Ar dymheredd ystafell, mae atomau'n symud ar fuanedd awyrennau jet. Ar dymheredd isel y record newydd, mae'r atomau filiwn gwaith yn arafach – mae'n cymryd hanner munud iddynt symud 2.5 cm.

Yn 1995, aeth grŵp o Brifysgol Colorado yn Boulder a grŵp *MIT* ati i oeri nwyon atomig i lawr o dan un milikelvin (un milfed gradd uwchben sero absoliwt). Trwy wneud hyn, daethon nhw o hyd i fath newydd o fater, y cyddwysiad Bose–Einstein, lle mae'r holl ronynnau'n cwympo i'r un lefel egni. Cafodd darganfyddiad cyddwysiad Bose–Einstein ei gydnabod gyda'r Wobr Nobel mewn ffiseg yn 2001. Ers y

darganfyddiad hwn, mae nifer o grwpiau ledled y byd yn cyrraedd tymereddau microkelvin yn rheolaidd; y tymheredd isaf oedd wedi'i gofnodi cyn hyn oedd 3 microkelvin. Y record newydd a gafodd ei gosod gan grŵp *MIT* yw 500 nanokelvin, neu chwe gwaith yn is. Ar dymereddau isel fel hyn, dydy hi ddim yn bosibl cadw atomau mewn cynwysyddion ffisegol, gan y byddan nhw'n glynu wrth y waliau. Yn ogystal â hyn, ni ellir oeri unrhyw gynwysyddion hysbys i dymereddau fel hyn. Felly, mae'r atomau wedi'u hamgylchynu gan fagnetau, sy'n cadw'r cwmwl nwy'n gyfyngedig. Mewn cynhwysydd cyffredin, mae'r gronynnau'n bownsio oddi ar y waliau. Yn y cynhwysydd hwn, mae'r atomau'n cael eu gwrthyrru gan feysydd magnetig.

Er mwyn cyrraedd y tymereddau isel a dorrodd y record, fe ddyfeisiodd ymchwilwyr *MIT* ffordd newydd o gyfyngu ar atomau – ei enw yw 'trap disgyrchiant-magnetig'. Fel mae'r enw'n ei awgrymu, mae'r meysydd magnetig yn gweithredu gyda grymoedd disgyrchiant i gadw'r atomau rhag dianc.'

▶ Cynhwysedd gwres sbesiffig

Rydym ni'n cyfeirio at faint yr egni gwres sydd ei angen i godi (neu ostwng) tymheredd 1 kg o ddefnydd 1 °C (neu 1 K) yn **gynhwysedd gwres sbesiffig** defnydd, c. Mae cynhwysedd gwres sbesiffig cymharol isel gan fetelau - cynhwysedd gwres sbesiffig copr, er enghraifft, yw 385 J/kg °C. Mae cynhwysedd gwres sbesiffig llawer uwch gan anfetelau. Mae'r gwerth ar gyfer aer tua 1000 J/kg °C (er bod hyn yn amrywio'n sylweddol gyda thymheredd), a'r gwerth ar gyfer dŵr yw 4200 J/kg °C.

Mae'r hafaliad isod yn cysylltu cynhwysedd gwres sbesiffig (*c*), y newid mewn tymheredd (*ΔT*), y màs (*m*) a'r egni sy'n cael ei ennill, neu ei golli, (*Q*) gan ddefnydd:

$$Q = mc\Delta T$$

★ | Enghreifftiau wedi'u datrys

Cwestiynau

1 Cyfrifwch faint o egni sydd ei angen i godi tymheredd 0.5 kg o ddŵr y tu mewn i degell o 20 °C i 100 °C.

2 Cynhwysedd gwres sbesiffig bricsen tŷ sy'n pwyso 2.35 kg yw 840 J/kg °C. Mae'r fricsen yn cael ei gwresogi mewn popty, sy'n ychwanegu 90 000 J o egni gwres i'r fricsen. Cyfrifwch y newid tymheredd yn y fricsen.

Atebion

1 $Q = mc\Delta T = 0.5 \text{ kg} \times 4200 \text{ J/kg °C} \times (100 \text{ °C} - 20 \text{ °C})$
   $= 168\,000 \text{ J}$

2 $Q = mc\Delta T \Rightarrow \Delta T = \dfrac{Q}{mc}$

   $= \dfrac{90000 \text{ J}}{2.35 \text{ kg} \times 840 \text{ J/kg °C}} = 45.6 \text{ °C}$

✓ Profwch eich hun

8 Cyfrifwch faint o egni sydd ei angen i godi tymheredd ystafell llawn o aer (gyda màs 65 kg) 20 °C yn uwch.

9 Faint o egni gwres sydd angen ei dynnu o 120 g o ddŵr mewn gwydr y tu mewn i oergell, er mwyn gostwng ei dymheredd o 20 °C i 5 °C?

10 Mae bloc 600 g o gopr yn cael ei wresogi 40 °C. Cyfrifwch faint o egni sydd ei angen i wneud hyn.

⚙ Gwaith ymarferol penodol

Mesur cynhwysedd gwres sbesiffig defnydd

Dyma weithgaredd sy'n eich helpu i wneud y canlynol:

> gweithio fel tîm
> cymryd a chofnodi mesuriadau
> cyfrifo gwerth.

Cyfarpar

> blociau metel cynhwysedd gwres sbesiffig
> thermomedr
> ynysydd bloc
> gwresogydd 12 V
> cyflenwad pŵer

> gwifrau cysylltu
> foltmedr
> amedr
> stopwatsh
> clorian electronig
> mat gwrth-wres

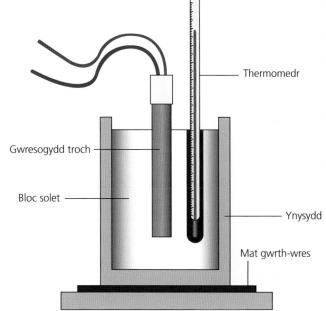

Ffigur 8.4 Cyfarpar i fesur cynhwysedd gwres sbesiffig bloc metel.

Dull

Yn yr arbrawf hwn, mae angen i chi gymryd mesuriadau addas er mwyn mesur cynhwysedd gwres sbesiffig bloc metel. Mae Ffigur 8.4 yn dangos sut i gydosod y bloc. Er mwyn canfod cynhwysedd gwres sbesiffig y bloc, mae angen i chi fesur màs y bloc, a'r cynnydd yn nhymheredd y bloc pan gaiff ei wresogi gan y gwresogydd 12 V am 5 munud. Defnyddiwch y foltmedr a'r amedr i benderfynu ar bŵer y gwresogydd. Yna gallwch chi ddefnyddio'r pŵer a'r amser i benderfynu faint o egni sy'n cael ei gyflenwi i'r bloc.

Ysgrifennwch ddull addas ar gyfer yr arbrawf hwn, gofynnwch i'ch athro/athrawes ei wirio yna ewch ati i gynnal yr arbrawf, gan gymryd y mesuriadau priodol wrth i chi fynd yn eich blaen.

Dadansoddi eich canlyniadau

1 Defnyddiwch eich mesuriadau a hafaliadau addas i gyfrifo cynhwysedd gwres sbesiffig y bloc.

2 Os oes gennych chi amser, ailadroddwch yr arbrawf hwn gyda bloc arall, wedi'i wneud o ddefnydd gwahanol.

3 Cymharwch eich gwerthoedd chi â gwerthoedd defnyddiau sydd ar gael yn hawdd, sy'n cael eu rhestru yn Nhabl 8.2.

4 Eglurwch pam mae'n annhebygol y bydd eich gwerth chi'n union yr un fath â'r gwerth yn y tabl.

Ffigur 8.5 Blociau cynhwysedd gwres sbesiffig.

Tabl 8.2 Cynhwysedd gwres sbesiffig rhai metelau cyffredin.

Defnydd	Cynhwysedd gwres sbesiffig, c (J/kg °C)
Copr	385
Pres	380
Alwminiwm	900
Dur	450

Gwres cudd sbesiffig

Rydym ni'n cyfeirio at faint yr egni sydd ei angen i newid cyflwr 1 kg o ddefnydd ar ei ymdoddbwynt neu ei ferwbwynt yn **gynhwysedd gwres cudd**, L. Mae dau fath o gynhwysedd gwres cudd sbesiffig: cynhwysedd **gwres cudd sbesiffig ymdoddiad** (sy'n ymwneud â thoddi neu rewi) a **chynhwysedd gwres cudd sbesiffig anweddu** (sy'n ymwneud â berwi neu gyddwyso). Mae maint yr egni, Q (mewn J), màs y defnydd, m (mewn kg), a'r cynhwysedd gwres cudd sbesiffig, L (mewn J/kg), yn gysylltiedig â'i gilydd trwy'r hafaliad:

$$Q = mL$$

Pan fydd cyflwr yn newid, mae egni'r gronynnau a'r egni sydd ei angen i'w dal at ei gilydd, yn newid. Mae'r diagram isod yn dangos y berthynas rhwng y gronynnau a thymheredd pan mae solidau yn newid i ffurfio hylifau ac yna nwyon.

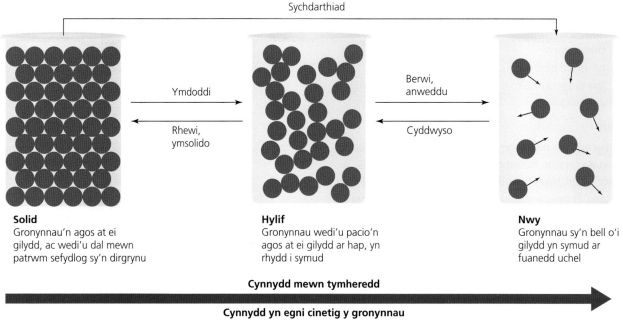

Solid
Gronynnau'n agos at ei gilydd, ac wedi'u dal mewn patrwm sefydlog sy'n dirgrynu

Hylif
Gronynnau wedi'u pacio'n agos at ei gilydd ar hap, yn rhydd i symud

Nwy
Gronynnau sy'n bell o'i gilydd yn symud ar fuanedd uchel

Cynnydd mewn tymheredd

Cynnydd yn egni cinetig y gronynnau

Ffigur 8.6 Newid cyflwr.

Pan mae defnyddiau yn newid cyflwr, mae tymheredd y defnydd yn aros yn gyson. Mae'r egni gwres sy'n cael ei ychwanegu at (neu ei dynnu o) y defnydd yn aildrefnu adeiledd y gronynnau (gweler Ffigur 8.7). Yn ystod newidiadau mewn cyflwr (rhannau llorweddol y graff), bydd unrhyw egni mewnbwn yn newid y bondio rhwng y gronynnau. Mae cyfanswm yr egni yn cynyddu, ond dydy'r tymheredd ddim yn codi.

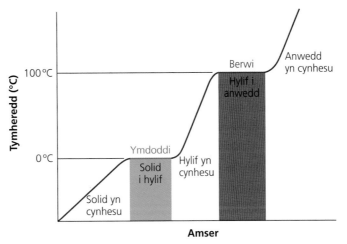

Ffigur 8.7 Newidiadau mewn tymheredd yn ystod newidiadau mewn cyflwr.

Crynodeb o'r bennod

- Gwasgedd yw grym yn gweithredu dros arwynebedd a chaiff ei roi gan yr hafaliad:

$$\text{gwasgedd} = \frac{\text{grym}}{\text{arwynebedd}}$$

$$p = \frac{F}{A}$$

- Gyda màs sefydlog o nwy, mae'r tymheredd, y gwasgedd a'r cyfaint i gyd yn gysylltiedig â'i gilydd. Mae newid unrhyw un o'r gwerthoedd hyn yn golygu y bydd o leiaf un o'r gwerthoedd eraill yn newid hefyd.

- Pan mae nwy'n cael ei oeri, ceir tymheredd isel iawn o'r enw sero absoliwt lle mae holl fudiant moleciwlau'n stopio. Caiff sero absoliwt ei ddefnyddio fel tymheredd sero'r raddfa tymheredd absoliwt, wedi'i fesur mewn kelvin, K. Mae newid o 1 K yn y tymheredd yn hafal i newid o 1 °C yn y tymheredd.

- Mae'r hafaliad canlynol yn dangos y berthynas rhwng gwasgedd, cyfaint a thymheredd nwy:

$$\frac{pV}{T} = \text{cysonyn}$$

lle mae T yn cynrychioli'r tymheredd absoliwt mewn kelvin.

- Mae'n bosibl egluro'r amrywiad yng ngwasgedd nwyon gyda newidiadau yn y cyfaint a'r tymheredd trwy gymhwyso'r model mudiant moleciwlau a gwrthdrawiadau.

- Mae'r egni gwres, Q, sy'n cael ei drosglwyddo yn ystod newidiadau yn y tymheredd a'r cyflwr, yn cael ei roi gan:

$$Q = mc\Delta T$$

$$Q = mL$$

lle mae m yn cynrychioli màs y sylwedd, c yw cynhwysedd gwres sbesiffig y sylwedd, ΔT yw'r newid yn y tymheredd a L yw gwres cudd sbesiffig y sylwedd.

- Gallwn ni ddefnyddio model damcaniaeth ginetig sy'n ymwneud ag ymddygiad gronynnau pan maen nhw'n cael eu gwresogi er mwyn egluro'r newidiadau yn nhymheredd a chyflwr unrhyw sylwedd.

▶ Cwestiynau ymarfer

1 Mae màs sefydlog o nwy yn cael ei gadw ar gyfaint cyson mewn cynhwysydd wedi'i selio. Mae'r cynhwysydd yn cael ei wresogi ac mae'r gwasgedd ar dymereddau gwahanol yn cael ei gofnodi yn y tabl isod.

Tabl 8.3

Tymheredd (°C)	Tymheredd (K)	Gwasgedd (N/cm²)
−73	200	8
−23	250	10
2	275	11
	300	12
77		14

a) i) Copïwch a **chwblhewch** Dabl 8.3. [2]

ii) Lluniwch graff o wasgedd y nwy yn erbyn ei dymheredd, a defnyddiwch linell addas i uno'r pwyntiau. [3]

iii) Defnyddiwch eich graff i ddarganfod gwasgedd y nwy ar 0 K. [2]

iv) Disgrifiwch y berthynas rhwng gwasgedd y nwy a'i dymheredd fel sy'n cael ei ddangos gan y graff. [2]

b) 80 cm² yw arwynebedd top y cynhwysydd. Cyfrifwch y grym sy'n cael ei roi gan y nwy ar y top ar dymheredd o 300 K gan ddefnyddio'r hafaliad: [2]

grym = gwasgedd × arwynebedd

(TGAU Ffiseg CBAC P3, Sylfaenol, haf 2015, cwestiwn 3)

2 Mae balŵn yn cael ei lenwi â 2.0 m³ o heliwm ac yn cael ei ryddhau. Mae Tabl 8.4 yn dangos data ar gyfer y balŵn wrth iddo godi.

Tabl 8.4

Uchder y balŵn uwchben y ddaear (km)	Cyfaint y balŵn, V (m³)	Gwasgedd heliwm, p (kN/m²)	pV (kN m)
0	2.0	100	200
2	2.4	80	
4	3.0	60	180
6	3.6	50	180
8	4.4	40	176
10	5.8	30	174
12	8.1		162

a) i) Copïwch a **chwblhewch** y tabl. [2]

ii) Defnyddiwch y data yn y tabl i blotio graff o **gyfaint** yn erbyn **uchder** y balŵn. [3]

b) i) Defnyddiwch eich graff i ddisgrifio sut mae **cyfaint** y balŵn yn newid wrth i'r **uchder** gynyddu. [2]

ii) Defnyddiwch y wybodaeth yn y tabl i roi rheswm pam mae'r newid cyfaint hwn yn digwydd. [1]

iii) Mae'r balŵn yn byrstio pan mae ei gyfaint yn cyrraedd 12 m³. **Estynnwch** eich graff i amcangyfrif ar ba uchder mae hyn yn digwydd. [2]

c) Mae newidiadau mewn tymheredd hefyd yn effeithio ar gyfaint y balŵn.

i) Nodwch sut mae gostwng y tymheredd yn effeithio ar gyfaint y balŵn. [1]

ii) Rhowch reswm dros eich ateb yn nhermau moleciwlau. [1]

(TGAU Ffiseg CBAC P3, Sylfaenol, haf 2014, cwestiwn 7)

3 Mae màs sefydlog o nwy yn cael ei gadw ar dymheredd cyson mewn chwistrell fel sy'n cael ei ddangos yn Ffigur 8.8. Mae'r nwy yn y chwistrell yn cael ei ehangu (ei wneud yn fwy) trwy dynnu'r plymiwr allan yn araf. Mae'r tabl yn dangos y gwasgedd sy'n cael ei roi gan y nwy ar gyfeintiau gwahanol.

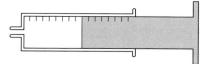

Ffigur 8.8

Tabl 8.5

Cyfaint (cm³)	20	25	35	40	50
Gwasgedd (N/m²)	100 000	80 000	57 000	50 000	40 000

a) i) Defnyddiwch y wybodaeth yn y tabl i **blotio graff** o wasgedd (echelin-*y*) yn erbyn cyfaint (echelin-*x*). [3]

ii) Disgrifiwch y berthynas rhwng cyfaint a gwasgedd y nwy. [2]

iii) Defnyddiwch eich graff i ysgrifennu gwasgedd y nwy pan fydd y cyfaint yn 30 cm³. [1]

b) Mae'r nwy ar dymheredd cyson. Eglurwch yn nhermau mudiant moleciwlaidd a gwrthdrawiadau pam mae'r gwasgedd yn newid yn y ffordd mae'n ei wneud pan fydd y cyfaint yn cael ei gynyddu. (Efallai y byddwch chi eisiau cyfeirio at Ffigur 8.8 yn eich ateb.) [6 ACY]

(TGAU Ffiseg CBAC P3, Sylfaenol, haf 2013, cwestiwn 7)

Ffigur 8.9

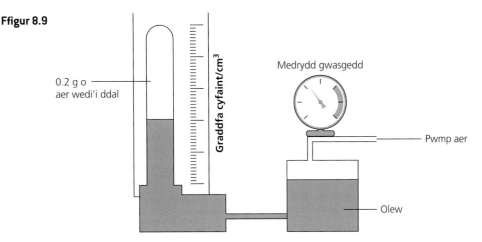

0.2 g o aer wedi'i ddal

Graddfa cyfaint/cm³

Medrydd gwasgedd

Pwmp aer

Olew

4 Mae athro'n pwmpio aer yn araf i mewn i'r cyfarpar yn Ffigur 8.9. Mae hyn yn achosi i'r olew i wasgu'r aer sy'n gaeth yn y tiwb. Mae'r athro yn stopio pan fydd cyfaint y nwy sy'n gaeth yn 10 cm³.

Mae rhai canlyniadau yn cael eu cofnodi yn Nhabl 8.6.

Tabl 8.6

Gwasgedd yr aer wedi'i ddal (MPa)	0.2	0.4	0.8	1.6
Cyfaint yr aer wedi'i ddal (cm³)	40	20	10	5

a) Mae myfyriwr yn rhagfynegi'n **gywir** pan fydd cyfaint yr aer sydd wedi'i ddal yn 5 cm³ y gwasgedd bydd 1.6 MPa. Eglurwch resymeg y myfyriwr wrth wneud ei ragfynegiad. *[2]*

b) i) Plotiwch y pedwar pwynt ar graff o gyfaint (echelin-*y*) yn erbyn gwasgedd (echelin-*x*) a defnyddiwch linell addas i uno'r pwyntiau. *[3]*

ii) Mae màs y nwy sydd wedi'i ddal yn 0.20g. Cyfrifwch ei ddwysedd pan mae'r gwasgedd yn 0.5 MPa. *[4]*

iii) Eglurwch pam mae dwysedd y nwy sydd wedi'i ddal yn newid wrth i'w gyfaint leihau. *[2]*

5 Mae Ffigur 8.10 yn dangos arbrawf i astudio'r cyswllt rhwng tymheredd a chyfaint aer.

a) Mewn arbrawf dosbarth, mae cyfaint màs o aer yn newid pan mae'n cael ei wresogi. Mae'r aer yn cael ei ddangos wedi ei gau mewn tiwb cul sydd ar agor i'r atmosffer. Mae hyd yr aer sydd wedi'i ddal yn y tiwb (sy'n dangos ei gyfaint) yn cael ei fesur wrth i dymheredd y dŵr gael ei newid. Mae'r canlyniadau'n cael eu dangos yn y tabl isod.

Tabl 8.7

Tymheredd (°C)	Hyd yr aer sydd wedi'i ddal (cm)
10	10.7
25	11.2
40	11.8
55	12.4
70	12.9
85	13.5

i) Plotiwch y canlyniadau hyn ar y grid isod a thynnwch linell addas. *[3]*

(Nodwch nad yw'r raddfa ar echelin hyd yr aer sydd wedi'i ddal yn dechrau ar sero.)

ii) Sut mae gwerth egni cinetig y gronynnau nwy yn newid wrth i'r tymheredd ostwng? *[1]*

Ffigur 8.10

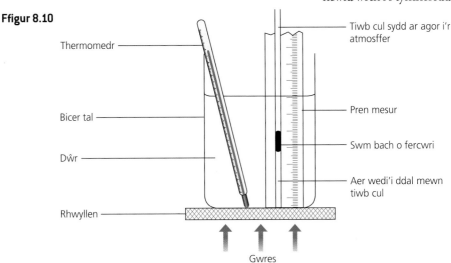

Thermomedr

Bicer tal

Dŵr

Rhwyllen

Tiwb cul sydd ar agor i'r atmosffer

Pren mesur

Swm bach o fercwri

Aer wedi'i ddal mewn tiwb cul

Gwres

iii) Nodwch werth egni cinetig y gronynnau nwy ar –273 °C (sero absoliwt). *[1]*

b) Mae silindr nwy bwtan yn cael ei gadw mewn garej lle mae ar dymheredd o –3 °C yn ystod y gaeaf. Mae'r gwasgedd yn y silindr yn 3.0×10^6 N/m². Yn ystod haf poeth, mae'r tymheredd yn codi i 42 °C, ond mae **cyfaint** y nwy yn aros yn gyson. Defnyddiwch hafaliad addas i ddarganfod a yw'r silindr mewn perygl o ffrwydro yn yr haf poeth os mai 4.0×10^6 N/m² yw'r gwasgedd mwyaf mae'r cynhwysydd yn gallu ei wrthsefyll. Rhowch sylwadau ar eich ateb. *[4]*

(TGAU Ffiseg CBAC P3, Uwch, haf 2015, cwestiwn 5)

6 Mae athro yn defnyddio'r cyfarpar isod i ddangos sut mae gwasgedd màs o aer yn newid wrth iddo gael ei wresogi. Mae'r màs o aer yn cael ei ddal mewn fflasg gaeedig. Mae'r arbrawf yn cael ei wneud yn ystod cyfnod o 10 munud yn ystod gwers.

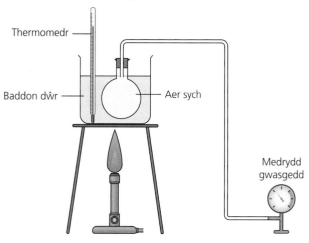

Thermomedr

Baddon dŵr

Aer sych

Medrydd gwasgedd

Ffigur 8.11

Cafodd y newid mewn gwasgedd ei nodi wrth i'r tymheredd gael ei gynyddu. Mae'r canlyniadau'n cael eu dangos yn Ffigur 8.12.

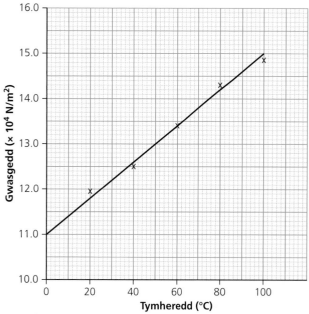

Ffigur 8.12

a) Eglurwch, **yn nhermau mudiant moleciwlau**, pam mae'r gwasgedd ar waliau'r cynhwysydd yn newid wrth i'r tymheredd gael ei gynyddu. *[3]*

b) Eglurwch pam nad oes newid yn nwysedd yr aer yn yr arbrawf hwn. *[2]*

c) Mae'r graff yn dangos bod y gwasgedd yn disgyn 4×10^4 N/m² pan mae'r tymheredd yn gostwng 100 °C. Defnyddiwch y wybodaeth hon i gyfrifo'r tymheredd negatif lle byddai'r gwasgedd yn sero. *[2]*

ch) Eglurwch un ffordd o wella'r ffordd y cafodd yr arbrawf ei gyflawni a fyddai'n gwneud y canlyniadau'n fwy cywir. *[2]*

7 Mae sgwba-ddeifiwr ar wely'r môr yn rhyddhau balŵn wedi'i enchwythu'n rhannol sy'n cynnwys aer. Mae'r balŵn yn codi i'r arwyneb. Dewiswch y rhes gywir yn Nhabl 8.8 i ddisgrifio beth sy'n digwydd i wasgedd yr aer yn y balŵn a chyfaint y balŵn wrth iddo godi tuag at yr arwyneb.

Tabl 8.8

	Gwasgedd yr aer y tu mewn i'r balŵn	Cyfaint y balŵn
A	Cynyddu	Cynyddu
B	Cynyddu	Lleihau
C	Lleihau	Cynyddu
Ch	Lleihau	Lleihau

[4]

9 Electromagneteg

⌂ | Cynnwys y fanyleb

Mae'r bennod hon yn ymdrin ag adran 1.9 Electromagneteg yn y fanyleb TGAU Ffiseg, sy'n edrych ar y cysyniad o feysydd magnetig ac mae'n ymchwilio i'r grymoedd ar ddargludyddion sy'n cludo cerrynt mewn meysydd magnetig a sut mae'r effaith hon yn cael ei defnyddio mewn moduron syml. Mae hefyd yn edrych ar gynhyrchu gwahaniaethau potensial anwythol sy'n cael eu cynhyrchu trwy newid meysydd magnetig a sut mae'r effaith hon yn cael ei defnyddio mewn generaduron a newidyddion. Dydy'r bennod hon ddim yn berthnasol i fyfyrwyr TGAU Gwyddoniaeth (Dwyradd).

Mae peiriannau electromagnetig ym mhobman. Bydd y rhan fwyaf ohonom yn defnyddio rhyw fath o ddyfais electronig gludadwy yn ystod y dydd, ac mae'r rhain yn gweithio oherwydd – rhywbryd – bydd y ddyfais yn cael ei phlygio i mewn i ailwefru'r batri o'r prif gyflenwad trydan. Y rhyngweithio rhwng y ceryntau trydanol a'r meysydd magnetig, sef electromagneteg, sy'n gwneud i'r gwefrwyr weithio.

▶ Meysydd magnetig

Mae meysydd magnetig yn lleoedd lle mae magnetau'n 'teimlo' grym. Fel arfer, gallwn ni ddefnyddio llinellau maes magnetig sy'n dangos patrwm y maes magnetig i greu delwedd o feysydd magnetig (Ffigur 9.2). Mae llinellau maes magnetig yn pwyntio o bolau magnetig y Gogledd i bolau magnetig y De a'r agosaf yw'r llinellau maes magnetig at ei gilydd, y cryfaf yw'r maes magnetig. Gall meysydd magnetig gael eu cynhyrchu gan fagnetau parhaol, fel magnet bar safonol, neu maen nhw'n gallu cael eu cynhyrchu pan fydd cerrynt trydan yn llifo trwy wifren, coil neu solenoid.

Ffigur 9.1 Gwefru ffôn.

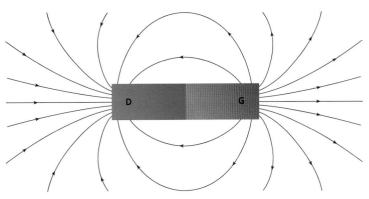

Ffigur 9.2 Y maes magnetig o amgylch magnet bar.

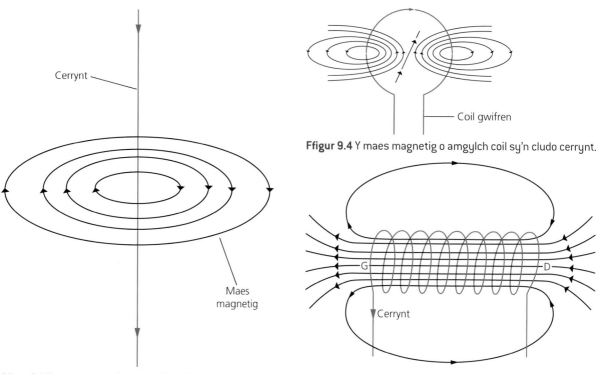

Cerrynt

Maes magnetig

Coil gwifren

Ffigur 9.4 Y maes magnetig o amgylch coil sy'n cludo cerrynt.

G D

Cerrynt

Ffigur 9.3 Y maes magnetig o amgylch gwifren sy'n cludo cerrynt.

Ffigur 9.5 Y maes magnetig o amgylch solenoid sy'n cludo cerrynt.

⚙ Gwaith ymarferol

Ymchwilio i feysydd magnetig

Dyma weithgaredd sy'n eich helpu i wneud y canlynol:
> gweithio gyda phartner
> plotio meysydd magnetig.

Cyfarpar
> magnetau bar parhaol
> cwmpawd plotio
> naddion haearn a theclyn ysgwyd
> papur/cerdyn gwyn
> pensil miniog
> cyflenwad pŵer c.u. foltedd isel (2 V ar y mwyaf)
> gwifren wedi'i gorchuddio â phlastig
> hoelen haearn fawr
> (Estyniad) ail fagnet bar parhaol
> (Estyniad) magnetau siapiau gwahanol

Nodiadau diogelwch

Byddwch yn ofalus wrth ddefnyddio naddion haearn. Bydd y wifren yn mynd yn boeth. Peidiwch â'i chyffwrdd.

a) Magnetau parhaol

Gallwn ni ddelweddu meysydd magnetig mewn dwy ffordd:
> trwy ddefnyddio cwmpawd plotio bach
> trwy ddefnyddio naddion haearn.
  Yn y dasg hon, byddwch chi'n defnyddio'r ddau ddull i lunio diagramau o'r meysydd magnetig o amgylch magnetau bar.

1 Gosodwch fagnet bar yng nghanol dalen o bapur gwyn plaen. Defnyddiwch bensil i luniadu llinell o amgylch y magnet.

2 Dewiswch bwynt ar ben un o'r polau a rhowch 'x' fach ar y pwynt hwnnw. Gosodwch gwmpawd plotio bach drws nesaf i'r 'x'. Rhowch 'x' arall lle mae pen nodwydd y cwmpawd yn pwyntio i ffwrdd oddi wrth y magnet. Symudwch y cwmpawd fel bod y nodwydd wrth ymyl yr 'x' newydd. Ailadroddwch y dull nes bod y cwmpawd yn ôl drws nesaf i'r magnet. Defnyddiwch bensil i gysylltu'r holl bwyntiau 'x' er mwyn cwblhau'r llinell faes.

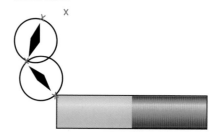

Ffigur 9.6 Defnyddio cwmpawd plotio.

3 Ailadroddwch y dull cyfan, gan gychwyn wrth bwynt gwahanol ar y magnet bar. Ailadroddwch eto nes bod gennych y maes cyflawn o amgylch y magnet.

4 Gosodwch y magnet bar rhwng dau werslyfr tenau a gosodwch ddalen o bapur gwyn plaen dros y magnet a'r llyfrau.

5 Taenwch naddion haearn dros y papur gwyn uwchben ac o amgylch y magnet er mwyn dangos patrwm y maes – tapiwch y papur er mwyn sicrhau nad yw'r naddion haearn yn glynu wrth ei gilydd.

6 Brasluniwch batrwm y maes magnetig mae'r naddion haearn yn ei ddangos.

Estyniad

Mae yna lawer o animeiddiadau ar-lein sy'n eich galluogi i ymchwilio i'r maes o amgylch magnetau parhaol – defnyddiwch y geiriau allweddol 'magnetic field animation applet' i chwilio am un.

Gallwch hefyd ymchwilio i batrymau'r meysydd magnetig a gewch chi rhwng polau dau fagnet bar. Rhowch gynnig ar y technegau uchod ond rhowch ddau bôl Gogledd (neu De) yn agos at ei gilydd ac yna pôl Gogledd a phôl De.

Os oes gan eich athro/athrawes fagnetau siapiau gwahanol, gallech chi hefyd ymchwilio i'r patrymau maes o'u hamgylch nhw.

b) Arbrawf Oersted

Pan mae cerrynt yn llifo trwy wifren, mae'n cynhyrchu maes magnetig. Y ffisegwr o Ddenmarc, Hans Christian Oersted, wnaeth ddarganfod hyn yn 1820. Gallwch chi ailadrodd arbrawf Oersted gan ddefnyddio offer labordy modern.

1 Cysylltwch y pennau wedi'u stripio oddi ar tua 100 cm o wifren wedi'i gorchuddio â phlastig at y terfynellau c.u. (du a choch) ar uned cyflenwad pŵer (psu) â foltedd isel ('math Westminster').
2 Gosodwch gwmpawd plotio bach drws nesaf i'r wifren.
3 Trowch y *psu* ymlaen ac arsylwch beth sy'n digwydd i nodwydd y cwmpawd. Symudwch y cwmpawd o amgylch y wifren, gan arsylwi'r patrwm.
4 Cildrowch y cerrynt (trwy newid trefn pennau'r gwifrau) ac ailadroddwch yr arbrawf – gan nodi'r patrwm yn ymddygiad y cwmpawd.

c) Plotio'r maes o amgylch gwifren

Gallwch chi estyn arbrawf Oersted trwy blotio'r maes o amgylch gwifren sengl.

1 Mae Ffigur 9.7 yn dangos i chi sut i osod a chynnal yr arbrawf.
   Gall animeiddiadau ar-lein eich helpu i ddelweddu ac ymchwilio i'r maes magnetig o amgylch gwifrau, dolenni a choiliau.
2 Gallwch chi estyn yr arbrawf hwn ymhellach trwy wneud y wifren yn ddolen – mae cryfder y maes

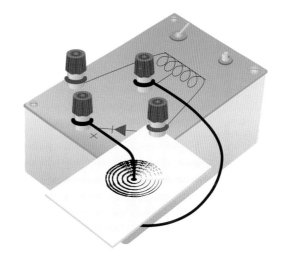
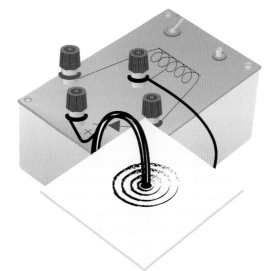

Ffigur 9.7 Estyniad ar arbrawf Oersted.

magnetig yn cryfhau. Gallwch chi weld hyn wrth i'r naddion haearn fynd yn agosach at ei gilydd o amgylch dolen y wifren.

3 Brasluniwch y maes o amgylch gwifren sy'n cludo cerrynt (defnyddiwch symbolau ar gyfer gwifren i mewn i'r papur ⊗ a gwifren allan o'r papur ⊙). Defnyddiwch y rheol gafael llaw dde (Ffigur 9.8) i luniadu cyfeiriad llinellau'r maes magnetig. Mae'r llinellau maes magnetig o amgylch gwifren (neu ddolen) sengl sy'n cludo cerrynt ar ffurf patrwm o gylchoedd cydganol sydd â radiws cynyddol, wedi'u canoli o amgylch y wifren, yn berpendicwlar i'r wifren (a'r cerrynt). Mae'r rheol gafael llaw dde'n rhoi cyfeiriad llinellau'r maes magnetig. Os dychmygwch chi afael yn y wifren yn eich llaw dde, gyda'ch bawd yn pwyntio i gyfeiriad y cerrynt, yna mae eich bysedd yn dod at ei gilydd i'r un cyfeiriad â'r maes.

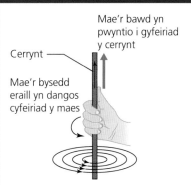

Cerrynt

Mae'r bawd yn pwyntio i gyfeiriad y cerrynt

Mae'r bysedd eraill yn dangos cyfeiriad y maes

Ffigur 9.8 Y rheol gafael llaw dde.

ch) Maes magnetig o amgylch coil byr

Mae'r maes o amgylch coil byr o wifren yn debyg i'r hyn sy'n digwydd gyda magnet bar.

1 Cydosodwch y cyfarpar fel yn Ffigur 9.9.

Ffigur 9.9

2 Ymchwiliwch i effaith gwrthdroi'r cerrynt a chynyddu nifer y coiliau.

3 Brasluniwch y maes o amgylch coil byr o wifren. Defnyddiwch y rheol gafael llaw dde i bennu a lluniadu cyfeiriad llinellau'r maes magnetig.

d) Maes magnetig o amgylch solenoid

Y maes magnetig olaf i'w astudio yw maes magnetig coil hir, wedi'i gywasgu'n dynn (o'r enw solenoid).

1 Cydosodwch yr arbrawf fel yn Ffigur 9.10. Ewch ati i lapio hyd y wifren o amgylch pensil i wneud solenoid. Taenwch naddion haearn o amgylch y coil er mwyn ymchwilio i'r maes.

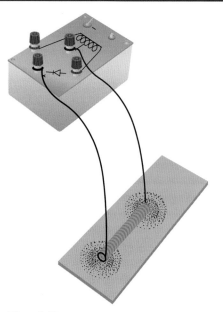

Ffigur 9.10

2 Gallwch chi hefyd ymchwilio i effaith lapio'r coil o amgylch hoelen haearn yn hytrach na phensil.

3 Brasluniwch y maes o amgylch solenoid. Defnyddiwch y rheol gafael llaw dde i bennu a lluniadu cyfeiriad llinellau'r maes magnetig.

......

Estyniad

Mae'r maes magnetig o amgylch solenoid yn debyg iawn i'r hyn sy'n digwydd gyda magnet bar (gweler Ffigur 9.11). Disgrifiwch sut byddai'r maes yn newid pe byddech chi'n:

1 cynyddu'r cerrynt
2 cynyddu nifer y coiliau
3 mewnosod craidd haearn y tu mewn i'r coil.

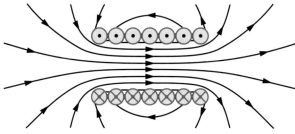

Ffigur 9.11

......

✔ | Profwch eich hun

1 Lluniwch y meysydd magnetig o amgylch:
  a) magnet bar
  b) gwifren sy'n cludo cerrynt
  c) solenoid.
2 Disgrifiwch sut i ddefnyddio cwmpawd plotio i blotio maes magnetig.

Grym

Maes

Cerrynt

Ffigur 9.12 Rheol llaw chwith Fleming.

► Yr effaith modur

Pan mae cerrynt yn mynd trwy wifren y tu mewn i faes magnetig, mae'r wifren yn profi grym sy'n gallu symud y wifren – mae hyn yn cael ei alw yn **effaith modur**. Mae cyfeiriad y grym yn dibynnu ar gyfeiriad y cerrynt a chyfeiriad y maes magnetig – mae'n bosibl darganfod hwn trwy ddefnyddio'r bysedd ar eich llaw chwith, sy'n cael ei alw weithiau'n rheol llaw chwith Fleming.

Mae'r effaith modur yn cael ei defnyddio i ddylunio moduron c.u. syml, a gallwch chi ddefnyddio bysedd eich llaw chwith (o reol llaw chwith Fleming) i ddarganfod cyfeiriad y cylchdro. Mae buanedd y cylchdro a grym troi modur c.u. syml yn cynyddu gyda: maint y cerrynt; cryfder y maes magnetig; a nifer y troadau mewn gwifren.

Mae cryfder maes magnetig yn gysylltiedig â dwysedd y llinellau maes magnetig ac mae'n cael ei fesur mewn tesla, T. Mae gan fagnet bar labordy safonol gryfder maes magnetig o tua 0.1 T. Yr hafaliad sy'n cysylltu'r grym (F) ar ddargludydd â chryfder y maes magnetig (B), y cerrynt (I) a hyd y dargludydd (l), pan mae'r maes a'r cerrynt ar ongl sgwâr i'w gilydd yw:

$$F = BIl$$

✔ Profwch eich hun

3 Cyfrifwch y grym ar wifren 0.05 m, sy'n cludo cerrynt o 0.4 A ar ongl sgwâr i faes magnetig sydd â chryfder o 0.3 T.

4 Mae gwifren 10 cm yn profi grym o 0.3 N ar ongl sgwâr i faes magnetig sydd â chryfder o 0.5 T. Cyfrifwch y cerrynt trwy'r wifren.

⚙ Gwaith ymarferol

Yr effaith modur

Dyma weithgaredd sy'n eich helpu i wneud y canlynol:
> gweithio gyda phartner
> defnyddio rheol llaw chwith Fleming
> ymchwilio i faes 'catapwlt'.

Cyfarpar
> cyflenwad pŵer foltedd isel
> darnau 10 cm o hyd o wifren gopr noeth, drwchus ×3
> magnetau magnadur ×2 a daliwr-C

Nodiadau diogelwch

Peidiwch â gadael i'r cerrynt lifo trwy'r gwifrau am ormod o amser. Defnyddiwch gyflenwad pŵer foltedd isel yn unig. Bydd y gwifrau'n mynd yn boeth. Peidiwch â'u cyffwrdd.

Dull

1 Cysylltwch ddau ddarn byr 10 cm o hyd o wifren gopr drwchus (wedi'i dangos mewn du a choch ar y diagram) â'r terfynellau positif a negatif ar gyflenwad pŵer foltedd isel, 'math Westminster'. ➔

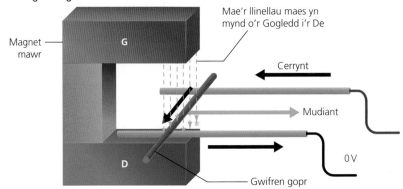

Gosodwch ddarn arall 10 cm o hyd o wifren gopr drwchus (wedi'i dangos mewn gwyrdd ar y diagram) ar draws pennau'r darnau eraill fel ei bod yn rhydd i symud.

Magnet mawr

G

Mae'r llinellau maes yn mynd o'r Gogledd i'r De

Cerrynt

Mudiant

0 V

D

Gwifren gopr

Ffigur 9.13 Ymchwilio i'r maes catapwlt.

2 Dewch â dau fagnet ceramig magnadur wedi'u gosod ar ddaliwr-C haearn i fyny at y cyfarpar fel bod y darn rhydd o wifren gopr y tu mewn i'r maes magnetig rhwng y ddau fagnet magnadur.

3 Trowch y cyflenwad pŵer ymlaen ac arsylwch beth sy'n digwydd i'r wifren rydd.

4 Trowch y magnet â'i ben i waered fel bod y maes magnetig yn pwyntio i'r cyfeiriad dirgroes. Ailadroddwch yr arbrawf ac arsylwch beth sy'n digwydd i'r wifren rydd.

5 Defnyddiwch y bysedd ar eich llaw chwith, a rheol llaw chwith Fleming, i ganfod cyfeiriad y maes magnetig yn yr arbrawf.

Mae Ffigur 9.14 yn dangos y meysydd magnetig rhwng y magnetau magnadur ac o amgylch y wifren rydd.

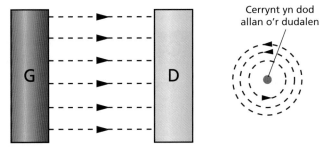

Cerrynt yn dod allan o'r dudalen

G

D

Ffigur 9.14

6 Cyfunwch y ddau ddiagram i ddangos y maes 'catapwlt' cyfunol.

Moduron trydan

Mae'r modur trydan yn trawsnewid egni trydanol i egni cinetig. Mae gan geir trydanol, fel y *Tesla Roadster*, foduron trydan uwch-dechnoleg sy'n gallu trosgludo 225 kW o bŵer gydag uchafswm buanedd o 125 m.y.a. ac sy'n gallu cyflymu o 0–60 m.y.a. mewn 3.7 eiliad.

Mae moduron trydan yn gweithio oherwydd yr effaith modur, ond maen nhw'n cael eu dylunio i drawsnewid y grym sy'n cael ei gynhyrchu gan yr effaith i mewn i symudiad cylchdro sy'n gallu gyrru olwynion. Gallwn ni ddefnyddio rheol llaw chwith Fleming i ddarganfod cyfeiriad cylchdro'r modur (mae'n cylchdroi i gyfeiriad y grym).

Ffigur 9.15 Y *Tesla Roadster*.

Y modur c.u. syml

Dyma weithgaredd sy'n eich helpu i wneud y canlynol:

> gweithio gyda phartner
> defnyddio'r effaith modur
> llunio model o fodur.

Cyfarpar

> cit modur c.u. syml
> pecyn batri neu gyflenwad pŵer c.u.

Dull

Bydd eich athro/athrawes yn rhoi cit modur trydan c.u. syml i chi. Mae Ffigur 9.16 a Ffigur 9.17 yn dangos dau fath cyffredin. Eich tasg chi yw adeiladu'r modur a chael y modur i weithio. Unwaith y bydd gennych chi fodur sy'n gweithio, gallwch chi ymchwilio i effaith newid:

> foltedd y cyflenwad pŵer (neu'r batri)
> nifer y troadau yn y coil
> cryfder y maes magnetig.

Sut mae'r newidynnau hyn yn effeithio ar berfformiad y modur? Gallwch chi hefyd ddefnyddio animeiddiad ar-lein i ddelweddu sut mae'r coil dargludo'n rhyngweithio â'r maes magnetig. Defnyddiwch y geiriau allweddol 'electric motor animation applet' mewn peiriant chwilio er mwyn canfod enghraifft.

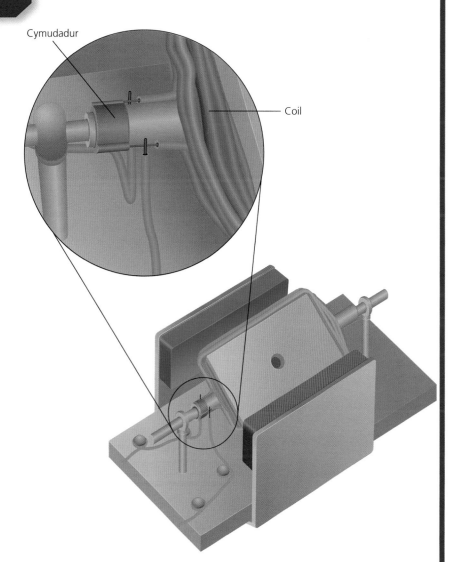

Cymudadur

Coil

Ffigur 9.16 Model o fodur c.u. syml.

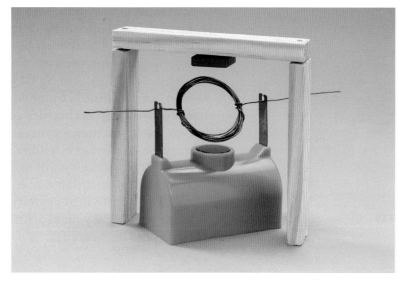

Ffigur 9.17 Modur trydan c.u. syml arall.

5 Mae'r diagram yn dangos coil o fodur trydan c.u. syml wedi'i leoli rhwng dau ddarn pôl magnetig.

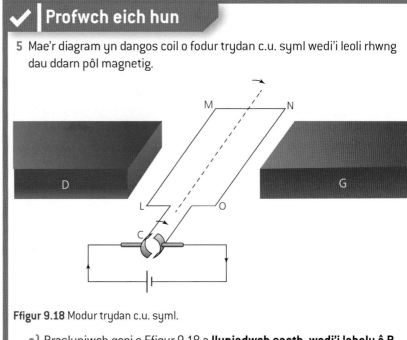

Ffigur 9.18 Modur trydan c.u. syml.

a) Brasluniwch gopi o Ffigur 9.18 a **lluniadwch saeth, wedi'i labelu â B, ar y diagram** i ddangos cyfeiriad y maes magnetig rhwng y polau.

b) Mae'r coil wedi'i gysylltu â'r cyflenwad pŵer trwy'r cymudadur, **C**. Mae cymudadur yn galluogi'r coil i sbinio, a pharhau i droelli yn yr un cyfeiriad.

   i) **Ychwanegwch saethau at y coil** i ddangos cyfeiriadau'r cerrynt yn y gwifrau LM a NO.

   ii) Eglurwch sut mae'r trefniant yn gwneud i'r wifren sbinio a'i chadw'n troelli yn yr un cyfeiriad.

c) Rhestrwch dair ffactor a allai gynyddu buanedd a grym troi'r modur.

▶ Anwythiad electromagnetig

Pan mae gwifren ddargludol yn symud y tu mewn i faes magnetig *neu* pan mae maes magnetig yn newid o amgylch gwifren ddargludol, mae cerrynt trydan yn cael ei gynhyrchu (neu ei **anwytho**) y tu mewn i'r wifren – rydym ni'n galw hyn yn **anwythiad electromagnetig**. Mae maint y cerrynt anwythol yn dibynnu ar gyfradd dorri llinellau fflwcs (maes) magnetig. Mae generaduron trydan c.e. syml yn gweithio o ganlyniad i anwythiad electromagnetig. Mae allbwn y generadur (cerrynt neu foltedd) yn gyfrannol i fuanedd y cylchdro a nifer y troadau – ac mae'n cynyddu gyda chryfder y maes magnetig. Mae cyfeiriad y cerrynt anwythol mewn generadur yn dibynnu ar gyfeiriad y maes magnetig a chyfeiriad cylchdro'r coil. Mae'n bosibl darganfod cyfeiriad y cerrynt anwythol gan ddefnyddio bysedd eich llaw dde (sy'n cael ei alw weithiau'n rheol llaw dde Fleming, Ffigur 9.19). Mae'r bawd yn pwyntio i gyfeiriad y mudiant; mae'r bys cyntaf yn pwyntio i gyfeiriad y maes ac mae'r ail fys yn pwyntio i gyfeiriad y cerrynt (positif i negatif).

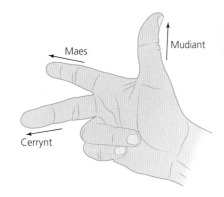

Ffigur 9.19 Rheol llaw dde Fleming.

→ | Gweithgaredd

Anwythiad electromagnetig

Pan gaiff darn o wifren ei gysylltu ag amedr sensitif iawn a'i symud i mewn ac allan o faes magnetig, mae cerrynt bach iawn yn cael ei anwytho – rydym ni'n galw hyn yn **anwythiad electromagnetig**.

Mae cadw'r wifren yn llonydd a symud y maes magnetig yn cael yr un effaith.

Bydd eich athro/athrawes yn dangos anwythiad electromagnetig i chi neu'n rhoi cyfarpar i chi allu ymchwilio i'r effaith hon. Mae angen i chi arsylwi **a chofnodi** effaith:

> symud y wifren i fyny ac i lawr
> symud y wifren yn gyflymach
> cynyddu maint y maes magnetig
> symud y magnet yn hytrach na'r wifren
> lapio'r wifren fel bod mwy o wifren yn symud ar yr un adeg.

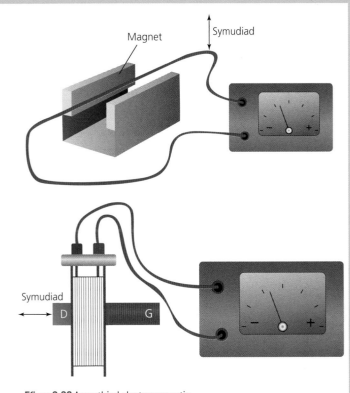

Ffigur 9.20 Anwythiad electromagnetig.

▶ Y generadur cerrynt eiledol (c.e.) syml

Mae gwybodaeth am anwythiad electromagnetig yn cael ei defnyddio i ddylunio generaduron c.e. syml. Mae generaduron yn gweithio'n wahanol i foduron, yn yr ystyr eu bod yn trawsnewid egni cinetig i mewn i egni trydanol. Mewn generadur, mae coil gwifren yn cylchdroi y tu mewn i faes magnetig, neu mae magnet yn cylchdroi y tu mewn i goil gwifren. Yna mae anwythiad electromagnetig yn anwytho foltedd yn y coil.

Mae Ffigur 9.21 yn dangos generadur c.e. syml.

Ffigur 9.21 Generadur c.e.

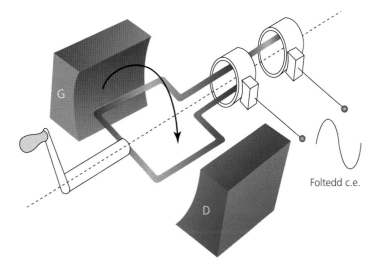

Foltedd c.e.

Yn yr enghraifft hon, wrth i'r coil gylchdroi, mae'r wifren yn torri ar draws y llinellau maes magnetig rhwng pôl Gogledd a phôl De y magnet. Mae hyn yn anwytho foltedd yn y wifren ac mae cerrynt yn llifo o gwmpas y coil. Mae dau fodrwy 'llithro' yn cysylltu â'r gylched allanol ac mae'r cerrynt yn llifo allan o'r generadur. Mae maint y foltedd anwythol yn dibynnu ar y canlynol:

- cyfradd gylchdroi'r coil
- nifer y troadau yn y coil
- cryfder y maes magnetig.

Mae cyfeiriad y cerrynt anwythol yn dibynnu ar gyfeiriad cylchdroi'r coil ac ar gyfeiriad y maes magnetig. Mae un ochr y coil gwifren yn symud i fyny am hanner cylchdro, ac yna i lawr am yr hanner arall. Mae hyn yn golygu am hanner cylchdro mae'r cerrynt yn llifo i un cyfeiriad, ac yna mae'n llifo i'r cyfeiriad arall am yr hanner cylchdro arall. Mae rheol llaw dde Fleming yn ein galluogi i ddarganfod cyfeiriad go iawn y cerrynt.

✔ Profwch eich hun

6 Mae Ffigur 9.22 yn dangos generadur c.e. syml. Mae'n cynnwys coil sengl sy'n cael ei gylchdroi ar fuanedd cyson mewn maes magnetig. Wrth i'r coil gylchdroi, mae'n cynhyrchu foltedd eiledol, sy'n gyrru cerrynt eiledol trwy'r coil a'r gwrthydd, R.

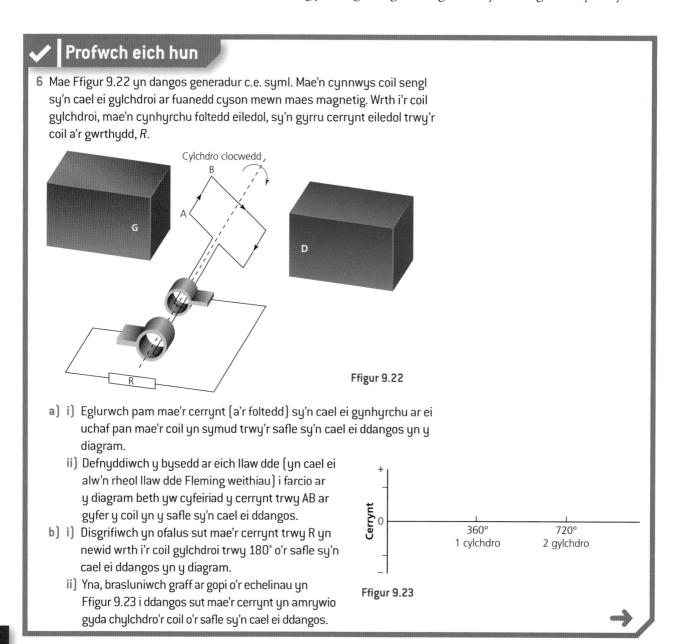

Ffigur 9.22

Ffigur 9.23

a) i) Eglurwch pam mae'r cerrynt (a'r foltedd) sy'n cael ei gynhyrchu ar ei uchaf pan mae'r coil yn symud trwy'r safle sy'n cael ei ddangos yn y diagram.

ii) Defnyddiwch y bysedd ar eich llaw dde (yn cael ei alw'n rheol llaw dde Fleming weithiau) i farcio ar y diagram beth yw cyfeiriad y cerrynt trwy AB ar gyfer y coil yn y safle sy'n cael ei ddangos.

b) i) Disgrifiwch yn ofalus sut mae'r cerrynt trwy R yn newid wrth i'r coil gylchdroi trwy 180° o'r safle sy'n cael ei ddangos yn y diagram.

ii) Yna, brasluniwch graff ar gopi o'r echelinau yn Ffigur 9.23 i ddangos sut mae'r cerrynt yn amrywio gyda chylchdro'r coil o'r safle sy'n cael ei ddangos.

iii) Mae cynyddu buanedd cylchdro'r coil yn cynyddu maint y cerrynt a'r foltedd allbwn. Nodwch ym mha ffordd arall mae cynyddu buanedd y cylchdro'n effeithio ar yr allbwn o'r generadur.

7 Mae Ffigur 9.24 yn dangos lluniad generadur c.e.

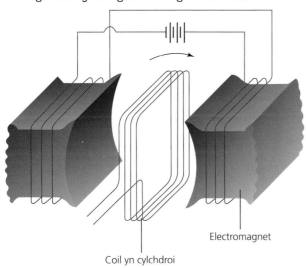

Electromagnet

Coil yn cylchdroi

Ffigur 9.24

Eglurwch sut mae'r nodweddion dylunio canlynol yn sicrhau effeithiolrwydd gorau posibl y generadur:

- Defnyddio electromagnetau yn hytrach na magnetau parhaol.
- Mae llawer o droadau yn y coil sy'n cylchdroi yn hytrach na dim ond un.
- Mae gan yr electromagnetau ddarnau pôl crwm.

▶ Newidyddion

Pan mae cerrynt trydanol yn llifo trwy wifren, mae'r wifren yn cynhesu. Y mwyaf yw'r cerrynt, y mwyaf yw'r effaith gwresogi a'r mwyaf yw'r egni sy'n cael ei golli o'r wifren. Mae'r Grid Cenedlaethol yn gyfres o wifrau sy'n caniatáu i egni trydanol lifo o gwmpas y wlad, gan gysylltu gorsafoedd trydan â'i ddefnyddwyr. Os bydd y cerrynt yng ngwifrau'r Grid Cenedlaethol yn rhy uchel, bydd y Grid Cenedlaethol yn aneffeithlon iawn. Er mwyn goresgyn y broblem hon, mae trydan yn cael ei drawsyrru o gwmpas y wlad ar foltedd uchel, ond ar gerrynt isel. Mae hwn yn bosibl oherwydd bod y trydan yn cael ei drawsyrru fel cerrynt eiledol, sy'n gallu cael ei drawsnewid gan ddefnyddio anwythiad electromagnetig. Mae newidydd codi nodweddiadol yn cael ei ddangos yn Ffigur 9.25.

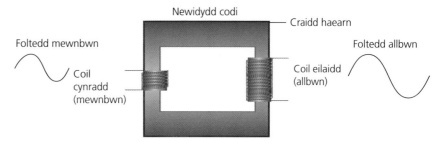

Newidydd codi

Craidd haearn

Foltedd mewnbwn

Coil cynradd (mewnbwn)

Coil eilaidd (allbwn)

Foltedd allbwn

Ffigur 9.25 Newidydd codi.

Mae cerrynt eiledol yn y coil cynradd yn cynhyrchu maes magnetig sy'n newid yn y coil cynradd. Mae'r maes magnetig newidiol yn cael ei gadw o fewn craidd haearn y newidydd, gan gysylltu â'r coil eilaidd. Mae'r maes magnetig newidiol o fewn y coil eilaidd yn anwytho foltedd yn y coil eilaidd, sy'n cynhyrchu cerrynt eiledol yn y coil eilaidd. Mae foltedd allbwn y newidydd yn dibynnu ar y nifer o droadau ar y coiliau. Ar gyfer newidydd delfrydol (sy'n 100% yn effeithlon), mae cymhareb y folteddau a nifer y troadau yn cael ei rhoi gan:

$$\frac{V_1}{V_2} = \frac{N_1}{N_2}$$

lle V_1 ac N_1 yw'r foltedd a nifer y troadau yn y coil cynradd, a V_2 ac N_2 yw'r foltedd a nifer y troadau yn y coil eilaidd.

Mae newidyddion codi yn newid foltedd isel/cerrynt uchel i foltedd uchel/cerrynt isel ac mae newidyddion gostwng yn gwneud y gwrthwyneb. Gall newidyddion masnachol fod hyd at 98% yn effeithlon, ac mae'n bosibl cyfrifo effeithlonrwydd newidydd go iawn trwy gymharu'r pŵer mewnbwn â'r pŵer allbwn gan ddefnyddio'r fformiwla pŵer trydanol:

$$P = VI$$

→ | **Gweithgaredd**

Sut mae newidydd yn gweithio

Bydd eich athro/athrawes yn dangos i chi sut mae newidydd yn gweithio, o bosibl trwy ddefnyddio newidydd datodadwy fel yr un yn Ffigur 9.26.

Ffigur 9.26 Newidydd datodadwy.

Mae'n bosibl tynnu 'cynhwysydd' metel y craidd haearn oddi ar dop y newidydd a chyfnewid y coiliau. Mae cyflenwad pŵer c.e. wedi'i gysylltu â'r coil cynradd a gellir cysylltu foltmedr c.e. â'r coil eilaidd. Yna gallwn ni ymchwilio i'r hafaliad newidydd trwy newid nifer y troadau ar bob coil, neu newid y foltedd cynradd.

Mae'r dilyniant canlynol yn egluro sut mae newidydd yn gweithio:

> Mae foltedd eiledol ar draws y coil cynradd yn cynhyrchu cerrynt eiledol yn y coil.
> Mae'r cerrynt yn cynhyrchu maes magnetig eiledol yn y craidd.
> Mae'r craidd yn cysylltu'r maes hwn â'r coil eilaidd.
> Mae'r maes magnetig eiledol yn y coil eilaidd yn anwytho foltedd (neu gerrynt) yn y coil eilaidd.
> Gyda newidydd delfrydol (100% yn effeithlon), mae cymhareb y folteddau cynradd ac eilaidd yr un fath â chymhareb y troadau cynradd ac eilaidd ar y coiliau:

$$\frac{V_1}{V_2} = \frac{N_1}{N_2}$$

> Gallwn ni gyfrifo effeithlonrwydd newidydd go iawn trwy gymharu'r pŵer mewnbwn â'r pŵer allbwn gan ddefnyddio'r fformiwla:

$$\% \text{ effeithlonrwydd} = \frac{\text{pŵer allbwn (eilaidd)}}{\text{pŵer mewnbwn (cynradd)}} \times 100$$

⚙ Gwaith ymarferol penodol

Ymchwilio i allbwn newidydd

Edrych ar newidyddion

Dyma weithgaredd sy'n eich helpu i wneud y canlynol:

> gweithio gyda phartner
> defnyddio'r effaith newidydd
> llunio model o newidydd

> llunio graff
> cynnal asesiad risg
> cyfrifo gwerthoedd gan ddefnyddio'r hafaliad newidydd.

Cyfarpar

> gwifren wedi'i gorchuddio â phlastig
> cyflenwad pŵer c.e. foltedd isel

> foltmedrau c.e. × 2
> creiddiau-C electromagnetig

Nodiadau diogelwch

Dylech chi gynnal asesiad risg addas ar gyfer yr ymchwiliad hwn. Gwiriwch eich asesiad risg gyda'ch athro/athrawes cyn cynnal eich ymchwiliad.

Dull

Rydych chi'n mynd i ymchwilio i sut mae'r foltedd allbwn mewn newidydd yn dibynnu ar nifer y troadau ar y coil eilaidd. Cydosodwch y cyfarpar fel yn Ffigur 9.27.

Cylched arbrofol

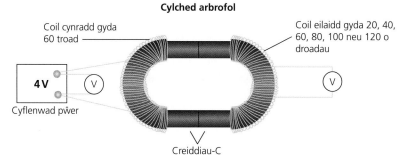

Coil cynradd gyda 60 troad
4 V
Cyflenwad pŵer
Coil eilaidd gyda 20, 40, 60, 80, 100 neu 120 o droadau
Creiddiau-C

Ffigur 9.27

1 Dylech chi **ddarllen y cyfarwyddiadau** a chynnal yr asesiad risg yng ngham 2 cyn dechrau ar eich gwaith ymarferol.

2 Mae'r cyfarwyddyd hwn yn gofyn i chi gynnal asesiad risg **ar gyfer yr arbrawf hwn**.
   a) Rhestrwch y prif beryglon.
   b) Disgrifiwch yn ofalus sut y gallai **un** o'r peryglon hyn arwain at risg o anaf.
   c) Ar wahân i weithredu rheolau cyffredinol y labordy, sut gallech chi leihau'r risg yn rhan (b)?

3 Dylech chi gynnal yr arbrawf fel a ganlyn:
   a) Cysylltwch y cyfarpar â'i gilydd fel a ddangosir yn y diagram. **Peidiwch â'i droi ymlaen nes byddwch chi'n barod** i gymryd mesuriadau. Gwnewch yn siŵr bod yna 60 troad yn y coil sydd wedi'i gysylltu â'r cyflenwad pŵer a bod y cyflenwad pŵer wedi'i osod ar 4 V.
   b) Mesurwch y folteddau mewnbwn ac allbwn. **Diffoddwch**.
   c) Ailadroddwch y mesuriadau gan ddefnyddio creiddiau-C gyda nifer gwahanol o droadau yn y wifren ar y coil eilaidd. Dylech gadw 60 troad ar y coil cynradd.

ch) Cofnodwch eich holl ganlyniadau mewn dull priodol.

4 Cyflwynwch eich canlyniadau mewn tabl.

5 Lluniwch graff i ddangos sut mae'r foltedd allbwn yn dibynnu ar nifer y troadau ar y coil eilaidd.

6 O'ch canlyniadau, disgrifiwch yn ofalus sut mae'r foltedd allbwn yn dibynnu ar nifer y troadau ar y coil eilaidd.

7 Gyda newidyddion sydd 100% yn effeithlon, gallwn ni gyfrifo'r foltedd allbwn gan ddefnyddio'r hafaliad hwn:

$$\frac{V_1 N_2}{N_1} = V_2$$

   a) **Defnyddiwch yr hafaliad hwn** i gyfrifo'r foltedd allbwn disgwyliedig ar gyfer 80 troad ar y coil eilaidd gyda'r foltedd mewnbwn y gwnaethoch chi ei ddefnyddio. Sut mae'r ateb hwn yn cymharu â'ch canlyniadau chi?

   b) Os yw'r foltedd allbwn yn llai na'r foltedd sydd wedi'i gyfrifo, mae'r newidydd yn llai na 100% effeithlon. Defnyddiwch eich canlyniadau i benderfynu pa mor effeithlon yw cydosodiad y newidydd hwn.

★ Enghraifft wedi'i datrys

Cwestiwn

Mewn newidydd delfrydol (100% effeithlon), mae 120 o droadau ar y coil cynradd a 480 o droadau ar y coil eilaidd. Mae'r newidydd yn cael ei fwydo gan gyflenwad pŵer c.e. sydd â foltedd o 3 V. Cyfrifwch y foltedd ar y coil eilaidd.

Ateb

$$\frac{V_1}{V_2} = \frac{N_1}{N_2}$$

$$V_2 = \frac{V_1 N_2}{N_1} = \frac{3\,\text{V} \times 480}{120} = 12\,\text{V}$$

✔ Profwch eich hun

8 Eglurwch, yn nhermau meysydd magnetig newidiol, sut mae newidydd gostwng yn gweithio.

9 Mae newidydd gostwng wedi'i ddylunio i drawsnewid c.e. 220 V o'r prif gyflenwad i c.e. 5.5 V er mwyn gwefru ffôn symudol. Mae 80 troad ar goil eilaidd y newidydd. Cyfrifwch nifer y troadau ar y coil cynradd.

⬇ Crynodeb o'r bennod

- Mae magnetau bar, gwifrau syth a solenoidau i gyd yn cynhyrchu patrymau llinellau maes magnetig nodweddiadol.
- Caiff cryfder maes magnetig ei fesur mewn tesla, T, a chaiff ei bennu gan ddwysedd llinellau'r maes magnetig.
- Gall magnet a dargludydd sy'n cludo cerrynt weithredu grym ar y naill a'r llall (rydym ni'n galw hyn yn effaith modur) a gallwn ni ddefnyddio rheol llaw chwith Fleming i ragfynegi cyfeiriad un o'r canlynol: y grym ar y dargludydd, y cerrynt neu'r maes magnetig – pan roddir y ddau arall.
- Dyma'r hafaliad sy'n cysylltu'r grym (F) ar ddargludydd â chryfder y maes (B), y cerrynt (I) a hyd y dargludydd (l), pan mae'r maes a'r cerrynt ar onglau sgwâr i'w gilydd:

    $$F = BIl$$

- Mae'n bosibl rhagfynegi cyfeiriad cylchdroi modur c.u. syml trwy ddefnyddio rheol llaw chwith Fleming.
- Trwy gynyddu'r cerrynt, cryfder y maes magnetig neu nifer y troadau ar y modur, mae buanedd y modur yn cael ei gynyddu.

- Caiff cerrynt ei anwytho mewn cylchedau gan newidiadau yn y meysydd magnetig a/neu symudiad gwifrau. Anwythiad electromagnetig yw'r enw ar yr effaith hon.
- Gallwn ni ddefnyddio anwythiad electromagnetig i egluro sut mae generadur trydan c.e. syml yn gweithio. Trwy newid buanedd cylchdroi'r generadur, maint y maes magnetig neu nifer y troadau ar y coil, bydd foltedd allbwn y newidydd yn cael ei newid.
- Caiff cyfeiriad y cerrynt anwythol mewn generadur ei bennu gan gyfeiriad y maes magnetig a chyfeiriad cylchdroi'r coil. Mae rheol llaw dde Fleming yn cysylltu'r ffactorau hyn.
- Mae newidyddion yn gweithio o ganlyniad i anwythiad electromagnetig gyda meysydd magnetig eiledol.
- Mae foltedd allbwn newidydd delfrydol (100% yn effeithlon) yn dibynnu ar nifer y troadau ar y coiliau a'r foltedd mewnbwn. Mae'r gwerthoedd hyn wedi'u cysylltu fel a ganlyn:

    $$\frac{V_1}{V_2} = \frac{N_1}{N_2}$$

▶ Cwestiynau ymarfer

1 Mae Ffigur 9.28 yn dangos siâp y maes magnetig (fel llinellau toredig) o amgylch gwifren hir syth. Mae cerrynt yn llifo i lawr y wifren.

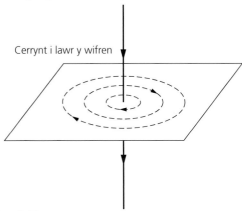

Cerrynt i lawr y wifren

Ffigur 9.28

a) Disgrifiwch siâp y llinellau maes magnetig. [1]

b) Yna, mae'r cerrynt yn cael ei wrthdroi. Mae'n llifo i fyny'r wifren. Nodwch sut mae'r maes magnetig yn newid. [1]

c) Nodwch beth sy'n digwydd i'r maes magnetig pan fydd y cerrynt yn cael ei ddiffodd. [1]

(TGAU Ffiseg CBAC P3, Sylfaenol, haf 2014, cwestiwn 1)

2 Mae Ffigur 9.29 yn dangos newidydd sy'n cael ei ddefnyddio i newid y foltedd yn y Grid Cenedlaethol.

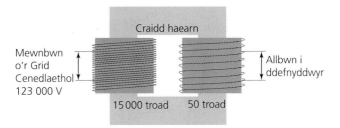

Craidd haearn

Mewnbwn o'r Grid Cenedlaethol 123 000 V

Allbwn i ddefnyddwyr

15 000 troad   50 troad

Ffigur 9.29

a) Copïwch a dewiswch y gosodiad cywir ym mhob set o gromfachau yn y brawddegau canlynol.

   i)   Mae'r newidydd hwn yn (gostwng/codi/cynyddu pŵer) y foltedd sydd wedi'i gyflenwi iddo. [1]

   ii) Y foltedd sy'n cael ei gyflenwi i ddefnyddwyr gan y coil eilaidd yw (440/132 000/440 000) folt. [1]

   iii) Mae'n rhaid i'r cerrynt trwy'r coil mewnbwn fod yn gerrynt eiledol fel bod y craidd haearn (ddim yn mynd yn boeth/â maes magnetig cyson/â maes magnetig sy'n newid). [1]

b) Eglurwch sut mae'r maes magnetig yn cynhyrchu cerrynt yng nghoil eilaidd y newidydd. [2]

(TGAU Ffiseg CBAC P3, Sylfaenol, haf 2014, cwestiwn 3)

3 Mae'r diagram yn dangos solenoid yn cludo cerrynt. Mae'r solenoid yn gweithredu fel magnet. Mae pôl G y solenoid wedi'i labelu.

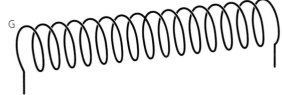

G

Ffigur 9.30

a) Ar gopi o'r diagram, lluniadwch y maes magnetig o gwmpas y solenoid. [2]

b) i)   Nodwch yr effaith mae cynyddu'r cerrynt yn ei chael ar y maes magnetig. [1]

   ii) Nodwch yr effaith mae cynyddu nifer y troadau ar y solenoid yn ei chael ar y maes magnetig. [1]

   iii) Nodwch yr effaith mae gwrthdroi y cerrynt trwy'r solenoid yn ei chael ar y maes magnetig. [1]

(TGAU Ffiseg CBAC P3, Sylfaenol, haf 2013, cwestiwn 1)

4 Mae Ffigur 9.31 yn dangos newidydd datodadwy.

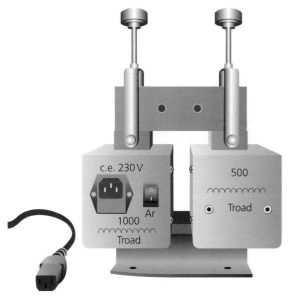

c.e. 230 V   500 Troad

1000 Troad

Ar

Ffigur 9.31

a) Copïwch a chwblhewch y brawddegau isod gan ddewis y geiriau cywir o'r blwch am sut mae newidydd yn gweithio. [5]

eilaidd   cynradd   craidd   cerrynt   magnetig   trydanol   gwifren

Mae newidydd yn gweithio oherwydd bod
_____ eiledol yn y coil
_____ yn cynhyrchu maes
_____ newidiol yn y
_____ ac yna yn y coil eilaidd.
Mae hyn yn anwytho cerrynt eiledol yn y coil
_____ .

b) Mae'r coiliau gwahanol sydd ar gael i ffitio'r newidydd datodadwy yn cynnwys **100 troad**, **400 troad**, **800 troad** a **1000 troad**.

   i) Mae'r coil 400 troad yn cael ei gysylltu â'r foltedd mewnbwn. Nodwch pa un o'r coiliau uchod fyddai'n cael ei ddefnyddio i leihau'r foltedd allbwn. *[1]*

   ii) Nodwch pa bâr o goiliau fyddai'n cael ei ddefnyddio fel mewnbwn ac allbwn, er mwyn cynyddu'r foltedd mewnbwn o'r swm **mwyaf**. *[2]*

(TGAU Ffiseg CBAC P3, Sylfaenol, haf 2013, cwestiwn 2)

5 a) Mae Ffigur 9.32 yn dangos magnet bar gyda'r polau wedi'u labelu. Ar gopi o'r diagram lluniadwch y maes magnetig o amgylch y magnet. *[2]*

Ffigur 9.32

b) Mae myfyriwr yn gosod yr offer fel sy'n cael ei ddangos yn Ffigur 9.33. Mae'r myfyriwr yn symud y bar metel yn y cyfeiriad sy'n cael ei ddangos gan y saeth ym mhob achos.

   i) Nodwch y pâr rhif–llythyren ar gyfer pob diagram offer a'r diagram amedr cysylltiedig byddech chi'n ei ddisgwyl. Mae'r un cyntaf wedi'i wneud i chi. **Gall pob diagram amedr gael ei ddefnyddio unwaith, fwy nag unwaith, neu ddim o gwbl**. *[3]*

   ii) Nodwch **ddau** newid gallai'r myfyriwr eu gwneud i gael darlleniad o fwy na 2 mA ar yr amedr. *[2]*

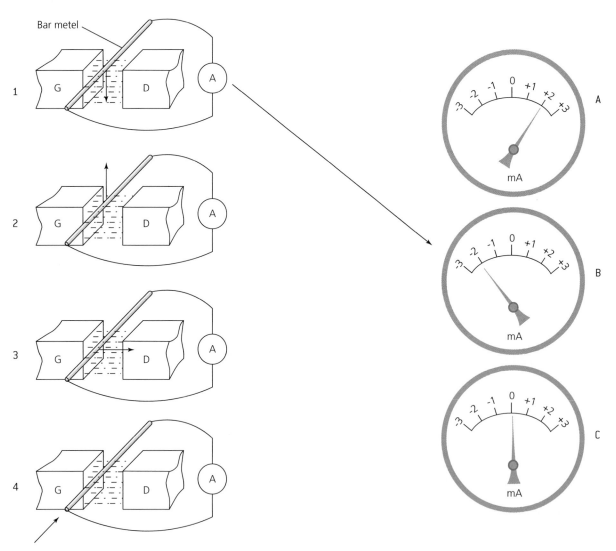

Ffigur 9.33

c) Nawr, mae'r myfyriwr yn gwneud arbrawf newydd. Mae'n defnyddio coil yn lle'r bar metel fel sy'n cael ei ddangos yn Ffigur 9.34.

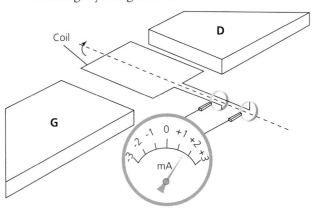

Ffigur 9.34

i) Disgrifiwch sut mae nodwydd yr amedr yn symud wrth i'r coil sbinio. *[1]*

ii) Eglurwch eich ateb. *[2]*

(TGAU Ffiseg CBAC P3, Sylfaenol, haf 2015, cwestiwn 2)

6 a) Mae'n bosibl ymchwilio i anwythiad electromagnetig trwy ddefnyddio magnet a choil o wifren. Pan fydd pôl Gogledd y magnet yn cael ei wthio i mewn i'r coil, mae nodwydd y mesurydd yn fflicio i'r dde ac yn dychwelyd i'r canol.

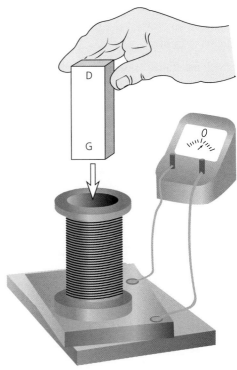

Ffigur 9.35

Copïwch a chwblhewch y brawddegau canlynol. *[2]*

i) Pan fydd y pôl Gogledd yn cael ei dynnu yn ôl allan o'r coil, mae nodwydd y mesurydd...

ii) Pan fydd pôl De'r magnet yn cael ei wthio i mewn i'r un pen o'r coil, mae nodwydd y mesurydd...

b) Mae Ffigur 9.36 yn dangos generadur trydanol syml a'r foltedd eiledol mae'n ei gynhyrchu trwy anwythiad electromagnetig.

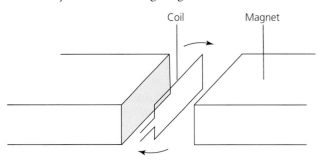

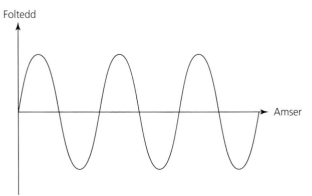

Ffigur 9.36

Mae Tabl 9.1 yn rhoi newidiadau a allai gael eu gwneud i'r generadur. Ym mhob achos, cwblhewch y tabl i ddangos a yw'r foltedd a'r amledd sy'n cael ei gynhyrchu yn **lleihau**, **yn aros yr un peth** neu'n **cynyddu**. *[3]*

Tabl 9.1

Newid i'r generadur	Effaith ar y foltedd	Effaith ar yr amledd
Mwy o droadau ar y coil		
Cylchdroi'r coil yn fwy araf		
Defnyddio magnetau mwy cryf		

(TGAU Ffiseg CBAC P3, Sylfaenol, haf 2012, cwestiwn 7)

7 Mae Ffigur 9.37 yn dangos rhannau newidydd. Dydy'r diagram ddim yn gyflawn.

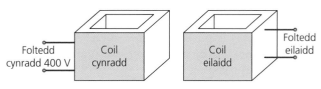

Ffigur 9.37

a) Copïwch, lluniadwch a labelwch y rhan sydd ar goll yn y safle cywir ar Ffigur 9.37 a nodwch ei swyddogaeth. [2]

b) Mae gan y newidydd hwn nifer **sefydlog** o droadau yn ei **goil eilaidd**. Mae nifer y troadau yn ei **goil cynradd** yn gallu cael ei newid. Mae hyn yn effeithio ar y **foltedd eilaidd** yn y ffordd sy'n cael ei dangos yn y graff yn Ffigur 9.38.

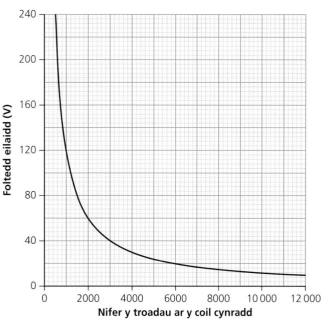

Ffigur 9.38

i) Disgrifiwch sut mae'r foltedd eilaidd yn newid wrth i nifer y troadau ar y coil cynradd gael ei gynyddu. [2]

ii) Mae'r foltedd ar y coil cynradd yn 400 V. Defnyddiwch hafaliad addas a phâr o ddarlleniadau o'r graff i gyfrifo nifer y troadau ar y **coil eilaidd**. [2]

iii) Pan mae gan y coil cynradd 1000 o droadau, mae'n cael ei ddefnyddio i bweru gwresogydd 480 W sydd wedi'i gysylltu â'r coil eilaidd. Defnyddiwch y graff a hafaliad addas i gyfrifo'r cerrynt yn y coil eilaidd. [3]

iv) Brasluniwch gopi o'r ffigur gyferbyn a **thynnwch linell** ar y grid gyferbyn i ddangos sut byddai'r foltedd eilaidd yn newid gyda nifer y troadau ar y coil cynradd pe bai gan y newidydd hwn lai o droadau ar ei goil eilaidd. [1]

(TGAU Ffiseg CBAC P3, Uwch, haf 2015, cwestiwn 4)

8 Mae newidydd yn cyflenwi pentref a busnes â thrydan o'r Grid Cenedlaethol. Mae angen trydan ar folteddau gwahanol ar y busnes a'r pentref ac felly maen nhw'n cael eu cysylltu â niferoedd gwahanol o droadau eilaidd ar graidd haearn y newidydd.

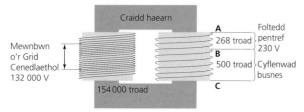

Ffigur 9.39

a) Gan ddefnyddio hafaliad addas a gwybodaeth o Ffigur 9.39, cyfrifwch y foltedd sy'n cael ei gyflenwi i'r busnes. [3]

b) Yn ystod storm wael, mae coeden yn cwympo ac mae hyn yn achosi i'r cysylltiadau o'r newidydd gael eu newid. **Mae'r pentref bellach wedi'i gysylltu i A ac C**.

i) Eglurwch pa effaith, os oes unrhyw effaith, byddai hyn yn ei chael ar y foltedd sy'n cael ei gyflenwi i'r pentref. [2]

ii) Nodwch pa effaith, os oes unrhyw effaith, byddech chi'n disgwyl i hyn ei chael ar y pentref. [1]

iii) Eglurwch pa effaith, os oes unrhyw effaith, byddai hyn yn ei chael ar y busnes. [2]

c) Disgrifiwch sut mae newidydd yn gweithio. [3]

(TGAU Ffiseg CBAC P3, Uwch, haf 2014, cwestiwn 4)

9 Mae'r diagram yn dangos generadur c.e. syml. Coil o wifren ydyw sy'n cael ei wneud i gylchdroi'n glocwedd ar fuanedd cyson mewn maes magnetig.

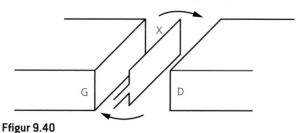

Ffigur 9.40

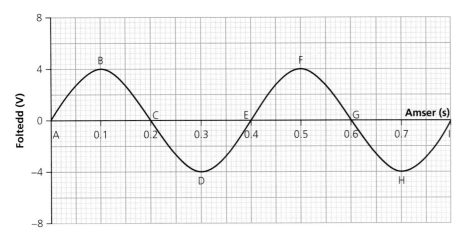

Ffigur 9.41

Mae'r graff sy'n cael ei ddangos yn Ffigur 9.41 yn dangos sut mae'r foltedd allbwn yn amrywio gydag amser wrth i'r coil gylchdroi ddwywaith o'r safle fertigol sydd i'w weld yn y diagram, h.y. gyda X uchaf.

a) Eglurwch pam mae'r allbwn yn amrywio wrth i'r coil gylchdroi. [3]

b) Pan fydd gwifren X yn y safle sydd i'w weld yn y diagram, mae'r foltedd allbwn sy'n cael ei gynhyrchu yn cael ei ddangos gan bwyntiau **A**, **E**, ac **I**.

  i) Nodwch **un** pwynt ar y graff foltedd sy'n rhoi'r foltedd allbwn, pan fydd y coil yn llorweddol gyda gwifren X yn agos at y pôl De. [1]

  ii) Disgrifiwch safle'r coil a gwifren X, sy'n rhoi foltedd allbwn sy'n cyfateb i bwynt **G**. [1]

c) Copïwch Ffigur 9.41 a lluniwch graff ar yr un echelinau i ddangos y foltedd allbwn sy'n cael ei gynhyrchu pan fydd buanedd cylchdroi'r coil yn dyblu. [3]

(TGAU Ffiseg CBAC P3, Uwch, haf 2011, cwestiwn 4)

10 Mae myfyriwr yn ymchwilio i ymddygiad modur electronig syml, sy'n cael ei ddangos yn Ffigur 9.42.

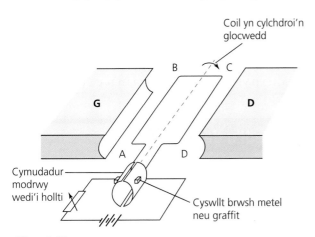

Ffigur 9.42

a) i) Mae'r myfyriwr yn rhagfynegi y bydd y coil yn cylchdroi'n glocwedd fel sy'n cael ei ddangos. Eglurwch a ydych chi'n cytuno â'r rhagfynegiad hwn. [4]

  ii) Mae'r myfyriwr yn gwneud y newidiadau canlynol i'r gylched. Rhagfynegwch yr effaith ar gylchdro'r coil. [3]

    • Newid y gwrthydd newidiol i wrthiant is

    • Dyblu nifer y troeon gwifren ar y coil

    • Gwrthdroi'r maes magnetig

  iii) Yn Ffigur 9.42, hyd coil **AB** y tu mewn i'r maes magnetig yw 5 cm. Mae'r coil yn cynnwys 40 troad o wifren. Mae'r cerrynt trwy'r coil yn 1.5 A a chryfder y maes magnetig yw tua 30 mT. Dewiswch a defnyddiwch hafaliad addas i gyfrifo'r grym ar **AB**. [4]

11 Astudiwch y gweithgaredd anwythiad electromagnetig ar dudalen 133, lle mae gwifren fetel yn cael ei symud i fyny ac i lawr trwy faes fagnetig sefydlog. Pa rai o'r gweithredoedd canlynol na fyddai'n cynyddu maint y cerrynt anwythol?

  A Symud y wifren yn gynt

  B Symud y wifren ar draws y maes magnetig o un pôl y magnet i'r llall

  C Cynyddu maint y maes magnetig

  CH Lleihau maint y maes magnetig

Pellter, buanedd a chyflymiad

Ffigur 10.1 Hebog tramor.

Yr anifeiliaid cyflymaf

Yr hebog tramor yw'r anifail cyflymaf ar y blaned (Ffigur 10.1). Pan mae'r hebog tramor yn disgyn wrth hela, mae'n hedfan i uchder mawr ac yna'n plymio bron yn fertigol ar fuanedd dros 200 m.y.a. neu'n agos at 90 m/s! Fodd bynnag, dydy'r hebog tramor ddim hyd yn oed yn un o'r deg aderyn cyflymaf o ran hedfan ar lefel gyson. Y wennol gynffonfain (Ffigur 10.2) yw'r aderyn cyflymaf wrth hedfan ar lefel gyson ac mae'n gallu hedfan ar 106 m.y.a. neu 47 m/s.

Ffigur 10.2 Gwennol gynffonfain.

Mesur buaneddau

Mae buanedd yn mesur pa mor gyflym neu araf mae gwrthrych neu anifail yn symud. Mae buanedd o 0 m/s yn golygu bod y gwrthrych yn ddisymud (h.y. dydy e ddim yn symud). Er mwyn cyfrifo buanedd, mae angen i ni wybod dau fesur arall: y **pellter** mae'r gwrthrych yn symud (wedi'i fesur mewn metrau, m) a'r **amser** mae'r gwrthrych yn ei gymryd i deithio'r pellter (wedi'i fesur mewn eiliadau, s). Yna, gallwn ni ddefnyddio'r hafaliad canlynol i gyfrifo buanedd y gwrthrych:

$$\text{buanedd} = \frac{\text{pellter}}{\text{amser}}$$

Mae Ffigur 10.3 yn dangos sut gallwn ni ddefnyddio triongl hafaliad i gyfrifo un o'r gwerthoedd yn yr hafaliad os ydym ni'n gwybod beth yw'r ddau werth arall.

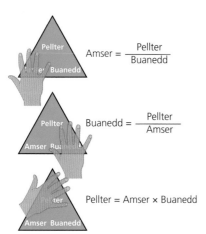

$$\text{Amser} = \frac{\text{Pellter}}{\text{Buanedd}}$$

$$\text{Buanedd} = \frac{\text{Pellter}}{\text{Amser}}$$

$$\text{Pellter} = \text{Amser} \times \text{Buanedd}$$

Ffigur 10.3 Triongl buanedd, pellter, amser.

★ **Enghreifftiau wedi'u datrys**

Cwestiynau

1 Mae hebog tramor sy'n plymio yn teithio 200 m mewn 2.2 eiliad. Cyfrifwch fuanedd yr hebog.

2 Pa mor bell mae gwennol gynffonfain yn gallu teithio mewn 1 munud (60 s) os yw'n hedfan ar 47 m/s?

➜

Pwynt trafod

Pam rydych chi'n meddwl mai'r hebog tramor yw'r anifail cyflymaf ar y blaned (pan fydd yn plymio), ond nad yw hyd yn oed yn un o'r deg aderyn cyflymaf wrth iddo hedfan ar lefel gyson?

Atebion

1 $\text{buanedd} = \dfrac{\text{pellter}}{\text{amser}} = \dfrac{200\,\text{m}}{2.2\,\text{s}} = 91\,\text{m/s}$

2 $\text{buanedd} = \dfrac{\text{pellter}}{\text{amser}}$

felly

$\text{pellter} = \text{buanedd} \times \text{amser} = 47\,\text{m/s} \times 60\,\text{s} = 2820\,\text{m} = 2.82\,\text{km}$

→ Gweithgaredd

Rownd derfynol ras 100 m Gemau Olympaidd yr anifeiliaid

Dyma weithgaredd sy'n eich helpu i wneud y canlynol:

- aildrefnu a defnyddio'r hafaliad buanedd–pellter–amser
- defnyddio'r fformiwla i gyfrifo gwerthoedd
- cymharu a dadansoddi mudiant gwahanol anifeiliaid.

Byddai rownd derfynol ras 100 m Gemau Olympaidd yr Anifeiliaid yn gystadleuaeth ddiddorol. Mae'r rheolau'n dweud mai dim ond un anifail o bob grŵp o anifeiliaid sy'n cael cymryd rhan.

Mae Tabl 10.1 yn dangos y buaneddau uchaf mae'r anifeiliaid yn gallu eu cyrraedd wrth redeg.

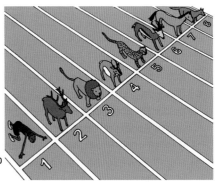

Ffigur 10.4 Rownd derfynol ras 100 m Gemau Olympaidd yr anifeiliaid.

Tabl 10.1 Buaneddau uchaf.

Anifail	Buanedd uchaf		
	m.y.a.	km/awr	m/s
Tsita	70	113	31
Antelop	61	98	27
Llew	50	80	22
Llamfwch (*springbok*)	50	80	22
Ceffyl	48	77	21
Elc	45	72	20
Coiote	43	69	19
Usain Bolt	43	69	19

Tasgau

1 Mae pob anifail yn gorffen y ras 100 m. Defnyddiwch y data i gyfrifo amserau pob cystadleuydd.
2 Eglurwch pam, mewn gwirionedd, bydd amserau pob cystadleuydd yn fwy na'r rhai rydych chi wedi eu cyfrifo.
3 Torrodd Usain Bolt record 100 m y Byd yn rownd derfynol Gemau Olympaidd Beijing yn 2008, ac mae'r rhediad record hwn wedi cael ei ddadansoddi'n agos iawn ers hynny, er ei fod yna wedi torri ei record byd ei hun ym Mhencampwriaethau'r Byd yn 2009. Mae Tabl 10.2 yn dangos amserau cymedrig Usain Bolt yn ras 2008.

Tabl 10.2 Amserau Usain Bolt fesul segment yn ras derfynol Gemau Olympaidd 2008.

Pellter (m)	Amser segment (s)
Amser adweithio i adael y blociau	0.165
0–10 (gan gynnwys yr amser adweithio)	1.85
10–20	1.02
20–30	0.91
30–40	0.87
40–50	0.85
50–60	0.82
60–70	0.82
70–80	0.82
80–90	0.83
90–100	0.90
0–100	9.69

a) Gwnewch gopi o'r tabl hwn, ond ychwanegwch drydedd golofn gyda'r pennawd 'Buanedd cymedrig, m/s'. Cyfrifwch fuanedd cymedrig Usain Bolt dros bob segment 10 m o'r ras a chwblhewch eich tabl.

b) Plotiwch graff o fuanedd cymedrig Usain Bolt (ar yr echelin-y) yn erbyn pellter (ar yr echelin-x). Cymerwch fod y buanedd cymedrig yn digwydd yng nghanol pob segment 10 m o'r ras, felly plotiwch y pellterau fel: 5 m, 15 m, 25 m ac yn y blaen, hyd at 95 m.

c) Disgrifiwch batrwm (neu siâp) y graff a cheisiwch egluro sut mae buanedd cymedrig yn amrywio gyda phellter.

ch) Yn 2009, daeth Sarah, tsita benywaidd o Sw Cincinnati, yn famolyn tir cyflymaf y byd. Rhedodd Sarah 100 m mewn 6.13 eiliad, gan dorri'r record flaenorol o 6.19 eiliad a osodwyd gan tsita gwrywaidd o Dde Affrica o'r enw Nyana yn 2001. Defnyddiwch y wybodaeth hon (gan dybio y bydd gan y tsita batrwm rhedeg tebyg i Usain Bolt) i fraslunio patrwm Sarah o'i gymharu ag Usain Bolt ar yr un graff.

💬 Pwyntiau trafod

1 Gallwch chi ddod o hyd i lawer o fideos ar-lein o Usain Bolt yn ras derfynol y 100 m yng Ngemau Olympaidd 2008. Gwyliwch y ras. Mae bron yn teimlo fel ei fod yn arafu ar ddiwedd y ras ac yn chwifio at y dorf, ond mewn gwirionedd mae'n dal i redeg ar ei fuanedd uchaf. Faint yn gyflymach ydych chi'n meddwl y gall bodau dynol redeg? A fydd yna un 'buanedd uchaf' terfynol yn y pen draw, neu ydych chi'n meddwl y bydd bodau dynol yn dal i fynd yn gyflymach ac yn gyflymach?

2 Mae buanedd uchaf y tsita'n llawer uwch na'r rhan fwyaf o'i ysglyfaeth (y llamfwch, er enghraifft), ond dim ond 50% o'r amser mae'n llwyddo i ladd yr ysglyfaeth. Pam rydych chi'n meddwl fod hanner ysglyfaeth y tsita yn llwyddo i ddianc?

▶ Buanedd neu gyflymder?

Os yw buanedd yn fesur o ba mor gyflym neu ba mor araf mae rhywbeth yn symud, sut rydym ni'n gwahaniaethu rhwng buaneddau i gyfeiriadau gwahanol? Byddai rownd derfynol ras 100 m Gemau Olympaidd yr Anifeiliaid yn anhrefn pe bai'r cystadleuwyr i gyd yn rhedeg i gyfeiriadau gwahanol! Mae camp y 100 m (a phob cystadleuaeth redeg) yn gweithio oherwydd bod pawb yn rhedeg i'r un cyfeiriad. I wahaniaethu rhwng mudiant i gyfeiriadau gwahanol, rhaid i ni ddefnyddio mesur arall o'r enw **cyflymder**, sy'n cael y symbol v, ac sy'n cael ei fesur mewn m/s gyda chyfeiriad penodol. Mesur **fector** yw cyflymder, sy'n golygu bod ganddo faint a chyfeiriad hefyd (i fyny, i lawr, i'r chwith, i'r dde, i'r Gogledd neu i'r De, etc.). Mesur **sgalar** yw buanedd, oherwydd mai dim ond maint sydd ganddo a dim cyfeiriad.

Gan ddefnyddio cyflymder, mae'n hawdd gwahaniaethu rhwng mudiant 10 m/s i'r Gogledd, a 10 m/s i'r De. Mae buanedd y ddau fudiant yr un faint, ond mae eu cyflymderau yn ddirgroes i'w gilydd. Mae nifer o achosion lle mae cyflymder yn llawer pwysicach na buanedd. Tybiwch eich bod chi ar daith gerdded Dug Caeredin ym Mannau Brycheiniog. Os bydd eich aseswr yn gofyn i chi gerdded â chyflymder cymedrig o 0.5 m/s i'r Gorllewin tuag at fan sydd 2 km i ffwrdd, bydd hi'n disgwyl i chi gyrraedd y man hwnnw mewn tua 4000 eiliad, neu ychydig dros awr. Os cerddwch chi ar 0.5 m/s i *unrhyw* gyfeiriad, byddai'n rhaid iddi chwilio ym mhob man mewn radiws 2 km o'ch man cychwyn, h.y. taith o tua 25 km. Gallech chi fod ar goll yn llwyr cyn iddi allu dod o hyd i chi!

Cyflymiad: cyflymu ac arafu

Pan mae buanedd gwrthrychau'n cynyddu, rydym ni'n dweud eu bod nhw'n cyflymu. Pan mae'r buanedd yn lleihau, rydym ni'n dweud eu bod nhw'n arafu. Ond, ydy cyflymiad yn fater o newid buanedd, neu ddylem ni fod yn sôn am newid cyflymder? Mae cyflymiad hefyd yn fesur fector (oherwydd gallwn ni gyflymu neu arafu, ac weithiau mae'r cyflymiad yn gallu bod ar ongl sgwâr i'r mudiant, fel sy'n wir am wrthrychau sy'n symud mewn cylch neu mewn orbit). Mae hyn yn golygu bod rhaid i ni ddiffinio cyflymiad yn nhermau cyflymder, yn hytrach na buanedd, felly mae rhan o fesur cyflymiad yn golygu mesur newid mewn cyflymder. Y ffactor arall mae angen i ni ei ystyried wrth fesur cyflymiad yw'r amser mae'n ei gymryd i'r cyflymder newid. Er enghraifft, mae buanedd uchaf coiote ac Usain Bolt tua'r un faint (tua 12 m/s), ond mae màs coiote'n llawer llai na màs Usain Bolt. Mae màs coiote gwrywaidd yn ei lawn dwf yn cyrraedd tua 22 kg, ac mae màs Usain Bolt tua 94 kg – dros 4 gwaith cymaint â choiote yn ei lawn dwf. Er bod y newid yng nghyflymder y coiote ac Usain Bolt yr un fath (0 m/s i 12 m/s = 12 m/s), bydd y coiote'n cymryd llawer llai o amser i gyrraedd ei gyflymder uchaf felly bydd ei gyflymiad yn llawer mwy. (Mae Pennod 11 yn sôn yn fwy manwl am effaith màs ar gyflymiad gwrthrychau.) Gallwn ni ddiffinio cyflymiad gyda'r hafaliad:

$$\text{cyflymiad (neu arafiad)} = \frac{\text{newid mewn cyflymder}}{\text{amser}}$$

Unedau cyflymiad yw metrau yr eiliad yr eiliad, neu fetrau yr eiliad wedi'u sgwario, m/s^2.

★ Enghraifft wedi'i datrys

Cwestiwn

Yn Nhabl 10.2, cyrhaeddodd Usain Bolt ei fuanedd cyflymaf (12 m/s) yn rownd derfynol ras 100 m Gemau Olympaidd 2008 tua 5.5 s ar ôl y gwn cychwyn. Beth oedd ei gyflymiad?

Ateb

$$\text{cyflymiad (neu arafiad)} = \frac{\text{newid mewn cyflymder}}{\text{amser}} = \frac{12 \text{ m/s} - 0 \text{ m/s}}{5.5 \text{ s}} = 2.2 \text{ m/s}^2$$

1 Mae perfformiad ceir cyflym iawn yn bwysig. Mae gwneuthurwyr yn treulio llawer o amser ac arian yn profi'r perfformiad, er mwyn gallu defnyddio'r rhifau i hysbysebu a gwerthu'r ceir. Y ffordd safonol o brofi cyflymiad yw mesur yr amser mae'r car yn ei gymryd i gyrraedd 100 km/awr (27.8 m/s) o gyflwr disymud. Yr uchaf yw perfformiad y car, y lleiaf o amser y bydd hyn yn ei gymryd. Mae Tabl 10.3 yn rhoi data ar gyfer rhai o geir cyflymaf y byd, a hefyd ar gyfer Ford Focus 1.8

safonol er mwyn cymhariaeth. Copïwch a chwblhewch y tabl (heb y lluniau) trwy gyfrifo cyflymiad pob car.

2 Pan mae lorïau HGV yn teithio ar y draffordd, fel rheol mae eu buanedd yn cael ei gyfyngu i 60 m.y.a. neu 27 m/s. Mae Ford Focus 1.8 sy'n teithio y tu ôl i lori HGV sy'n teithio ar 27 m/s yn cyflymu i 70 m.y.a. neu 31 m/s mewn 2 eiliad, er mwyn goddiweddyd y lori HGV. Beth yw cyflymiad y Ford Focus? Sut mae hyn yn cymharu â'i gyflymiad mwyaf posibl?

Tabl 10.3 Data rhai o geir cyflymaf y byd.

Car	Amser (s) i gyrraedd 100km /awr (27.7 m/s o ddisymudedd)	Cyflymiad (m/s^2)
Bugatti Veyron Super Sport	2.4	
Ariel Atom V8	2.5	
Porsche 911 Turbo S	2.7	
Nissan 3.1n GT-R	2.8	
Maclaren MP4–12C	3.1	
Ford Focus 1.8	10.3	

► Graffiau mudiant

Wrth ddadansoddi mudiant gwrthrychau, mae'n ddefnyddiol iawn plotio graffiau i ddangos sut mae un mesur yn amrywio gydag un arall. Y graff mudiant symlaf yw graff pellter–amser. Mae Ffigur 10.5 yn dangos graff pellter–amser record byd Usain Bolt yn rownd derfynol 100 m Gemau Olympaidd 2008.

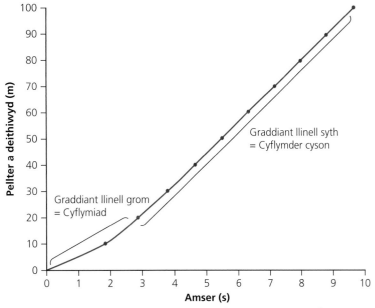

Ffigur 10.5 Graff pellter–amser record byd Usain Bolt yn rownd derfynol y 100 m yng Ngemau Olympaidd 2008.

Gallwn ni weld o'r graff fod Usain yn teithio ar gyflymder (eithaf) cyson am y rhan fwyaf o'r ras – gallwn ni ddweud hyn oherwydd, o tua 2.5 eiliad i mewn i'r ras tan y diwedd, mae'r graff yn llinell syth â graddiant cyson. Mae hyn yn golygu ei fod yn teithio tua'r un pellter bob eiliad. Am y 2.5 eiliad gyntaf, roedd Usain yn cyflymu oddi wrth y blociau ac mae'r graff yn crymu tuag i fyny, sy'n dangos bod ei gyflymder yn cynyddu. Ar graff pellter–amser:

- ► Mae gwrthrychau disymud (llonydd) yn rhoi llinellau syth a gwastad.
- ► Mae gwrthrychau sy'n teithio ar gyflymder cyson yn rhoi llinellau syth ar oledd.
- ► Gallwn ni ganfod buanedd gwrthrych trwy fesur goledd neu raddiant y graff.
- ► Mae gwrthrychau sy'n cyflymu (neu'n arafu) yn rhoi llinellau crwm.

★ | Enghraifft wedi'i datrys

Cwestiwn

Rhwng 2.5 s a 9.69 s, roedd Usain Bolt yn teithio ar gyflymder cymedrig cyson. Teithiodd bellter o 85 m yn y cyfnod hwn. Cyfrifwch ei gyflymder cymedrig.

Ateb

$$\text{cyflymder cymedrig} = \frac{\text{cyfanswm pellter}}{\text{cyfanswm amser}} = \frac{85\,\text{m}}{(9.69 - 2.5)\,\text{s}} = 11.8\,\text{m/s}$$

3 Disgrifiwch fudiant y gwrthrychau yn y graffiau pellter–amser (a), (b) ac (c) yn Ffigur 10.6.

4 Cyfrifwch gyflymder cymedrig y gwrthrych sy'n symud yn (a).

5 Cyfrifwch y **ddau** gyflymder cymedrig sy'n cael eu dangos gan graff pellter–amser (c).

6 Brasluniwch graffiau pellter–amser ar gyfer y canlynol:

a) gwrthrych sy'n symud 20 m mewn 4 s, yna'n ddisymud am 3 s, yna'n symud yn ôl i'r dechrau mewn 8 s.

b) Gwrthrych sy'n ddisymud am 2 s, yna'n symud ar gyflymder cyson o 5 m/s am 10 s, yna'n ddisymud am 2 s arall.

c) Gwrthrych sy'n symud 10 m mewn 5 s, yna'n symud i'r un cyfeiriad ar gyflymder cyson o 4 m/s am 3 s, yna'n symud yn ôl i'r dechrau mewn 4 s.

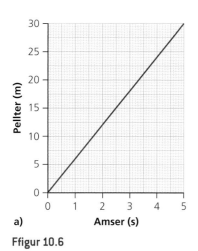
a)   Amser (s)

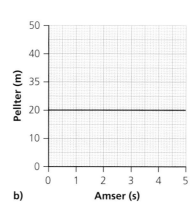
b)   Amser (s)

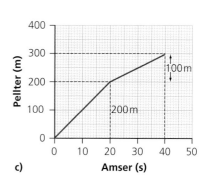
c)   Amser (s)

Ffigur 10.6

⚙ | **Gwaith ymarferol**

Mesur, plotio a dadansoddi graffiau pellter–amser go iawn

Dyma weithgaredd sy'n eich helpu i wneud y canlynol:

> gweithio fel tîm mawr
> casglu data mudiant
> mesur pellterau ac amserau
> plotio graffiau mudiant pellter–amser
> dadansoddi graffiau pellter–amser.

Gallwn ni blotio graffiau pellter–amser go iawn trwy fesur mudiant gwrthrychau symudol yn ofalus. Yn y gweithgaredd hwn, byddwch chi'n casglu data o fudiant myfyrwyr wrth iddynt redeg, beicio neu gerdded dros bellter penodol. Bydd rhaid i chi weithio fel tîm mawr a gallu defnyddio maes chwarae neu gae chwaraeon.

Nodiadau diogelwch

Os ydych chi'n dioddef gan asthma neu unrhyw gyflyrau meddygol eraill y gallai ymarfer corff effeithio arnynt, dywedwch wrth eich athro/athrawes.

Cyfarpar

> man agored, er enghraifft maes chwarae neu gae chwaraeon

> llawer o stopwatshys
> tâp mesur hir neu olwyn fesur
> clipfyrddau, papur ac ysgrifbinnau/pensiliau i gofnodi gwybodaeth
> myfyrwyr sy'n fodlon rhedeg/cerdded/beicio
> conau addysg gorfforol

Dull

1 Dewch o hyd i fan agored addas i gynnal yr arbrawf.

2 Mesurwch hyd y lle a rhannwch ei hyd yn chwe rhan eithaf hafal (5 m er enghraifft). Cofnodwch bellter pob rhan.

3 Rhowch gôn addysg gorfforol ar ddiwedd pob rhan (e.e. un ar y dechrau, un ar ôl 5 m, un ar ôl 10 m ac yn y blaen).

4 Rhowch dri myfyriwr â stopwatsh gan bob un ohonynt ger pob côn, ac un ar y llinell gychwyn i fod yn 'Cychwynnwr'.

5 Yna, mae'r myfyrwyr sydd wedi gwirfoddoli i gerdded/rhedeg/beicio yn cymryd eu tro i symud ar hyd y cwrs. Pan mae'r cychwynnwr yn cychwyn pob rhedwr, mae'r myfyrwyr sy'n amseru i gyd yn dechrau eu stopwatshys, ac yna'n eu stopio pan fydd y rhedwr yn pasio eu côn nhw. Mae pob

→

myfyriwr sy'n amseru yn cofnodi pa mor bell ydyn nhw o'r dechrau, a faint o amser mae pob rhedwr yn ei gymryd i'w cyrraedd.

6 Gallwch chi ailadrodd y dasg hon sawl gwaith gan ddefnyddio gwahanol ddulliau o symud. Mae angen i bawb sy'n amseru fod yn siŵr eu bod nhw'n cofnodi ac yn labelu pob ffordd o symud yn gywir ac yn y drefn gywir. Efallai yr hoffech chi ddefnyddio system rifo.

7 Ar ôl mynd yn ôl i'r labordy, mae'r holl fyfyrwyr oedd yn amseru yn rhoi eu canlyniadau at ei gilydd. Y ffordd orau o wneud hyn yw i un myfyriwr neu'r athro/athrawes ddefnyddio taenlen fel Excel.

Dadansoddi eich canlyniadau

1 Ar gyfer pob dull o symud, cyfrifwch amser cymedrig y rhedwr i gyrraedd pob côn.

2 Defnyddiwch eich data i lenwi tabl sy'n nodi pellter a hefyd amser cymedrig ar gyfer pob dull o symud gan bob rhedwr.

3 Plotiwch graff pellter (echelin-y) yn erbyn amser cymedrig (echelin-x) ar gyfer pob un.

4 Labelwch unrhyw ddarnau o bob graff sy'n cyfateb i 'cyflymiad', 'arafiad', 'cyflymder cyson' neu 'disymud'.

5 Cyfrifwch unrhyw gyflymderau cymedrig addas ar eich graffiau ac ysgrifennwch y gwerthoedd hyn ar eich graffiau.

Graffiau cyflymder–amser

Mae graffiau cyflymder–amser hyd yn oed yn fwy defnyddiol na graffiau pellter–amser. Yn ogystal â dadansoddi'r mudiant yn nhermau cyflymder, gallwch chi hefyd fesur cyflymiad a chyfrifo'r pellter sy'n cael ei deithio. Mae Ffigur 10.7 yn dangos graff cyflymder–amser ras record byd 100 m Usain Bolt yng Ngemau Olympaidd Beijing 2008.

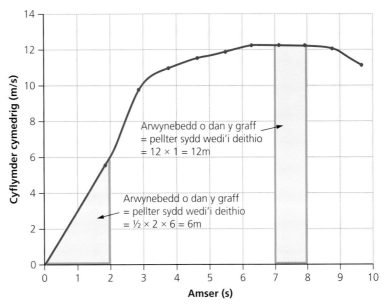

Ffigur 10.7 Graff cyflymder–amser record byd a buddugoliaeth Olympaidd 100 m Usain Bolt.

Gallwch chi weld bod Usain Bolt yn cyflymu â chyfradd gyson am y ddwy eiliad gyntaf. Mae'r graff yn llinell syth â graddiant cyson. Gallwn ni gyfrifo ei gyflymiad yn y rhan hon o'r ras trwy fesur graddiant y llinell.

$$\text{cyflymiad} = \frac{\text{newid mewn cyflymder}}{\text{amser}} = \frac{(6-0)\,\text{m/s}}{2\,\text{s}} = 3\,\text{m/s}^2$$

Dyma raddiant y llinell rhwng 0 s a 2 s. Rhwng 2 s a 3 s, cynyddodd Usain Bolt ei gyflymiad. Yn yr amser hwn, newidiodd ei gyflymder o 6 m/s i 10 m/s. Ei gyflymiad yn y rhan hon o'r ras oedd:

$$\text{cyflymiad} = \frac{\text{newid mewn cyflymder}}{\text{amser}} = \frac{(10-6)\,\text{m/s}}{1\,\text{s}} = 4\,\text{m/s}^2$$

Mae'r llinell fwy serth ar y graff yn dangos hyn. Tua 3 s ar ôl dechrau'r ras, dechreuodd cyflymiad Usain leihau. Am y 4 s nesaf, cynyddodd ei gyflymder o 10 m/s i ychydig dros 12 m/s, a'i gyflymiad oedd:

$$\text{cyflymiad} = \frac{\text{newid mewn cyflymder}}{\text{amser}} = \frac{(12-10)\,\text{m/s}}{4\,\text{s}} = 0.5\,\text{m/s}^2$$

Yna, teithiodd Usain ar gyflymder eithaf cyson o 12 m/s am y 1.5 s nesaf cyn arafu ychydig bach cyn y diwedd.

$$\text{arafiad} = \frac{\text{newid mewn cyflymder}}{\text{amser}} = \frac{(11-12)\,\text{m/s}}{1.5\,\text{s}} = -0.67\,\text{m/s}^2$$

Sylwch fod yr arafiad yn negatif gan fod ei gyflymder yn lleihau.
    Mewn **graffiau cyflymder–amser**:

▶ Mae cyflymder sero gan wrthrychau disymud.
▶ Mae llinell syth a gwastad yn dynodi gwrthrych yn teithio ar gyflymder cyson.
▶ Mae llinell syth ar oledd tuag i fyny yn dynodi bod gwrthrych yn cyflymu.
▶ Mae llinell syth ar oledd tuag i lawr yn dynodi bod gwrthrych yn arafu.
▶ Graddiant neu oledd graff cyflymder–amser yw'r cyflymiad.
▶ Yr **arwynebedd** o dan y graff cyflymder–amser yw'r pellter sydd wedi'i deithio.

Gallwn ni gyfrifo pa mor bell y teithiodd Usain Bolt yn 2 s gyntaf y ras trwy fesur yr arwynebedd o dan y graff cyflymder–amser hyd at yr amser hwn. Mae'r siâp yn driongl â sail o 2 s ac uchder o 6 m/s. Mae arwynebedd triongl = $\frac{1}{2}$ × sail × uchder.

$$\begin{aligned}\text{pellter sydd wedi'i deithio (0 i 2 s)} &= \text{arwynebedd o dan y graff} \\ &\quad \text{cyflymder–amser} \\ &= \tfrac{1}{2} \times 2\,\text{s} \times 6\,\text{m/s} = 6\,\text{m}\end{aligned}$$

Rhwng 7 s ac 8 s, roedd Usain Bolt yn teithio ar fuanedd cyson o 12 m/s. Yr arwynebedd o dan y graff yw'r pellter a deithiodd yn y cyfnod amser hwn. Mae'r siâp o dan y graff yn betryal.

$$\begin{aligned}\text{pellter sydd wedi'i deithio (7 i 8 s)} &= \text{arwynebedd o dan y graff} \\ &\quad \text{cyflymder–amser} \\ &= 12\,\text{m/s} \times 1\,\text{m} = 12\,\text{m}\end{aligned}$$

Cyfanswm y pellter y gwnaeth Usain Bolt ei redeg yw cyfanswm yr arwynebedd o dan y graff, sydd wrth gwrs yn 100 m.

✔ Profwch eich hun

7 Disgrifiwch y mudiant mae'r graffiau cyflymder–amser yn Ffigur 10.8 yn ei ddangos. Ar gyfer pob graff, cyfrifwch unrhyw gyflymiadau/arafiadau a (Haen Uwch yn unig) chyfanswm y pellter sydd wedi'i deithio.

a)
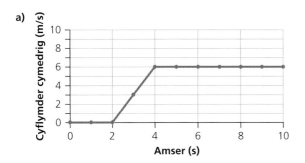

b)
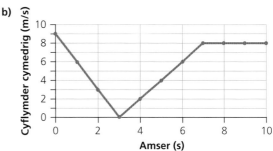

c)
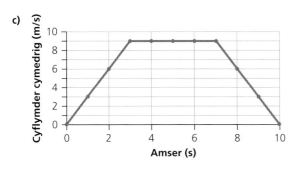

ch)
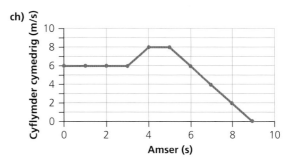

d)
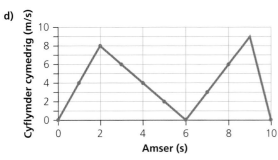

Ffigur 10.8 Graffiau cyflymder–amser.

▶ Stopio'n ddiogel a Rheolau'r Ffordd Fawr

Mae Rheolau'r Ffordd Fawr yn sôn llawer am stopio'n ddiogel. Os ydych chi'n deall 'mecaneg' stopio wrth ddysgu gyrru, rydych chi'n llai tebygol o gael damwain. Dyna pam mae'r prawf theori'n cynnwys cwestiynau am bellterau stopio. Felly beth sydd gan Reolau'r Ffordd Fawr i'w ddweud, a beth yw'r ffiseg y tu ôl i stopio'n ddiogel?

Mae gan bob gwrthrych sy'n symud, fel ceir a lorïau, egni cinetig – egni sy'n deillio o'u symudiad. Mae egni cinetig yn dibynnu ar fàs a chyflymder lle mae:

Ffigur 10.9 Damwain ar y draffordd.

$$\text{egni cinetig} = \frac{1}{2} \times \text{màs} \times \text{cyflymder}^2 \text{ neu KE} = \frac{1}{2}\,mv^2$$

Felly, mae gan lorïau trwm fwy o egni cinetig na cheir sy'n teithio ar yr un cyflymder, ac mae gan gerbydau sy'n symud yn gyflym fwy o egni cinetig na cherbydau sy'n symud yn araf. Yn wir, fel y gwelwch chi o'r hafaliad, os ydych chi'n dyblu cyflymder gwrthrych, yna bydd ei egni cinetig bedair gwaith yn fwy (gan fod $2^2 = 4$). Pan mae gyrrwr eisiau stopio car, mae'n rhaid iddo/iddi ddibynnu ar y ffrithiant yn y breciau a'r ffrithiant rhwng y teiar ac arwyneb y ffordd i stopio'r car. Mae gwaith yn cael ei wneud pan mae grym yn symud trwy bellter. Yn yr achos hwn, caiff yr egni cinetig ei drawsnewid yn wres (sy'n cael ei amsugno gan y padiau brêc).

Cyfanswm pellter stopio cerbyd

Dydy cerbydau ddim yn stopio ar unwaith – mae oediad amser rhwng i'r gyrrwr weld y perygl posibl ac i'r cerbyd stopio. Yn ystod y cyfnod hwn mae'r cerbyd yn dal i deithio, ac felly mae'r car yn teithio trwy bellter. Mae **cyfanswm pellter stopio** cerbyd yn cynnwys y **pellter meddwl** a'r **pellter brecio**.

Y pellter meddwl yw'r pellter mae'r cerbyd yn ei deithio yn ystod yr amser mae'r gyrrwr yn gweld y perygl, yn meddwl am frecio ac yna'n ymateb trwy ddefnyddio'r brêc. Y pellter brecio yw'r pellter mae'r cerbyd yn ei symud tra mae'r brêc yn cael ei ddefnyddio. Yn ystod yr amser mae'r brêc yn cael ei ddefnyddio, mae'r cerbyd yn arafu i 0 m/s.

> cyfanswm pellter stopio = pellter meddwl + pellter brecio

Mae pellter meddwl yn dibynnu ar lawer o ffactorau, gan gynnwys:

▶ Cyflymder y car – y mwyaf yw'r cyflymder, y pellaf y bydd y car yn teithio wrth i'r gyrrwr feddwl am ddefnyddio'r brêc (pellter = cyflymder × amser).
▶ **Amser adweithio** y gyrrwr. Fel rheol, mae hwn tua 0.7 s. Mae amserau adweithio'n dibynnu ar lawer o ffactorau, ond caiff ei gynyddu'n sylweddol os yw'r gyrrwr wedi bod yn yfed alcohol neu'n cymryd cyffuriau – mae hyd yn oed rhai moddion annwyd cyffredin yn gallu achosi syrthni. Mae llawer o ddamweiniau hefyd yn cael eu hachosi gan yrwyr blinedig – efallai y byddwch chi wedi gweld arwyddion ar y draffordd fel yr un yn Ffigur 10.10.
▶ Gall rhywbeth dynnu sylw'r gyrrwr – plant yn sedd gefn y car, er enghraifft.
▶ Efallai fod y gyrrwr wedi bod yn defnyddio ffôn symudol – mae hyd yn oed setiau sydd ddim yn defnyddio dwylo yn cael effaith ddifrifol ar bellterau meddwl. Mae ffidlan â radio/CD/mp3 y car, ffidlan â'r llyw lloeren, yfed coffi ac ati, hefyd yn gallu tynnu sylw gyrwyr.

Mae'r pellter brecio hefyd yn dibynnu ar nifer o ffactorau. Mae'r rhain yn cynnwys:

▶ Cyflymder y car. Cofiwch, mae egni cinetig cerbyd yn dibynnu ar sgwâr ei gyflymder – dwbl y cyflymder, pedair gwaith yr egni cinetig.
▶ Màs y car. Y mwyaf yw'r màs, y mwyaf yw'r egni cinetig.

Ffigur 10.10 Arwydd ar y draffordd yn annog gyrwyr blinedig i orffwys.

💬 Pwynt trafod

Mae hi bellach yn anghyfreithlon defnyddio ffôn symudol gan ei ddal yn eich llaw wrth yrru. Fodd bynnag, mae rhai pobl yn dal i wneud hyn. Pam rydych chi'n meddwl eu bod nhw'n gwneud hyn?

▸ Cyflwr y **breciau**. Bydd gormod o draul neu bresenoldeb olew a saim yn cael effaith ddifrifol ar y breciau. Bydd olew a saim ar ddisgiau'r breciau yn gweithredu fel iraid, gan leihau'r ffrithiant a chynyddu'r pellter brecio.

▸ Cyflwr arwyneb y **teiars**. Rhaid iddynt fod â rhych (rhigol) sydd o leiaf 1.6 mm dros 75% o led y teiar. Mae'r rhigolau'n clirio dŵr i ffwrdd ar ffordd wlyb. Gyda theiars llyfn a ffordd wlyb, mae haen denau o ddŵr yn cronni rhwng y ffordd a'r teiar, gan leihau'r ffrithiant. Mae hyn yn gallu achosi cyflwr peryglus lle mae'r car yn sglefrio ar ddŵr (*aquaplaning*).

▸ Cyflwr **arwyneb y ffordd**. Bydd arwynebau ffordd fel graean, neu arwynebau wedi'u gorchuddio â thywod neu lwch, yn lleihau'r ffrithiant rhwng y teiars a'r ffordd ac felly'n cynyddu'r pellter brecio.

▸ Y **tywydd**. Bydd unrhyw ddŵr, rhew neu eira rhwng y teiars ac arwyneb y ffordd yn gweithredu fel iraid, gan leihau'r ffrithiant a chynyddu'r pellter brecio.

Mae Ffigur 10.11 wedi'i addasu o Reolau'r Ffordd Fawr. Mae'n dangos sut mae pellter meddwl, pellter brecio a chyfanswm pellter stopio i gyd yn cynyddu gyda chyflymder y cerbyd. Mae lleihau cyflymder yn gallu atal damweiniau ac achub bywydau.

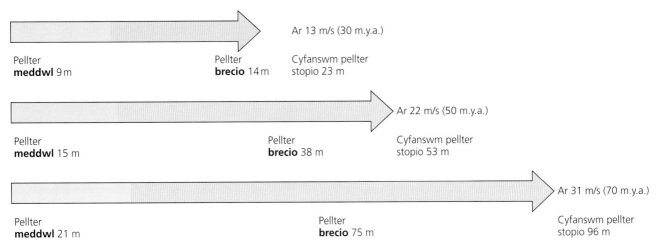

Ar 13 m/s (30 m.y.a.)

Pellter **meddwl** 9 m   Pellter **brecio** 14 m   Cyfanswm pellter stopio 23 m

Ar 22 m/s (50 m.y.a.)

Pellter **meddwl** 15 m   Pellter **brecio** 38 m   Cyfanswm pellter stopio 53 m

Ar 31 m/s (70 m.y.a.)

Pellter **meddwl** 21 m   Pellter **brecio** 75 m   Cyfanswm pellter stopio 96 m

Ffigur 10.11 Pellterau meddwl, brecio a stopio.

✓ Profwch eich hun

8 I gerbyd, beth yw'r:
- **a)** pellter meddwl
- **b)** pellter brecio
- **c)** cyfanswm pellter stopio?

9 Nodwch ac eglurwch ddwy ffactor sy'n effeithio ar bellter meddwl.

10 Ydych chi'n meddwl bod ysmygu wrth yrru car yn effeithio ar gyfanswm y pellter stopio? Eglurwch eich ateb.

11 Mae rhychau gwell ar deiars car yn lleihau pellter brecio car yn sylweddol. Yn eich barn chi, pam nad oes teiars mawr trwchus â rhychau enfawr yn cael eu gosod ar bob car, fel yn achos cerbydau oddi-ar-y-ffordd?

Cyflwyno a dadansoddi data o Reolau'r Ffordd Fawr

Dyma weithgaredd sy'n eich helpu i wneud y canlynol:

> cyflwyno data mewn graff
> chwilio am batrymau mewn data ar graff.

Mae'r data yn Nhabl 10.4 yn dangos cyflymderau, pellterau meddwl, pellterau brecio a chyfanswm pellterau stopio wedi'u cymryd o Reolau'r Ffordd Fawr.

Tabl 10.4 Pellterau stopio ar wahanol gyflymderau (wedi'u cymryd o Reolau'r Ffordd Fawr).

Cyflymder (m/s)	Cyflymder (m.y.a.)	Pellter meddwl (m)	Pellter brecio (m)	Cyfanswm pellter stopio (m)
0	0	0	0	0
9	20	6	6	12
13	30	9	14	23
18	40	12	24	36
22	50	15	38	53
27	60	18	55	73
31	70	21	75	96

Lluniwch graff o'r data hyn, gyda'r cyflymder (m/s) ar yr echelin-x, a'r pellterau stopio ar yr echelin-y. Bydd angen i chi ddefnyddio allwedd addas i blotio tair set o ddata ar yr un graff. Gan ein bod ni fel rheol yn defnyddio m.y.a. fel uned cyflymder wrth yrru, lluniadwch linellau fertigol wedi'u labelu ar eich graffiau i ddangos y cyflymderau hyn.

Cwestiynau

Mae'r cwestiynau canlynol yn ymwneud â dadansoddi eich graff pellter stopio.

1 Beth yw'r:
   a) pellter meddwl ar 15 m/s
   b) pellter brecio ar 55 m.y.a.
   c) cyfanswm pellter stopio ar 29 m/s?
2 Mae cyfanswm pellter stopio car yn 16 m. Beth yw cyflymder y car?
3 Mae cysylltiad uniongyrchol rhwng pellter meddwl a chyflymder. Pa batrwm mae'r graff pellter meddwl yn erbyn cyflymder yn ei ddangos?
4 Cyfrifwch amser adweithio gyrrwr ar 50 m.y.a.
5 Mae'r pellter brecio ar 9 m/s yn 6 m. Beth yw'r pellter brecio ar ddwbl y cyflymder hwn? Beth yw'r berthynas rhwng y pellter brecio ar ddwbl y cyflymder a'r pellter brecio ar 9 m/s?
6 Disgrifiwch siâp y graff pellter brecio. Sut rydych chi'n meddwl bod hyn yn cael ei gyfrifo?
7 Pam mae'r prawf theori gyrru'n gofyn cwestiynau am gyfanswm pellter stopio?
8 Darganfyddwch beth sydd gan Reolau'r Ffordd Fawr i'w ddweud am yfed alcohol a gyrru.

Oes y fath beth â 'chyflymder diogel'?

Mae pob ffordd yn gyffredinol ddiogel... beth sy'n gallu eu gwneud nhw'n beryglus yw gyrwyr ceir a loriau! Mae traffyrdd yn ffyrdd gwell oherwydd mae'r lonydd yn llydan, mae arwyneb y ffyrdd yn gyffredinol yn dda iawn ac maen nhw'n syth fel rheol. O ganlyniad i hyn, mae traffig yn gallu teithio'n gyflym ar draffyrdd. Mae Rheolau'r Ffordd Fawr yn datgan mai'r terfyn cyflymder i geir a cherbydau modur ar drafffordd yw 70 m.y.a. (neu 31 m/s); i geir sy'n tynnu carafanau neu drelars a cherbydau nwyddau trwm, mae'r terfyn cyflymder yn 60 m.y.a. (neu 27 m/s). Yng nghanol trefi lle mae'r traffig yn drwm ac mae llawer o bobl yn croesi ffyrdd, a lle mae peryglon eraill fel ceir wedi parcio, ysgolion ac ati, mae'r terfyn cyflymder yn llawer is; yn aml mae'n 30 m.y.a. (13 m/s) i bob cerbyd. Hyd yn oed os yw'r terfyn cyflymder yn yr ardaloedd adeiledig hyn yn 30 m.y.a., dydy hyn ddim yn golygu ei bod hi o reidrwydd yn ddiogel teithio ar 30 m.y.a. Dylai gyrwyr bob amser addasu eu cyflymder yn unol â chyflwr y ffordd, faint o draffig sydd, cerddwyr, beiciau a'r tywydd. Dydy pob gyrrwr ddim yn cadw at y terfyn cyflymder. I orfodi'r gyfraith, mae awdurdodau lleol a'r heddlu'n defnyddio camerâu cyflymder a mesurau 'tawelu traffig' eraill. Mae camerâu cyflymder statig yn tynnu dau lun fflach o gerbyd sy'n goryrru. Mae marciau gwyn ar y ffordd yn galluogi'r heddlu i weld pa mor bell mae'r car wedi'i deithio yn yr amser rhwng y fflachiau. O hyn, maen nhw'n gallu cyfrifo cyflymder y gyrrwr. Mae'r heddlu hefyd yn gallu defnyddio 'gynnau cyflymder' symudol, sef dyfeisiau sy'n tanio pylsiau o baladr laser isgoch tuag at gar sy'n goryrru. Bydd y car yn adlewyrchu'r pylsiau isgoch, ac yna bydd y gwn yn canfod y pylsiau sy'n dod yn ôl. Mae'r cyfrifiadur yn y gwn yn mesur ac yn cofnodi'r amser rhwng allyrru'r pylsiau isgoch a'u cael yn ôl. O hyn, mae'n gallu cyfrifo cyflymder y car ar yr union eiliad honno.

Ffigur 10.12 Camera cyflymder statig.

Ffigur 10.13 Yr heddlu yn defnyddio gwn cyflymder symudol.

Mae rhai gyrwyr yn cyflymu ar ôl iddynt fynd heibio i gamera. I atal yr arfer peryglus hwn, mae rhai camerâu wedi'u cysylltu â chyfrifiadur sy'n cofnodi plât rhif pob cerbyd sy'n ei basio. Mae ail gamera, sy'n gallu bod rhai milltiroedd i lawr y ffordd, yn cofnodi'r platiau rhif eto. Mae'r cyfrifiadur yn defnyddio'r cyfwng amser a'r pellter rhwng y ddau gamera i gyfrifo cyflymder cymedrig y cerbydau.

Mae mesurau 'tawelu traffig' eraill yn cynnwys y canlynol:

> Caiff 'twmpathau' cyflymder eu codi ar draws y ffordd ar lefel uwch na lefel arferol y ffordd, neu ar ffurf tomenni unigol ar y ffordd. Rhaid i yrwyr arafu cyn gyrru drostynt, neu wynebu'r perygl o ddifrod i'w car. Weithiau, mae pobl sy'n byw'n agos at y 'twmpathau' hyn yn cwyno am sŵn y traffig sy'n mynd drostynt.

Ffigur 10.14 'Twmpathau' cyflymder.

> Cyfyngiadau ar led y ffordd – gellir creu'r rhain trwy flocio hanner y ffordd am bellter byr. Rhaid i gerbydau ar un ochr stopio os oes traffig yn dod tuag atynt.

Ffigur 10.15 Cyfyngiadau ar led y ffordd.

Cwestiynau

1 Pam mae gennym ni derfynau cyflymder cenedlaethol yn y Deyrnas Unedig?
2 Beth yw'r terfynau cyflymder cenedlaethol:
   a) ar drafffordd
   b) ar ffordd yng nghanol tref brysur?
3 Disgrifiwch un mesur diogelwch ar y ffyrdd sy'n cael ei ddefnyddio i leihau cyflymder yn eich ardal chi. Eglurwch a ydych chi'n meddwl bod y mesur diogelwch hwn wedi gwella diogelwch y ffordd mewn gwirionedd.
4 Yn eich barn chi, pa un yw'r ffordd fwyaf peryglus yn agos at lle rydych chi'n byw neu at eich ysgol? Sut byddech chi'n mynd ati i wneud y ffordd honno'n fwy diogel?

AILGYNNAU CAMERÂU CYFLYMDER

Mae camerâu cyflymder a gafodd eu diffodd mewn un sir llynedd oherwydd toriadau gwario wedi cael eu hailgynnau. Dywedodd Heddlu Thames Valley y byddai 72 o gamerâu sefydlog ac 89 o gamerâu symudol yn Swydd Rydychen yn cael eu hailgynnau. Cafodd y rhain eu diffodd ar 1 Awst ar ôl i Gyngor Swydd Rydychen leihau grant yr awdurdod am ddiogelwch ar y ffyrdd. Meddai'r Uwch-arolygydd Rob Davies, pennaeth plismona ffyrdd Thames Valley: 'Rydym ni'n credu bod hyn yn bwysig oherwydd rydym ni'n gwybod bod cyflymder yn lladd a bod cyflymder yn beryglus. Rydym ni wedi dangos yn Swydd Rydychen bod cyflymder wedi cynyddu trwy fonitro terfynau ac rydym ni wedi sylwi bod mwy o bobl wedi marw a dioddef anafiadau difrifol llynedd. Rydym ni'n gwybod bod gorfodi terfyn ar gyflymder yn gweithio fel arf ataliol yn erbyn gyrwyr.'

Mae Heddlu Thames Valley wedi rhyddhau data sy'n dangos, yn y chwe mis ar ôl diffodd y camerâu, fod 83 o bobl wedi cael eu hanafu mewn 62 o ddamweiniau yn safleoedd y camerâu sefydlog. Roedd y ffigur yn ystod yr un cyfnod yn y flwyddyn flaenorol yn 68 o anafiadau mewn 60 o ddamweiniau. Ar draws Rhydychen, cafodd 18 o bobl eu lladd mewn damweiniau traffig ffyrdd yn y cyfnod, o'u cymharu â 12 o bobl y flwyddyn flaenorol. Cododd nifer y bobl a gafodd anafiadau difrifol i 179, sef cynnydd o 19. Dywedodd Mr Davies fod yr arian i ailgynnau'r camerâu wedi dod o leihau costau swyddfeydd ac o gyllid wedi'i ailgyfeirio o gyrsiau ymwybyddiaeth cyflymder. Dywedodd yr Athro Stephen Glaister, cyfarwyddwr y Sefydliad Moduro, fod camerâu cyflymder yn 'ddadleuol' ond roedd eu hymchwil yn awgrymu eu bod nhw'n atal 800 o farwolaethau ac anafiadau difrifol bob blwyddyn.

💬 Pwynt trafod

Beth ydych chi'n ei feddwl am yr erthygl hon? Ydy camerâu cyflymder yn syniad da neu'n syniad drwg? Sut gallech chi ddefnyddio'r data yn yr erthygl i greu siart o blaid camerâu cyflymder?

⬇ Crynodeb o'r bennod

- Mae buanedd yn fesur o ba mor gyflym mae gwrthrych neu anifail yn symud.

$$\text{buanedd} = \frac{\text{pellter (m)}}{\text{amser (s)}}$$

- Mesur sgalar yw buanedd; hynny yw, dim ond maint sydd ganddo.
- Mae cyflymder yn fector ac mae ganddo gyfeiriad yn ogystal â maint.
- Caiff cyflymder ei fesur mewn metrau yr eiliad, i gyfeiriad penodol.
- Cyflymiad yw cyfradd newid cyflymder. Mae gwrthrychau sy'n mynd yn gyflymach yn cyflymu, ac mae gwrthrychau sy'n mynd yn arafach yn arafu.

$$\text{cyflymiad (neu arafiad)} = \frac{\text{newid mewn cyflymder}}{\text{amser}}$$

- Unedau cyflymiad yw metrau yr eiliad wedi'u sgwario, m/s^2.
- Ar graffiau pellter–amser, caiff gwrthrychau sydd ddim yn symud eu dangos gan linellau syth, gwastad a chaiff gwrthrychau sy'n teithio ar gyflymder cyson eu dangos gan linellau syth ar oledd.
- Gallwn ni ganfod buanedd gwrthrych trwy fesur graddiant neu oledd y graff.
- Ar graffiau cyflymder–amser, mae llinell syth a gwastad yn dynodi gwrthrych sy'n teithio ar gyflymder cyson ac mae llinell syth ar oledd tuag i fyny yn dynodi gwrthrych sy'n cyflymu. Mae llinell syth ar oledd tuag i lawr yn dynodi gwrthrych sy'n arafu.
- Gallwn ni ganfod y cyflymiad trwy fesur graddiant neu oledd y graff cyflymder–amser.
- Yr arwynebedd o dan y graff cyflymder–amser yw'r pellter sydd wedi'i deithio.
- Mae pellter stopio cerbyd yn ddiogel yn dibynnu ar amser adweithio'r gyrrwr (sy'n effeithio ar y pellter meddwl) a phellter brecio'r cerbyd.
- Mae mesurau rheoli traffig yn cynnwys terfynau cyflymder a thwmpathau cyflymder.

► Cwestiynau ymarfer

1 a) Copïwch Ffigur 10.16 a thynnwch linell o bob blwch ar y chwith i'r blwch cywir ar y dde i gysylltu pob maint â'i uned gywir. [3]

Arafiad		m/s
Buanedd cymedrig		m/s²
Amser		m
Pellter		s

Ffigur 10.16

b) Mae rhan o daith car yn cael ei dangos gan Ffigur 10.17.

i) Ysgrifennwch yr amserau pan oedd cyflymder y car yn 20 m/s. [1]

ii) Defnyddiwch y graff a'r hafaliad:

$$\text{cyflymiad} = \frac{\text{newid mewn cyflymder}}{\text{amser}}$$

i gyfrifo'r cyflymiad yn ystod y 10 eiliad cyntaf. [2]

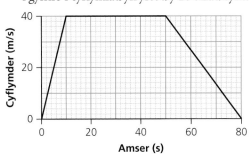

Ffigur 10.17

(TGAU Ffiseg CBAC P2, Sylfaenol, haf 2015, cwestiwn 1)

2 Mae **cyfanswm pellter stopio** car wedi'i wneud o ddwy ran, sef pellter meddwl a phellter brecio.

a) Mae'r tabl isod yn dangos sut mae'r pellter meddwl, y pellter brecio a chyfanswm y pellter stopio yn newid os yw'r amodau gyrru'n newid. Cwblhewch y tabl canlynol gan ddefnyddio'r geiriau **cynyddu**, **lleihau** neu **dim newid**. [3]

Tabl 10.5

Amod	Effaith ar bellter meddwl	Effaith ar bellter brecio	Effaith ar gyfanswm y pellter stopio
Breciau gwael	Dim newid	Cynyddu	Cynyddu
Gyrrwr o dan ddylanwad alcohol		Dim newid	Cynyddu
Gyrrwr yn gyrru ar fuanedd is	Lleihau	Lleihau	
Heol wlyb		Cynyddu	Cynyddu

b) Mae Tabl 10.6 yn dangos y pellter meddwl a'r pellter brecio ar gyfer car sy'n teithio ar **30 m/s**. Mae'r cwestiynau sy'n dilyn am y car hwn.

Tabl 10.6

Buanedd (m/s)	Pellter meddwl (m)	Pellter brecio (m)
30	18	75

i) Defnyddiwch yr hafaliad:

$$\text{amser} = \frac{\text{pellter}}{\text{buanedd}}$$

i gyfrifo amser meddwl y gyrrwr. [2]

ii) Mae'r breciau'n cynhyrchu grym stopio o 1200 N. Defnyddiwch yr hafaliad:

$$\text{gwaith} = \text{grym} \times \text{pellter}$$

i gyfrifo'r gwaith sy'n cael ei wneud gan y breciau wrth stopio'r car. [2]

iii) Pan fydd y breciau'n cael eu gwasgu mae'r car yn stopio mewn 5 s. Defnyddiwch yr hafaliad:

$$\text{arafiad} = \frac{\text{newid mewn buanedd}}{\text{amser}}$$

i gyfrifo'i arafiad. [2]

(TGAU Ffiseg CBAC P2, Sylfaenol, Ionawr 2015, cwestiwn 1)

3 Mae Rheolau'r Ffordd Fawr yn darparu gwybodaeth am bellterau stopio.

Ffigur 10.18

Mae **cyfanswm y pellter stopio** wedi'i rannu yn ddwy ran, **pellter meddwl** a **phellter brecio**. Mae rhai o'r ffactorau sy'n effeithio ar **gyfanswm y pellter stopio** yn cael eu dangos yn Nhabl 10.7.

Tabl 10.7

Colofn A	Colofn B	Colofn C
Buanedd y cerbyd	Cyflwr y breciau neu Cyflwr arwyneb yr heol	Alcohol neu Blinder

Dewiswch **un ffactor** o **bob colofn** yn y tabl a disgrifiwch yn llawn sut mae'r **ffactorau rydych wedi'u dewis** yn effeithio ar y pellterau sy'n cael eu disgrifio uchod. *[6 ACY]*

Dylech gynnwys y canlynol yn eich ateb:

• y **tri** ffactor rydych wedi'u dewis;

• ar gyfer **pob** ffactor, cyfeiriwch at y pellter meddwl, y pellter brecio a chyfanswm y pellter stopio;

• disgrifiwch yn glir a yw'r ffactor yn **cynyddu**'r pellterau hyn, yn eu **lleihau** neu **ddim yn effeithio** arnyn nhw.

(TGAU Ffiseg CBAC P2, Sylfaenol, haf 2015, cwestiwn 7)

4 a) Mae **dau** beth yn digwydd pan mae gyrrwr car yn gwneud stop brys.

Mae'r gyrrwr yn gweld perygl ac yn meddwl am beth i'w wneud. Mae'r pellter a deithiwyd gan y car yn ystod yr amser hwn yn cael ei alw'n **pellter meddwl**.

Mae troed y gyrrwr yn gwasgu ar y brêc i stopio'r car. Pa bellter sy'n cael ei adio at y **pellter meddwl** i roi cyfanswm y pellter stopio? *[1]*

b) Mae Ffigur 10.19 yn dangos sut mae pellter meddwl yn newid gyda buanedd gyrrwr effro.

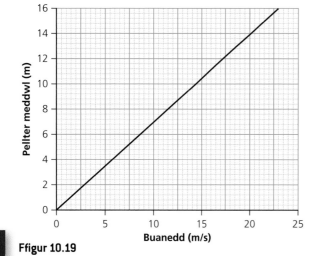

Ffigur 10.19

i) Disgrifiwch sut mae pellter meddwl yn newid wrth i'r buanedd newid. *[2]*

ii) Sut mae blinder yn debygol o effeithio ar y pellter meddwl? *[1]*

iii) Ar gopi o'r graff yn Ffigur 10.19, **ychwanegwch linell** ar gyfer gyrrwr blinedig. *[1]*

c) Mae tri char, **A**, **B** ac **C**, yn teithio tuag at oleuadau traffig. Mae'r graffiau yn Ffigur 10.20 yn dangos sut mae buanedd pob car yn newid **ar ôl** i'r gyrwyr weld y goleuadau'n troi'n goch.

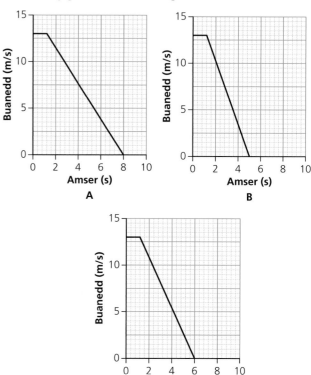

Ffigur 10.20

Defnyddiwch wybodaeth o'r graffiau i ateb y cwestiynau canlynol.

i) Pa mor gyflym oedd y ceir yn teithio pan newidiodd y goleuadau i goch? *[1]*

ii) Ar ôl sawl eiliad mae car **A** yn stopio? *[1]*

iii) Pa **un** o'r ceir **A**, **B** neu **C** sy'n cymryd y pellter byrraf i stopio? Sut mae'r graff yn dangos hyn? *[2]*

(TGAU Ffiseg CBAC P2, Sylfaenol, haf 2015, cwestiwn 5)

5 Mae car yn teithio ar 15 m/s ac yn arafu i 0 m/s mewn 5 s ar ffordd sych.

a) Dewiswch a defnyddiwch hafaliad i gyfrifo arafiad y car. *[2]*

b) i) Defnyddiwch yr hafaliad:

$$\text{buanedd cymedrig} = \frac{(\text{buanedd cychwynnol} + \text{buanedd terfynol})}{2}$$

i gyfrifo buanedd cymedrig y car wrth iddo arafu. *[2]*

ii) Eglurwch sut byddai buanedd cymedrig y car sy'n arafu ac yn teithio ar 15 m/s wedi newid (os o gwbl) pe bai'r ffordd wedi bod yn rhewllyd yn lle'n sych. *[2]*

(TGAU Ffiseg CBAC P2, Sylfaenol, Ionawr 2014, cwestiwn 6)

6 Mae car yn teithio ar fuanedd o 15 m/s. Mae plentyn yn rhedeg allan i'r ffordd gan achosi i'r gyrrwr wneud stop brys.

Mae Ffigur 10.21 yn dangos sut mae buanedd y car yn newid o'r foment mae'r gyrrwr yn gweld y plentyn.

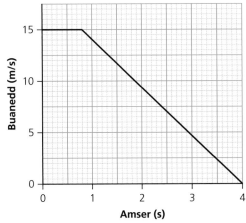

Ffigur 10.21

a) Beth oedd amser adweithio'r gyrrwr? *[1]*

b) Faint o amser gymerodd y car i stopio unwaith y cafodd y breciau eu gwasgu? *[1]*

c) Dewiswch a defnyddiwch hafaliad addas i gyfrifo arafiad y car. *[2]*

ch) Eglurwch sut byddai'r graff yn wahanol ar gyfer gyrrwr a oedd wedi yfed alcohol. *[2]*

d) Eglurwch sut byddai'r graff yn wahanol pe bai hi wedi bod yn ddiwrnod gwlyb. *[2]*

(TGAU Ffiseg CBAC P2, Uwch, haf 2014, cwestiwn 1)

7 Mae graff cyflymder–amser rhan o daith bws yn cael ei ddangos yn Ffigur 10.22.

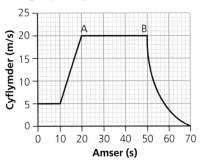

Ffigur 10.22

a) Gan ddefnyddio data o'r graff, disgrifiwch fudiant y bws yn ystod y **70 eiliad** sy'n cael eu dangos.

b) Yn ystod y 10 eiliad cyntaf, mae'r bws yn teithio 50 m. Defnyddiwch y wybodaeth hon i lunio graff pellter–amser ar gyfer y **10 eiliad cyntaf**.

c) Defnyddiwch yr hafaliad:

pellter = buanedd × amser

i gyfrifo'r pellter a deithiodd y bws rhwng A a B ar y graff. *[3]*

11 Grymoedd symud

Cynnwys y fanyleb

Mae'r bennod hon yn ymdrin ag adran 2.2 Deddfau Newton yn y fanyleb TGAU Ffiseg ac adran 6.2 Deddfau Newton yn y fanyleb TGAU Gwyddoniaeth (Dwyradd), sy'n cyflwyno cysyniadau inertia, màs a phwysau, ac yn archwilio'r berthynas rhyngddynt. Mae'r berthynas rhwng grym, màs a chyflymiad hefyd yn cael ei datblygu yn y bennod hon hefyd. Defnyddir deddfau mudiant Newton i egluro ymddygiad gwrthrychau'n symud trwy'r awyr, a'r cysyniad o fuanedd terfynol. Mae trydedd ddeddf mudiant Newton yn cael sylw ym Mhennod 12.

▶ Symud yn y gofod

Pwynt trafod

Sut beth fyddai byw ar yr *ISS* am 180 diwrnod (hyd arhosiad nodweddiadol)? Pa fath o bethau yn eich trefn ddyddiol y byddai'n anodd eu gwneud ar yr *ISS* mewn orbit isel o amgylch y Ddaear?

Yr Orsaf Ofod Ryngwladol (*ISS: International Space Station*) yw'r gwrthrych mwyaf erioed i gael ei roi yn y gofod. Ar 2 Tachwedd 2015, roedd hi'n 15 mlynedd ers i bobl fyw a gweithio yn yr *ISS*. Ers y daith gyntaf ar 31 Hydref 2000, roedd 220 o ofodwyr o 17 gwlad wahanol wedi ymweld â'r *ISS*. Yn 2015–16, Tim Peake oedd y gofodwr Prydeinig cyntaf i ymweld â'r *ISS*. Ers y dechrau digwyddodd 161 lansiad i'r orsaf ofod: 104 cerbyd o Rwsia, 35 Gwennol Ofod o UDA, 12 cerbyd Dragon a Cygnus o UDA, 5 cerbyd o Ewrop a 5 cerbyd o Japan. Roedd pobl wedi cerdded yn y gofod 188 o weithiau wrth wneud gwaith cynnal a chadw ar yr *ISS*. Mae arwynebedd yr *ISS*, gan gynnwys yr araeau solar mawr, yr un maint â chae rygbi, ac mae ei màs yn 419155 kg. Mae mwy o le i fyw yn yr *ISS* heddiw nag mewn tŷ confensiynol â phum ystafell wely, ac mae yno ddwy ystafell ymolchi a champfa! Sut aethon nhw â'r holl bethau hyn i'r gofod?

Ffigur 11.1 Yr Orsaf Ofod Ryngwladol.

Mynd â gwrthrychau mawr i'r gofod

Rocedi gofod Soyuz a Progress Rwsia, a hyd yn ddiweddar y Wennol Ofod, sydd wedi bod yn gyfrifol am fynd â darnau'r *ISS* i'r gofod.

Ffigur 11.2 Y Wennol Ofod (chwith) a roced ofod Soyuz Rwsia.

Er mwyn i'r rocedi fynd i fyny i'r awyr, rhaid i'r peiriannau roced enfawr gynhyrchu grym gwthio sy'n fwy na phwysau'r roced, ei holl danwydd a'i llwyth (yn yr achos hwn, y llwyth yw'r darnau ar gyfer yr *ISS*). Grym yw pwysau – y grym disgyrchiant sy'n gweithredu ar fàs gwrthrych. Ar arwyneb y Ddaear, mae màs 1 kg yn pwyso 10 N. Yr enw ar hyn yw **cryfder maes disgyrchiant**, *g*.

⚙️ | **Gwaith ymarferol**

Dadansoddi cryfder maes disgyrchiant y ddaear

Dyma weithgaredd sy'n eich helpu i wneud y canlynol:

> gweithio gyda phartner
> mesur a chofnodi pwysau a màs gwrthrychau
> cyfrifo gwerthoedd *g*
> plotio graff a chwilio am batrymau
> meddwl am fanwl gywirdeb mesuriadau.

Cyfarpar

> clorian electronig
> detholiad o fesuryddion newton (e.e. 0–2 N, 0–5 N, 0–10 N, 0–20 N)
> pentwr masau agennog (*slotted*)

Mae perthynas uniongyrchol rhwng màs a phwysau gwrthrych – mwy o fàs, mwy o bwysau. Yn yr arbrawf hwn, byddwch chi'n mesur màs a phwysau gwrthrychau (Ffigur 11.3) mewn ffordd systematig cyn dadansoddi'r cysylltiad rhwng y ddau, ac yna'n defnyddio eich mesuriadau i gyfrifo cryfder y maes disgyrchiant.

Dull

1 Gwnewch gopi o Dabl 11.1.
2 Pwyswch y botwm TARE ar y glorian electronig i gael darlleniad sero.
3 Rhowch bob mesurydd newton ar sero.
4 Rhowch waelod a hongiwr y pentwr masau ar y glorian electronig.

5 Mesurwch a chofnodwch y màs mewn gramau. Trawsnewidiwch y màs yn gilogramau (kg) a'i gofnodi yn y golofn gywir yn y tabl.
6 Dewiswch y mesurydd newton â'r amrediad isaf a wnaiff fesur pwysau'r gwaelod a'r hongiwr.

→

7 Mesurwch a chofnodwch bwysau'r gwaelod a'r hongiwr.

8 Ailadroddwch hyn ar gyfer pob màs sy'n cael ei ychwanegu.

Tabl 11.1

Nifer y masau acennog	Màs (g)	Màs (kg)	Pwysau (N)	$g = \dfrac{\text{pwysau (N)}}{\text{màs (kg)}}$
1 (gwaelod a hongiwr)				
2				
3				
(ewch ymlaen nes cyrraedd ...)				
10				

Ffigur 11.3 Clorian a phentwr masau gyda mesurydd newton.

Dadansoddi eich canlyniadau

1 Ar gyfer pob cyfuniad o fasau, cyfrifwch y swm $\left(g = \dfrac{\text{pwysau mewn N}}{\text{màs mewn kg}}\right)$ a chofnodi'r gwerth yng ngholofn olaf y tabl.

2 Edrychwch ar y gwerthoedd g rydych chi wedi eu cyfrifo – oes patrwm?

3 Cyfrifwch werth cymedrig g.

4 Defnyddiwch amrediad y gwerthoedd i ddatgan ansicrwydd eich gwerth g, h.y. $g = $ (gwerth cymedrig $\pm$ ansicrwydd) N/kg.

5 Plotiwch graff o bwysau (N) ar yr echelin-y yn erbyn màs (kg) ar yr echelin-x.

6 Lluniadwch linell ffit orau trwy eich pwyntiau (gofalwch fod eich llinell yn mynd trwy'r tarddbwynt).

7 Cyfrifwch raddiant (goledd) eich llinell ffit orau. Cymharwch eich gwerth â'r gwerth g cymedrig rydych chi wedi ei gyfrifo eisoes. Graddiant y llinell hon yw gwerth g.

8 Mae gwerth g tua 10 N/kg. Pa mor agos at y gwerth hwn yw:

   a) y gwerth cymedrig rydych chi wedi ei gyfrifo

   b) graddiant eich graff?

9 Sut gallech chi ddefnyddio eich graff i ganfod gwerth ansicrwydd eich gwerth g?

10 Pam mae'n fwy manwl gywir defnyddio mesurydd newton â'r amrediad isaf posibl i fesur pwysau màs agennog?

11 A fyddai'n well defnyddio un mesurydd newton (ag amrediad mawr) i fesur y pwysau i gyd?

💬 Pwynt trafod

Pan ydym ni'n byw ym maes disgyrchiant y Ddaear rydym ni'n byw mewn byd 1 g, hynny yw, 1 × maes disgyrchiant y Ddaear. Pan gaiff roced ei lansio, mae'r gofodwyr yn profi 3 g (3 × cryfder maes disgyrchiant y Ddaear). Mewn orbit, i bob diben, mae'r gofodwyr yn profi 0 g. Rhowch gynnig ar feddwl sut bydd y meysydd disgyrchiant hyn yn 'teimlo'?

Yn y gwaith ymarferol blaenorol, fe wnaethoch chi ganfod ei bod yn bosibl cyfrifo pwysau gwrthrych trwy luosi màs y gwrthrych (mewn kg) â chryfder y maes disgyrchiant, g (mewn N/kg).

pwysau gwrthrych (N) = màs (kg) × cryfder maes disgyrchiant (N/kg)

Gallwn ni ddefnyddio'r berthynas hon i gyfrifo pwysau cerbydau gofod (neu unrhyw wrthrych arall). Mae hyn yn ddefnyddiol oherwydd, os ydym ni'n gwybod pwysau cerbyd gofod (e.e. roced neu'r Wennol Ofod), gallwn ni gyfrifo faint o rym gwthio sydd ei angen gan y peiriannau i *gydbwyso ac yna i oresgyn* grym disgyrchiant ar y màs (hynny yw, y pwysau) a gwthio'r roced i fyny i'r gofod.

★ Enghraifft wedi'i datrys

Cwestiwn

Màs Gwennol Ofod heb ei llwytho oedd 78 000 kg. Beth oedd ei phwysau?

Ateb

pwysau (N) = màs (kg) × 10 N/kg = 78 000 kg × 10 = 780 000 N

✔ Profwch eich hun

1 Mae màs modiwl *ISS* nodweddiadol yn 22 700 kg. Roedd màs dau gyfnerthydd roced solet y Wennol Ofod ar adeg ei lansio yn 590 000 kg yr un, ac roedd màs y tanc tanwydd allanol (yn llawn o danwydd roced) ar adeg ei lansio yn 760 000 kg.
   a) Cyfrifwch bwysau pob un o gydrannau'r Wennol Ofod a'i system lansio.
   b) Beth oedd cyfanswm pwysau system lansio'r Wennol Ofod ar adeg ei lansio?
   c) Beth oedd y cyfanswm gwthiad lleiaf oedd ei angen gan brif beiriannau'r Wennol Ofod a'r cyfnerthwyr roced tanwydd solet? Pam mai 'isafswm' yw hwn?

2 Cafodd y Wennol Ofod ei lansio am y tro olaf ym mis Mehefin 2011. Ers hynny, mae'r *ISS* yn cael ei gwasanaethu gan gerbydau gofod Progress o Rwsia a cherbydau gofod Dragon o America, ac mae gofodwyr yn teithio i'r *ISS* ac oddi yno mewn cerbydau gofod Soyuz o Rwsia. Caiff pob cerbyd gofod o Rwsia ei lansio â rocedi Soyuz-2 a chaiff cerbydau gofod o America eu lansio â rocedi Falcon 9 (Tabl 11.2). Copïwch a chwblhewch y tabl, gan gyfrifo pwysau pob roced ar adeg ei lansio ac isafswm (cyfanswm) y grym cydeffaith tuag i fyny ar adeg y lansiad.

Tabl 11.2

Roced	Màs adeg lansio (kg)	Pwysau adeg lansio (N)	Gwthiad lansio (N)	Isafswm grym cydeffaith tuag i fyny adeg lansio (N)
Falcon 9	340 000		4 500 000	
Soyuz-2	310 000		4 000 000	

▶ Inertia a deddf mudiant gyntaf Newton

Mae màs anferthol systemau lansio rocedi gofod yn golygu bod angen grym gwthio enfawr gan y peiriannau roced. Màs gwrthrych sy'n pennu pa mor hawdd (neu anodd) yw hi i wrthrych symud, neu ba mor hawdd neu anodd yw hi i newid mudiant gwrthrych – rydym ni'n galw hyn yn **inertia**. Caiff inertia ei ddiffinio fel gallu gwrthrych i wrthsefyll newid yn ei gyflwr, boed hynny'n fudiant neu'n ddisymudedd. Mae symiau mawr o inertia gan wrthrychau masfawr, e.e. rocedi gofod. Mae inertia gwrthrych hefyd yn egluro pam mae'n anodd iawn newid mudiant gwrthrychau mawr iawn fel yr *ISS*. Mae màs yr *ISS* tua 420 000 kg, ac mae mewn orbit isel o amgylch y Ddaear, ar gyfartaledd o tua 350 km uwchlaw arwyneb y Ddaear, gan deithio ar 7700 m/s (tua 17 000 m.y.a.).

Yn 1687, sylwodd Isaac Newton fod yna gysylltiad rhwng mudiant gwrthrych a'i fàs. Rhoddodd grynodeb o hyn yn ei **ddeddf mudiant gyntaf**:

'Mae gwrthrych disymud yn aros yn ddisymud, neu mae gwrthrych sy'n symud yn parhau i symud â buanedd cyson ac i'r un cyfeiriad, oni bai bod grym anghytbwys yn gweithredu arno.'

Ar y Ddaear, mae'n anodd iawn arsylwi deddf gyntaf Newton, oherwydd mae ffrithiant yn gweithredu drwy'r amser i wrthwynebu mudiant gwrthrych. Yn y gofod, lle mae ffrithiant yn sero, mae'n hawdd gweld effaith deddf gyntaf Newton.

Cawsom ni enghraifft dda o hyn yn 2008, pan recordiodd y camera ar helmed y gofodwr Heidemarie Stefanyshyn-Piper ei bag offer, yn cynnwys gwn saim roedd hi i fod i'w ddefnyddio i iro panel solar ar yr *ISS*, yn hedfan i ffwrdd i'r gofod. Roedd y bag offer (tua maint bag dogfennau bach) wedi dod yn rhydd rywsut, ac oherwydd ei inertia roedd yn dal i symud oddi wrth y gofodwr. Nes i'r bag offer losgi wrth ddychwelyd i atmosffer y Ddaear yn 2009, roedd yn un o filoedd o ddarnau bach o sbwriel gofod sydd mewn orbit o amgylch y Ddaear, yn symud mewn orbit cylchol oherwydd atyniad grym disgyrchiant ac yn symud ar yr un buanedd am byth, fel mae deddf mudiant gyntaf Newton yn ei ragfynegi.

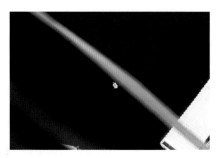

Ffigur 11.4 Bag offer Heidemarie Stefanyshyn-Piper yn hedfan i ffwrdd oddi wrth yr *ISS*.

⚙ Gwaith ymarferol

Pa mor dda mae deddf gyntaf Newton yn gweithio ar y Ddaear?

Dyma weithgaredd sy'n eich helpu i wneud y canlynol:

> ymchwilio i ddeddf mudiant gyntaf Newton
> defnyddio cofnodydd data ac adwyon golau.

Cyfarpar

> trac aer llinol a chwythwr
> adwyon golau × 4, cofnodydd data, cyfrifiadur a meddalwedd cofnodi data
> gleider gyda cherdyn ymyrryd byr

Yn yr ymchwiliad hwn, bydd eich athro/athrawes yn cydosod system trac aer llinol ac adwyon golau. Mae'r trac aer llinol yn ddyfais ragorol i ddangos mudiant gwrthrychau ar y Ddaear, gan fod y gwrthrychau sy'n symud yn eistedd ar glustog o aer sy'n lleihau ffrithiant nes ei fod bron yn ddibwys. Caiff y trac aer llinol ei gydosod gyda phedair adwy olau wedi'u gosod ar bellteau cyfartal ar hyd y trac. Bydd yr adwyon golau a'r feddalwedd gyfrifiadurol yn mesur cyflymder y gleider wrth iddo basio trwyddynt. Os yw deddf gyntaf Newton ar waith, ni fydd cyflymder y gleider yn newid wrth iddo symud i lawr y trac ar ôl gwthiad bach.

Dull

1 Mesurwch led y cerdyn ymyrryd. Bydd y feddalwedd cofnodi data yn eich annog i fewnosod y gwerth hwn.
2 Mesurwch bellter pob adwy olau o 'fan cychwyn' y trac aer llinol.

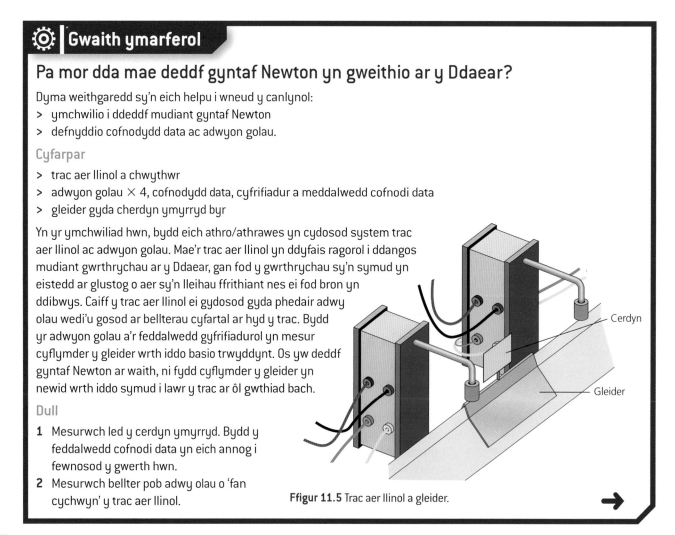

Ffigur 11.5 Trac aer llinol a gleider.

Cerdyn

Gleider

3 Defnyddiwch y band rwber sydd wedi'i osod ar y fforch V ar gychwyn y trac aer i 'saethu'r' gleider ar hyd y trac. Defnyddiwch y feddalwedd i fesur cyflymder y gleider trwy bob un o'r adwyon golau. Os gwthiwch chi'r gleider yr un mor bell yn ôl i mewn i'r band rwber bob tro, caiff y gleider ei saethu ar yr un cyflymder cychwynnol bob tro.

4 Cofnodwch gyflymder y gleider ym mhob adwy olau ynghyd â'i bellter o gychwyn y trac aer llinol.

5 Os gallwch chi, ailadroddwch eich mesuriadau ddwywaith arall a chyfrifwch gyflymder cymedrig y gleider trwy bob adwy olau.

Dadansoddi eich canlyniadau

1 Plotiwch graff o gyflymder y gleider (echelin-*y*) yn erbyn pellter o gychwyn y trac aer llinol (echelin-*x*).

2 Lluniadwch linell ffit orau trwy eich pwyntiau. Os yw eich gleider yn ufuddhau i ddeddf gyntaf Newton, ni fydd cyflymder y gleider yn newid wrth iddo deithio ar hyd y trac a bydd pob cyflymder yn union yr un fath.

3 Ydy eich gleider yn ufuddhau i ddeddf gyntaf Newton?

4 Pam gallai cyflymder y gleider newid wrth iddo symud ar hyd y trac?

5 Defnyddiwch eich data i benderfynu pa mor hawdd yw ailadrodd yr arbrawf hwn.

Arbrofion pellach

1 Gallwch chi gyflwyno mwy o ffrithiant i'r arbrawf trwy leihau effaith y chwythwr aer – beth sy'n digwydd wedyn?

2 Beth sy'n digwydd pan ydych chi'n cynyddu inertia'r gleider trwy roi pentwr o fasau arno? Gallwch chi weld rhith drac aer llinol yn http://lectureonline.cl.msu.edu/ffmmp/kap6/cd157a.htm

Ffigur 11.6 Sut gwnaeth cyflymder roced ofod amrywio o ran amser hedfan ar ôl y lansiad.

▶ Ail ddeddf mudiant Newton

Yn union cyn iddi lansio, mae cyfanswm pwysau roced ofod yn cael ei gydbwyso gan rym gwthio peiriannau'r roced. Mae'r grym cydeffaith yn sero. Ar adeg lansio'r roced, mae màs y roced (ac felly ei phwysau) yn dechrau lleihau (gan ei bod hi'n defnyddio tanwydd), felly mae'r grym cydeffaith yn dechrau mynd yn fwy ac yn fwy tuag i fyny, gan achosi i'r roced godi a chyflymu. Mae Ffigur 11.6 yn dangos proffil cyflymder–amser lansiad nodweddiadol roced ofod hyd at *T* + 500 s (500 s ar ôl y lansiad – mae'r llythyren *T* yn dynodi amser lansio).

Fe weloch chi ym Mhennod 10 mai graddiant (goledd) graff cyflymder–amser yw cyflymiad y gwrthrych. Fe welwch chi yn Ffigur 11.6 fod gwerth graddiant cychwynnol y graff yn eithaf bach ac nad yw byth yn mynd lawer mwy na thua 2 neu 3*g* (*g* ≈ 10 m/s², 2*g* ≈ 20 m/s², 3*g* ≈ 30 m/s²).

Beth mae'r graff hwn yn ei ddangos mewn gwirionedd? Wel, rhywbeth eithaf sylfaenol – wrth i'r grym cydeffaith ar y gwrthrych (y roced ofod) ddechrau cynyddu o sero, mae'r roced yn dechrau cyflymu, a'r mwyaf yw'r grym cydeffaith, y mwyaf yw'r cyflymiad.

Sylwodd Isaac Newton ar y cysylltiad hwn rhwng cyflymiad a grym am y tro cyntaf yn 1687. Mae ei **ail ddeddf mudiant** yn crynhoi'r cysylltiad hwn – rydym ni'n ei hysgrifennu fel hyn:

> **grym** cydeffaith, *F* (N) = **màs**, *m* (kg) × **cyflymiad**, *a* (m/s²)
>
> $$F = ma$$

Mae trydedd ddeddf Newton yn cael ei thrafod ym Mhennod 12.

Ymchwilio i ail ddeddf Newton

Dyma weithgaredd sy'n eich helpu i wneud y canlynol:

> ymchwilio i ail ddeddf Newton
> gwneud arsylwadau o wrthrych sy'n symud
> plotio graff a dadansoddi ei siâp
> cyfrifo gwerthoedd oddi ar graff.

Cyfarpar

> pwli wedi'i fowntio ar y trac aer llinol
> pentwr masau agennog 100 g
> edau cotwm
> clorian electronig
> trac aer llinol a chwythwr
> gleider trac aer llinol gyda cherdyn ymyrryd (mae angen i chi fesur a chofnodi ei ddimensiynau)
> adwy olau, cofnodydd data a chyfrifiadur yn rhedeg meddalwedd cofnodi data a fydd yn defnyddio siâp y cerdyn ymyrryd i fesur cyflymiad yn uniongyrchol

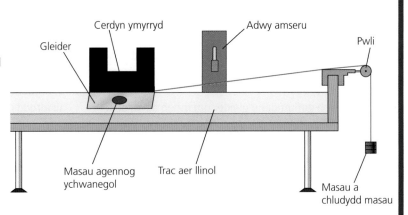

Ffigur 11.7 Cydosodiad yr arbrawf.

Bydd eich athro/athrawes yn cydosod arbrawf i ymchwilio i ail ddeddf Newton trwy ddefnyddio trac aer llinol. Bydd yr arddangosiad yn dangos y cysylltiad rhwng y grym sy'n cael ei weithredu, màs a chyflymiad gleider ar y trac.

Dull

1 Glynwch hyd addas o edau cotwm at y gleider a chlymwch ddolen yn y pen arall i'w gydio wrth y daliwr pentwr masau.
2 Rhowch weddill y masau ar y sbigynnau dal ar y gleider.
3 Mesurwch a chofnodwch fàs cyfunol y gleider (+ masau agennog) a'r daliwr pentwr masau.
4 Mae pob màs agennog 100 g sy'n cael ei ychwanegu at y daliwr yn ychwanegu 1 N arall o rym cydeffaith ar y gleider.
5 Lluniwch dabl i gofnodi gwerthoedd y grym cydeffaith F mewn N a'r cyflymiad, a, mewn m/s^2, gyda thrydedd golofn yn eich tabl i gyfrifo gwerthoedd grym/cyflymiad, F/a.
6 Rhedwch yr edau dros y pwli (fel yn y diagram), gadewch i'r daliwr masau ddisgyn a mesurwch a chofnodwch gyflymiad y gleider.
7 Ailosodwch y cyfarpar a symudwch un màs agennog o'r gleider i'r pentwr masau (mae hyn yn sicrhau bod cyfanswm y màs sy'n cael ei gyflymu yn aros yn gyson yn ystod yr arbrawf).
8 Gollyngwch y pentwr masau a mesurwch a chofnodwch y cyflymiad.
9 Ailadroddwch hyn ar gyfer gwerthoedd eraill y grym cyflymu.

Dadansoddi eich canlyniadau

1 Cyfrifwch werthoedd grym/cyflymiad yn eich tabl a'u cofnodi.
2 Oes patrwm yn eich canlyniadau? Beth yw gwerth cymedrig grym/cyflymiad? Sut mae hwn yn cymharu â màs (mewn kg) y gleider a'r masau agennog?
3 Plotiwch graff o rym cydeffaith (echelin-y) yn erbyn cyflymiad (echelin-x). Cadarnhewch fod y llinell yn syth a lluniadwch linell ffit orau syth trwy eich canlyniadau (gan ddechrau yn y tarddbwynt).
4 Mesurwch a chyfrifwch raddiant (goledd) y graff.

5 Cymharwch eich graddiant â màs (mewn kg) y gleider a'r masau agennog gyda'i gilydd.

Dylai eich graff ddangos bod grym mewn cyfrannedd union â chyflymiad y gleider (a'r masau), ac mai graddiant y llinell yw màs (mewn kg) y gwrthrych sy'n symud. Mae hyn yn dangos bod grym = màs × cyflymiad.

✓ | Profwch eich hun

3 Mae cerbyd gofod Soyuz wedi'i lwytho'n llawn (màs = 7150 kg) yn cyflymu i ffwrdd oddi wrth yr *ISS* tuag at y pwynt lle mae'n dychwelyd i'r atmosffer â chyflymiad o 2 m/s² mewn perthynas â'r *ISS*. Cyfrifwch y grym cydeffaith ar y cerbyd gofod Soyuz.

4 Ar adeg ei lansio, mae gwthiad cyfunol y cyfnerthydd roced solet a phrif beiriannau roced ofod yn 30 400 000 N. Mae cyfanswm pwysau'r roced ar adeg ei lansio yn 20 407 000 N, gan fod ei màs yn 2 040 700 kg.

   a) Cyfrifwch y grym cydeffaith ar y roced ar adeg ei lansio.

   b) Cyfrifwch gyflymiad y roced ar adeg ei lansio.

5 Mae gofodwr yn defnyddio *MMU* (*Manned Manoeuvring Unit*) i archwilio paneli solar ar yr *ISS*. Mae'r *MMU* yn cynhyrchu grym gwthio bach o 60 N, sy'n cyflymu'r uned a'r gofodwr ar 0.25 m/s². Cyfrifwch fàs yr *MMU* a'r gofodwr. Os yw màs y gofodwr yn 80 kg, beth yw màs yr *MMU*?

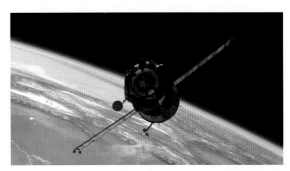

Ffigur 11.8 Cerbyd gofod Soyuz.

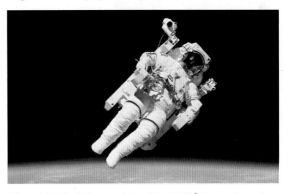

Ffigur 11.9 Gofodwr yn defnyddio *MMU* (*Manned Manoeuvring Unit*).

Glanio!

Erbyn heddiw, cerbyd gofod Soyuz yw'r unig ffordd mae gofodwyr yn gallu teithio i'r *ISS* ac yn ôl. Er bod y Soyuz yn hen gynllun (cafodd y model cyntaf ei adeiladu yn yr 1960au), mae wedi'i brofi ac mae'n ddibynadwy.

Ffigur 11.10 Modiwl disgyn Soyuz a'i barasiwt.

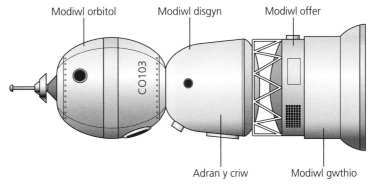

Modiwl orbitol   Modiwl disgyn   Modiwl offer

CO103

Adran y criw   Modiwl gwthio

Ffigur 11.11 Cerbyd gofod Soyuz.

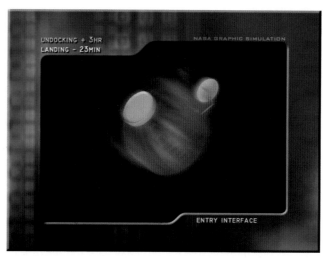

Ffigur 11.12 Soyuz yn dadgyplu.

Ffigur 11.13 Modiwl disgyn Soyuz yn yr atmosffer uchaf.

Ffigur 11.14 Modiwl disgyn Soyuz yn glanio gyda'i barasiwt.

Mae'r criw'n dychwelyd i'r Ddaear yn y modiwl disgyn sy'n dod yn rhydd o weddill y cerbyd gofod ychydig cyn iddo ddychwelyd i'r atmosffer. Mae'r modiwl disgyn yn dechrau disgyn yn rhydd trwy'r atmosffer uchaf ar gyflymder dros 7800 m/s, wrth i'w bwysau ac effaith disgyrchiant y Ddaear ei dynnu tuag at y Ddaear. Wrth i'r modiwl ddisgyn mae grym ffrithiant (gwrthiant aer) yn cynyddu'n fawr, oherwydd bod tarian wres y modiwl yn gwrthdaro â'r moleciwlau nwy yn yr atmosffer. Mae hyn yn achosi i'r modiwl disgyn arafu. Yn y pen draw, mae grym y gwrthiant aer yn hafal i bwysau'r modiwl disgyn: mae'r grymoedd yn gytbwys, yn hafal ac yn ddirgroes, ac mae'r modiwl yn dal i ddisgyn, ond ar gyflymder cyson (terfynol) oddeutu 230 m/s.

Ar uchder o 12 km, mae'r parasiwtau'n dechrau agor. Mae gwrthiant aer ar y modiwl disgyn yn cynyddu'n ddramatig wrth i'r arwynebedd sydd mewn cysylltiad â'r aer gynyddu. Mae hyn yn achosi i'r modiwl disgyn arafu'n gyflym, gan ostwng ei gyflymder yn y pen draw i gyflymder terfynol arafach o 7 m/s. Un eiliad cyn iddo lanio, mae dwy set o dri pheiriant bach ar waelod y modiwl yn tanio, gan arafu'r modiwl disgyn eto fel ei fod yn glanio'n ysgafn ar beithiau Canol Kazakstan, yn agos at Gosmodrom Baikonur.

Ffigur 11.15 Y modiwl disgyn ar ôl iddo lanio a map o Kazakstan, sy'n dangos lleoliad y parth glanio.

Gwaith ymarferol penodol

Ymchwilio i gyflymder terfynol gwrthrych sy'n disgyn

Ymchwilio i fodel o fodiwl disgyn Soyuz

Dyma weithgaredd sy'n eich helpu i wneud y canlynol:

> ymchwilio i gyflymder terfynol gwrthrych sy'n disgyn
> gwneud model ffisegol
> cydweithio gyda phartner
> mesur ymddygiad gwrthrych sy'n disgyn
> dadansoddi canlyniadau ymchwiliad.

Gallwch chi ddefnyddio cas papur cacen bach i wneud model syml o fodiwl disgyn Soyuz. Gallwch chi ollwng y model o uchder penodol ac amseru faint o amser mae'n ei gymryd i ddisgyn pellter penodol. Ni fydd hyn yn arbennig o fanwl gywir; allwch chi feddwl pam?

Mae llawer o bethau y gallwch chi eu gwneud i ymchwilio i ddisgyniad y model – roedd rhaid i'r peirianwyr oedd yn cynllunio'r Soyuz leihau cyflymder y modiwl disgyn gymaint â phosibl i leihau grym yr ardrawiad â'r llawr.

1 Yn eich ymchwiliad, gallwch chi fesur y cyflymder disgyn cymedrig trwy rannu uchder y cwymp ag amser y cwymp.
2 Beth y gallech chi ei wneud i leihau'r cyflymder disgyn? Newid y màs (ychwanegu mwy o gasys papur cacennau bach)? Ychwanegu parasiwt?
3 Cynlluniwch, cynhaliwch, dadansoddwch a gwerthuswch ymchwiliad i gynllunio model gweithio o fodiwl disgyn Soyuz.

⬇ Crynodeb o'r bennod

- Pwysau yw grym disgyrchiant yn gweithredu ar fàs gwrthrych.
- Ar arwyneb y Ddaear, mae 1 kg o fàs yn pwyso 10 N; yr enw ar hyn yw cryfder maes disgyrchiant, g.
- Mae deddf mudiant gyntaf Newton yn datgan bod gwrthrych disymud yn aros yn ddisymud neu fod gwrthrych sy'n symud yn dal i symud ar yr un buanedd ac i'r un cyfeiriad os nad oes grym anghytbwys yn gweithredu arno.
- Gallwn ni ymchwilio'n arbrofol i ddeddf mudiant gyntaf Newton, e.e. gan ddefnyddio trac aer a chofnodydd data, lle mae'r glustog aer yn lleihau'r ffrithiant i werth bach iawn.
- Mae màs gwrthrych yn effeithio ar ba mor hawdd neu anodd yw newid symudiad y gwrthrych hwnnw. Mae gan gyrff enfawr symiau mawr o inertia, felly mae angen grym mawr i newid eu mudiant, neu i wneud iddynt symud os ydynt yn ddisymud.
- Mae ail ddeddf mudiant Newton yn datgan bod grym = màs × cyflymiad; hynny yw, mae cyflymiad gwrthrych mewn cyfrannedd union â'r grym cydeffaith ac mewn cyfrannedd gwrthdro â màs y gwrthrych.
- Pan mae gwrthrych yn disgyn trwy'r awyr, i ddechrau mae'n cyflymu ac mae ei fuanedd yn cynyddu gan fod grym disgyrchiant yn gweithredu arno. Fodd bynnag, yna mae grym ffrithiant (gwrthiant aer) yn cynyddu, gan achosi i'r gwrthrych arafu. Yn y pen draw, bydd grym gwrthiant aer yn hafal i bwysau'r gwrthrych a dywedwn ei fod yn disgyn ar ei gyflymder terfynol (cyson).
- **Nodwch beth yw deddf mudiant gyntaf ac ail ddeddf mudiant Newton.**

► Cwestiynau ymarfer

1 Mae Ffigur 11.16 yn dangos lori wag y mae dau rym yn gweithredu arni ac sy'n symud i'r cyfeiriad a ddangosir.

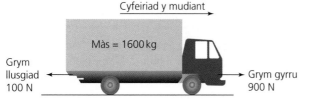

Ffigur 11.16

a) i) Defnyddiwch y wybodaeth yn y diagram i gyfrifo'r grym cydeffaith ar y lori. [1]

   ii) Defnyddiwch yr hafaliad:

$$\text{cyflymiad} = \frac{\text{grym cydeffaith}}{\text{màs}}$$

   i gyfrifo cyflymiad y lori. [2]

b) Wedyn, caiff y lori ei llwytho'n llawn ac mae'r peiriant yn cynhyrchu'r un grym gyrru. Pa effaith y mae hyn yn ei chael ar gyflymiad y lori? [1]

(TGAU Ffiseg CBAC P2, Sylfaenol, Ionawr 2007, cwestiwn 5)

2 Mae Ffigur 11.17 yn dangos dau rym sy'n gweithredu ar blymiwr awyr.

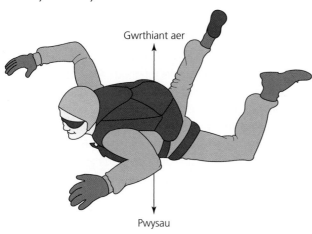

Ffigur 11.17

Copïwch a dewiswch yr ymadrodd cywir yn y cromfachau isod.

a) Pan fydd y plymiwr awyr yn cyflymu, mae'r gwrthiant aer yn (fwy na'r/hafal i'r/llai na'r) pwysau. [1]

b) Pan fydd y plymiwr awyr yn cwympo ar y buanedd terfynol, mae'r gwrthiant aer yn (fwy na'r/hafal i'r/llai na'r) pwysau. [1]

c) Pan fydd y parasiwt yn cael ei agor, mae'r gwrthiant aer yn (mynd yn fwy/aros yr un peth/mynd yn llai) ac mae'r plymiwr awyr yn (mynd yn ôl i fyny/aros yn yr un man/parhau i gwympo). [2]

(TGAU Ffiseg CBAC P2, Sylfaenol, Ionawr 2009, cwestiwn 2)

3 Mae Ffigur 11.18 yn dangos rhai o'r grymoedd sy'n gweithredu ar gar â màs o 800 kg. Ar y Ddaear, pwysau 1 kg yw 10 N.

Ffigur 11.18

a) i) Disgrifiwch y gwahaniaeth rhwng pwysau a màs y car. [2]

   ii) Cyfrifwch bwysau'r car. [1]

b) i) Mae'r car yn teithio ar **fuanedd cyson**. Ysgrifennwch beth yw maint y grym gyrru. [1]

   ii) Mae'r grym gyrru'n cael ei gynyddu nawr i 4200 N. Cyfrifwch y grym cydeffaith llorweddol ar y car. [1]

   iii) Defnyddiwch yr hafaliad:

$$\text{cyflymiad} = \frac{\text{grym cydeffaith}}{\text{màs}}$$

   i gyfrifo cyflymiad y car. [2]

   iv) Eglurwch pam bydd y car yn cyrraedd buanedd cyson newydd sydd yn uwch yn y pen draw pan fydd y grym gyrru yn cael ei gynyddu i 4200 N. [2]

(TGAU Ffiseg CBAC P2, Sylfaenol, haf 2014, cwestiwn 5)

4 a) Mae plymiwr awyr â màs o 80 kg yn pwyso 800 N.

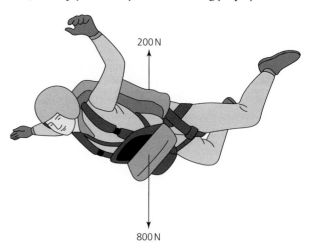

Ffigur 11.19

Defnyddiwch yr hafaliad:

$$\text{cyflymiad} = \frac{\text{grym cydeffaith}}{\text{màs}}$$

i gyfrifo cyflymiad y plymiwr awyr â màs o 80 kg pan fydd grym y gwrthiant aer yn 200 N. [3]

b) Pan fydd plymiwr awyr yn agor parasiwt, mae'n arafu nes iddo gyrraedd buanedd terfynol bach o tua 3 m/s er mwyn glanio.

Ffigur 11.20

Trafodwch y gosodiad uchod. Dylech gynnwys y pwyntiau canlynol yn eich ateb:

- Esboniad yn nhermau grymoedd – pam mae plymiwr awyr yn arafu pan mae'r parasiwt yn cael ei agor.

- Esboniad o sut mae plymiwr awyr yn cyrraedd buanedd terfynol bach er mwyn glanio.   [6 ACY]

c) Mae parasiwt o'r maint cywir yn bwysig er mwyn rhoi buanedd terfynol bach. Mae angen i berson trwm gael parasiwt o faint gwahanol i berson mwy ysgafn. Eglurwch pam mae angen i berson trwm gael parasiwt ag arwynebedd gwahanol i berson mwy ysgafn er mwyn cyrraedd yr un buanedd glanio bach.   [3]

(TGAU Ffiseg CBAC P2, Uwch, Ionawr 2015, cwestiwn 2)

5 Mae Ffigur 11.21 yn dangos roced brawf ar ei phad lansio.

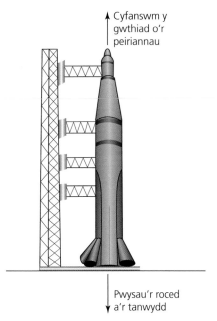

Cyfanswm y gwthiad o'r peiriannau

Pwysau'r roced a'r tanwydd

Ffigur 11.21

Mae'r roced yn cael ei phweru gan 3 pheiriant ac mae pob un o'r 3 yn cynhyrchu gwthiad o 2000 N. Màs y roced a'i thanwydd yw 500 kg, felly ei phwysau yw 5000 N.

a) Pan fydd y peiriannau'n cael eu tanio:

i) Cyfrifwch gyfanswm y gwthiad ar y roced.

ii) Eglurwch pam mae'r roced yn symud tuag i fyny.

iii) Cyfrifwch y grym cydeffaith ar y roced.

iv) Dewiswch a defnyddiwch hafaliad addas i gyfrifo cyflymiad y roced wrth iddi ddechrau codi.   [5]

b) Ar ôl 2 s, mae peiriannau'r roced wedi defnyddio 20 kg o danwydd. Gan dybio bod gwthiad y peiriannau'n gyson, cyfrifwch

i) màs y roced a'r tanwydd ar ôl 2 s,

ii) y grym cydeffaith mewn newtonau ar y roced ar ôl 2 s,

iii) cyflymiad y roced ar ôl 2 s.   [3]

c) Gan dybio bod gwthiad y peiriannau'n gyson, eglurwch pam mae cyflymiad y roced yn parhau i gynyddu tra bod y peiriannau'n tanio.   [2]

(TGAU Ffiseg CBAC P2, Uwch, Ionawr 2010, cwestiwn 4)

6 Mae bloc o bren, â màs o 0·5 kg yn cael ei dynnu ar hyd mainc yn y labordy gan fyfyriwr sy'n defnyddio mesurydd newton. Mae'r myfyriwr yn cadw darlleniad y mesurydd newton yn gyson ac mae'r bloc yn symud gyda chyflymiad o 0·6m/s².

Ffigur 11.22

a) Dewiswch a defnyddiwch hafaliad addas i gyfrifo'r grym cydeffaith sy'n rhoi cyflymiad o 0·6 m/s² i'r bloc. [2]

b) Mae angen grym tynnu o 2·8 N i gynhyrchu cyflymiad o 0·6 m/s². Defnyddiwch yr hafaliad:

grym cydeffaith = grym tynnu − ffrithiant

ynghyd â'ch ateb i ran (a) i gyfrifo gwerth y ffrithiant sy'n gweithredu ar y bloc. [2]

c) Mae bloc arall â dwywaith y màs yn cymryd lle'r un yn y diagram.

i) Cyfrifwch y grym cydeffaith sydd ei angen i roi cyflymiad o 0·6 m/s² iddo. [1]

ii) Mae'r ffrithiant ar y bloc hwn yn 4·5 N; cyfrifwch y grym tynnu sydd ei angen nawr. [1]

(TGAU Ffiseg CBAC P2, Uwch, Ionawr 2009, cwestiwn 6)

7 Mae'r datganiadau yn Nhabl 11.3 yn disgrifio'r grymoedd sy'n gweithredu ar fodiwl disgyn Soyuz yn ystod ei ddychweliad i'r Ddaear. Mae'r datganiad cyntaf yn y lle cywir, ond mae datganiadau A i Ch yn y drefn anghywir. Rhowch ddatganiadau A i Ch yn y drefn gywir.

Tabl 11.3

	Mae'r modiwl disgyn yn mynd i mewn i atmosffer y Ddaear yn teithio ar 7800 m/s.
A	Mae'r gwrthiant aer ar y parasiwt yn cynyddu nes ei fod yn cyfateb i bwysau'r modiwl disgyn a'i fod yn disgyn ar fuanedd terfynol is o 7 m/s.
B	Ar uchder o 12 km mae'r parasiwt yn cael ei ddefnyddio, gan gynyddu'r gwrthiant aer ac mae'r modiwl disgyn yn arafu.
C	Mae'r gwrthiant aer rhwng y modiwl disgyn a'r atmosffer yn hafal i bwysau'r modiwl disgyn ac mae'r modiwl disgyn yn disgyn ar gyflymder terfynol o 230 m/s.
CH	Mae gwrthiant aer rhwng y modiwl disgyn a'r atmosffer yn achosi i'r modiwl disgyn arafu.

[4]

12 Gwaith ac egni

🏠 Cynnwys y fanyleb

Mae'r bennod hon yn ymdrin ag adran 2.3 Gwaith ac egni yn y fanyleb TGAU Ffiseg ac adran 6.3 Gwaith ac egni yn y fanyleb TGAU Gwyddoniaeth (Dwyradd), a thrydedd ddeddf Newton o adran 2.2 yn y fanyleb TGAU Ffiseg ac adran 6.2 yn y fanyleb TGAU Gwyddoniaeth (Dwyradd). Mae'r bennod hon yn edrych ar y berthynas rhwng gwaith ac egni. Mae'r hafaliadau ar gyfer egni cinetig a'r newid mewn egni potensial disgyrchiant yn cael eu cyflwyno a'u datblygu, ynghyd â thrydedd ddeddf mudiant Newton. Defnyddir egwyddorion grym, egni a mudiant i ddadansoddi nodweddion diogelwch ceir fel bagiau aer a chywasgrannau.

Ffigur 12.1 Alun Wyn Jones yn cael ei godi mewn lein rygbi yn erbyn Lloegr yng Nghwpan y Byd yn 2015.

Ffigur 12.2 Dangos y pellter (d) a'r grym sy'n cael ei ddefnyddio (F) yn y lein.

Grym, F

Pellter symud, d

▶ Ffiseg rygbi

Mewn gêm yn erbyn Lloegr yng Nghwpan y Byd yn 2015, cafodd Alun Wyn Jones ei godi mewn lein gan ddau flaenwr arall (gweler Ffigurau 12.1 ac 12.2). Taldra Alun yw 1.98 m (6 troedfedd 6 modfedd) a'i fàs yw 118 kg (18 stôn 10 pwys). Mae'r chwaraewyr sy'n ei godi, i bob diben, yn ei godi trwy 1.5 m, ac i wneud hynny rhaid iddynt ar y cyd gynhyrchu grym tuag i fyny sy'n fwy na'i bwysau ef. Wrth iddynt ei godi, maen nhw'n gwneud gwaith.

Egni a gwaith

Mae '**gwaith**' yn derm ffiseg sy'n cael ei ddefnyddio i fesur yr egni sy'n cael ei drosglwyddo pan mae egni'n newid o un ffurf i ffurfiau eraill. Mae egni'n gallu trawsnewid mewn llawer o wahanol ffyrdd ond, yn ystod lein rygbi, mae'r chwaraewyr sy'n codi'r neidiwr yn rhoi grym mecanyddol ar y chwaraewr. Mae'r egni sydd ei angen i gynhyrchu'r grym hwn yn dod o'r egni cemegol sydd wedi'i storio yn y chwaraewyr o'u bwyd. Mae eu rhaglenni hyfforddi'n golygu bod y chwaraewyr yn trawsnewid yr egni cemegol hwn i egni cinetig yn eu cyhyrau'n effeithlon iawn. Y cyhyrau sy'n rhoi'r grym sy'n symud y neidiwr i fyny trwy bellter. Gan fod gwaith yn golygu mesur trosglwyddiadau egni, ei unedau yw jouleau, J.

Gallwn ni fesur y gwaith sy'n cael ei wneud gyda'r hafaliad:

gwaith (J) = grym (N) × pellter symud i gyfeiriad y grym (m)

⭐ Enghraifft wedi'i datrys

Cwestiwn

Màs Alun Wyn Jones yw 118 kg, sy'n golygu bod ei bwysau'n 1180 N. Os yw'r ddau chwaraewr sy'n codi Alun yn y lein yn rhoi hanner y grym hwn yr un (590 N), gan ei godi trwy bellter o 1.5 m, cyfrifwch y gwaith mae'r chwaraewyr sy'n codi Alun yn ei wneud. ➡

175

gwaith sy'n cael ei wneud = grym × pellter symud

= 590 N × 1.5 m = 885 J

Mae hyn yn golygu bod cyfanswm y gwaith sy'n cael ei wneud yn (885 J × 2) = 1770 J. I roi hyn mewn persbectif, mae bar siocled bach yn cynnwys tua 370 000 J o egni cemegol, sy'n ddigon i godi Alun Wyn Jones tua 210 gwaith (er nad yw'r holl egni cemegol yn y siocled yn trawsnewid i roi egni cinetig ac egni potensial disgyrchiant)!

✔ Profwch eich hun

1 Beth yw ystyr 'gwaith sy'n cael ei wneud'?
2 Beth yw unedau gwaith?
3 Pa ffactorau sy'n pennu faint o waith mae chwaraewr yn ei wneud yn y lein wrth iddo godi neidiwr?
4 Mewn sgarmes sy'n symud, mae chwaraewyr sy'n gwthio i yrru'r sgarmes yn ei blaen fel rheol yn gwthio â grym cymedrig o 750 N. Os caiff y sgarmes ei gwthio am 8 m, faint o waith mae chwaraewr nodweddiadol yn ei wneud?
5 Yn ystod sgrym (Ffigur 12.3), mae wyth chwaraewr yn gwthio â grym cymedrig o 600 N yr un, gan symud y sgrym 2.5 m.
   a) Beth yw cyfanswm y grym mae'r wyth chwaraewr yn ei roi?
   b) Cyfrifwch gyfanswm y gwaith sy'n cael ei wneud wrth wthio'r sgrym.

Ffigur 12.3 Sgrym.

6 Mewn tacl ben-ben, mae chwaraewr rygbi'n gwneud 1650 J o waith i yrru'r gwrthwynebydd yn ôl 3 m. Cyfrifwch rym y taclwr.

Ffigur 12.4 Tacl ben-ben.

7 Cyfrifwch pa mor uchel mae neidiwr yn cael ei godi yn y lein os yw'r chwaraewr sy'n codi'r neidiwr yn rhoi grym o 950 N ac yn gwneud 1520 J o waith.

Effeithlonrwydd trosglwyddiadau egni

Mae'r gwaith mae cyhyrau chwaraewr yn ei wneud wrth godi, taclo neu wthio bob amser yn fwy na'r gwaith sy'n cael ei wneud ar wrthwynebydd neu ar gydchwaraewr. Mae rhywfaint o egni'n cael ei golli fel gwres neu egni thermol wrth i'r cyhyrau wneud y gwaith. Yn gyffredinol, mae effeithlonrwydd cyhyrau dynol tuag 20–25% yn unig, er bod effeithlonrwydd chwaraewyr elît yn gallu bod yn uwch, tuag at 30%. Mae hyn yn golygu, o bob 100 J o egni cemegol sy'n dod o fwyd chwaraewr rygbi, mai dim ond tua 25 J sy'n cael ei droi'n egni cinetig mecanyddol wedi'i gynhyrchu gan gyhyr, a bod 75 J yn cael ei 'golli' fel gwres yng nghelloedd y cyhyr. Dyma pam mae pobl sy'n gwneud chwaraeon yn mynd yn boeth ac yn gorfod oeri trwy chwysu a thrwy fecanweithiau eraill sy'n oeri'r corff.

★ Enghreifftiau wedi'u datrys

Yn ystod rhaglen hyfforddi, weithiau mae'n rhaid i chwaraewyr rygbi dynnu sled hyfforddi sydd wedi'i chydio wrth harnais i wella cryfder eu cyrff. Fel rheol, mae'r chwaraewyr yn tynnu'r sled â grym o 450 N, am bellter o 20 m.

Cwestiynau

1 Cyfrifwch y gwaith sy'n cael ei wneud ar y sled.
2 Os yw effeithlonrwydd cyhyrau'r chwaraewyr yn 25%, cyfrifwch gyfanswm y gwaith mae cyhyrau'r chwaraewyr yn ei wneud.

Atebion

1 Gwaith sy'n cael ei wneud ar y sled = 450 N × 20 m = 9000 J
2 Gwaith sy'n cael ei wneud ar y sled = 25% o gyfanswm y gwaith mae'r cyhyrau'n ei wneud, felly:

$$\text{cyfanswm gwaith sy'n cael ei wneud} \times \frac{25}{100} = 9000 \text{ J}$$

$$\text{cyfanswm gwaith sy'n cael ei wneud} \times \frac{9000 \text{ J} \times 100}{25} = 36\,000 \text{ J}$$

✔ Profwch eich hun

8 Beth yw ystyr 'effeithlonrwydd' trosglwyddiad egni?
9 Pam caiff gwres ei 'wastraffu' fel arfer wrth drosglwyddo egni?
10 Pam mai dim ond 25% yw effeithlonrwydd cyhyrau?
11 Sut mae ein cyrff yn delio â'r gwres sy'n cael ei gynhyrchu gan ein cyhyrau wrth wneud ymarfer corff?

Ffigur 12.5 Hyfforddi trwy dynnu sled hyfforddi.

Faint o waith ydych chi'n ei wneud?

Dyma weithgaredd sy'n eich helpu i wneud y canlynol:

> cydweithio gyda phartner
> ysgrifennu asesiad risg
> mesur grymoedd a phellterau
> cyfrifo gwaith sy'n cael ei wneud
> dadansoddi canlyniadau
> cyflwyno canfyddiadau mewn graff.

Cyfarpar

> offer campfa (neu rywbeth arall addas)
> prennau mesur, tapiau mesur
> mesuryddion Newton ag amrediad mawr (os ydyn nhw ar gael)
> cloriannau wedi'u graddnodi mewn newtonau (ar gyfer pwysau rhydd – os ydyn nhw ar gael)

Bydd angen i chi allu defnyddio campfa, set o bwysau hyfforddi neu gymhorthion hyfforddi eraill sy'n eich galluogi i roi grym sy'n symud trwy bellter (fel bandiau Pilates). Yn y gweithgaredd hwn, byddwch chi'n symud grymoedd trwy bellterau sydd wedi'u mesur ac yna'n cyfrifo'r gwaith mae pob grym yn ei wneud. Gallwch chi hefyd gymryd bod effeithlonrwydd eich cyhyrau yn 20%, ac felly gallwch amcangyfrif faint o egni cemegol mae eich cyhyrau'n ei ddefnyddio i gynhyrchu'r gwaith mae'r grymoedd yn ei wneud.

Nodiadau diogelwch

Gwnewch asesiad risg addas ar gyfer yr arbrawf hwn. Gofynnwch i'ch athro/athrawes wirio eich asesiad risg cyn i chi gyflawni eich ymchwiliad.

Dull

1 Cwblhewch asesiad risg addas ar gyfer yr arbrawf hwn.
2 Dewch o hyd i ymarfer addas sy'n defnyddio grym sy'n symud trwy bellter (e.e. unrhyw beiriant mewn campfa lle mae pwysau'n cael eu codi).
3 Rhowch yr ymarfer ar ei osodiad pwysau isaf a mesurwch a chofnodwch fàs y pwysau sy'n symud, a'r pellter mae'r pwysau'n symud.
4 (Dewisol) Ar yr un gosodiad pwysau, mesurwch a chofnodwch y grym rydych chi'n ei ddefnyddio i symud y pwysau (gan ddefnyddio mesurydd newton addas) a'r pellter rydych chi'n symud y grym hwnnw.
5 Cyfrifwch rym pwysau'r pwysau sy'n symud trwy ddefnyddio:

$$\text{grym pwysau (N)} = \text{màs (kg)} \times 10 \text{ (N/kg)}$$

6 Cyfrifwch y gwaith sy'n cael ei wneud i symud y pwysau trwy ddefnyddio:

$$\text{gwaith sy'n cael ei wneud ar y pwysau (J)} = \text{grym pwysau (N)} \times \text{pellter symud (m)}$$

7 (Dewisol) Cyfrifwch y gwaith a wnewch chi wrth symud y pwysau trwy ddefnyddio:

$$\text{gwaith mae eich grym chi'n ei wneud (J)} = \text{grym sy'n cael ei roi (N)} \times \text{pellter symud (m)}$$

8 (Dewisol) Cyfrifwch effeithlonrwydd y peiriant:

$$\text{effeithlonrwydd} = \frac{\text{gwaith sy'n cael ei wneud i symud y pwysau (J)}}{\text{gwaith rydych chi'n ei wneud (J)}} \times 100\%$$

9 Ailadroddwch y dull hwn ar gyfer gwahanol osodiadau pwysau ar y peiriant.

10 Ailadroddwch ar beiriannau ymarfer gwahanol neu mewn ymarferion rhydd.

Dyma rai ymarferion a fydd yn rhoi canlyniadau tebyg heb ddefnyddio offer campfa:

a) gwasg-godiadau (*press-ups*) ar glorian ystafell ymolchi

b) codi dymbelau ymarfer neu bwysau o'r labordy

c) estyn bandiau Pilates.

Ffigur 12.6

Dadansoddi eich canlyniadau

Meddyliwch sut gallwch chi ddangos eich canlyniadau ar gyfer y gwaith sydd wedi'i wneud a'r canlyniadau effeithlonrwydd (os yn berthnasol). Y ffordd orau o ddangos canlyniadau fel y rhain yw mewn graff. Lluniwch graff i ddangos eich canlyniadau. Pa ymarferion oedd angen y mwyaf o waith? Pa rai oedd y rhai mwyaf effeithlon?

Rhedeg gyda phêl rygbi – dadansoddi egni cinetig

Pan mae chwaraewyr rygbi'n rhedeg gyda phêl, mae'r egni cemegol o'u bwyd yn trosglwyddo i egni cinetig (symud) eu cyhyrau. Mae'r cyhyrau symudol yn symud y chwaraewr. Gallwn ni ddefnyddio'r hafaliad canlynol i gyfrifo egni cinetig (EC) gwrthrych sy'n symud:

$$\text{egni cinetig, EC} = \frac{\text{màs, } m \times \text{cyflymder, } v^2}{2}$$

$$EC = \frac{1}{2}mv^2$$

★ Enghraifft wedi'i datrys

Cwestiwn

Mae asgellwr Cymru George North yn gallu rhedeg gyda phêl rygbi ar gyflymder cymedrig o tua 10 m/s. Mae màs George yn 109 kg. Beth yw egni cinetig George pan mae'n rhedeg ar 10 m/s?

Ateb

$EC = \frac{1}{2}mv^2 = \frac{1}{2} \times 109\,\text{kg} \times (10\,\text{m/s})^2 = 0.5 \times 109 \times 10^2 = 5450\,\text{J}$

✔ Profwch eich hun

12 Beth yw ystyr egni cinetig?

13 Ar beth mae egni cinetig chwaraewr rygbi'n dibynnu?

14 Os yw chwaraewr rygbi'n loncian ar 5 m/s ac yna'n gwibio ar 10 m/s, mae hi'n dyblu ei chyflymder. O ba ffactor y bydd ei hegni cinetig yn cynyddu?

15 Yn un o sesiynau hyfforddi diweddar carfan Cymru, cafodd perfformiad gwibio gwahanol chwaraewyr ei fesur a'i gofnodi. Mae Tabl 12.1 yn crynhoi canfyddiadau'r cyfarwyddwr ffitrwydd. Copïwch a chwblhewch y tabl (heb y lluniau), gan gyfrifo uchafswm egni cinetig pob chwaraewr.

Tabl 12.1

Chwaraewr	Llun o'r chwaraewr	Safle	Màs (kg)	Uchafswm buanedd gwibio (m/s)	Uchafswm egni cinetig (J)
Alun Wyn Jones		Clo	122	9.2	

Chwaraewr	Llun o'r chwaraewr	Safle	Màs (kg)	Uchafswm buanedd gwibio (m/s)	Uchafswm egni cinetig (J)
George North		Asgellwr	99	11.1	
Justin Tipuric		Blaenasgellwr	99	10.3	
Dan Biggar		Maswr	90	10.7	

16 Màs pêl rygbi safonol (maint 5) yw 0.44 kg. Wrth gicio oddi ar di, mae Dan Biggar yn gallu cicio'r bêl â chyflymder cychwynnol o 24.5 m/s. Cyfrifwch egni cinetig cychwynnol y bêl.

⚙ | Gwaith ymarferol

Mesur egni cinetig pêl rygbi

Dyma weithgaredd sy'n eich helpu i wneud y canlynol:
> gweithio fel rhan o dîm
> mesur a chofnodi masau, pellterau ac amserau
> ystyried amrediad eich mesuriadau
> cyfrifo cyflymder ac egni cinetig
> gwella eich pasio rygbi.

Pan gaiff pêl rygbi ei phasio o un chwaraewr i un arall, gallwch chi fesur cyflymder cymedrig y pàs trwy rannu'r pellter rhwng y chwaraewyr ag amser y pàs.

Yn y gweithgaredd hwn, byddwch chi'n gwneud mesuriadau fel y gallwch chi gyfrifo egni cinetig pêl rygbi sy'n cael ei phasio. Cynlluniwch, cynhaliwch a dadansoddwch arbrawf i ganfod amrediad egnïon cinetig pêl rygbi pan gaiff ei phasio dros bellter penodol. Mae angen i chi wneud mesuriadau i'ch galluogi i ganfod y gwerthoedd rhesymol uchaf ac isaf (yr amrediad). Meddyliwch am y cyfarpar fydd ei angen arnoch ac

Ffigur 12.7 Pàs rygbi.

archebwch ef gan eich athro/athrawes neu dechnegydd gwyddoniaeth. Cofiwch ysgrifennu asesiad risg addas ar gyfer yr arbrawf hwn. Gofynnwch i'ch athro/athrawes wirio eich asesiad risg cyn cynnal eich ymchwiliad.

Ffigur 12.8 Dan Biggar yn cicio am y pyst.

Cicio pêl – ymarfer egni potensial disgyrchiant

Mae maswr Cymru, Dan Biggar, yn cicio am y pyst. Pan mae'n cicio pêl rygbi, mae'n trosglwyddo egni cinetig o'i droed i egni cinetig y bêl. Wrth i'r bêl godi'n uwch, caiff rhywfaint o'r egni cinetig ei drosglwyddo i egni potensial disgyrchiant. Os caiff y bêl ei chicio'n fertigol tuag i fyny (fel cic a chwrs uchel), yn y pen draw caiff holl egni cinetig y bêl ei drawsnewid i egni potensial disgyrchiant. Gyda chiciau pell, dim ond cyfran o'r egni cinetig sy'n cael ei drawsnewid i egni potensial disgyrchiant, oherwydd caiff rhywfaint o'r egni cinetig ei ddefnyddio i symud y bêl ymlaen. Gallwn ni ddefnyddio'r hafaliad canlynol i gyfrifo egni potensial (EP) disgyrchiant gwrthrych fel pêl rygbi:

egni potensial, EP (J)

$\quad$ = màs m (kg) × cryfder maes disgyrchiant, g N/kg

$\quad$ × newid uchder, h (m)

EP = mgh

★ Enghraifft wedi'i datrys

Cwestiwn

Cyfrifwch egni potensial disgyrchiant pêl rygbi 0.44 kg pan gaiff ei chicio'n fertigol tuag i fyny at uchder o 20 m. Mae cryfder maes disgyrchiant g = 10 N/kg.

Ateb

EP = mgh = 0.44 kg × 10 N/kg × 20 m = 88 J

✔ Profwch eich hun

17 Beth yw ystyr 'egni potensial disgyrchiant'?

18 Ar wahân i gryfder maes disgyrchiant, pa ddau ffactor arall sy'n pennu egni potensial disgyrchiant pêl rygbi?

19 Mae peli rygbi i'w cael mewn tri phrif faint:
- Maint 3 (6–9 oed), màs = 0.28 kg
- Maint 4 (10–14 oed), màs = 0.38 kg
- Maint 5 (oedolion), màs = 0.44 kg

Yn ystod sesiwn ffotograffau i'r wasg a'r cyfryngau ar gyfer noddwr pêl, mae Dan Biggar yn cicio pob un o'r tair pêl i'r un uchder (35 m). Os yw cryfder y maes disgyrchiant yn 10 N/kg, cyfrifwch y cynnydd yn egni potensial disgyrchiant pob pêl pan fydd ar ei huchaf.

20 Mae bachwr Cymru, Scott Baldwin, yn taflu'r bêl i'r lein o uchder cychwynnol o 2.0 m. Mae'r bêl yn cyrraedd uchder mwyaf o 4.2 m, sy'n rhoi cynnydd o 9.9 J o egni potensial disgyrchiant iddi. Os yw cryfder y maes disgyrchiant yn 10 N/kg, cyfrifwch fàs y bêl.

Pan mae Dan Biggar yn cicio pêl yn fertigol tuag i fyny, mae'n rhoi grym ar y bêl ar adeg y gic. Wrth iddo wneud hyn, mae'r grym yn teithio trwy bellter ac mae troed Dan yn gwneud gwaith ar y bêl, gan drosglwyddo egni cinetig o'i droed i egni cinetig y bêl (a chaiff rhywfaint ei golli ar ffurf gwres a sain). Yna, mae egni cinetig y bêl yn dechrau lleihau wrth i'w huchder gynyddu yn erbyn tynfa disgyrchiant – mae hyn yn cynyddu ei hegni potensial disgyrchiant. Mae'r bêl yn gwneud gwaith yn erbyn tynfa disgyrchiant. Yn y pen draw, mae cyflymder fertigol y bêl yn cyrraedd sero ar bwynt uchaf y gic.

Mae'r egni cinetig i gyd wedi'i drosglwyddo i egni potensial disgyrchiant. Wrth i'r bêl ddechrau disgyn yn ôl i lawr, mae'r gwrthwyneb yn digwydd ac mae egni potensial disgyrchiant yn trosglwyddo yn ôl i egni cinetig. Fodd bynnag, ar unrhyw un adeg, ar unrhyw uchder, mae cyfanswm egni'r bêl yn gyson – sef, swm yr egni a gafodd y bêl yn wreiddiol o droed Dan Biggar. Felly, yn yr achos hwn, ar unrhyw uchder:

$$\text{cyfanswm egni} = \text{egni cinetig} + \text{egni potensial disgyrchiant}$$

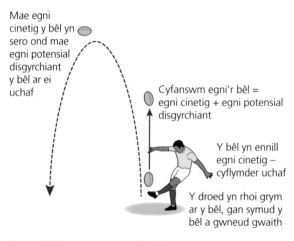

Ffigur 12.9 Chwaraewr rygbi'n cicio pêl.

⚙ **Gwaith ymarferol**

Egni potensial disgyrchiant a'r lein rygbi

Dyma weithgaredd sy'n eich helpu i wneud y canlynol:

> gweithio fel rhan o dîm
> mesur uchderau a masau
> cyfrifo egni potensial disgyrchiant.

Cyfarpar

> pêl rygbi
> matiau campfa neu fatiau cwympo
> 4 riwl metr wedi'u tapio at ei gilydd i wneud riwl hir
> clorian electronig i fesur màs y bêl rygbi
> clorian ystafell ymolchi i fesur màs y neidiwr
> mynediad i gampfa

Rydych chi'n mynd i gymryd rhan mewn lein rygbi. Mae angen un chwaraewr (yn yr achos hwn, rhywun ysgafn â màs isel) i fod yn neidiwr, dau chwaraewr i godi'r neidiwr o gwmpas y wasg, rhywun i daflu'r bêl i'r neidiwr o bellter o tua 5 m, a rhywun i fesur yr uchder mae'r neidiwr yn neidio drwyddo a'r uchder lle mae'r bêl yn cael ei dal.

Nodiadau diogelwch

Bydd eich athro/athrawes yn rhoi asesiad risg i chi ar gyfer y gweithgaredd hwn, ond rhaid i'r unigolyn sy'n cael ei godi fod yn ddigon ystwyth a rhaid i'r ddau sy'n gwneud y codi allu codi'r neidiwr gyda rheolaeth. Bydd eich athro/athrawes yn dangos i chi sut i godi'r neidiwr yn ddiogel, a rhaid i chi wneud ➡

y gweithgaredd hwn ar fatiau campfa neu fatiau cwympo.

Ffigur 12.10 Lein rygbi.

Dull

1 Trefnwch eich hunain mewn timau o 5 neu 6.
2 Yr unigolyn ysgafnaf yw'r neidiwr. Defnyddiwch y glorian ystafell ymolchi i fesur a chofnodi màs y neidiwr mewn kg.

3 Rhaid i ddau ohonoch chi ymarfer codi'r neidiwr. Mesurwch a chofnodwch yr uchder mae'r neidiwr yn ei neidio (gallech chi fesur gwahaniaeth rhwng uchder ysgwyddau'r neidiwr pan fydd yn llonydd ac ar frig ei naid).
4 Mesurwch a chofnodwch fàs y bêl rygbi mewn kg.
5 Mesurwch uchder y bêl cyn iddi gael ei thaflu.
6 Pan mae'r taflwr yn taflu'r bêl i'r neidiwr, mae'r person sy'n mesur yr uchder yn dal y riwl hir yn agos at y neidiwr ac yn amcangyfrif ac yn cofnodi'r uchder mae'r bêl yn ei gyrraedd pan mae'n cael ei dal.
7 Cyfrifwch y cynnydd yn uchder y bêl.
8 Ailadroddwch y dull hwn ddwywaith eto a chyfrifwch werthoedd cymedrig pob mesuriad.
9 Cyfrifwch y cynnydd cymedrig yn egni potensial disgyrchiant y neidiwr a'r bêl.
10 Mae nifer o ffyrdd eraill o wneud gweithgareddau tebyg i hwn. Er enghraifft, gallech chi ddefnyddio unrhyw chwaraeon pêl bron, yn enwedig rhai sy'n cael eu chwarae mewn campfa, e.e. pêl-fasged, badminton a phêl-rwyd. Os oes gennych chi amser, cymharwch yr egnïon potensial disgyrchiant sy'n cael eu hennill gan amrywiaeth o wahanol beli chwaraeon.

💬 **Pwynt trafod**

Eglurwch pam mae defnyddio amcangyfrif yn dderbyniol weithiau ym maes gwyddoniaeth. Allwch chi feddwl am sefyllfaoedd eraill lle rydych chi'n defnyddio amcangyfrifon?

Sgrymio – astudiaeth achos trydedd ddeddf Newton

Mewn sgrym, mae dau rym mawr iawn yn dod i gysylltiad â'i gilydd. Os ydym ni'n ystyried sgrym statig (disymud), rydym ni'n gwybod bod rhaid i'r grym sy'n cael ei roi gan un set o flaenwyr fod yn hafal a dirgroes i'r grym sy'n cael ei roi gan y set arall. Mae'r grymoedd yn gweithredu fel **pâr**.

Grym adwaith y peiriant ar y chwaraewyr   Grym arwaith y chwaraewyr ar y peiriant

Ffigur 12.11 Chwaraewyr yn sgrymio yn erbyn peiriant sgrym.

Mae'n haws gweld y grymoedd sy'n gweithredu mewn sgrym pan mae'r chwaraewyr yn defnyddio peiriant sgrym.

Os yw'r peiriant yn ddisymud, mae'n rhaid bod y grym cydeffaith yn sero oherwydd y rhyngweithio rhwng pob grym sy'n gweithredu ar y peiriant sgrymio. Mae'r grym sy'n cael ei roi *gan y chwaraewyr* ar y peiriant yn hafal ac yn ddirgroes i'r grym sy'n cael ei roi *ar y chwaraewyr* gan y peiriant. Mae'r grymoedd yn gweithredu mewn parau: mae un (gan y chwaraewyr) yn cael ei alw'n

Termau allweddol

Grym arwaith yw grym sy'n gweithredu ar wrthrych i un cyfeiriad.

Grym adwaith yw'r grym mae'r gwrthrych yn ei weithredu i gyfeiriad dirgroes i'r grym arwaith.

Pâr rhyngweithio yw pâr o rymoedd arwaith—adwaith.

Grym cyffwrdd yw grym sy'n cael ei weithredu ar wrthrych trwy gyffwrdd y gwrthrych.

Grymoedd arwaith o bellter yw grymoedd sy'n gweithredu ar wrthrychau heb eu cyffwrdd, megis disgyrchiant.

✓ Profwch eich hun

21 Beth yw trydedd ddeddf Newton?

22 Beth yw enwau'r ddau rym mewn pâr rhyngweithio?

23 Beth yw'r ddau brif fath o rym?

24 Eglurwch pam na wnaiff chwaraewr rygbi sy'n gwthio mewn sgarmes syrthio i'r llawr heblaw ei bod hi'n llithro neu fod y sgarmes yn cwympo.

25 Edrychwch ar Ffigur 12.13. Gwnewch fraslun o bob diagram a labelwch y parau o rymoedd sy'n rhyngweithio ym mhob achos.

Ffigur 12.13

rym arwaith ac mae'r llall (gan y peiriant) yn cael ei alw'n **rym adwaith**; gyda'i gilydd maen nhw'n **bâr rhyngweithio**. Mae grymoedd bob amser yn gweithredu mewn parau. Mae rhai grymoedd (fel y rhai mewn sgrymiau) yn **rymoedd cyffwrdd**: rhaid i ddau wrthrych gyffwrdd â'i gilydd i roi'r grym. (Mae grymoedd eraill, fel disgyrchiant neu'r grymoedd sy'n cael eu rhoi gan feysydd trydanol a magnetig, yn **rymoedd arwaith o bellter**.) Isaac Newton oedd y cyntaf i sylwi bod grymoedd yn gweithredu mewn parau. Rhoddodd grynodeb o hyn yn ei **drydedd ddeddf mudiant**, a gyhoeddwyd gyntaf yn 1687:

'Mewn rhyngweithiad rhwng dau wrthrych, A a B, mae'r grym mae corff A yn ei roi ar gorff B yn hafal i'r grym mae corff B yn ei roi ar gorff A, ond i'r cyfeiriad dirgroes.'

Neu mewn geiriau eraill: *'I bob grym arwaith, mae yna rym adwaith hafal a dirgroes.'*

Wrth ddefnyddio trydedd ddeddf Newton, mae angen i ni ddeall y pwyntiau canlynol:

1 Mae'r ddau rym mewn pâr rhyngweithio yn gweithredu ar wrthrychau gwahanol.
2 Mae'r ddau rym yn hafal o ran maint, ond yn gweithredu i gyfeiriadau dirgroes.
3 Mae'r ddau rym o'r un math bob tro, er enghraifft, grymoedd cyffwrdd neu rymoedd disgyrchiant.

Ar y peiriant sgrym, mae llawer o barau rhyngweithio eraill o rymoedd (ym mhob man lle mae dau gorff yn cyffwrdd â'i gilydd), ond mae yna 16 o barau pwysig iawn – rhwng traed pob chwaraewr a'r llawr. Mae troed y chwaraewr yn rhoi grym tuag yn ôl ar y ddaear. Mae'r ddaear yn rhoi grym hafal a dirgroes tuag ymlaen ar y droed.

Ffigur 12.12 Llun agos o sgrym, yn dangos y rhyngweithio rhwng y traed a'r llawr.

Peiriannau sgrymio a sbringiau

Mae Ffigur 12.14 yn dangos aelodau o dîm rygbi Caerfaddon yn sgrymio yn erbyn eu peiriant sgrymio technoleg uwch.

Ffigur 12.14 Peiriant sgrymio cyfrifiadurol tîm rygbi Caerfaddon.

Mae'r peiriant sgrymio hwn yn gweithio trwy ddefnyddio cyfres o sbringiau a synwyryddion, ac mae'n gallu mesur y grymoedd sy'n rhan o'r broses sgrymio ar wahanol bwyntiau ar draws rheng flaen y sgrym. Mae tîm rygbi Caerfaddon yn defnyddio'r peiriant i wella eu techneg sgrymio, er mwyn cael mantais dros eu gwrthwynebwyr.

Mae'r newidiadau i'r sbringiau yn cynnwys estyniad (mynd yn hirach) a chywasgiad (mynd yn fyrrach). Mae'r synwyryddion yn mesur estyniad (neu gywasgiad) y sbring yn gyson ac yna'n defnyddio gwybodaeth o 'ystwythder' y sbring (trwy werth o'r enw cysonyn sbring, k) i gyfrifo'r grymoedd dan sylw. Mae'r grym, F (mewn N), cysonyn sbring, k (mewn N/m) a'r estyniad (neu'r cywasgiad), x (mewn m) yn perthyn i'w gilydd yn yr hafaliad:

grym, F = cysonyn sbring, k × estyniad, x

$$F = kx$$

Mae'r sbringiau mewn unrhyw beiriant sgrym yn anystwyth iawn, ac felly mae angen llawer o rym i'w hestyn (neu eu cywasgu) ac mae ganddynt gysonion sbring uchel iawn.

Mae graff grym yn erbyn estyniad ar gyfer sbring, sy'n ufuddhau i $F = kx$, yn cael ei ddangos yn Ffigur 12.15. Graddiant (neu oledd) llinell y graff yw cysonyn sbring, k, y sbring.

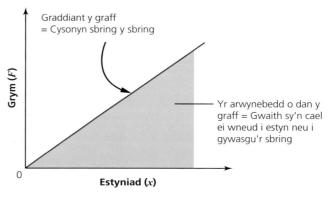

Ffigur 12.15 Graff grym–estyniad ar gyfer sbring.

Gan fod y chwaraewyr rygbi yn rhoi grym ar y sbringiau y tu mewn i'r peiriant sgrymio, maen nhw'n gwneud gwaith ar y sbringiau, gan fod grym yn symud trwy bellter (estyniad, neu gywasgiad, y sbringiau). Gall y gwaith sy'n cael ei wneud yn estyn (neu'n cywasgu) y sbring gael ei fesur trwy ganfod yr ardal o dan y graff grym–estyniad (siâp trionglog). Pan fydd y sbring yn ufuddhau i'r hafaliad $F = kx$, yna bydd y gwaith sy'n cael ei wneud, W, yn cael ei roi gan:

$$W = \frac{1}{2}Fx$$

✔ Profwch eich hun

26 Mae sgrym tîm rygbi Caerfaddon yn gweithredu grym yn erbyn un o'r sbringiau yn eu peiriant sgrymio, gan achosi iddo estyn 0.125 m. Os yw cysonyn sbring y sbring, k, yn 40 000 N/m, cyfrifwch y grym sy'n cael ei weithredu ar y sbring.

27 Yn ystod sesiwn yn y gampfa, mae chwaraewr rygbi'n gweithredu grym o 600 N ar y sbring y tu mewn i un o'r peiriannau ymarfer, gan wneud iddo estyn 0.15 m. Cyfrifwch gysonyn sbring y sbring.

28 Mae dau chwaraewr rygbi'n defnyddio band Pilates fel rhan o'u trefn ystwytho. Mae'r band Pilates yn gweithredu fel sbring, mae'n ufuddhau i $F = kx$, ac mae ganddo gysonyn sbring o $k = 2500$ N/m. Mae'r chwaraewyr yn gweithredu grym o 750 N ar y band. Cyfrifwch estyniad y band.

29 Mae un o'r synwyryddion ar beiriant sgrymio tîm rygbi Caerfaddon yn monitro sbring hir sy'n estyn ac sy'n galluogi'r hyfforddwyr i symud rheng flaen y sgrym i fyny ac i lawr. Mae Tabl 12.2 yn dangos rhai o'r data sydd wedi'u cofnodi gan y synhwyrydd.

Tabl 12.2

Estyniad, x (m)	0.00	0.05	0.10	0.15	0.20	0.25	0.30
Grym, F (N)	0.00	250	510	750	990	1250	1500

a) Plotiwch graff o'r data hyn gydag estyniad ar yr echelin-x a grym ar yr echelin-y.

b) Lluniadwch linell ffit orau ar gyfer eich pwyntiau.

c) Defnyddiwch eich graff i gyfrifo cysonyn sbring y sbring.

ch) Defnyddiwch eich graff i gyfrifo cyfanswm y gwaith a gafodd ei wneud trwy estyn y sbring 0.30 m.

⚙ Gwaith ymarferol penodol

Ymchwilio i graff grym–estyniad sbring

Estyn sbring

Dyma weithgaredd sy'n eich helpu i wneud y canlynol:

> cydweithio gyda phartner
> cynnal asesiad risg
> mesur estyniadau
> cyfrifo gwaith wedi'i wneud
> dadansoddi canlyniadau
> cyflwyno canfyddiadau ar ffurf graff.

Cyfarpar

> sbring estyniad
> riwl
> pentwr o fasau 1 kg (10 × 100 g)
> stand, cnap × 2 a chlamp × 2

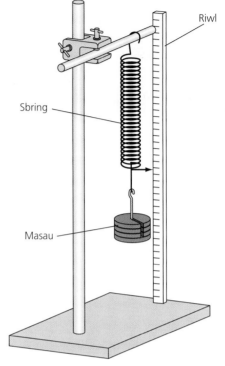

Ffigur 12.16

Yn yr arbrawf hwn, byddwch chi'n mesur estyniad y sbring ar gyfer gwahanol bwysau sy'n hongian ar y sbring. Mae pob un màs 100 g yn pwyso 1 N, a bydd angen i chi gofnodi'r estyniadau mewn metrau. Gallwch chi blotio graff grym yn erbyn estyniad ac yna defnyddio eich graff i gyfrifo cysonyn sbring y sbring a'r gwaith a gafodd ei wneud wrth estyn y sbring.

Nodiadau diogelwch

Dylech chi gynnal asesiad risg addas ar gyfer yr arbrawf hwn. Gwiriwch eich asesiad risg gyda'ch athro/athrawes cyn cynnal eich ymchwiliad. Ni ddylai'r sbring fynd y tu hwnt i'w derfyn elastig. Dylech chi wisgo sbectol ddiogelwch yn yr achos hwn.

Dull

1 Dylech gynnal asesiad risg addas ar gyfer y dull hwn.
2 Cydosodwch y cyfarpar fel yn Ffigur 12.16. Gallwch ddefnyddio'r ail gnap a chlamp i gynnal y riwl.
3 Addaswch sero'r riwl fel ei fod yr un uchder â gwaelod y sbring.
4 Ychwanegwch ddaliwr y pentwr masau 1 N at y sbring. Mesurwch estyniad y sbring a chofnodwch ef mewn metrau.
5 Ychwanegwch fwy o ddarnau màs at y sbring, a mesurwch a chofnodwch yr estyniadau.

Dadansoddi eich canlyniadau

1 Plotiwch graff grym (mewn N) (echelin-y) yn erbyn estyniad (mewn m) (echelin-x).
2 Lluniadwch linell ffit orau ar gyfer eich pwyntiau.
3 Defnyddiwch y llinell ffit orau i ganfod graddiant y llinell – dyma yw **cysonyn sbring** y sbring.
4 Mesurwch yr arwynebedd o dan y llinell ffit orau hyd at estyniad mwyaf y sbring. Dyma'r gwaith sy'n cael ei wneud wrth estyn y sbring hyd at ei estyniad mwyaf posibl. Gallwch chi wneud hyn trwy 'gyfrif y sgwariau', neu drwy ddefnyddio'r hafaliad:

$$W = \frac{1}{2}Fx$$

Gwaith, egni a cherbydau

Gwella effeithlonrwydd cerbydau

Mae Ffigur 12.17 yn dangos y bws 'Tîm Cymru' diweddaraf sy'n cludo'r tîm cenedlaethol o gwmpas y Deyrnas Unedig.

Mae gan y fersiwn hwn o'r bws nifer o nodweddion dylunio i gynyddu effeithlonrwydd y cerbyd:

Ffigur 12.17 Bws 'Tîm Cymru'.

- Mae rhan uchaf arwyneb blaen y bws yn 'gwyro' ar ongl. Mae hyn yn gwella aerodynameg y bws, gan leihau'r gwrthiant aer pan fydd y bws yn teithio'n gyflym. Mae gwella'r aerodynameg trwy adael i'r aer symud yn llyfn dros arwynebau allanol bws yn lleihau'r gwaith mae'r bws yn ei wneud yn fawr gan orfodi'r aer i ffwrdd, yn gwella arbedion tanwydd ac yn cynyddu cwmpas y bws.
- Mae gwaelod y bws yn agosach at y ddaear ac mae'r olwynion wedi'u hamgáu yn fwy gan fwâu'r olwynion. Mae hyn hefyd yn gwella aerodynameg y bws ac yn lleihau'r gwrthiant aer, gan wella arbedion tanwydd.
- Mae ymylon arwyneb allanol y bws i gyd mor 'grwn' ag sy'n bosibl, gan gynyddu aerodynameg y bws.
- Mae teiars y bws hwn wedi cael eu cynllunio i sicrhau cydbwysedd rhwng yr angen am afael (er mwyn diogelwch y teithwyr) a'r angen i leihau'r gwrthiant treigl (*rolling*) rhwng y teiars ac arwyneb y ffordd (gan wella arbedion tanwydd). Mae nifer o ffactorau gwahanol yn effeithio ar y gwrthiant symudol, ond un o'r prif rai yw elastigedd rwber defnydd y teiars a gwasgedd y teiars. Trwy gadw gwasgedd y teiars yn gyson a defnyddio teiars cyfansawdd caled, mae'r nifer o deiars sy'n cael eu hanffurfio yn cael ei gadw i'r lleiaf posibl, gan leihau gwrthiant symudol.

Mae cerbydau eraill yn gwella eu defnydd o danwydd trwy leihau swm yr egni sy'n cael ei golli pan fydd y cerbyd yn segura mewn traffig neu wrth oleuadau traffig. Mae cyfrifiaduron yn monitro'r peiriant ac, os yw'n cael ei orfodi i segura pan fydd y cerbyd yn stopio, mae systemau'n gweithredu i gau'r injan i lawr dros dro, neu mae egni cinetig y peiriant segur yn cael ei ddefnyddio i bweru dynamo bach sy'n gwefru batri, a ddefnyddir yn nes ymlaen i bweru systemau trydanol y cerbyd. Mae systemau tebyg yn cael eu defnyddio mewn rhai ceir petrol–trydan hybrid i adennill peth o egni cinetig y peiriant sy'n cael ei wastraffu pan fydd y car yn powlio mynd (*coasting*). Mae llawer o weithgynhyrchwyr cerbydau yn arbrofi yn barhaus gyda defnyddiau ysgafn newydd i gymryd lle defnyddiau trymach, mwy traddodiadol, fel dur, ar gyfer darnau cerbydau. Mae lleihau màs y car yn lleihau ei inertia i symudiad ac felly mae angen llai o egni i gael y cerbyd i symud yn y lle cyntaf. Mae cerbydau cymhleth mawr fel bws Tîm Cymru yn defnyddio sawl un o'r mesurau hyn i gynyddu effeithlonrwydd tanwydd.

Gwella diogelwch cerbydau

Mae gwneuthurwyr ceir wrthi'n gyson yn ychwanegu nodweddion diogelwch, a'u gwella nhw, i leihau anafiadau mewn gwrthdrawiadau – i bobl mewn ceir ac i gerddwyr. Mae gwneuthurwyr ceir yn defnyddio sgôr yr Euro NCAP (y corff Ewropeaidd sy'n profi diogelwch ceir) fel dyfais farchnata, yn enwedig wrth farchnata ceir teulu. Mae'r Euro NCAP yn ystyried bod y gwaith marchnata hwn yn hanfodol, ac mae gwneuthurwyr yn sylwi bod cynhyrchu ceir mwy diogel yn gallu ennill arian iddynt. Un o'r ffactorau sy'n effeithio ar faint o niwed sy'n cael ei wneud i yrwyr a theithwyr mewn damwain car yw'r newid momentwm cyflym sy'n digwydd pan fydd car yn taro rhywbeth. Os ydych chi mewn car sy'n arafu'n sydyn, mae eich mudiant yn golygu y byddwch chi'n dal i symud ymlaen nes bod grym yn gweithredu i newid eich cyflymder (cofiwch ddeddf gyntaf Newton o Bennod 11). Efallai mai'r grym rhwng eich pen a'r sgrin wynt fydd hwn. Fe gofiwch chi ail ddeddf Newton hefyd, sy'n datgan:

$$\text{grym (N)} = \text{màs (kg)} \times \text{cyflymiad (m/s}^2)$$

Os byddwch chi'n arafu'n gyflym, bydd grym mawr ar eich corff. Bydd unrhyw beth sy'n gwneud i'r gwrthdrawiad bara'n hirach, ac felly'n lleihau'r arafiad, yn golygu eich bod chi'n llai tebygol o gael eich anafu, oherwydd bydd y grym sy'n gweithredu arnoch hefyd yn llai. Y tric wrth gynllunio diogelwch ceir yw peiriannu systemau o fewn y car fydd yn cynyddu amser gwrthdrawiad ac eto'n cadw'r teithwyr yn ddiogel mewn adran deithio gadarn.

Mae gwneuthurwyr ceir yn cynllunio eu ceir fel y byddan nhw'n crebachu'n raddol mewn ardrawiad. Mae hyn yn cynyddu amser y gwrthdrawiad (sy'n lleihau'r cyflymiad), ac yn lleihau'r grym ar y teithwyr, yn sylweddol. Enw'r nodweddion hyn yw **cywasgrannau**. Mae un ym mlaen y car ac un yng nghefn y car. Mae'r gywasgran flaen yn galluogi'r foned a'r peiriant i blygu fel consertina arnyn nhw eu hunain, wrth gael eu gwthio'n ôl i'r car ar hyd rheiliau anystwyth iawn. Mae hyn yn cynyddu amser y gwrthdrawiad a hefyd yn cymryd llawer o'r egni cinetig ohono, gan anffurfio blaen y car.

Ffigur 12.18 Cywasgran wedi'i chywasgu mewn damwain.

✔ | Profwch eich hun

30 Beth yw 'cywasgran'?

31 Sut mae cywasgrannau'n lleihau'r grym ar deithwyr mewn car yn ystod damwain?

32 Pam mae'n bwysig bod ceir yn cael eu cynllunio â chywasgrannau yn y blaen a'r cefn?

Cynllunio a phrofi cywasgrannau

Dyma weithgaredd sy'n eich helpu i wneud y canlynol:

> gwneud model o gywasgran
> cynllunio a phrofi gwahanol syniadau am gywasgrannau.

Cyfarpar

> troli dynameg
> defnyddiau amrywiol i wneud gwahanol gynlluniau o gywasgrannau
> 'mesurydd arafu' wedi'i wneud o floc o blastisin a matsien (gweler Ffigur 12.20)
> ramp

Mae nifer o wahanol fathau o gywasgrannau. Gallwch chi fodelu cywasgrannau mewn amrywiaeth o ffyrdd. Bydd eich athro/ athrawes yn arddangos un model o'r fath.

Dull

1 Gallwch chi gymharu effaith cywasgrannau gwahanol trwy ddefnyddio mesurydd arafu syml wedi'i wneud o blastisin a matsien. Rhowch y plastisin ar flaen y troli dynameg â thâp gludiog; wrth i'r troli daro'r stand retort, caiff y fatsien ei gwthio i'r bloc plastisin. Trwy fesur pa mor bell y caiff y fatsien ei gwthio i'r plastisin, gallwch chi gymharu'r grym yn ystod y gwrthdrawiad. Yr isaf yw'r grym, y gorau yw'r gywasgran rydych chi wedi'i chynllunio.

2 Defnyddiwch y defnyddiau sydd ar gael i gynllunio gwahanol gywasgrannau a fydd yn ffitio ar flaen y troli dynameg. Cofiwch sicrhau bod y prawf yn deg trwy wneud eu lled i gyd yr un faint fel eu bod nhw'n taro'r mesurydd arafu ar yr un pryd.

3 Pa system oedd yr un orau? Pam rydych chi'n meddwl mai hon oedd yr un orau?

Mae rhan ganolog car yn gryf iawn ac nid yw'n cywasgu. Rydym ni'n galw'r rhan hon yn cawell diogelwch, ac mae wedi'i chynllunio i ddiogelu pob teithiwr yn ystod gwrthdrawiad. Mae'r cawell diogelwch yn atal y cywasgrannau rhag cael eu gwthio i mewn tuag at y teithwyr. Mae barrau 'ardrawiad o'r ochr' gan geir hefyd sy'n gwneud y gywasgran yn gryf iawn yn ystod gwrthdrawiad o'r ochr (un o'r mathau mwyaf cyffredin o wrthdrawiad).

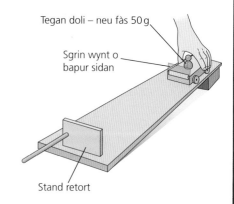

Tegan doli – neu fàs 50 g
Sgrin wynt o bapur sidan
Stand retort

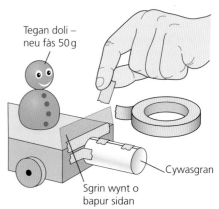

Tegan doli – neu fàs 50 g
Sgrin wynt o bapur sidan
Cywasgran

Ffigur 12.19 Cyfarpar i ddangos effaith cywasgran car.

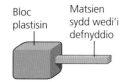

Bloc plastisin
Matsien sydd wedi'i defnyddio

Ffigur 12.20

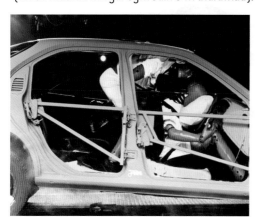

Ffigur 12.21 'Sgerbwd' cawell diogelwch car.

33 Pam mae angen i gawell diogelwch fod yn gryf?

34 Yn eich barn chi, ble mae'r cawell diogelwch yng nghar eich teulu chi?

35 Pam mae barrau ardrawiad o'r ochr yn cael eu gosod yn y rhan fwyaf o geir newydd?

36 Yn eich barn chi, o ba ddefnyddiau mae cewyll diogelwch yn cael eu gwneud?

Gwregysau diogelwch a bagiau aer

Mae gwregysau diogelwch a bagiau aer wedi gwella ein siawns o oroesi gwrthdrawiad yn fawr.

Ffigur 12.22 Dymi profi gwrthdaro yn gwisgo gwregys yn ystod gwrthdrawiad ac yn taro bag aer yn ystod gwrthdrawiad.

Mae gwregysau a bagiau aer yn gweithio mewn ffordd debyg i gywasgrannau. Maen nhw wedi'u cynllunio i gynyddu amser y gwrthdrawiad i'r teithwyr yn y car.

▶ Mewn damwain, mae'r gwregys yn eich dal chi yn eich sedd, gan eich atal (os ydych chi yn un o'r seddau blaen) rhag taro'r llyw, y dashfwrdd neu'r sgrin wynt, neu rhag taro'r seddau blaen os ydych chi'n teithio yn y cefn. Fodd bynnag, byddai'r gwregys hefyd yn achosi niwed sylweddol i chi pe na bai'n ymestyn yn ystod y gwrthdrawiad. Mae gwregysau wedi'u gwneud o ddefnydd webin sy'n ymestyn mewn ffordd reoledig yn ystod gwrthdrawiad. Mae'r defnydd sy'n ymestyn *yn cynyddu amser y gwrthdrawiad, gan leihau'r gyfradd newid momentwm yn fawr,* ac felly hefyd y grym sy'n gweithredu arnoch chi. Gan fod y gwregysau'n ymestyn, heb ddychwelyd i'w siâp gwreiddiol, rhaid cael rhai newydd ar ôl gwrthdrawiad lle maen nhw wedi ymestyn. Mae rhagdynianwyr (*pretensioners*) gwregysau gan rai ceir. Mae'r rhain yn synhwyro'r gwrthdrawiad (trwy ddefnyddio synwyryddion electronig yng ngheudod y peiriant sy'n synhwyro'r arafiad) ac yn tynhau'r gwregys ychydig i leihau effaith y gwrthdrawiad.

▶ Mae bagiau aer yn enchwythu'n awtomatig mewn gwrthdrawiad – fel rheol, byddan nhw a'r rhagdynianwyr gwregysau wedi'u cysylltu â'r un synwyryddion. Pan fydd pennau'r teithwyr yn taro'r bagiau aer, bydd y bagiau'n dadchwythu'n araf wrth i rym y gwrthdrawiad wthio rhywfaint o'r nwy allan. Mae'r bag aer yn gwneud i ben y person gymryd mwy o amser i arafu a stopio, fel bod llai o rym yn gweithredu ar y pen.

37 Sut mae gwregys yn eich diogelu rhag anaf difrifol mewn damwain car?

38 Pam mae gwregysau wedi'u gwneud o ddefnydd webin?

39 Pam mae'n bwysig iawn bod teithwyr yn sedd gefn car yn gwisgo gwregysau?

40 Pam mae rhagdynianwyr gwregysau gan rai ceir? Pam mae'r rhain yn lleihau'r risg o anaf difrifol hyd yn oed yn fwy?

41 Sut mae bagiau aer yn gweithio?

42 Pam mae bag aer wedi'i gynllunio i gynyddu'r amser gwrthdaro rhwng pen gyrrwr a'r llyw?

43 Mae ceir modern wedi'u ffitio ag amrywiaeth o fagiau aer gwahanol – darganfyddwch ble mae'r bagiau aer yn eich car chi. Pam mae'r bagiau aer wedi'u lleoli yn y mannau hyn?

⬇ Crynodeb o'r bennod

- Mae gwaith yn cael ei wneud pan gaiff egni ei drosglwyddo o un ffurf i ffurf arall. Mae'r gwaith sydd wedi'i wneud yn fesur o'r egni sy'n cael ei drosglwyddo.
- Uned gwaith yw'r joule, J.
- Gallwn ni gyfrifo'r gwaith sy'n cael ei wneud trwy ddefnyddio'r hafaliad:

  gwaith sy'n cael ei wneud (J) = grym sy'n cael ei ddefnyddio (N) × pellter symud i gyfeiriad y grym (m)
- Pryd bynnag y caiff egni ei drosglwyddo o un ffurf i ffurf arall, caiff cyfran o'r egni ei golli ar ffurf gwres neu sain. Er enghraifft, mae effeithlonrwydd cyhyrau dynol tua 25%, felly mae tua 75% o'r egni mae celloedd y cyhyrau'n ei ddefnyddio yn troi'n egni gwres yn hytrach nag yn egni cinetig.
- Gallwn ni gyfrifo egni cinetig (EC) gwrthrych sy'n symud trwy ddefnyddio'r hafaliad:

$$\text{egni cinetig} = \frac{\text{màs} \times \text{cyflymder}^2}{2}$$

$$EC = \frac{1}{2}mv^2$$

- Os yw gwrthrych yn symud trwy'r awyr tuag i fyny, bydd ei egni cinetig yn newid yn raddol i egni potensial disgyrchiant wrth i'r gwrthrych wneud gwaith yn erbyn disgyrchiant. Bydd y gwrthrych yn dechrau arafu gan fod ganddo lai o egni cinetig.
- Gallwn ni gyfrifo egni potensial (EP) disgyrchiant trwy ddefnyddio'r hafaliad:

  EP = màs, m (kg) × cryfder disgyrchiant, g (N/kg) × newid uchder, h (m)
- Pan mae holl egni cinetig y gwrthrych wedi trawsnewid i egni potensial disgyrchiant, mae cyflymder fertigol y gwrthrych yn sero, ac mae'r gwrthrych yn dechrau disgyn eto wrth i'r egni potensial ddechrau trawsnewid yn ôl i egni cinetig.
- Ar unrhyw adeg pan mae'r gwrthrych yn symud, mae cyfanswm yr egni'n aros yn gyson gan mai hwn yw cyfanswm yr egni cinetig a'r egni potensial.

- Mae trydedd ddeddf Newton yn datgan: *Mewn rhyngweithiad rhwng dau wrthrych, A a B, mae'r grym mae corff A yn ei roi ar gorff B yn hafal i'r grym mae corff B yn ei roi ar gorff A, ond i'r cyfeiriad dirgroes.*
- Nodwch beth yw trydedd ddeddf mudiant Newton.
- Gyda'i gilydd, mae'r grym arwaith a'r grym adwaith yn gwneud pâr rhyngweithio.
- Mae grymoedd yn gallu bod yn rymoedd 'cyffwrdd', lle mae'n rhaid i'r gwrthrychau 'gyffwrdd' â'i gilydd i roi'r grym, neu gallant fod yn rymoedd 'arwaith o bellter', fel disgyrchiant neu rymoedd electromagnetig.
- Gallwn ni ganfod y berthynas rhwng grym ac estyniad ar gyfer sbring a systemau syml eraill trwy ddefnyddio'r hafaliad:

  grym = cysonyn sbring × estyniad

$$F = kx$$

- Gallwn ni fesur y gwaith sy'n cael ei wneud wrth estyn sbring trwy ddarganfod yr arwynebedd o dan y graff grym–estyniad (F–x).
- Gyda sbring sy'n ufuddhau i $F = kx$, mae'r gwaith sy'n cael ei wneud wrth estyn sbring yn cael ei fynegi gan:

$$W = \frac{1}{2}Fx$$

- Gellir gwella effeithlonrwydd cerbydau trwy leihau colledion aerodynamig/gwrthiant aer a gwrthiant treigl, colledion segura a cholledion inertia.
- Mae nodweddion diogelwch mewn ceir yn lleihau nifer yr anafiadau a'r marwolaethau pan mae ceir yn cael damweiniau. Mae'r rhain yn cynnwys gwregysau diogelwch a bagiau aer, a chywasgrannau a chewyll diogelwch. Mae'r nodweddion hyn i gyd yn gweithredu trwy gynyddu'r amser mae'r gwrthdrawiad yn ei gymryd i ddigwydd, sy'n lleihau arafiad teithwyr y car ac, o ganlyniad, y grym sy'n gweithredu arnynt.

► Cwestïynau ymarfer

1 Mae Ffigur 12.23 yn dangos lori llwyth-isel yn winsio car i fyny ramp.

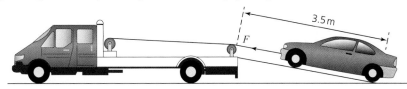

Ffigur 12.23

Mae winsh y lori yn gwneud 2450 J o waith wrth godi'r car a 350 J o waith yn erbyn ffrithiant wrth dynnu'r car i fyny'r ramp 3.5m.

a) Cyfrifwch gyfanswm y gwaith sy'n cael ei wneud wrth godi'r car i gefn y lori. [1]

b) Defnyddiwch yr hafaliad:

$$\text{grym} = \frac{\text{cyfanswm y gwaith sy'n cael ei wneud}}{\text{pellter}}$$

i ddarganfod y grym F. [2]

(TGAU Ffiseg CBAC P2, Sylfaenol, haf 2010, cwestiwn 7)

2 Mae sgïwr yn llithro i lawr llethr o A a daw i orffwys yn C. Mae ei egnïon ym mhwyntiau A, B ac C yn cael eu dangos ar y diagram.

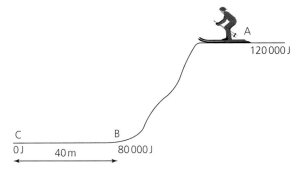

Ffigur 12.24

a) Copïwch a dewiswch yr ateb sy'n cwblhau pob brawddeg. [2]

i) Yr egni sy'n cael ei golli wrth lithro i lawr y llethr o A i B yw

40 000 J   80 000 J   120 000 J   200 000 J

ii) Y gwaith sy'n cael ei wneud yn erbyn y grym sy'n gweithredu ar y sgïwr rhwng B ac C yw

40 000 J   80 000 J   120 000 J   200 000 J

b) i) Rhowch reswm pam mae egni yn cael ei golli gan y sgïwr pan mae hi'n llithro o A i B. [1]

ii) Defnyddiwch yr hafaliad:

$$\text{grym} = \frac{\text{gwaith sy'n cael ei wneud}}{\text{pellter teithio}}$$

i gyfrifo maint y grym sy'n dod â'r sgïwr i orffwys yn C. [2]

(TGAU Ffiseg CBAC P2, Sylfaenol, haf 2010, cwestiwn 3)

3 Mae nifer o nodweddion diogelwch yn ymddangos mewn ceir modern i amddiffyn y bobl yn y car mewn gwrthdrawiad ben-ben. Mae cawell ddiogelwch teithiwr a cholofn lywio blygadwy (*collapsible steering column*) **yn** ddwy nodwedd ddiogelwch. Enwch **un** nodwedd ddiogelwch *arall* ac eglurwch y ffiseg tu ôl i ddyluniad y nodwedd.

Dylai eich ateb gynnwys:

• enw **un** nodwedd ddiogelwch *arall*;

• disgrifiad o beth mae'n ei wneud mewn gwrthdrawiad;

• eglurhad o sut mae'n gweithio yn nhermau naill ai grymoedd neu egni. [6 ACY]

(TGAU Ffiseg CBAC P2, Sylfaenol, Ionawr 2014, cwestiwn 8)

4 Copïwch Dabl 12.3 a phenderfynwch os yw pob datganiad am ddiogelwch cerbydau yn gywir neu'n anghywir. Ym mhob achos, rhowch gylch o gwmpas yr ateb cywir.

Tabl 12.3

A	Mae angen i wregysau diogelwch gael eu newid ar ôl cael eu defnyddio yn ystod gwrthdrawiad.	Cywir	Anghywir
B	Mae bagiau aer yn gweithio trwy leihau'r amser ardrawiad rhwng y teithwyr a'r rhannau o'r car.	Cywir	Anghywir
C	Mae cawell ddiogelwch yn y car yn gryf er mwyn atal difrod pellach i'r car yn ystod gwrthdrawiad.	Cywir	Anghywir
CH	Mae cywasgrannau yn gweithio trwy gynyddu'r amser gwrthdrawiad yn sylweddol yn ystod damwain a thrwy leihau'r grymoedd ardrawiad.	Cywir	Anghywir

[4]

5 Mae lifft yn codi pobl i lwyfan neidio yn y tŵr bynji hwn.

Ffigur 12.25

Mae'r llwyfan neidio 55 m uwchlaw'r ddaear.

a) Mae'r lifft yn codi person 60 kg o'r ddaear i'r llwyfan neidio. Dewiswch a defnyddiwch hafaliad addas i ganfod y cynnydd yn egni potensial y person. [3]

(Cryfder maes disgyrchiant = 10 N/kg)

b) Mae gan y neidiwr bynji egni cinetig o 18 000 J wrth iddo syrthio ar ei fuanedd mwyaf.

   i) Beth yw ei egni potensial pan fydd yn cyrraedd ei fuanedd mwyaf? [1]

   ii) Dewiswch a defnyddiwch hafaliad addas i ganfod ei fuanedd mwyaf. [3]

c) Eglurwch yn nhermau grymoedd, gan eu henwi, pam mae'r buanedd yn cynyddu cyn i'r rhaff bynji ddechrau ymestyn. [2]

ch) Mae'r rhaff bynji yn ymestyn ac yn stopio'r neidiwr yn union ar lefel y ddaear, gan storio egni'r neidiwr bynji yn y rhaff. Copïwch a chwblhewch Tabl 12.4 i ddangos y gwerthoedd egni ar y pwynt hwn. [3]

Tabl 12.4

Egni	Gwerth yr egni (J)
Egni cinetig	
Egni potensial disgyrchiant	
Egni sy'n cael ei storio yn y rhaff bynji	

(TGAU Ffiseg CBAC P2, Uwch, Ionawr 2008, cwestiwn 5)

6 Mae buanedd car, màs 1500 kg, sy'n teithio ar 15 m/s yn lleihau ei fuanedd i 5 m/s pan fydd yn teithio 7.5 m trwy bentwr o dywod ar y ffordd.

Ffigur 12.26

a) Dewiswch a defnyddiwch hafaliad i gyfrifo colled egni cinetig y car. [3]

b) Defnyddiwch eich ateb i ran (a) ynghyd â hafaliad i ganfod y grym gwrthiannol (cymedrig) sy'n cael ei gynhyrchu gan y tywod yn ystod y gwrthdrawiad. [3]

c) Ysgrifennwch werth y grym llorweddol sy'n gweithredu ar y **tywod** yn y gwrthdrawiad hwn. [1]

(TGAU Ffiseg CBAC P2, Uwch, Ionawr 2013, cwestiwn 4)

7 Does gan gar *roller coaster* ddim injan. Mae'r car yn cael ei dynnu i dop y brig cyntaf ar ddechrau'r reid, ond ar ôl hynny rhaid i'r car gwblhau'r reid ar ei ben ei hun. Rhaid i bob brig ar *roller coaster* fod yn is na'r un o'i flaen.

a) Eglurwch yn nhermau trosglwyddo egni sut mae'r car yn gallu cwblhau'r reid ar ôl cael ei dynnu i dop y brig cyntaf a pham mae'n rhaid i bob brig fod yn is na'r un o'i flaen. [6 ACY]

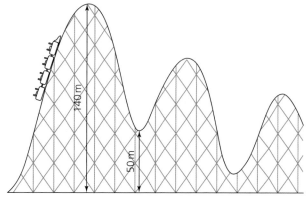

Ffigur 12.27

b) Uchder y brig cyntaf ar un o'r *roller coasters* talaf yn y byd yw 140 m. Ar ôl cyrraedd y top mae'r car yn cwympo'n gyntaf i uchder o 50 m uwchben y ddaear cyn mynd ymlaen ar ei daith. Màs y car a'r teithwyr yw 1200 kg.

   i) Dewiswch a defnyddiwch hafaliadau addas i gyfrifo cyflymder uchaf damcaniaethol y car ar ôl y cwymp cyntaf hwn. (g = 10 m/s^2) [4]

   ii) Trafodwch a yw'r cyflymder uchaf damcaniaethol hwn yn dibynnu ar fàs y teithwyr ai peidio. [2]

   iii) Yn ymarferol, mae'r car yn cyrraedd cyflymder o 37 m/s ar ôl y cwymp cyntaf hwn. Hyd y trac ar y cwymp yw 100 m. Dewiswch a defnyddiwch hafaliadau addas i gyfrifo'r grym gwrtheddol cymedrig ar y car. [3]

(TGAU Ffiseg CBAC P2, Uwch, haf 2013, cwestiwn 6)

8 a) Dywedwch beth yw trydedd ddeddf Newton. [2]

b) Mae bag ffa màs 0.5 kg, fel sy'n cael ei ddangos yn Ffigur 12.28, yn cael ei ollwng o orffwys ac yn cymryd 0.8 s i syrthio i'r llawr, y mae'n ei daro heb adlamu. ($g = 10\,\text{N/kg} = 10\,\text{m/s}^2$)

i) Tra bod y bag ffa yn disgyn, mae disgyrchiant y Ddaear yn ei dynnu tuag at ganol y Ddaear. Ysgrifennwch faint y grym a roddir **gan y bag ffa ar y Ddaear** ac yna rhowch ei gyfeiriad. [2]

Ffigur 12.28

ii) Dewiswch a defnyddiwch hafaliad i gyfrifo'r cyflymder mae'r bag ffa yn taro'r ddaear ag ef. (Anwybyddwch gwrthiant aer.) [2]

iii) Mae'r bag ffa yn cael ei stopio mewn 0.2 s. Defnyddiwch hafaliad addas a'ch ateb o ran (ii) i gyfrifo'r grym cydeffaith sy'n cael ei roi i stopio'r bag ffa. [3]

(TGAU Ffiseg CBAC P2, Uwch, Ionawr 2014, cwestiwn 4)

9 Does gan gar *roller coaster* ddim injan. Mae gan y car a'i deithwyr gyfanswm màs o 1500 kg. Mae'r car yn cael ei ddangos wrth iddo basio dros frig y reid sydd 40 m o uchder ar bwynt A. Mae ganddo gyflymder o 12 m/s ar y pwynt hwn. Yna mae'n rholio i lawr y trac i lefel y ddaear cyn symud i fyny at bwynt B ble mae'n dod i orffwys cyn rholio yn ôl eto.

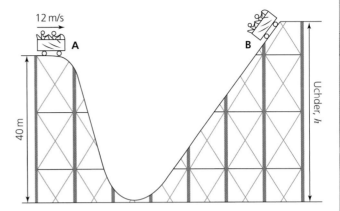

Ffigur 12.29

a) Cyfrifwch **gyfanswm** egni y car yn A. ($g = 10\,\text{m/s}^2 = 10\,\text{N/kg}$) [3]

b) Ar gyfer y car sy'n symud ar 12 m/s yn **A**, cyfrifwch yr uchder mwyaf *h* y mae'r car yn ei gyrraedd cyn stopio ym mhwynt **B**. [2]

c) Eglurwch pam na fyddai'r car yn cyrraedd yr uchder rydych wedi'i gyfrifo yn rhan (ii) mewn gwirionedd. [2]

(TGAU Ffiseg CBAC P2, Uwch, Ionawr 2014, cwestiwn 5)

13 Cysyniadau pellach am fudiant

Cynnwys y fanyleb

Mae'r bennod hon yn ymdrin ag adran 2.4 Cysyniadau pellach am fudiant yn y fanyleb TGAU Ffiseg, sy'n edrych ar fudiant llinell syth (unionlin). Mae'n edrych ar hafaliadau mudiant sy'n cyflymu'n unffurf mewn llinell syth, ac mae'n ystyried effeithiau grymoedd ar wrthrychau, a chysyniad momentwm a'i gadwraeth. Dydy'r bennod hon ddim yn berthnasol i fyfyrwyr TGAU Gwyddoniaeth (Dwyradd).

▶ Momentwm

Fe ddaethoch ar draws y cysyniad o inertia ym Mhennod 11 – sef mesur o ba mor anodd yw newid mudiant gwrthrych. Ffordd arall o feddwl am inertia yw trwy feddwl am y cysylltiad rhwng màs a chyflymder gwrthrych sy'n symud. Pan wnaeth bag offer Heidemarie Stefanyshyn-Piper hedfan i ffwrdd tra oedd hi'n cerdded yn y gofod i wasanaethu'r *ISS*, aeth i'r gofod yn agos at yr *ISS*. Cofiwch, mae'r *ISS* mewn orbit yn symud ar 7700 m/s, ac mae hyn yn golygu bod y bag offer yn symud ar y buanedd hwnnw hefyd. Dychmygwch y difrod y byddai bag offer 5 kg yn teithio ar 7700 m/s yn ei achosi pe baech chi'n ei daro wrth symud i'r cyfeiriad dirgroes!

Momentwm yw'r enw sy'n cael ei roi i luoswm màs a chyflymder gwrthrych. Mae gan wrthrychau lawer o fomentwm os ydyn nhw naill ai'n fasfawr iawn a/neu yn teithio ar gyflymder uchel.

Ffigur 13.1 Y gofodwr Heidemarie Stefanyshyn-Piper yn cerdded ar y gofod y tu allan i'r Orsaf Ofod Ryngwladol (*ISS*).

$$\text{momentwm, } p \text{ (kg m/s)} = \text{màs, } m \text{ (kg)} \times \text{cyflymder, } v \text{ (m/s)}$$

$$p = mv$$

★ Enghreifftiau wedi'u datrys

Cwestiynau

1 Cyfrifwch fomentwm Telesgop Gofod Hubble (*HST: Hubble Space Telescope*) mewn orbit. Màs yr *HST* yw 12 247 kg ac mae ei gyflymder orbitol yn 7583 m/s.

2 Momentwm Telesgop Kepler yw 6 127 680 kg m/s. Màs Telesgop Kepler yw 1052 kg. Cyfrifwch gyflymder Telesgop Kepler.

3 Mae'r gwregys asteroidau'n gorwedd rhwng orbit y planedau Mawrth ac Iau. Y tu mewn i'r gwregys, mae gwrthdrawiadau rhwng asteroidau'n eithaf cyffredin. Mewn gwrthdrawiad fel hyn, mae un asteroid, A, yn symud tuag at asteroid arall, B, ar gyflymder cymharol o 5 000 m/s, fel mae Ffigur 13.2 yn ei ddangos.

Ar ôl i'r ddau asteroid wrthdaro, maen nhw'n uno â'i gilydd i wneud un asteroid cyfunol mwy.

a) Cyfrifwch gyfanswm màs, *M*, yr asteroid cyfunol mwy.

b) Cyfrifwch gyflymder, *v*, yr asteroid cyfunol mwy.

Atebion

1 momentwm = màs × cyflymder = 12 247 kg × 7583 m/s

$$= 92\,869\,001 \text{ kg m/s}$$

2 momentwm = màs × cyflymder

wedi'i ad-drefnu: $\text{cyflymder} = \dfrac{\text{momentwm}}{\text{màs}} = \dfrac{6\,127\,680 \text{ kg m/s}}{1052 \text{ kg}}$

$$= 5825 \text{ m/s}$$

3 a) cyfanswm màs, *M*, yr asteroid cyfunol mwy = màs A + màs B.

$M = 7\,000\,000\,000$ kg $+ 9\,000\,000\,000$ kg $= 16\,000\,000\,000$ kg

b) gan ddefnyddio deddf cadwraeth momentwm:

cyfanswm momentwm cyn y gwrthdrawiad = cyfanswm momentwm ar ôl y gwrthdrawiad

momentwm A + momentwm B = momentwm yr asteroid cyfunol mwy

$(7\,000\,000\,000$ kg $\times 5\,000$ m/s$) + (9\,000\,000\,000$ kg $\times 0$ m/s$) = Mv$

$35\,000\,000\,000\,000$ kg m/s $= 16\,000\,000\,000$ kg $\times v$

$v = \dfrac{35\,000\,000\,000\,000 \text{ kg m/s}}{16\,000\,000\,000} = 2187$ m/s

màs = 7 000 000 000 kg

A

5000 m/s

màs = 9 000 000 000 kg

B

Ffigur 13.2

✔ Profwch eich hun

1 Cyfrifwch fomentwm bag offer 5 kg yn teithio ar 7700 m/s.

2 Cyfrifwch fomentwm yr *ISS* (màs = 400 000 kg), hefyd yn teithio ar 7700 m/s.

3 Ar adeg ei lansio, mae roced ofod yn gadael y tŵr lansio'n teithio ar 45 m/s. Momentwm y roced ar yr adeg hon yw 90 000 000 kg m/s. Beth yw màs y roced ar yr adeg hon? Pam nad yw màs y roced yn gyson?

4 Pan mae'r roced yn cael gwared â'r cyfnerthwyr roced solet a'r tanc tanwydd allanol, mae ei momentwm yn 140 000 000 kg m/s, a'i màs yn 100 700 kg. Beth yw cyflymder y roced ar yr adeg hon?

Ail ddeddf Newton a momentwm

Gallwn ni egluro ac ysgrifennu ail ddeddf Newton, $F = ma$ mewn ffordd wahanol trwy ddefnyddio'r newid ym momentwm gwrthrych. Fe gofiwch chi fod momentwm gwrthrych yn hafal i fàs y gwrthrych wedi'i luosi â'i gyflymder. Pan mae gwrthrych yn cyflymu, mae'n newid ei gyflymder o un gwerth i werth arall. Mae hyn yn golygu bod ei fomentwm hefyd yn newid wrth iddo gyflymu; mae'r grym cydeffaith sy'n gweithredu ar wrthrych sy'n cyflymu yn hafal i **gyfradd newid momentwm** y gwrthrych.

$$\text{grym cydeffaith } F \text{ (N)} = \frac{\text{newid mewn momentwm, } \Delta p \text{ (kg m/s)}}{\text{amser y newid, } t \text{ (s)}}$$

$$F = \frac{\Delta p}{t} = \frac{\Delta mv}{t}$$

Mae Ffigur 13.3 yn dangos gofodwr mewn *MMU* (*Manned Manoeuvring Unit*).

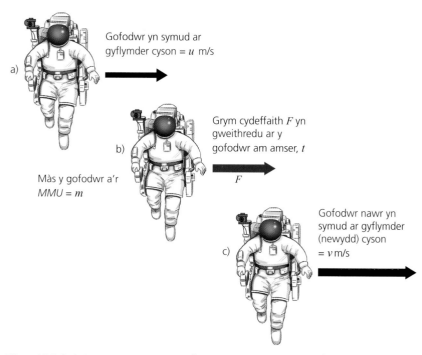

Ffigur 13.3 Gofodwr yn defnyddio *MMU* (*Manned Manoeuvring Unit*).

Mae'r *MMU* yn symud ar gyflymder cyson cychwynnol o $v_{\text{cychwynnol}}$ m/s. Momentwm cychwynnol yr *MMU*, felly yw, $mv_{\text{cychwynnol}}$ kg m/s. Mae grym F yn cael ei roi ar yr *MMU* gan un o'i wthwyr am amser t. Mae hyn yn achosi i'r *MMU* gyflymu i gyflymder cyson newydd v_{terfynol} m/s. Mae momentwm terfynol yr *MMU* wedyn yn mv_{terfynol} kg m/s. Newid momentwm, Δp, yr *MMU* yw:

$$\Delta p = \text{momentwm terfynol} - \text{momentwm cychwynnol} = mv_{terfynol} - mv_{cychwynnol}$$

Felly y grym F a weithredodd ar yr *MMU* yw:

$$F = \frac{\Delta p}{t} = \frac{mv_{terfynol} - mv_{cychwynnol}}{t}$$

Enghreifftiau wedi'u datrys

Cwestiynau

1 Mae gofodwr yn defnyddio'r *MMU* ac mae cyfanswm eu màs yn 250 kg. Mae hi'n cymryd 5 eiliad i newid cyflymder o 1.5 m/s i 3.5 m/s. Cyfrifwch fomentwm cychwynnol a momentwm terfynol y gofodwr.
2 Cyfrifwch y newid ym momentwm y gofodwr a'r *MMU*.
3 Cyfrifwch y grym cydeffaith ar y gofodwr.

Atebion

1 $p_{\text{cychwynnol}} = m \times v_{\text{cychwynnol}} = 250\,\text{kg} \times 1.5\,\text{m/s} = 375\,\text{kg m/s}$

$p_{\text{terfynol}} = m \times v_{\text{terfynol}} = 250\,\text{kg} \times 3.5\,\text{m/s} = 875\,\text{kg m/s}$

2 Newid momentwm,

$\Delta p = p_{\text{terfynol}} - p_{\text{cychwynnol}} = 875\,\text{kg m/s} - 375\,\text{kg m/s} = 500\,\text{kg m/s}$

3 Grym cydeffaith, $F = \dfrac{\Delta p}{t} = \dfrac{500\,\text{kg m/s}}{5\text{s}} = 100\,\text{N}$

✓ Profwch eich hun

5 Ar adeg ei lansio, mae gwthiad roced yn 30 400 000 N. Mae cyfanswm pwysau'r roced ar adeg ei lansio yn 20 407 000 N, gan fod ei màs yn 2 040 700 kg.
   a) Cyfrifwch y grym cydeffaith ar y roced ar adeg ei lansio.
   b) Cyfrifwch gyflymiad y roced ar adeg ei lansio.
6 Mae gofodwr yn defnyddio *MMU* (*Manned Manoeuvring Unit*) i archwilio paneli solar ar yr *ISS*. Mae'r *MMU* yn cynhyrchu grym gwthio bach o 60 N, sy'n cyflymu'r uned a'r gofodwr ar 0.25 m/s². Cyfrifwch fàs yr *MMU* a'r gofodwr. Os yw màs y gofodwr yn 80 kg, beth yw màs yr *MMU*?
7 Yn ystod $T + 200\,$s a $T + 300\,$s ar adeg lansio roced (h.y. rhwng 200 s a 300 s ar ôl y lansiad), mae'r roced (màs = 2 040 700 kg) yn cyflymu o 2600 m/s i 4400 m/s.
   a) Cyfrifwch fomentwm y roced ar:
      i) $T + 200\,$s   ii) $T + 300\,$s
   b) Cyfrifwch y newid momentwm rhwng yr amserau hyn.
   c) Cyfrifwch y grym cydeffaith sy'n gweithredu ar y roced yn ystod y cyfnod hwn.
   ch) Yn ystod y cyfnod hwn, mae uchder y roced yn cynyddu ac mae ei màs yn lleihau. Eglurwch sut bydd y ddau ffactor hyn yn effeithio ar y grymoedd sy'n gweithredu ar y roced.
8 Wrth baratoi i ddocio â'r *ISS*, mae cerbyd gofod Soyuz â chriw ynddo (màs = 7150 kg) yn newid cyflymder o'i gymharu â'r *ISS* o 12.0 m/s i 0.5 m/s.
   a) Cyfrifwch y newid ym momentwm y Soyuz.
   b) Cyfrifwch y grym arafu cydeffaith sy'n gweithredu ar y Soyuz.
   c) Mae gan y Soyuz dair 'ôl-roced' sy'n cael eu defnyddio i arafu'r Soyuz cyn iddo ddocio. Eglurwch sut mae'r rocedi hyn yn gallu arafu'r Soyuz.

Ffigur 13.4 Gofodwr yn defnyddio *Manned Manoeuvring* Unit (*MMU*).

Deddf cadwraeth momentwm

Mae **momentwm** yn faint pwysig iawn yn y Bydysawd. Mae arbrofion yn dangos bod momentwm yn faint sydd bob amser yn cael ei gadw pryd bynnag mae gwrthrychau yn rhyngweithio â'i gilydd (naill ai trwy wrthdrawiad neu ffrwydrad). Mae hyn yn berthnasol i ryngweithiadau rhwng sêr a galaethau ar un pen y raddfa maint ac i ronynnau isatomig, fel protonau ac electronau, ar ben arall y raddfa. Enghraifft wych o'r ddeddf cadwraeth momentwm yw'r hyn sy'n digwydd pan fydd yr *MMU* yn gweithredu grym trwy danio un o'i wthwyr. Mae'r gwthwyr yn gweithio trwy allyrru nwy nitrogen o'r *MMU* trwy ffroenell wthio. Gan fod y nwy yn cael ei allyrru, mae'n symud i un cyfeiriad ac mae'r *MMU* yn symud i'r cyfeiriad arall. Mae momentwm y nwy sy'n cael ei allyrru yn hafal i fomentwm yr *MMU*. Os bydd yr *MMU* yn llonydd i ddechrau (mewn perthynas â'r *ISS*), bydd ei fomentwm cychwynnol yn sero. Ar ôl i'r gwthwyr gael eu tanio, mae momentwm y nwy nitrogen yr un maint, ond yn y cyfeiriad arall i fomentwm yr *MMU*, ac felly y momentwm cyffredinol net yw sero – yr un fath ag yr oedd cyn i'r gwthwyr gael eu tanio. Gall y ddeddf cadwraeth momentwm gael ei hysgrifennu fel:

$$\frac{\text{cyfanswm momentwm}}{\text{cyn rhyngweithiad}} = \frac{\text{cyfanswm momentwm}}{\text{ar ôl rhyngweithiad}}$$

(Trwy gonfensiwn, mae'r momentwm mewn un cyfeiriad yn cael ei ystyried i fod yn bositif a momentwm yn y cyfeiriad arall yn cael ei ystyried i fod yn negatif.)

Cadw egni cinetig

Byddwch chi'n cofio o Bennod 12 fod egni cinetig (EC) gwrthrych sy'n symud yn cael ei roi gan:

$$KE = \frac{1}{2}mv^2$$

lle *m* yw màs y gwrthrych (mewn cilogramau) a *v* yw cyflymder y gwrthrych (mewn m/s). Er bod momentwm yn cael ei gadw bob amser mewn gwrthdrawiadau, mae egni cinetig yn cael ei gadw mewn gwrthdrawiadau **elastig** yn unig, lle mae cyfanswm yr egni cinetig cyn y gwrthdrawiad yr un fath â chyfanswm yr egni cinetig ar ôl y gwrthdrawiad. Fodd bynnag, ychydig iawn (os oes unrhyw un) o wrthdrawiadau sy'n wirioneddol elastig. Mae'r rhan fwyaf yn cynnwys colli peth egni cinetig, sy'n cael ei drawsnewid yn fathau eraill o egni, er enghraifft yr egni straen sy'n anffurfio gwrthrych, neu wres a sain. Rydym ni'n galw'r gwrthdrawiadau hyn yn wrthdrawiadau **anelastig**.

Ymchwilio i wrthdrawiadau a ffrwydradau

Gall eich athro/athrawes arddangos gwahanol wrthdrawiadau a ffrwydradau ar drac aer llinol.

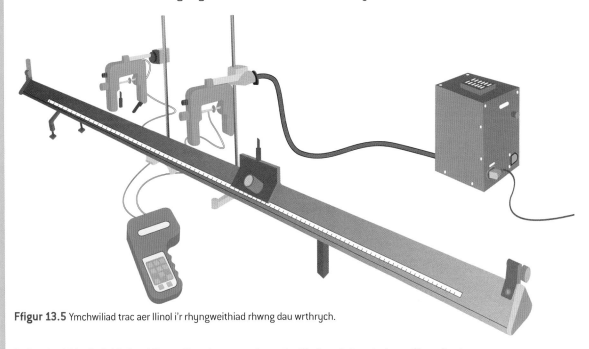

Ffigur 13.5 Ymchwiliad trac aer llinol i'r rhyngweithiad rhwng dau wrthrych.

Gallwch chi hefyd ddefnyddio trolïau dynameg i ymchwilio i wrthdrawiadau a ffrwydradau.

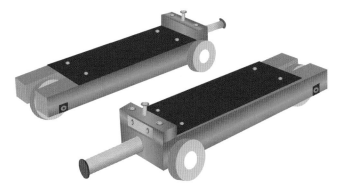

Ffigur 13.6 Trolïau dynameg.

Efallai y bydd eich athro/athrawes yn dangos ffyrdd o ymchwilio i wrthdrawiadau elastig (lle bydd egni cinetig yn cael ei gadw) gan ddefnyddio sbringiau troli neu fandiau rwber ar reidwyr trac aer, ac i wrthdrawiadau anelastig (dydy egni cinetig ddim yn cael ei gadw) lle mae trolïau neu reidwyr trac aer yn gwrthdaro ac yn glynu wrth ei gilydd. Gallwch chi hefyd ymchwilio i ffrwydradau trwy ddefnyddio'r sbringiau troli rhwng dau droli neu fandiau rwber ar reidwyr trac aer.

Mae hefyd yn bosibl ymchwilio i wrthdrawiadau a ffrwydradau trwy ddefnyddio animeiddiadau meddalwedd. Mae un enghraifft dda ar http://www.walter-fendt.de/ph14e/collision.htm

Pa bynnag system a ddefnyddiwch, ymchwiliwch i effaith newid màs a chyflymder y gwrthrychau sy'n gwrthdaro.

Ymchwiliwch i effaith gwrthdrawiadau a ffrwydradau elastig ac anelastig.

1 Ydy momentwm bob amser yn cael ei gadw mewn gwrthdrawiadau a ffrwydradau?
2 Ydy egni cinetig bob amser yn cael ei gadw mewn gwrthdrawiadau a ffrwydradau?

9 Mae Ffigur 13.7 yn dangos mudiant car sy'n teithio ar 15 m/s ac yn gwrthdaro â wal. Mae'r car yn adlamu gyda buanedd o 5 m/s ac yn dod i stop 2 eiliad ar ôl taro'r wal. Màs y car yw 1200 kg.

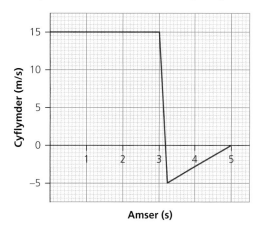

Ffigur 13.7

a) Sut gallwch chi ddweud o'r graff bod y car yn cael ei wthio tuag yn ôl yn y gwrthdrawiad?

b) i) Ysgrifennwch beth yw hyd y gwrthdrawiad.

   ii) Cyfrifwch y newid yng nghyflymder y car sy'n cael ei achosi gan y gwrthdrawiad â'r wal.

   iii) Defnyddiwch yr hafaliad: $\text{grym} = \dfrac{\text{newid mewn momentwm}}{\text{amser}}$

     i gyfrifo'r grym sy'n gweithredu ar y car yn ystod y gwrthdrawiad.

c) Brasamcanwch y pellter mae'r car yn ei adlamu oddi wrth y wal. Dangoswch eich gwaith cyfrifo.

ch) Enwch un nodwedd ddiogelwch mewn car modern sy'n lleihau'r grym ar y gyrrwr mewn gwrthdrawiad pen-ben (head-on) ac eglurwch sut mae'n lleihau'r grym hwnnw.

10 Mae gwn yn tanio bwled â màs 0.01 kg, ar fuanedd o 1000 m/s, at darged. Mae'r bwled yn pasio trwy'r targed, gan ddod allan y pen arall ar fuanedd o 100 m/s.

Ffigur 13.8

a) i) Defnyddiwch hafaliad addas i gyfrifo'r newid ym momentwm y bwled sy'n pasio trwy'r targed.

   ii) Cymerodd y bwled 0.0005 s i basio drwy'r targed. Cyfrifwch y grym cymedrig mae'r targed yn ei weithredu ar y bwled.

b) i) Màs y gwn yw 1.25 kg. Pan gaiff y bwled ei danio, mae'r gwn yn adlamu gyda chyflymder o 8 m/s. Cyfrifwch gyfanswm yr egni cinetig sy'n cael ei ryddhau pan gaiff y bwled ei danio o'r gwn.

ii) Eglurwch pam, pan mae ffrwydrad yn digwydd, mai'r darnau lleiaf sy'n teithio bellaf ac sy'n achosi'r mwyaf o ddifrod neu anaf.

11 Mae dau dryc, **A** a **B**, pob un â màs o 5000 kg, yn gwrthdaro fel y mae Ffigur 13.9 yn ei ddangos.

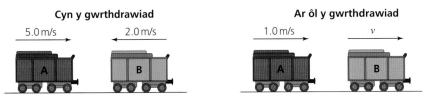

Ffigur 13.9

a) i) Rhoddir momentwm y corff fel hyn: momentwm = màs × cyflymder. Nodwch beth yw'r ddeddf cadwraeth momentwm a defnyddiwch hi i gyfrifo cyflymder, *v*, tryc **B** ar ôl y gwrthdrawiad.

ii) Hyd y gwrthdrawiad yw 0.4 s. Defnyddiwch yr hafaliad:

$$grym = \frac{\text{newid mewn momentwm}}{\text{amser}}$$

i gyfrifo'r grym mae tryc **A** yn ei weithredu ar dryc **B** yn ystod y gwrthdrawiad.

b) i) Cyfrifwch yr egni cinetig mae tryc **A** yn ei golli yn ystod y gwrthdrawiad.

ii) Eglurwch beth sydd wedi digwydd i'r egni cinetig hwn sydd wedi'i golli.

▶ Hafaliadau mudiant

Gall mudiant gwrthrych gael ei ddisgrifio gan bedwar o hafaliadau (cinemateg) sy'n disgrifio yn gyfan gwbl sut mae gwrthrych yn symud, ar yr amod bod y gwrthrych yn symud gyda chyflymiad cyson (neu sero). Mae'r hafaliadau'n defnyddio set o symbolau safonol ar gyfer pob un o'r meintiau mudiant:

▶ *x* = pellter sy'n cael ei deithio (mewn m)
▶ *u* = cyflymder cychwynnol y gwrthrych (mewn m/s)
▶ *v* = cyflymder terfynol y gwrthrych (mewn m/s)
▶ *a* = cyflymiad y gwrthrych (mewn m/s²)
▶ *t* = amser y mudiant (mewn s)

Yr hafaliadau yw:

$$v = u + at$$
$$x = \frac{u + v}{2} t$$
$$x = ut + \frac{1}{2} at^2$$
$$v^2 = u^2 + 2ax$$

Pan mae gwrthrychau'n symud trwy ddisgyn o ganlyniad i faes disgyrchiant y Ddaear, mae'r symbol *g* fel arfer yn cael ei ddefnyddio yn lle *a*, a gwerth *g* yw 10 m/s².

Ym mhob un o'r cwestiynau canlynol, dylech chi ysgrifennu'r hafaliad cinemateg priodol, dangos eich dull cyfrifo a rhoi uned yr ateb.

12 Mae beiciwr yn seiclo ar 2.5 m/s ac yna'n cyflymu am 4 eiliad ar gyflymiad cyson o 0.5 m/s². Cyfrifwch:
   a) buanedd newydd y beiciwr
   b) y pellter sy'n cael ei deithio yn ystod y cyflymiad.

13 Mae beic modur sy'n teithio ar fuanedd cychwynnol o 10 m/s yn cyflymu gyda chyflymiad cyson o 2 m/s². Cyfrifwch ei fuanedd ar ôl teithio 200 m.

14 Mae ceir yn cael eu profi ar y ffordd wrth iddynt gyflymu o 0 i 27 m/s (60 m.y.a.).
   a) Mae car yn cyrraedd buanedd o 27 m/s mewn 6 s. Cyfrifwch gyflymiad y car yn ystod yr amser hwn a nodwch yr uned ar gyfer eich ateb.
   b) Mae car arall yn cyrraedd cyflymder o 27 m/s o ddisymudedd mewn 8s. Cyfrifwch y pellter sy'n cael ei deithio gan y car yn ystod yr amser hwn.

15 Buanedd awyren fach wrth godi yw 60 m/s. Gall injan yr awyren gynhyrchu cyflymiad cymedrig o 4 m/s².
   a) Pa mor hir mae'n ei gymryd i'r awyren gyrraedd buanedd codi?
   b) Beth yw'r hyd lleiaf o redfa mae'r awyren ei angen?

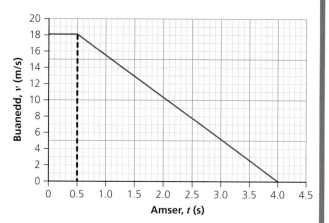

Ffigur 13.10

16 Mae'r graff yn dangos sut mae buanedd lori'n newid gydag amser yn ystod stop argyfwng. Mae gyrrwr y lori'n gweld bod yna berygl posibl ar amser $t = 0$ s, ac mae'r lori'n dod i stop 4.0 eiliad yn ddiweddarach. Defnyddiwch y graff i ganfod:
   a) buanedd cychwynnol y lori
   b) yr amser a gymerodd y gyrrwr i weithredu'r brêc ar ôl gweld y perygl
   c) arafiad y lori
   ch) cyfanswm pellter stopio'r lori.

→ **Gweithgaredd**

Mesur cyflymiad disgyrchiant

Dyma weithgaredd sy'n eich helpu i wneud y canlynol:
> gweithio mewn tîm
> defnyddio cofnodydd data
> dadansoddi hafaliadau mudiant.

Cyfarpar
> adwy olau a chofnodydd data
> stand a chnap
> riwl
> cerdyn ymyrryd dwbl

Yn y dasg hon, byddwch chi'n defnyddio cofnodydd data i fesur cyflymiad disgyrchiant.

Dull
1 Cydosodwch y cyfarpar fel y mae Ffigur 13.11 yn ei ddangos a dewch yn gyfarwydd â meddalwedd amseru'r cofnodydd data – bydd eich athro/athrawes yn dangos i chi sut i ddefnyddio'r cofnodyddion data a/neu'r meddalwedd.
2 Mesurwch a chofnodwch led yr ymyriadau ar y cerdyn.

3 Gosodwch y cerdyn ymyrryd fymryn uwchben yr adwy olau.

4 Gollyngwch y cerdyn ymyrryd trwy'r adwy olau a chofnodwch y cyfwng amser ar gyfer pob ymyriad a'r amser rhwng pob ymyriad (fel y cafodd ei fesur o gychwyn pob ymyriad). Os oes angen, gallwch chi ychwanegu dau ddarn bach o Blu-tack at y ddwy ochr ar waelod y cerdyn ymyrryd, er mwyn iddo ddisgyn yn fwy syth.

5 Symudwch y cerdyn ymyrryd 2 cm i fyny. Ailadroddwch yr arbrawf. Ailadroddwch yr arbrawf drosodd a throsodd, gan symud y cerdyn ymyrryd 2 cm i fyny bob tro, at gyfanswm uchder o 20 cm.

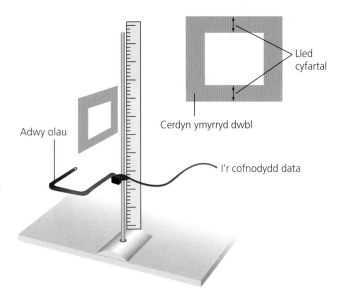

Ffigur 13.11 Mesur y cyflymiad disgyrchiant gan ddefnyddio'r hafaliadau mudiant.

Tasgau

1 Cyfrifwch fuanedd (mewn cm/s) pob ymyriad trwy'r adwy olau trwy rannu lled yr ymyriad (mewn cm) â chyfwng amser pob ymyriad.

2 Trwy ad-drefnu $v = u + at$ rydym ni'n cael

$$a = \frac{u - v}{t},$$

ond mae cyflymiad o ganlyniad i ddisgyrchiant bob amser yn cael ei roi gan y symbol g,

felly mae $g = \frac{u - v}{t}$,

lle mae u yn cynrychioli buanedd yr ymyriad cyntaf trwy'r adwy olau, v yw buanedd yr ail ymyriad trwy'r adwy olau a t yw'r amser rhwng ymyriadau. Defnyddiwch eich data i gyfrifo gwerthoedd ar gyfer g ar gyfer y gwahanol uchderau gollwng.

3 Mae'r hafaliad $v^2 = u^2 + 2ax$ yn dangos bod $v^2 \propto x$, os yw $u = 0$. Lluniwch dabl sy'n eich galluogi i gyfrifo gwerthoedd x ar gyfer gwahanol werthoedd v^2. Plotiwch graff v^2 yn erbyn x.

4 Defnyddiwch eich graff i gyfrifo gwerth arall ar gyfer g.

5 Beth yw'r fantais dros ddefnyddio graff i gyfrifo g, yn hytrach na gwerthoedd unigol?

▶ Grymoedd troi

O bryd i'w gilydd, mae'r gofodwyr ar fwrdd yr *ISS* yn gorfod 'cerdded' yn y gofod er mwyn addasu offer neu i atgyweirio rhywbeth (Ffigur 13.12). Yn ddieithriad, mae hyn yn gofyn am ddefnyddio sbaner neu dyndro i dynnu nytiau gosod cydran, er mwyn rhoi un arall yn ei lle.

Pan fydd y gofodwr yn defnyddio'r sbaner, mae'n defnyddio grym, F, o bellter, d, i ffwrdd o ganol y nyten.

Ffigur 13.12 Gofodwr yn defnyddio sbaner.

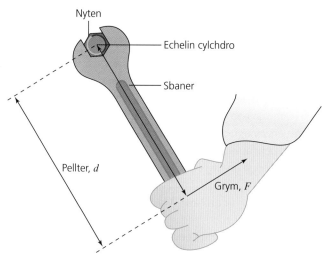

Ffigur 13.13 Moment grym.

Moment yw'r enw ar y grym troi sy'n gweithredu ar y nyten, ac mae'n cael ei gyfrifo gan ddefnyddio'r hafaliad:

moment, M = grym, F × pellter, d

$$M = F \times d$$

lle d yw pellter y grym oddi wrth yr echelin cylchdro. Unedau moment yw N m.

★ | Enghreifftiau wedi'u datrys

Cwestiynau

1 Mae gofodwr yn defnyddio sbaner i addasu'r nyten ar banel solar. Mae hi'n gweithredu grym o 60 N, ar bellter o 0.30 m oddi wrth y nyten. Cyfrifwch y moment ar y nyten.

2 a) Ysgrifennwch, mewn geiriau, hafaliad sy'n cysylltu grym, pellter perpendicwlar a moment.

   b) Cyfrifwch foment clocwedd y plentyn o amgylch y colyn.

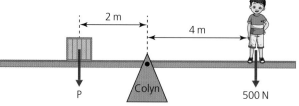

Mae **Ffigur 13.14** yn dangos plentyn wedi'i gydbwyso gan bwysau (P) ar si-so.

3 Pan mae'r si-so yn gytbwys, beth gallwch chi ei ddweud am foment gwrthglocwedd P o amgylch y colyn?

4 Pan mae'r plentyn yn symud tuag at y colyn:

   a) Nodwch i ba gyfeiriad mae'r si-so'n symud.

   b) Eglurwch pam mae'r si-so'n symud.

Atebion

1 $M = Fd = 60\,\text{N} \times 0.3\,\text{m} = 18\,\text{N}\,\text{m}$

2 a) moment = grym $\times$ pellter perpendicwlar

   b) moment = $500\,\text{N} \times 4\,\text{m} = 2000\,\text{Nm}$

3 Mae'r moment gwrthglocwedd yn hafal i'r moment clocwedd, 2000 Nm.

4 a) Mae'r si-so'n symud yn wrthglocwedd (neu mae P yn symud i lawr neu mae'r plentyn yn symud i fyny).

   b) Mae hyn oherwydd bod y moment clocwedd wedi'i leihau gan roi moment gwrthglocwedd cydeffaith, neu dydy'r momentau ddim mewn cydbwysedd.

✔ | Profwch eich hun

17 Cyfrifwch y moment ar nyten olwyn os yw gyrrwr yn gweithredu grym o 75 N ar bellter o 0.60 m oddi wrth y nyten.

18 Mae cogydd yn ceisio codi caead oddi ar dun gan ddefnyddio tyrnsgriw (*screwdriver*). Mae hi'n gweithredu grym o 23 N ar bellter o 15 cm ar hyd y tyrnsgriw, oddi wrth y caead. Cyfrifwch foment y grym troi.

Egwyddor momentau

Mewn llawer o achosion, mae momentau yn tueddu i weithredu mewn parau ar golyn. Yr enghraifft glasurol o hyn yw si-so gyda dau o bobl yn eistedd ar bob pen:

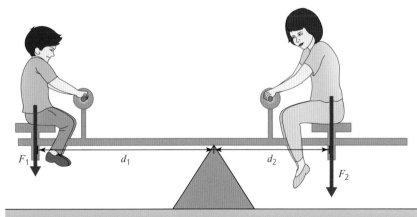

Ffigur 13.15 Plant yn cydbwyso ar si-so.

Pan fydd gwrthrych fel y si-so yn cydbwyso, yna bydd swm y momentau clocwedd (F_2d_2) yn hafal i swm y momentau gwrthglocwedd (F_1d_1) o amgylch pwynt; **egwyddor momentau** yw'r enw ar hyn:

swm y momentau gwrthglocwedd = swm y momentau clocwedd

Yn achos Ffigur 13.15:

$$F_1d_1 = F_2d_2$$

✔ Profwch eich hun

19 Mae'r bachgen yn Ffigur 13.15 yn pwyso 180 N ac mae'n eistedd 1.2 m oddi wrth ganol y si-so. Mae'r ferch yn pwyso 240 N. Pa mor bell o ganol y si-so mae'r ferch yn eistedd?

20 Mae brawd ifancach y bachgen yn pwyso 120 N ac mae'n cymryd lle'r ferch yn Ffigur 13.15. Rhaid iddo symud yn bellach oddi wrth ganol y si-so na'r ferch er mwyn cydbwyso ei frawd. Ble mae'r brawd ifancach yn eistedd?

Gwaith ymarferol penodol

Ymchwilio i egwyddor momentau

Dyma weithgaredd sy'n eich helpu i wneud y canlynol:

> gweithio fel tîm
> cofnodi data
> cymhwyso egwyddor momentau.

Cyfarpar

> riwl fetr gyda thwll wedi'i ddrilio yn ei chanol
> stand gyda chnap a chlamp
> dolenni bach o linyn i hongian y masau agennog
> pentyrrau o fasau agennog $\times$ 3

Mae Ffigur 13.16 yn dangos sut gallwch chi wneud trawst cydbwysedd gan ddefnyddio riwl fetr a stand gyda chnap a chlamp. Gallwch hongian masau agennog o ddolenni llinyn ar ddau ben y riwl.

Nodiadau diogelwch

Dylech sicrhau bod y trawst mewn cydbwysedd cyn i chi ollwng y pentyrrau màs.

Dull

Ymchwiliwch i'r egwyddor momentau trwy hongian masau agennog oddi ar ddolenni llinyn ar ddwy ochr y pwynt colyn canolog.

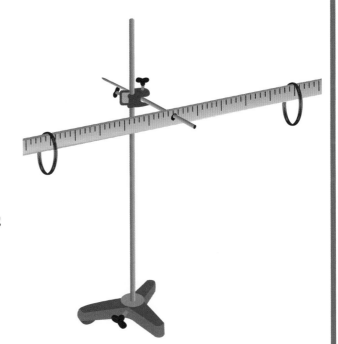

Ffigur 13.16 Trawst cydbwysedd gyda riwl fetr.

Dylech chi ddefnyddio amrywiaeth o fasau gwahanol ar ddwy ochr y colyn a dylech chi sicrhau bod y trawst mewn cydbwysedd cyn gollwng y masau. Pan mae'r trawst mewn cydbwysedd gennych chi, gwnewch gyfrifiad addas er mwyn sicrhau eich bod yn ufuddhau i'r egwyddor momentau. Gallwch chi estyn yr ymchwiliad hwn trwy gael dau fàs agennog ar un ochr y colyn a dim ond un ar yr ochr arall. Dylech chi adio'r momentau sydd ar un ochr y colyn at ei gilydd i roi cyfanswm y momentau.

Crynodeb o'r bennod

- Mae momentwm corff yn dibynnu ar ei fàs a'i gyflymder, ac mae'n cael ei fesur gan yr hafaliad:

    momentwm = màs $\times$ cyflymder

    $$p = mv$$

- Gallwn ni ysgrifennu ail ddeddf mudiant Newton fel:

    grym cydeffaith, F (N) =

    $$\frac{\text{newid mewn momentwm}, \Delta p \text{ (kg m/s)}}{\text{amser ar gyfer y newid}, t \text{ (s)}}$$

- Mae'r ddeddf cadwraeth momentwm yn datgan bod momentwm bob amser yn cael ei gadw yn ystod mudiant gwrthrychau a gellir ei ddefnyddio i wneud cyfrifiadau sy'n ymwneud â gwrthdrawiadau neu ffrwydradau rhwng gwrthrychau.

- Gellir defnyddio hafaliad egni cinetig, EC = $\frac{1}{2} mv^2$, i gymharu'r egni cinetig cyn ac ar ôl rhyngweithiad.

- Gellir modelu mudiant gwrthrychau gan ddefnyddio'r hafaliadau:

    $$v = u + at$$
    $$x = \frac{u + v}{2} t$$
    $$x = ut + \frac{1}{2} at^2$$
    $$v^2 = u^2 + 2ax$$

- Mae grym troi'n achosi cylchdro ac yn cael ei alw'n foment y grym, lle mae moment = grym $\times$ pellter (rhwng echelin y cylchdro a'r grym); $M = Fd$.

- Os yw trawst mewn cydbwysedd, mae'r egwyddor momentau'n datgan bod yn rhaid i swm y momentau clocwedd fod yn hafal i swm y momentau gwrthglocwedd o amgylch pwynt.

▶ Cwestiynau ymarfer

1 a) Mae disg llithr **A** â màs (m_A) 0.1 kg sy'n teithio ar gyflymder o +8 m/s ar fwrdd diffrithiant yn taro disg arall **B** â màs (m_B) 0.2 kg sy'n teithio ar gyflymder o –3 m/s.

Cyfeiriad cyflymderau positif

A

8 m/s   3 m/s

B

$m_A = 0.1\,kg$ $m_B = 0.2\,kg$

Ffigur 13.17

i) Defnyddiwch hafaliad addas i gyfrifo momentwm cychwynnol disg **A**. [2]

ii) Cyfrifwch beth yw momentwm cychwynnol disg **B**. [1]

iii) Cyfrifwch **gyfanswm** y momentwm cyn y gwrthdrawiad. [1]

iv) Ysgrifennwch **gyfanswm** y momentwm ar ôl y gwrthdrawiad. [1]

v) Ar ôl y gwrthdrawiad, mae disg **A** yn stopio symud.

Defnyddiwch yr hafaliad:

$$cyflymder = \frac{cyfanswm\ y\ momentwm}{màs}$$

i gyfrifo cyflymder disg **B** ar ôl y gwrthdrawiad. [2]

b) Mae disg **A** yn arafu ar 160 m/s² yn ystod y gwrthdrawiad.

i) Defnyddiwch yr hafaliad:

$$t = \frac{(v-u)}{a}$$

i gyfrifo faint o amser mae'r gwrthdrawiad yn ei gymryd. [2]

ii) Mae disg **A** yn rhoi grym cymedrig o 1.6 N ar ddisg **B** yn ystod yr ardrawiad. Ysgrifennwch beth yw **maint** a **chyfeiriad** y grym cymedrig sy'n cael ei roi ar ddisg **A** gan ddisg **B** yn y gwrthdrawiad. [2]

(TGAU Ffiseg CBAC P3, Sylfaenol, haf 2015, cwestiwn 5)

2 a) Copïwch a chwblhewch Ffigur 13.18, a thynnwch linell o bob blwch ar y chwith i'r blwch cywir ar y dde i gysylltu pob maint â'i uned gywir. [3]

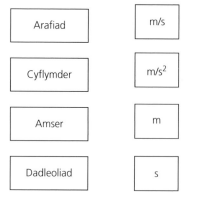

Arafiad		m/s
Cyflymder		m/s²
Amser		m
Dadleoliad		s

Ffigur 13.18

b) Mae rhan o daith car yn cael ei dangos gan Ffigur 13.9.

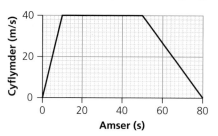

Ffigur 13.19

i) Ysgrifennwch yr amserau pan oedd cyflymder y car yn 20 m/s. [1]

ii) Defnyddiwch y graff a'r hafaliad:

$$cyflymiad = \frac{newid\ mewn\ cyflymder}{amser}$$

i gyfrifo'r cyflymiad yn ystod y 10 s cyntaf. [2]

c) i) Mae màs o 1200 kg gan y car a'r gyrrwr.

Defnyddiwch yr hafaliad:

$$momentwm = màs \times cyflymder$$

i gyfrifo momentwm y car a'r gyrrwr ar 50 s. [2]

ii) Mae'r car yn stopio ar 80 s.

Defnyddiwch yr hafaliad:

$$grym = \frac{newid\ mewn\ momentwm}{amser}$$

i gyfrifo'r grym sy'n gweithredu ar y car wrth iddo arafu. [2]

(TGAU Ffiseg CBAC P2, Sylfaenol, haf 2015, cwestiwn 1)

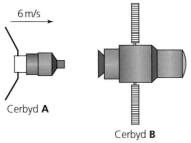

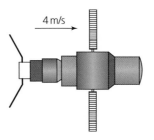

Ffigur 13.20

3 Mae Ffigur 13.20 yn dangos dau gerbyd gofod yn docio (uno â'i gilydd).

Mae màs o 50 000 kg gan gerbyd **A**. Mae cerbyd **B** yn ddisymud cyn y gwrthdrawiad ac mae cerbyd **A** yn symud i'r dde ar gyflymder o 6 m/s.

a) i) Defnyddiwch yr hafaliad:

momentwm = màs × cyflymder

i gyfrifo momentwm cerbyd **A** cyn y gwrthdrawiad. [2]

ii) Ar ôl y gwrthdrawiad, **mae'r ddau gerbyd yn uno â'i gilydd** ac yn symud ar gyflymder o 4 m/s. Does dim momentwm yn cael ei golli yn y gwrthdrawiad. Defnyddiwch eich ateb i ran (i) a'r hafaliad:

$$\text{cyfanswm y màs} = \frac{\text{cyfanswm y momentwm}}{\text{cyflymder}}$$

i gyfrifo cyfanswm y màs ar ôl iddyn nhw uno â'i gilydd. [2]

iii) Defnyddiwch eich ateb i ran (ii) i gyfrifo màs cerbyd **B**. [1]

b) i) Cyfrifwch y momentwm sy'n cael ei golli gan gerbyd **A** yn y gwrthdrawiad. [2]

ii) **Ysgrifennwch** y momentwm sy'n cael ei **ennill** gan gerbyd **B**. [1]

(TGAU Ffiseg CBAC P3, Sylfaenol, haf 2014, cwestiwn 5)

4 a) Copïwch a chwblhewch y frawddeg isod. [2]

Mae deddf cadwraeth momentwm yn nodi mai mewn gwrthdrawiad neu ffrwydrad _____.

b) i) Mae dau gar sydd â'r un màs, 800 kg, yn gwrthdaro. Cyn y gwrthdrawiad, mae car **B** yn ddisymud tra mae gan gar **A** gyflymder cyson o 15 m/s. Yn y cwestiynau sy'n dilyn, anwybyddwch effeithiau ffrithiant.

Cyn y gwrthdrawiad

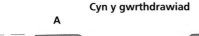

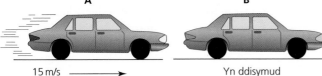

Ffigur 13.21

Defnyddiwch hafaliad addas i gyfrifo momentwm car **A** cyn y gwrthdrawiad. [2]

ii) Ar ôl y gwrthdrawiad, mae'r ddau gar yn sownd yn ei gilydd.

Ar ôl y gwrthdrawiad

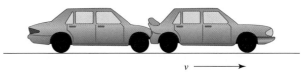

Ffigur 13.22

Defnyddiwch yr hafaliad:

$$\text{cyflymder} = \frac{\text{momentwm}}{\text{màs}}$$

i gyfrifo cyflymder v y ceir ar ôl y gwrthdrawiad. [3]

iii) Yn ystod y gwrthdrawiad, mae car **A** yn rhoi grym o 16 000N i'r dde ar gar **B**. Pa rym mae car **B** yn ei roi ar gar **A** yn ystod y gwrthdrawiad? [2]

c) Dywedwch fod y ddau gar wedi bod yn teithio tuag at ei gilydd ar yr un cyflymder.

i) Beth fyddai eu cyflymder ar ôl gwrthdrawiad ben-ben os byddan nhw wedi glynu yn ei gilydd wrth daro? [1]

ii) Eglurwch eich ateb. [2]

(TGAU Ffiseg CBAC P3, Sylfaenol, haf 2013, cwestiwn 6)

5 Mae Ffigur 13.23 yn dangos gwrthdrawiad wrth oleuadau traffig.

Ffigur 13.23

Roedd car **A** yn llonydd pan aeth car **B**, a oedd yn teithio ar 5 m/s, i mewn i gefn **A**. Achosodd y gwrthdrawiad i gar **B** arafu i 2 m/s ac i gar **A** symud ymlaen. Roedd gan gar **A** fàs o 600 kg ac roedd gan gar **B** fàs o 1200 kg.

a) i) Dywedwch beth yw deddf cadwraeth momentwm. [1]

   ii) Defnyddiwch yr hafaliad

   > momentwm = màs × cyflymder

   a deddf cadwraeth momentwm i gyfrifo y cyflymder y symudodd car **A** arni ar ôl y gwrthdrawiad. [3]

   iii) Pe bai'r ceir yn cyffwrdd am 0.2 s, defnyddiwch yr hafaliad i gyfrifo'r grym a roddir gan gar **B** ar gar **A**. [1]

   iv) Eglurwch sut byddai'r grym hwn yn cael ei effeithio os byddai cywasgrannau gan y ddau gar. [2]

b) Gan ddefnyddio hafaliad addas, cyfrifwch yr egni cinetig a gollwyd gan gar **B** yn ystod y gwrthdrawiad. [2]

(TGAU Ffiseg CBAC P3, Sylfaenol, haf 2012, cwestiwn 6)

6 Er mwyn codi o ddec llong awyrennau, mae awyren jet yn cyflymu ar 32 m/s² o ddisymudedd, ar hyd y dec am 2.5 eiliad i gyrraedd y buanedd esgyn.

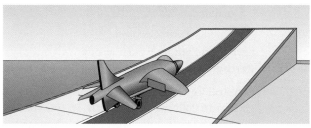

Ffigur 13.24

Defnyddiwch yr hafaliadau

$$v = u + at$$
$$x = \frac{(v + u)}{2} t$$

i gyfrifo

a) y buanedd esgyn, v,

b) hyd y dec, x, sydd ei angen i'r jet esgyn. [4]

(TGAU Ffiseg CBAC P3, Sylfaenol, haf 2011, cwestiwn 5)

7 Mae'r diagramau yn Ffigur 13.25 yn rhoi gwybodaeth am ddwy lori, **A** a **B**, sy'n dod i ddisymudedd o dan effaith yr un grym brecio.

a) Defnyddiwch wybodaeth o'r diagramau a'r graffiau i:

   i) gyfrifo newid momentwm lori **B**; [1]

   > momentwm = màs × cyflymder

ii) egluro pam mae **B** wedi cymryd mwy o amser nag **A** i ddod i ddisymudedd. [1]

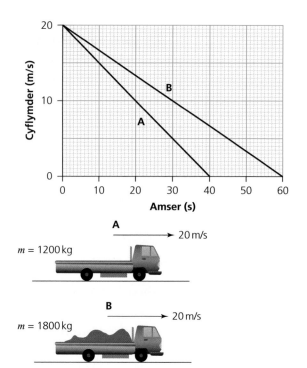

Ffigur 13.25

b) Mae graddiant graff cyflymder–amser yn rhoi'r cyflymiad.

   i) Cyfrifwch arafiad **A**. [2]

   ii) Eglurwch sut mae'r graffiau'n dangos bod arafiad **B** yn llai nag arafiad **A**. [1]

(TGAU Ffiseg CBAC P3, Sylfaenol, haf 2011, cwestiwn 8)

8 Mae Ffigur 13.26 yn dangos modiwl lleuadol yn disgyn ar fuanedd cyson o 1.5 m/s o dan weithrediad ôl-rocedi.

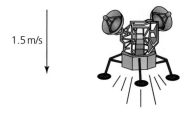

Ffigur 13.26

Tri eiliad cyn glanio, mae'r ôl-rocedi'n cael eu diffodd ac mae'r modiwl lleuadol yn cwympo i'r arwyneb gyda chyflymiad o 1.6 m/s².

a) Dewiswch hafaliad addas a'i ddefnyddio i ddangos mai 11.7 m fydd uchder y modiwl lleuadol uwchben yr arwyneb pan fydd yr ôl-rocedi'n cael eu diffodd. [3]

b) Cwblhewch y tabl a'r graff i ddangos sut mae uchder y modiwl lleuadol yn newid yn ystod 3 eiliad olaf ei fudiant. [4]

Tabl 13.1

Amser ar ôl i'r rocedi gael eu diffodd (s)	0.0	1.0	2.0	3.0
Pellter mae'r modiwl lleuadol wedi symud tuag at arwyneb y lleuad (m)	0.0			11.7
Uchder uwchben yr arwyneb (m)	11.7			0.0

(TGAU Ffiseg CBAC P3, Sylfaenol, haf 2011, cwestiwn 7)

9 Mae pêl â màs 0.2 kg, sy'n ddisymud i ddechrau, yn cael ei gollwng o uchder o 5 m.

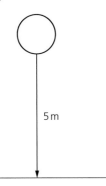

Ffigur 13.27

Defnyddiwch hafaliadau addas i ateb y cwestiynau canlynol.

Tybiwch fod cyflymiad oherwydd disgyrchiant = 10 m/s² a bod gwrthiant aer yn ddibwys.

a) Cyfrifwch fuanedd y bêl pan fydd hi'n taro'r ddaear. [3]

b) Wrth i'r bêl adlamu mae'n colli **hanner ei hegni cinetig**. Cyfrifwch y buanedd adlamu. [2]

c) Mae'r bêl yn adlamu i uchder mwyaf o 2.5 m. Cyfrifwch faint o amser mae'r bêl yn ei gymryd i gyrraedd yr uchder hwn ar ôl iddi adlamu. [3]

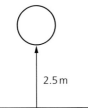

Ffigur 13.28

(TGAU Ffiseg CBAC P3, Uwch, haf 2014, cwestiwn 5)

10 Yn ystod gwrthdrawiadau rhwng gwrthrychau gall dau swm gael eu gwarchod, egni cinetig a momentwm. Mae dau fath o wrthdrawiad, elastig ac anelastig. Dewiswch y math cywir ar gyfer pob math o wrthdrawiad.

Tabl 13.2

Mathau o wrthdrawiad	Dewis	Egni cinetig	Momentwm
Gwrthdrawiadau elastig	A	Wedi'i gadw	Wedi'i gadw
	B	Heb ei gadw	Wedi'i gadw
	C	Wedi'i gadw	Heb ei gadw
	Ch	Heb ei gadw	Heb ei gadw
Gwrthdrawiadau anelastig	A	Wedi'i gadw	Wedi'i gadw
	B	Heb ei gadw	Wedi'i gadw
	C	Wedi'i gadw	Heb ei gadw
	Ch	Heb ei gadw	Heb ei gadw

[8]

11 Mae car yn stopio ar oleuadau traffig. Ar amser 0 eiliad, mae'r goleuadau'n newid i wyrdd. Ar ôl i'r car gyflymu mae'n teithio o amgylch tro.

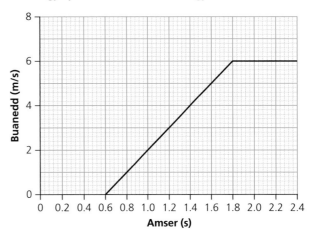

Ffigur 13.29

a) Faint o amser mae'n ei gymryd i'r gyrrwr adweithio pan mae'r goleuadau'n newid i wyrdd? [1]

b) Ar ba amser mae'r buanedd yn cyrraedd 6.0 m/s? [1]

c) Defnyddiwch yr hafaliad $a = \frac{(v - u)}{t}$ i gyfrifo cyflymiad y car. [3]

ch) Wrth i'r car fynd o amgylch y tro, mae un o'r meintiau canlynol yn newid. Dewiswch yr un sy'n newid. [1]

Buanedd
Cyflymder   Maint y grym gyrru

d) Màs y car yw 1500 kg. Defnyddiwch yr hafaliad:

momentwm = màs × cyflymder

i ddarganfod momentwm y car ar 1.4 eiliad. [2]

(TGAU Ffiseg CBAC P3, Sylfaenol, haf 2010, cwestiwn 6)

12 Mae angen llawer o egni ar chwiliedydd gofod 100 kg i deithio tuag allan yng Nghysawd yr Haul yn erbyn disgyrchiant yr Haul. Mae'r chwiliedydd gofod yn gallu hedfan heibio i blaned mewn 'orbit *sling-shot*' ac wrth wneud hynny mae'n casglu egni. Mae Ffigur 13.30 yn dangos beth sy'n digwydd i fuanedd a chyfeiriad y chwiliedydd gofod mewn orbit o'r fath.

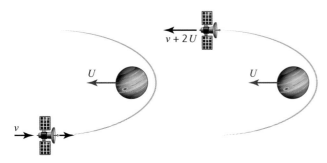

Ffigur 13.30

Cyflymder, *v*, y chwiliedydd gofod wrth agosáu yw 20 000 m/s. Cyflymder *y* blaned, *U*, yw 15 000 m/s. Wedi'r '*sling-shot*', buanedd y chwiliedydd yw *v* + 2*U*.

a) Cyfrifwch gyflymder y chwiliedydd gofod wrth iddo symud i ffwrdd oddi wrth y blaned. *[1]*

b) Mae'r 'orbit *sling-shot*' yn cynyddu egni cinetig y chwiliedydd gofod.

　i) Defnyddiwch yr hafaliad:

$$\text{egni cinetig} = \frac{\text{màs} \times \text{cyflymder}^2}{2}$$

　　i gyfrifo egni cinetig y chwiliedydd gofod ar ôl symud drwy'r 'orbit *sling-shot*'. *[2]*

　ii) Eglurwch sut mae cadwraeth egni yn digwydd mewn 'orbit *sling-shot*'. *[2]*

c) Mae'r grym sy'n gweithredu ar y chwiliedydd yn ystod yr 'orbit *sling-shot*' yn newid momentwm y chwiliedydd.

　i) Yn nhermau grym, eglurwch pam mae'r chwiliedydd gofod yn dilyn yr 'orbit *sling-shot*'. *[1]*

　ii) Defnyddiwch yr hafaliad:

　　momentwm = màs × cyflymder

　　i gyfrifo newid mewn momentwm y chwiliedydd gofod o ganlyniad i symud drwy'r 'orbit *sling-shot*'. *[3]*

(TGAU Ffiseg CBAC P3, Uwch, haf 2009, cwestiwn 7)

13 a) Eglurwch fudiant pêl griced sy'n cael ei tharo yn uchel yn yr awyr gan fatiwr ac yn disgyn i faeswr. *[3]*

b) Mae cricedwr yn dal ac yn stopio pêl o fàs 0.16 kg sydd yn symud ar fuanedd o 40 m/s, fel mae Ffigur 13.31 yn ei ddangos.

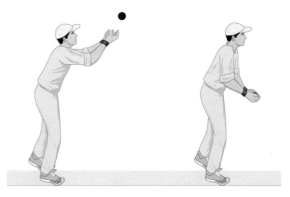

Ffigur 13.31

　i) Defnyddiwch yr hafaliad:

　　momentwm = màs × cyflymder

　　i gyfrifo'r newid ym momentwm y bêl. *[2]*

　ii) Defnyddiwch hafaliad addas i gyfrifo'r grym a ddefnyddiodd y cricedwr os stopiodd y bêl mewn 0.4 eiliad. *[2]*

　iii) Os yw'r cricedwr yn haneru'r amser a gymerwyd i stopio'r bêl, nodwch faint y grym. *[1]*

c) Gan ddefnyddio'r syniadau dan sylw yn y cwestiwn hwn, nodwch pa gyngor fyddech chi'n rhoi i barasiwtydd wrth lanio ac eglurwch y ffiseg y tu ôl i'ch ateb. *[3]*

14 Mae Ffigur 13.32 yn dangos sbaner yn cael ei ddefnyddio i dynhau bollt.

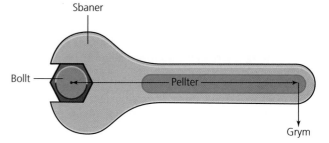

Ffigur 13.32

Mae grym ar ben y sbaner yn cynhyrchu moment o amgylch y follt.

a) **i)** Ysgrifennwch hafaliad, mewn geiriau, i ddarganfod moment grym. *[1]*

　ii) Yn y diagram uchod, os yw'r grym yn 60 N a'r pellter yn 0·2 m, cyfrifwch foment y grym o amgylch y follt. *[2]*

b) Eglurwch pam mae'n haws tynhau'r follt os caiff sbaner hirach ei ddefnyddio. *[2]*

(TGAU Ffiseg CBAC Gwyddoniaeth: Ffiseg, Uwch, haf 2006, cwestiwn 7)

15 Mae Ffigur 13.33 yn dangos craen sy'n cael ei
    ddefnyddio ar safle adeiladu.

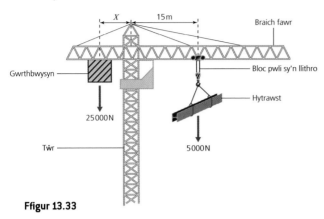

Ffigur 13.33

a) i) Ysgrifennwch, mewn geiriau, yr hafaliad sy'n
        cysylltu grym, moment a phellter perpendicwlar
        o'r colyn.   [1]

    ii) Defnyddiwch y wybodaeth yn y diagram i
        gyfrifo moment yr hytrawst o amgylch y tŵr, a
        nodwch yr uned. [Gallwch chi gymryd bod y tŵr
        yn gweithredu fel y colyn.]   [2]

b) i) Eglurwch beth rydych chi'n ei ddeall gan
        Egwyddor Momentau.   [2]

    ii) Defnyddiwch Egwyddor Momentau i gyfrifo
        pellter, X, y gwrthbwysyn o'r tŵr er mwyn i'r
        hytrawst allu codi'n gytbwys.   [2]

c) Ar ôl codi'r hytrawst, mae'r bloc pwli sy'n llithro yn
    symud yr hytrawst tuag at ddiwedd y fraich fawr.
    Eglurwch pam bod rhaid symud y gwrthbwysyn er
    mwyn i'r craen aros yn gytbwys.   [2]

14 Sêr a phlanedau

Cynnwys y fanyleb

Mae'r bennod hon yn ymdrin ag adran 2.5 Sêr a phlanedau yn y fanyleb TGAU Ffiseg ac adran 6.4 Sêr a phlanedau yn y fanyleb TGAU Gwyddoniaeth (Dwyradd) sy'n edrych ar brif nodweddion Cysawd ein Haul, ac orbitau eliptigol planedau, eu lleuadau a lloerenni artiffisial. Mae hefyd yn edrych ar y prif gyfnodau gweladwy yng nghylchred oes sêr o wahanol fasau ac yn trafod sefydlogrwydd sêr a dechreuad Cysawd yr Haul.

▶ Y Gofod

Pa mor fawr yw'r gofod?

'Mae'r gofod yn fawr. Wnewch chi ddim credu pa mor enfawr, anferthol, anhygoel o fawr ydyw. Hynny yw, efallai eich bod chi'n meddwl ei bod hi'n daith bell i lawr y stryd i'r fferyllfa, ond dydy hynny'n ddim byd o'i gymharu â maint y gofod.'

Douglas Adams (1952–2001), *The Hitchhiker's Guide to the Galaxy*

Rhaglen ar Radio 4 oedd *The Hitchhiker's Guide to the Galaxy* yn wreiddiol; cafodd ei darlledu gyntaf yn 1978. Syniad Douglas Adams, yr awdur, oedd cyfleu i wrandawyr (a darllenwyr a gwylwyr wedi hynny) y cysyniad bod y gofod mor fawr nes ei bod hi'n anodd i fodau dynol sylweddoli ei hyd a'i led. Er mwyn i ni ddechrau meddwl am y gofod, roedd rhaid dyfeisio unedau newydd hyd yn oed, fel blynyddoedd golau a parsecs (pc), er mwyn ymdopi â graddfa enfawr y rhifau. Y ffordd orau o werthfawrogi pa mor anferthol yw'r gofod yw dechrau ar raddfa 'fach' a mynd yn fwy fesul tipyn – gyda phob newid graddfa'n cysylltu â'r un blaenorol. Trwy adeiladu darlun 'lleol' o'r gofod, gallwn ni ddechrau cael syniad o'r darlun mawr cyflawn.

Ffigur 14.1 *The Hitchhiker's Guide to the Galaxy.*

Sut mae ein darn 'lleol' ni o'r gofod yn edrych?

Ffigur 14.2 Y Ddaear yn codi uwchben arwyneb y Lleuad.

Mae ein planed ni, y Ddaear, yn blaned greigiog gymharol fach, sydd wedi'i lleoli yn 'Rhanbarth Elen Benfelen' (*Goldilocks Zone*) ein seren leol, yr Haul. Rhanbarth Elen Benfelen seren yw'r ardal o amgylch y seren honno lle byddai dŵr yn hylif ar blaned debyg i'r Ddaear a lle byddai bywyd tebyg i fywyd y Ddaear yn bosibl. Mae'r Ddaear – fel y planedau eraill yng Nghysawd yr Haul, planedau o gwmpas sêr eraill (sef allblanedau) a lleuadau – yn symud mewn orbit o amgylch canolbwynt cyffredin (fel arfer seren yn achos planedau, neu blaned yn achos lleuadau). Mae orbit y Ddaear o amgylch yr Haul i bob pwrpas yn gylchol, ond gall gwrthrychau eraill ddilyn orbit eliptigol.

"Mae'r uwd hwn yn rhy boeth," meddai Elen Benfelen.

Felly blasodd hi'r uwd o'r ail bowlen.

"Mae'r uwd hwn yn rhy oer."

Felly blasodd hi'r bowlen olaf o uwd.

"Aaa, mae'r uwd hwn yn berffaith!" meddai hi'n hapus. Ac fe fwytodd hi'r cyfan.

O'r stori tylwyth teg *Elen Benfelen a'r Tair Arth*

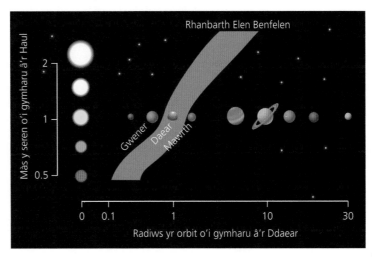

Ffigur 14.3 Rhanbarth Elen Benfelen.

Gweithgaredd

Planedau Elen Benfelen

Dyma weithgaredd sy'n eich helpu i wneud y canlynol:

> darllen erthygl wedi'i haddasu o gylchgrawn gwyddonol

> ysgrifennu eich barn am ddull gwyddonol da

> gwneud cyfrifiadau ar ffurf amcangyfrif

> defnyddio data i ddychmygu amodau ar blanedau gwahanol.

Mae'r testun ar y tudalen nesaf wedi'i addasu o erthygl a gafodd ei chyhoeddi ym mhapur newydd yr *Independent*. Darllenwch yr erthygl ac yna atebwch y cwestiynau.

Cwestiynau

1 Beth yw'r 'Rhanbarth Elen Benfelen'?

2 Beth fyddai nodweddion cyffredinol planed Elen Benfelen yn eich barn chi?

3 Cafodd yr allblanedau sy'n cael eu disgrifio yn yr erthygl eu darganfod gan fesuriadau ar arsylwadau gan Delesgop Gofod Kepler. Mae'r allblanedau mewn orbit o amgylch eu seren, gan symud rhyngddi a'r telesgop yn gyson. Eglurwch sut y gall y telesgop ddefnyddio'r mudiant hwn i ganfod y blaned.

4 Rhaid i arsylwadau a mesuriadau'r planedau hyn gael eu gwirio trwy wneud arsylwadau pellach gan ddefnyddio telesgopau eraill. Pam rydych chi'n meddwl bod hyn yn 'wyddoniaeth dda'?

5 Sut rydych chi'n meddwl y byddai disgyrchiant Kepler-442b yn cymharu â disgyrchiant y Ddaear? Sut byddai hyn yn effeithio ar fywydau pob dydd gofodwyr dynol yn byw ar Kepler-442b pe baen nhw'n cyrraedd yno?

6 Mae M31, sef Galaeth Andromeda, yn alaeth agos i'r Llwybr Llaethog. Mae'n fwy na'r Llwybr Llaethog. Mae arsylwadau Telesgop Gofod Spitzer yn amcangyfrif bod M31 yn cynnwys 1 triliwn (1×10^{12} neu 1 000 000 000 000) o sêr. Os dim ond 10% o sêr sydd â phlanedau trigiadwy, faint o blanedau o'r fath allai fod yng Ngalaeth Andromeda?

7 Pam rydym ni'n annhebygol o gael gwybod a oes bywyd ar Kepler-442b?

▶ Planedau 'Elen Benfelen': Wyth byd 'tebyg i'r Ddaear' a allai gynnal bywyd yn cael eu darganfod yn ddwfn yn y gofod

Mae sôn bod dau o'r bydoedd pell, Kepler-438b a Kepler-442b, yn debyg i'r Ddaear.

Mae wyth planed newydd wedi cael eu darganfod yn orbit y 'rhanbarth Elen Benfelen', a gall fod bywyd estron arnynt – maen nhw ar yr union dymheredd ar gyfer dŵr. Dau o'r planedau bach hyn yw'r rhai mwyaf tebyg i'r Ddaear i'w darganfod hyd yma, yn ôl gwyddonwyr yng Nghanolfan Astroffiseg Harvard-Smithsonian. Maen nhw mewn orbit o amgylch sêr pell yn y rhanbarth trigiadwy sydd ar y tymheredd iawn i ddŵr i fod yn hylif i gynnal organebau. Os byddai gormod o wres gan ei seren, byddai'r dŵr yn berwi i ffwrdd fel ager.

Ffigur 14.4

Os na fyddai digon, byddai'r dŵr yn rhewi'n solet. Mae pob un o'r allblanedau yn llai na hanner maint y Ddaear ac efallai'n greigiog.

Cyflwynodd prif awdur yr adroddiad, Guillermo Torres, y canfyddiadau mewn cyfarfod o Gymdeithas Astronomegol America. Mae'r ymchwil hefyd wedi'i gyhoeddi yn yr *Astrophysical Journal*. 'Mae siawns dda bod pob un o'r planedau hyn yn greigiog,' meddai. 'Ar gyfer ein cyfrifiadau penderfynon ni gymryd y terfynau ehangaf posibl fyddai'n debyg o arwain at amodau addas ar gyfer bywyd.'

Kepler-438b a Kepler-442b yw'r enwau ar y ddwy blaned sy'n debycaf i'r Ddaear. Mae'r ddwy mewn orbit o amgylch sêr corrach coch sy'n llai ac yn oerach nag ein Haul ni. Mae Kepler-438b yn 470 o flynyddoedd golau o'r

Ddaear ac mae'n cylchu ei seren bob 35 diwrnod, tra mae Kepler-442b yn cwblhau un orbit bob 122 diwrnod ac yn 1,100 o flynyddoedd golau i ffwrdd. Gyda diamedr sy'n 12 y cant yn fwy na'r Ddaear, mae'r siawns bod Kepler-438b yn greigiog yn 70 y cant. Mae gwyddonwyr wedi cyfrifo bod Kepler-442b tua thraean yn fwy na'r Ddaear a bod yna debygolrwydd o 60 y cant ei bod yn greigiog. Er mwyn bod yn y rhanbarth trigiadwy, rhaid i allblaned gael tua'r un maint o olau haul â'r Ddaear. Mae Kepler-438b yn cael tua 40 y cant yn fwy o olau na'r Ddaear, sy'n rhoi iddi siawns 70 y cant o fod yn rhanbarth trigiadwy y seren. Mae Kepler-442b yn cael tua dau draean o'r golau mae'r Ddaear yn ei gael, sy'n codi ei siawns o gynnal bywyd estron i 97 y cant yn ôl cyfrifiadau'r tîm.

'Dydyn ni ddim yn hollol sicr bod yr un o'r planedau yn ein sampl mewn gwirionedd yn drigiadwy,' meddai'r cyd-awdur David Kipping. 'Y cyfan y gallwn ni ei ddweud yw eu bod yn ymgeiswyr addawol.'

Cafodd yr allblanedau eu hadnabod gyntaf oll gan delesgop gofod Kepler NASA, asiantaeth ofod yr UD, sy'n egluro'r enw arnynt. Roedden nhw i gyd yn rhy fach i gael eu cadarnhau trwy fesur eu masau, ac roedd yn rhaid eu dilysu trwy ddefnyddio rhaglen gyfrifiadurol a wnaeth bennu eu bod yn ystadegol debyg o fod yn blanedau. Mae pedair o'r wyth mewn systemau aml-seren, er y dywedodd y gwyddonwyr fod y sêr 'cymar' hyn yn bell iawn i ffwrdd a dydyn nhw ddim yn cael dylanwad arwyddocaol ar y planedau. Cyn y darganfyddiad hwn, y ddwy blaned debycaf i'r Ddaear oedd Kepler-186f, sy'n 1.1 gwaith maint y Ddaear ac yn cael 32 y cant o'n golau ni, a Kepler-62f sydd 1.4 gwaith maint ein planed ac yn cael 41 y cant o'r golau a gawn ni.

Pwynt trafod

Hafaliad Drake

Yn 1961, dyfeisiodd Frank Drake hafaliad i amcangyfrif nifer y gwareiddiadau a allai fodoli yn ein galaeth ac y gallem ni gyfathrebu â nhw. Gallech chi gael rhagor o wybodaeth am Frank Drake a'i waith trwy ddefnyddio peiriant chwilio a'r geiriau allweddol 'drake equation nova'. Mae sawl fersiwn 'rhyngweithiol' o hafaliad Drake. Defnyddiwch beiriant chwilio, fel Google, i ddod o hyd i gyfrifiannell ar-lein.

Faint o wareiddiadau gawsoch chi?

Unedau cymharol – cymharu pellterau yng Nghysawd yr Haul

Gallwch chi weld bod y Rhanbarth Elen Benfelen yn dibynnu ar fàs y seren. Mae'r unedau sy'n cael eu defnyddio yn Nhabl 14.1 yn cael eu rhoi 'mewn cymhariaeth' â'r Ddaear a'r Haul. Mae hyn yn golygu mai màs yr Haul yw 1 ac mai radiws orbit y Ddaear yw 1. Ar gyfer seren fwy (a phoethach), byddai'r Rhanbarth Elen Benfelen yn bellach oddi wrth y seren. Yng Nghysawd yr Haul, mae seryddwyr yn defnyddio graddfa gymharol fel rheol.

Tabl 14.1 Rhai gwerthoedd 'cymharol' a'u gwerthoedd gwirioneddol mewn unedau SI.

Uned gymharol		Gwerth gwirioneddol ac uned SI
Màs y Ddaear, $M_{\oplus}$ Radiws cyfartalog y Ddaear, $R_{\oplus}$		$M_{\oplus} = 6 \times 10^{24}$ kg $R_{\oplus} = 6\,371\,000$ m $= 6.371 \times 10^{6}$ m
Y pellter cymedrig o'r Ddaear i'r Haul, sef 1 uned seryddol (AU: *astronomical unit*)	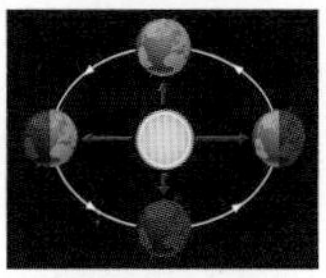	1 AU = 149 598 000 000 m (1.5×10^{11} m)
Màs yr Haul, $M_{\odot}$ = 1 màs solar Radiws yr Haul, $R_{\odot}$ = 1 radiws solar	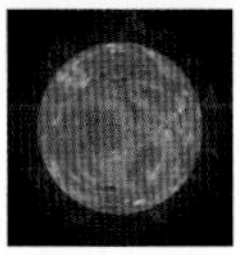	$M_{\odot} = 2 \times 10^{30}$ kg $= 333\,333\, M_{\oplus}$ $R_{\odot} = 7 \times 10^{8}$ m $= 0.0046$ AU

Y tu mewn i Gysawd yr Haul, mae'n well defnyddio unedau cymharol. Fel rheol, rhoddir pellterau mewn AU a masau mewn $M_{\oplus}$.

Tabl 14.2 Data am blanedau Cysawd yr Haul.

Planed	Symbol	Radiws orbit cymedrig (mewn AU)	Cyfnod orbitol (mewn Bldd. Daear)	Radiws cyfartalog (mewn $R_{\oplus}$)	Màs (mewn $M_{\oplus}$)
Mercher	☿	0.39	0.24	0.38	0.06
Gwener	♀	0.72	0.62	0.95	0.82
Daear	⊕	1.0	1.0	1.0	1.0
Mawrth	♂	1.5	1.9	0.53	0.11
Iau	♃	5.2	12	11	320
Sadwrn	♄	9.6	29	9.5	95
Wranws	⛢	19	84	4.0	15
Neifion	♆	30	170	3.9	17

Pwynt trafod

Mae'r Undeb Seryddol Rhyngwladol wedi 'israddio' Plwton i gorblaned. Darganfyddwch pam. Roedd llawer o bobl yn anhapus iawn am y penderfyniad hwn. Beth ydych chi'n ei feddwl?

1 Beth yw gwerthoedd gwirioneddol (mewn unedau SI) y canlynol?
   a) radiws orbit cymedrig Mercher
   b) radiws cymedrig Iau
   c) màs Neifion
2 Lluniwch graff o gyfnod orbitol (echelin-y) yn erbyn radiws orbit cyfartalog (echelin-x). Gofalwch eich bod

chi'n rhoi teitl ar eich graff ac yn labelu'r echelinau. Tynnwch linell ffit orau trwy eich pwyntiau data.
3 Dydy'r llinell ffit orau ddim yn syth. Beth yw'r patrwm yn eich data?
4 Mae cyfnod orbitol y gorblaned Plwton yn 248 blwyddyn Daear. Defnyddiwch eich graff i ragfynegi radiws orbit cyfartalog Plwton.

⚙ | **Gwaith ymarferol**

Gwneud model o Gysawd yr Haul

Dyma weithgaredd sy'n eich helpu i wneud y canlynol:
> gweithio fel tîm
> gwneud model wrth raddfa.

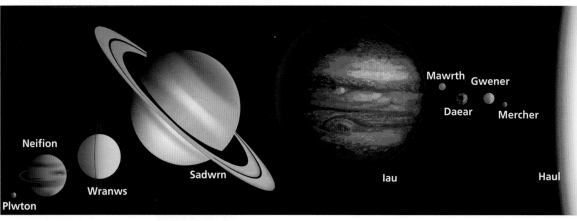

Ffigur 14.5 Meintiau cymharol yr Haul a'i blanedau.

Cyfarpar
> cae chwarae'r ysgol (hyd 650 m)
> pêl diamedr 20 cm (yr Haul)
> 2 hedyn berwr (Mawrth a Mercher)
> 2 rawn pupur (Daear a Gwener)
> pêl diamedr 23 mm o blastisin (Iau)
> pêl diamedr 18 mm o blastisin (Sadwrn)
> 2 bêl 7 mm o blastisin (Neifion ac Wranws)
> olwyn fesur
> tâp gludiog (dewisol)
> pegiau pabell (dewisol)

Dull
Gweithiwch mewn tîm o dri neu bedwar. Efallai y bydd hi'n haws i chi lynu pob 'planed' ar ben peg pabell fel ei bod hi'n haws eu rhoi nhw yn y ddaear. Gallech chi wneud eich 'baneri' eich hun (fel baneri castell tywod) gan

ddefnyddio'r un raddfa. Os yw hyd cae chwarae eich ysgol yn llai na 650 m, bydd angen i chi addasu'r raddfa gan ddefnyddio cyfrifiannell Cysawd yr Haul ar-lein. Gallwch chi ddod o hyd i un trwy ddefnyddio peiriant chwilio a'r geiriau allweddol 'solar system scale model'.

I osod allan eich model wrth raddfa o Gysawd yr Haul, bydd angen i chi ddechrau trwy roi'r bêl 20 cm (sy'n cynrychioli'r Haul) yn un pen eich cae chwarae. Wrth raddfa, mae'r planedau'n cael eu rhoi ar bellterau penodol o'r Haul (Tabl 14.3).

Tabl 14.3

Planed	Mercher	Gwener	Daear	Mawrth	Iau	Sadwrn	Wranws	Neifion
Pellter (m)	8	16	21	33	112	205	412	647

Yna cewch chi syniad o faint cwbl anhygoel Cysawd yr Haul!

Gwaith estynedig

Gweithiwch mewn parau i wneud y gweithgaredd hwn. Mae'n eithaf anodd llunio map wrth raddfa o Gysawd yr Haul ar bapur. Gallech chi ddefnyddio papur toiled (hyd tua 30 m) ond hyd yn oed wedyn, byddai defnyddio'r un raddfa ar gyfer diamedr y planedau ac ar gyfer radiws eu horbitau yn golygu y byddai diamedr Mercher yn 0.02 mm a'r Ddaear yn 0.06 mm, h.y. dotiau bach iawn. Felly, gallech chi ddefnyddio dwy raddfa: un i radiws yr orbit a'r llall i'r diamedr.

Defnyddiwch gyfrifiannell Cysawd yr Haul ar-lein i wneud map wrth raddfa o Gysawd yr Haul a fydd yn ffitio ar ddwy ddalen o bapur A3 wedi'u glynu ochr wrth ochr gyda'r tudalennau ar draws. Bydd rhaid i chi arbrofi â'r raddfa radiws orbit a'r raddfa diamedr fel bod Neifion yn ffitio ar y ddwy ddalen ac fel nad yw Mercher, Gwener, y Ddaear a Mawrth yn gorgyffwrdd. Gallech chi ddefnyddio delweddau lliw wrth raddfa o'r planedau i'w glynu ar eich map.

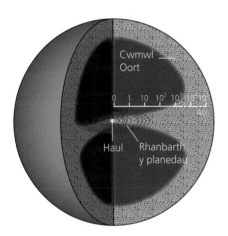

Ffigur 14.6 Cysawd yr Haul o'r gofod.

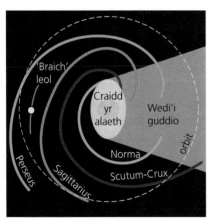

Ffigur 14.7 Edrych i lawr ar y Llwybr Llaethog.

Pa mor fawr yw Cysawd yr Haul?

Mae'r ateb i'r cwestiwn hwn yn dibynnu ar beth rydym ni'n ystyried sydd yng Nghysawd yr Haul. Mae dwy ffordd o edrych ar hyn. Y ffordd gyntaf yw meddwl am y gronynnau mater sy'n llifo o'r Haul, sef y Gwynt Solar, a'r gronynnau mater sy'n dod tuag atom ni o sêr cyfagos, sef y Gwynt Serol. Yr ail ffordd o feddwl am hyn yw trwy ystyried disgyrchiant. Mae maes disgyrchiant yr Haul yn ymestyn yn bell i'r gofod, ond daw pwynt rhwng yr Haul a'i sêr cyfagos lle mae tynfa disgyrchiant yr Haul yn llai na thynfa disgyrchiant y sêr cyfagos. Mae hyn yn digwydd ar tua 125 000 AU – dros 4000 gwaith yn bellach i ffwrdd na Neifion (tua'r un maint â'r pellter go iawn o Lundain i Moscow yn defnyddio ein model cae ysgol!). Os defnyddiwn ni'r mwyaf o'r ddau ddiffiniad, mae Cysawd yr Haul yn cynnwys:

▶ un seren (yr Haul)
▶ wyth planed (MGDMISWN)
▶ 181 lleuad (ym mis Hydref 2015, yn ôl yr Undeb Seryddol Rhyngwladol). Lloeren naturiol planed neu gorblaned yw lleuad, fel ein Lleuad ni. Y lleuad fwyaf yng Nghysawd yr Haul yw Ganymede, un o leuadau Iau
▶ un gwregys asteroidau (rhwng Mawrth ac Iau – mae'r mwyaf o'r rhain sy'n hysbys, Ceres, mewn gwirionedd yn cael ei dosbarthu'n gorblaned fel Plwton)
▶ nifer o gomedau cyfnod byr a chyfnod hir (fel comed Halley).

Mae Ffigur 14.6 yn dangos sut mae Cysawd yr Haul yn edrych o'r gofod.

Y raddfa nesaf i fyny yw ein grŵp ni o sêr – ein galaeth, y Llwybr Llaethog. Mae Ffigur 14.7 yn dangos map o'r Llwybr Llaethog wrth edrych i lawr arno. Mae Ffigur 14.8 yn ddiagram o'r Llwybr Llaethog wedi'i lunio o'r ochr.

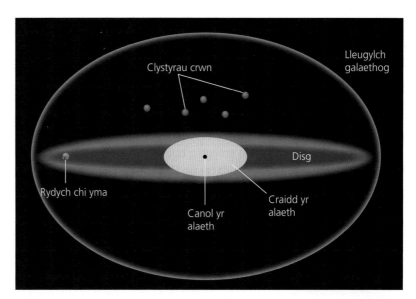

Ffigur 14.8 Y Llwybr Llaethog o'r ochr.

Mae'r Llwybr Llaethog yn lle mawr iawn. Mae'r uned seryddol (AU), sef yr un rydym ni'n ei defnyddio i gymharu pellterau o fewn Cysawd yr Haul, yn rhy fach. Nawr, mae angen i ni ddefnyddio'r flwyddyn golau (l-y) fel uned. Caiff 1 flwyddyn golau (1 l-y) ei diffinio fel y pellter mae golau'n ei deithio mewn 1 flwyddyn. Mae buanedd golau wedi'i fesur yn 300 000 000 m/s. Mae 1 flwyddyn yn cynnwys 365.25 diwrnod; mae 24 awr ym mhob diwrnod; mae 60 munud ym mhob awr; mae 60 eiliad ym mhob munud.

Felly, 1 flwyddyn = 365.25 × 24 awr × 60 mun × 60 s = 31 557 600 s

Felly, 1 flwyddyn golau (l-y) = 300 000 000 m/s × 31 557 600 s = 9 467 280 000 000 000 m

Os yw diamedr Cysawd yr Haul yn 250 000 AU, mae hyn yn hafal i 37 500 000 000 000 000 m neu 4 l-y – mewn geiriau eraill, byddai'n cymryd 4 blwyddyn i olau deithio ar draws Cysawd yr Haul o un pen i'r llall.

Mae galaeth y Llwybr Llaethog yn 100 000 l-y ar draws ac mae'r Haul tua 27 000 l-y o ganol yr alaeth (ychydig dros hanner ffordd allan). Mae'r seren agosaf atom ni, Proxima Centauri, 4.2 l-y i ffwrdd. Byddai'n cymryd 4.2 blynedd yn teithio ar fuanedd golau i'w chyrraedd. (Mae Proxima Centauri yn rhan o grŵp bach o sêr o'r enw Alpha Centauri.) Mae'r map yn Ffigur 14.9 yn plotio'r sêr agosaf at yr Haul (agosach na 14 l-y).

Wrth ddisgrifio dimensiynau adeileddau mwyaf y Bydysawd, fel galaethau, mae hyd yn oed uned fel y flwyddyn golau yn rhy fach, ac mae uned pellter arall yn cael ei ddefnyddio gan seryddwyr. Mae'n cael ei ddiffinio gan ddefnyddio'r gwahaniaethau bach mewn ongl pan fydd gwrthrych yn cael ei ddelweddu ar ddau ben orbit y Ddaear o amgylch yr Haul. Y **parsec**, pc, yw'r enw ar yr uned hon. Mae 1 pc yn cyfateb i 3.26 l-y.

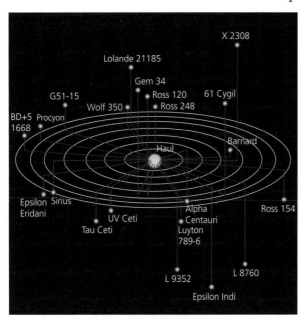

Ffigur 14.9 Map o'r sêr agosaf at yr Haul.

Mae ein galaeth ni'n rhan o 'Grŵp Lleol' o alaethau, sy'n cynnwys y Llwybr Llaethog, galaeth droellog arall o'r enw M31 neu Alaeth Andromeda (mae'r 'M' yn sefyll am wrthrych Messier – cyfres o wrthrychau sy'n ddwfn yn y gofod a gafodd eu catalogio gyntaf gan y seryddwr o Ffrainc, Charles Messier, ac a gyhoeddwyd yn 1774), galaeth droellog arall o'r enw Triangulum, M33, a chyfres gyfan o alaethau 'corrach' bach (Ffigur 14.11).

Ffigur 14.10 Charles Messier.

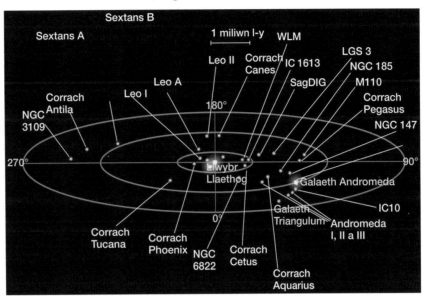

Ffigur 14.11 Mae diamedr ein Grŵp Lleol ni o alaethau'n 10 miliwn l-y – tua 100 gwaith yn fwy llydan na'n galaeth ni.

Yna, mae ein Grŵp Lleol ni'n rhan o uwchglwstwr o grwpiau o alaethau o'r enw Uwchglwstwr Virgo (Ffigur 14.12). Mae diamedr hwn yn 120 miliwn blwyddyn golau – 11 gwaith yn fwy na'n Grŵp Lleol ni a dros 1000 gwaith yn fwy na'r Llwybr Llaethog.

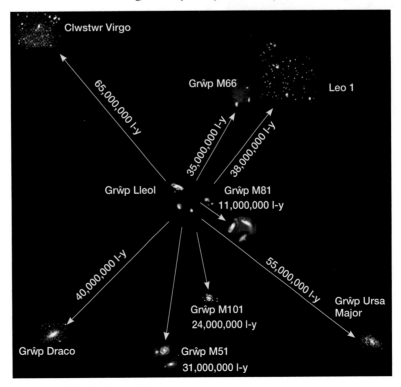

Ffigur 14.12 Uwchglwstwr Virgo.

Faint yn fwy?

Dyma weithgaredd sy'n eich helpu i wneud y canlynol:

> cyfathrebu syniadau ar ffurf diagram
> dylunio diagram

> cyfrifo graddfa
> defnyddio pwerau deg.

Faint yn fwy yw pob gwrthrych na'r un o'i flaen? Gan ddechrau â Chysawd yr Haul, yna'r Llwybr Llaethog, y Grŵp Lleol ac Uwchglwstwr Virgo, lluniadwch ddiagram i ddangos faint yn fwy yw pob gwrthrych na'r un o'i flaen fel ffactor graddfa (e.e. × 10). Gallech chi ddefnyddio Ffigur 14.13 fel templed, neu gallech chi argraffu eich lluniau eich hun gan greu eich dyluniad eich hun.

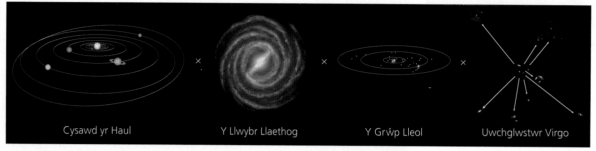

| Cysawd yr Haul | Y Llwybr Llaethog | Y Grŵp Lleol | Uwchglwstwr Virgo |

Ffigur 14.13

Ffigur 14.14 Nifwl Orion.

5 Beth yw'r prif wrthrychau yng Nghysawd yr Haul?
6 a) Beth yw 'lleuad'?
   b) Y blaned Iau a'r blaned Sadwrn sydd â'r nifer mwyaf o leuadau. Pam rydych chi'n meddwl bod ganddynt fwy o leuadau na phlanedau eraill?
7 Eglurwch beth yw ystyr y term 'galaeth'.
8 a) Beth yw 'blwyddyn golau' (l-y)?
   b) Sawl uned seryddol (AU) sydd mewn 1 l-y?
9 Pam mae Galaeth Andromeda yn cael ei galw'n M31?

▶ Sut cafodd Cysawd yr Haul ei ffurfio?

Cafodd yr Haul a Chysawd yr Haul ei ffurfio allan o'r **nifwl** (cwmwl nwy a llwch – yn debyg i Nifwl Orion yn Ffigur 14.14) a ddeilliodd o farwolaeth uwchnofa seren enfawr.

Wrth i'n nifwl gwreiddiol ddechrau cwympo i mewn ar ei hun o ganlyniad i ddisgyrchiant, dechreuodd rhanbarthau dwysach, tywyllach ffurfio. Rydym ni'n galw'r rhain yn 'Globylau Bok' (ar ôl y seryddwr o'r Iseldiroedd, Bart Bok, a arsylwodd nodweddion fel hyn am y tro cyntaf yn 1947).

Y tu mewn i Globylau Bok, mae protosêr yn ffurfio, wrth i'r nwy a'r llwch gael eu cywasgu wrth ei gilydd gan ddisgyrchiant. Mae Ffigur 14.16 yn dangos argraff arlunydd o brotoseren yn ffurfio y tu mewn i Globwl Bok.

Term allweddol

Mae protoseren yn rhan o nifwl, sy'n cwympo oherwydd disgyrchiant; y cyfnod yn ffurfiant seren cyn i ymasiad niwclear gychwyn.

Wrth i'r protoseren gwympo hyd yn oed yn fwy dan effaith disgyrchiant, mae rhagor o nwy a llwch yn cael eu tynnu i mewn iddo o'r 'disg croniant' (*accretion disk*) sydd o'i gwmpas ac, yn y pen draw, mae'r gwasgedd y tu mewn i'w graidd yn codi digon i'r tymheredd fynd yn fwy na 15 miliwn °C. Ar y tymheredd hwn, mae adweithiau ymasiad niwclear nwy hydrogen yn dechrau ac mae seren yn cael ei geni.

> 💬 **Pwyntiau trafod**
>
> Ffotograff 'The Pillars of Creation' o Nifwl yr Eryr yw un o luniau mwyaf enwog Telesgop Gofod Hubble erioed. Pam, yn eich barn chi, rhoddwyd yr enw hwn ar y ffotograff a pham ei fod mor enwog?

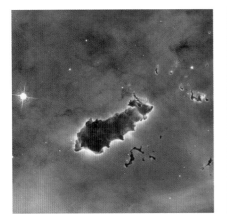

Ffigur 14.15 *Y Lindysyn,* Globwl Bok yn Nifwl Carina.

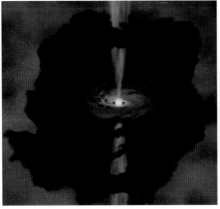

Ffigur 14.16 Argraff arlunydd o brotoseren yn ffurfio y tu mewn i Globwl Bok.

Ffigur 14.17 Sêr llachar, ifanc, poeth sydd wedi'u ffurfio y tu mewn i Nifwl yr Eryr – neu 'The Pillars of Creation' fel mae NASA yn eu galw.

Y 'disg croniant' o nwy a llwch o amgylch y protoseren a ddaeth yn Haul i ni yw man geni'r planedau. Dros amser, aeth rhannau o'r disg croniant yn fwy dwys ac yn raddol bu nifer dirifedi o wrthdrawiadau rhwng y darnau o lwch yn ffurfio lympiau o graig o'r enw **planedronynnau** (*planetesimals*), gyda gwrthdrawiadau rhwng y rhain yn y pen draw yn ffurfio ein planedau. Mae Ffigur 14.18 yn dangos lluniau Telesgop Gofod Hubble o bedwar disg croniant a safleoedd posibl ar gyfer ffurfiant planedau o amgylch sêr ifanc.

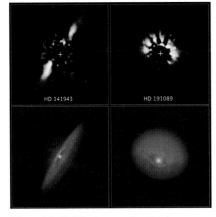

Ffigur 14.18 'Disgiau croniant' sy'n ffurfio o amgylch sêr poeth ifanc, wedi'u delweddu gan Delesgop Gofod Hubble.

> ✔️ **Profwch eich hun**
>
> 10 Beth yw 'nifwl'?
> 11 Disgrifiwch y broses o ffurfio seren.
> 12 Sut gall 'disg croniant' ffurfio planedau?
> 13 Beth ydych chi'n credu yw'r gwahaniaeth rhwng protoseren a seren go iawn?

▶ Cylchredau oes serol a'r diagram Hertzsprung–Russell

Mae'r mwyafrif helaeth o sêr yn treulio'r rhan fwyaf o'u bywydau fel sêr 'prif ddilyniant'. Cafodd y term 'prif-ddilyniant' ei fathu gyntaf yn 1907 gan Ejnar Hertzsprung, seryddwr o Ddenmarc. Sylweddolodd Hertzsprung fod lliw (neu ddosbarth sbectrol) seren yn cydberthyn i'w disgleirdeb ymddangosiadol (disgleirdeb seren fel sy'n cael ei weld o'r Ddaear). Roedd yn ymddangos bod llawer o sêr yn dilyn perthynas syml rhwng y ddau newidyn hyn, a galwodd y sêr hyn yn sêr 'prif-ddilyniant'.

Ar yr un pryd, roedd seryddwr Americanaidd o'r enw Henry Norris Russell yn gwneud gwaith tebyg, ond roedd e'n astudio sut roedd y dosbarth sbectrol yn amrywio gyda disgleirdeb gwirioneddol (neu absoliwt) trwy gywiro disgleirdeb sêr yn ôl eu pellter o'r Ddaear. Mae'r diagram sy'n dangos disgleirdeb (neu oleuedd) serol absoliwt yn erbyn tymheredd serol (sy'n pennu dosbarth sbectrol neu liw seren) yn cael ei alw'n ddiagram Hertzsprung–Russell (HR), fel sy'n cael ei ddangos yn Ffigur 14.19.

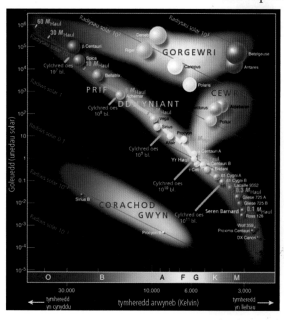

Ffigur 14.19 Y diagram Hertzsprung–Russell (HR).

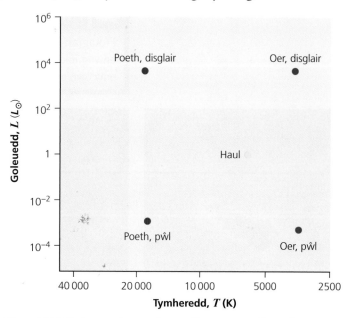

Ffigur 14.20 Pedwar pedrant y diagram Hertzsprung–Russell.

Mae'r diagram HR ychydig fel fersiwn serol o Dabl Cyfnodol yr elfennau, gan ei fod yn trefnu sêr mewn grwpiau yn ôl eu priodweddau. Yr echelinau ar y diagram HR yn Ffigur 14.19 yw **goleuedd** (neu gyfanswm yr egni golau sy'n cael ei allyrru gan y seren, mewn unedau solar, lle mae goleuedd yr Haul = 1) ar yr echelin-*y*, a **thymheredd** (mewn Kelvin) yn cael ei arddangos fel cyfres aflinol, pŵer (o ddeg) ar hyd yr echelin-*x*. Gall yr echelin-*x* (sydd, yn anarferol am graff, yn rhedeg yn ôl mewn tymheredd o'r chwith i'r dde) hefyd gael ei arddangos fel lliw – sêr coch yw'r rhai oeraf a sêr glas yw'r rhai poethaf.

Gall y diagram HR gael ei rannu'n bedwar pedrant gwahanol, fel yn Ffigur 14.20. Y sêr poethaf, disgleiriaf ar y diagram HR yw'r sêr prif ddilyniant mwyaf, megis Spica yng nghytser Virgo. Mae'r sêr oer, disgleiriaf yn orgewri coch fel Betelgeuse (yn Orion). Mae'r sêr poeth, pŵl i gyd yn sêr corrach gwyn fel Sirius B, ac mae'r sêr oeraf pwl yn sêr corrach coch fel Proxima Centauri, y seren agosaf at ein Haul ni.

Cylchredau oes serol

Y grŵp mwyaf amlwg o sêr ar y diagram HR yw'r sêr prif ddilyniant sy'n rhedeg o ben y diagram ar y chwith i'r gwaelod ar y dde (er bod y rhai ar y gwaelod ar y dde i gyd yn cael eu hystyried fel sêr corrach coch). Uwchben y sêr prif ddilyniant mae gorgewri, fel Aldebaran, sydd â radiws o rhwng 10 a 100 gwaith yn fwy na'r Haul. Mae **cewri coch** yn gam pwysig yng nghylchred oes y rhan fwyaf o sêr prif ddilyniant. Mae'r rhan fwyaf o sêr yn treulio'r rhan fwyaf o'u hoes ar y prif ddilyniant lle mae eu sefydlogrwydd yn dibynnu ar y cydbwysedd rhwng grym disgyrchiant sy'n ceisio gwneud i'r seren

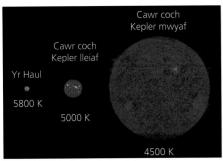

Ffigur 14.21 Sêr cewri coch a gafodd eu darganfod gan Delesgop Gofod Kepler.

fewnffrwydro, a'r cyfuniad o wasgedd nwy a gwasgedd pelydriad sy'n ceisio gwthio'r seren tuag allan. Gwasgedd pelydriad yw effaith y pelydriad electromagnetig sy'n symud allan o graidd y seren.

Pan fydd tanwydd niwclear hydrogen y seren prif ddilyniant yn dechrau dod i ben, bydd ymasiad niwclear heliwm yn cymryd drosodd yn y craidd. Mae'r gwasgedd pelydriad yn cynyddu ac nid oes cydbwysedd sefydlogrwydd. Mae'r seren yn ehangu. Wrth iddi fynd yn fwy, caiff yr egni sy'n cael ei gynhyrchu gan y seren ei ledaenu dros arwynebedd llawer mwy, mae ei thymheredd arwyneb yn gostwng, ac mae ei lliw yn mynd yn fwy coch. Mae'n troi yn gawr coch.

Mae sêr cewri coch yn gymharol ansefydlog, ac mae'r seren yn dibynnu fwyfwy ar ymasiad niwclear elfennau trymach a thrymach (proses o'r enw **niwcleosynthesis**). Unwaith y bydd yr adweithiau ymasiad wedi cynhyrchu'r elfen haearn, ni fydd y seren yn gallu ennill egni trwy ffurfio elfennau trymach ac mae'r ymasiad yn dod i ben. Mae'r seren yn cwympo, mae ei atmosffer allanol yn cael ei chwythu tuag allan fel nifwl planedol ac mae'r craidd poeth sy'n weddill yn cael ei alw'n **gorrach gwyn**. Mae sêr corrach gwyn i'w cael ym mhedrant gwaelod chwith y diagram HR. Mae gweddill oes y seren yn broses oeri raddol, gan nad yw bellach yn cynhyrchu egni trwy ymasiad niwclear. Mae'r corrach gwyn yn oeri, yn symud i'r dde ar y diagram HR, ac yn ffurfio corrach coch, ac yn y pen draw corrach du.

Mae plot cylchred oes yr Haul ar y diagram HR, sy'n dangos sut bydd ei oleuedd a'i dymheredd arwyneb yn newid dros ei gylchred oes, yn cael ei ddangos yn Ffigur 14.22.

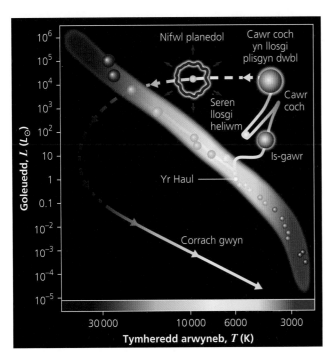

Ffigur 14.22 Diagram HR o blot cylchred oes yr Haul.

Uwchnofâu, sêr niwtron a thyllau du

Dydy sêr prif ddilyniant masfawr (fel Spica), sydd â masau hyd at 60 gwaith yn fwy na'r Haul, ddim yn dilyn llwybr cylchred oes prif ddilyniant – maen nhw'n rhoi cychwyn ar eu proses marw trwy chwyddo i ffurfio seren orgawr. Pan fydd niwcleosynthesis yn stopio, mae'r gorgawr yn mynd trwy gwymp cataclysmig cyflym. Mae'r ffrwydrad sy'n deillio o hyn yn cael ei alw'n **uwchnofa**. Yn ystod cwymp yr uwchnofa, mae'r egni sy'n cael ei ryddhau mor fawr fel bod elfennau trymach na haearn yn cael eu ffurfio. Mae pob elfen sy'n bresennol yn y Bydysawd sydd yn drymach na haearn wedi bod yn rhan o ffrwydrad uwchnofa enfawr. Mae'r hyn sy'n weddill ar ôl ffrwydrad yr uwchnofa yn dibynnu ar fàs terfynol y gorgawr. Mae gweddillion gorgawr màs 'isel' yn ffurfio nifylau enfawr, sy'n cynnwys yr holl nwy a llwch sydd eu hangen i gychwyn ffurfiant serol unwaith eto. Mae gweddillion gorgawr màs 'uchel' yn ffurfio sêr niwtron, lle mae'r defnydd oedd yn ffurfio craidd y gorgawr yn cael ei gywasgu i mewn i ofod â radiws o tua 12 km. Dychmygwch wrthrych gyda dwywaith màs yr Haul cyfan, wedi'i gywasgu i ofod â radiws tua'r un maint â Chaerdydd! Mae llawer o sêr niwtron yn cylchdroi ar fuanedd uchel gan allyrru 'paladrau' anferth o belydriad electromagnetig, fel pelydrau X a phelydrau gama, wrth iddynt wneud hynny. **Pylsarau** yw'r enw ar sêr niwtron sy'n cylchdroi.

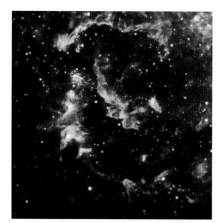

Ffigur 14.23 Mae pelydriad electromagnetig o'r pylsar *PSR B1509-58*, seren niwtron sy'n troelli'n gyflym iawn (h.y. pylsar), yn gwneud i'r nwy gerllaw y tu mewn i'w nifwl dywynnu yn rhanbarth pelydr X y sbectrwm (wedi'i ffugliwio'n aur yn y ddelwedd hon o Delesgop Pelydr X Chandra). Mae hyn yn goleuo'r cyfan o weddill y nifwl, wedi'i weld yma mewn isgoch (wedi'i ffugliwio'n las ac yn goch o Delesgop Maes-eang Isgoch Survey Explorer).

Mae'r gweddillion gorgawr màs 'goruchel' yn ffurfio **tyllau du**. Caiff y rhain eu ffurfio o greiddiau sêr anferth sydd â màs craidd tua 10 gwaith yn fwy na màs yr Haul. Mae'r gwrthrychau hyn yn cael eu cywasgu i ofod sydd â radiws o tua 30 km. Mae atyniad disgyrchiant twll du mor fawr fel na all hyd yn oed golau ddianc – dyna pam mae'n cael ei alw'n dwll du. Mae yna gred bod llawer o dyllau duon yn cyfuno yng nghanol galaethau mawr, gan ffurfio twll du gorfasawr. Mae rhai ohonynt â màs o hyd at 10^{10} gwaith yn fwy nag eiddo'r Haul, wedi'u cywasgu i ofod â radiws o tua 400 AU.

Mae Ffigur 14.24 yn crynhoi llwybrau marw sêr.

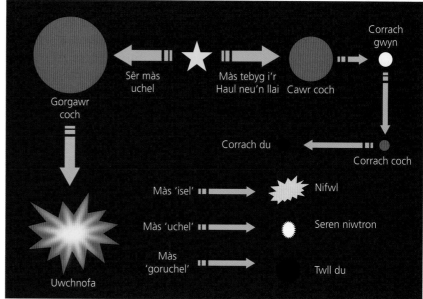

Ffigur 14.24 Marwolaeth sêr.

→ | Gweithgaredd

Cylchred oes sêr

Dyma weithgaredd sy'n eich helpu i wneud y canlynol:
> llunio a dehongli data ar ffurf graff.

Mae Ffigur 14.19 yn dangos diagram Hertzsprung–Russell modern. Mae'r diagram yn nodi tymheredd yr arwyneb ar hyd yr echelin-x, ond mae'r echelin yn mynd tuag yn ôl – mae'r sêr poethaf tuag at ochr chwith y diagram. Mae echelin-y y diagram yn dangos goleuedd (pa mor llachar yw'r seren) – mae'r sêr mwyaf llachar ar dop y diagram. Mae'r diagram hefyd yn dangos lliwiau serol (sy'n gysylltiedig â thymheredd) a radiws serol – sy'n cael ei ddangos fel cyfres o groesliniau ar draws y diagram.

Cwestiynau

1 Ar ba ran o'r diagram HR byddech chi'n disgwyl gweld sêr corrach brown?
2 Mae Ffigur 14.25 yn dangos llwybr cylchred oes seren debyg i'r Haul. Gwnewch fraslun o'r diagram hwn a defnyddiwch y prif ddiagram HR i labelu'r diagram gyda'r prif gyfnodau yng nghylchred oes yr Haul. Mae angen i chi ddisgrifio sut mae'r goleuedd, y tymheredd, y lliw a'r radiws yn newid ar hyd y llwybr hwn.

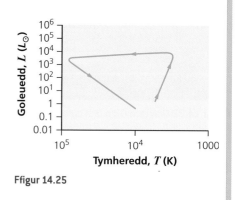

Ffigur 14.25

3 Eglurwch pam nad yw gwrthrychau serol fel sêr niwtron a thyllau du'n cael eu dangos ar ddiagramau HR.

4 Ar eich braslun chi o'r diagram HR, lluniadwch lwybr cylchred oes seren prif ddilyniant las boeth, fawr fel β Centauri – seren sy'n debygol o ffrwydro fel uwchnofa ryw dro yn ei dyfodol.

5 Defnyddiwch y diagram HR i gopïo a chwblhau Tabl 14.4 – defnyddiwch y termau canlynol i ddisgrifio:

Tymheredd: oer iawn   oer   canolig   poeth   poeth iawn

Disgleirdeb: pŵl iawn   pŵl   canolig   llachar   llachar iawn

Tabl 14.4 Disgrifio sêr.

Enw'r seren	Math o seren (grŵp ar y diagram HR)	Tymheredd	Disgleirdeb	Lliw	Radiws
Spica					
Betelgeuse					
Proxima Centauri					
Sirius B					
Procyon B					

→ **Gweithgaredd**

Pylsarau a sêr niwtron

Dyma weithgaredd sy'n eich helpu i wneud y canlynol:
> cofio a chymhwyso gwybodaeth a dealltwriaeth.

Mae sêr niwtron yn wrthrychau serol wedi'u cywasgu'n dynn, sy'n cael eu creu yng nghraidd sêr masfawr yn ystod ffrwydradau uwchnofa. Wrth i'r seren gwympo, mae'r grymoedd anferth yn y craidd yn gwasgu pob proton at electron cyfatebol ac yn troi pob pâr electron–proton yn niwtron. Mae'r niwtronau'n sefydlog ac, yn y pen draw, maen nhw'n dod â'r gwymp i ben ac yn parhau fel seren niwtron – 'niwclews' anferth o niwtronau. Sêr niwtron yw'r gwrthrychau mwyaf dwys yn y Bydysawd y gwyddom amdano. Dim ond tua 12 km yw eu diamedr, ond mae eu màs ddwywaith cymaint â màs yr Haul. Mae màs un ciwb siwgr o ddefnydd seren niwtron tua 100 miliwn tunnell fetrig! Mae'n eithaf anodd i ni arsylwi sêr niwtron gan mai dim ond swm bach iawn o olau gweladwy maen nhw'n ei allyrru. Fodd bynnag, wrth iddynt droelli, maen nhw'n allyrru 'paladrau' anferth o donnau radio, pelydrau X neu belydrau gama, fel goleudy gwybrennol – os yw'r paladrau o donnau radio'n lledaenu ar draws y Ddaear, maen nhw'n cael eu galw'n bylsarau.

Cwestiynau

1 Pa fath o sêr sy'n cynhyrchu sêr niwtron?

2 Disgrifiwch y camau yn ffurfiant seren niwtron.

3 Yn ystod adwaith ymasiad y pâr proton $\left(^{1}_{1}\text{p}\right)$ –electron $\left(^{0}_{-1}\text{e}\right)$, bydd niwtron $\left(^{1}_{0}\text{n}\right)$ a niwtrino $\left(^{0}_{0}\text{v}\right)$ yn cael eu cynhyrchu. Ysgrifennwch hafaliad niwclear cytbwys ar gyfer yr adwaith hwn.

4 Mae màs y sêr niwtron mwyaf yn ddau fàs solar ac mae ganddynt radiws o 12 km. Mae radiws yr Haul tua 7×10^8 m ac mae ei fàs tua 2×10^{30} kg. Cyfrifwch ddwysedd yr Haul a seren niwtron fawr.

Niwcleosynthesis

Dyma weithgaredd sy'n eich helpu i wneud y canlynol:

> cydbwyso adweithiau niwclear gan ddefnyddio'r Tabl Cyfnodol.

Mae'r broses niwcleosynthesis yn eithaf cymhleth, ond wrth i'r elfennau trymaf gael eu cynhyrchu, maen nhw'n ffurfio plisg o amgylch craidd y seren.

Cwestiynau

1 Defnyddiwch y set ddata ganlynol i gynhyrchu adweithiau ymasiad niwclear cytbwys ar gyfer yr adweithiau isod:

- heliwm-4, $_2^4$He; beryliwm-8, $_4^8$Be; carbon-12, $_6^{12}$C; ocsigen-16, $_8^{16}$O

- electron, $_{-1}^0$e$^-$; positron; $_1^0$e$^+$; ffoton gama, γ.

  a) heliwm-4 + heliwm-4 → beryliwm-8

  b) beryliwm-8 + heliwm-4 → carbon-12 + positron + electron

  c) carbon-12 + heliwm-4 → ocsigen-16 + ffoton gama

2 Defnyddiwch y Tabl Cyfnodol i ganfod y niwclysau, $_Z^A$X, ym mhob un o'r adweithiau canlynol sy'n digwydd y tu mewn i seren cawr coch:

  a) $_6^{12}$C + $_6^{12}$C → $_Z^A$X + $_2^4$He

  b) $_{10}^{20}$Ne + $_2^4$He → $_Z^A$X + γ

  c) $_Z^A$X + $_2^4$He → $_{16}^{32}$S

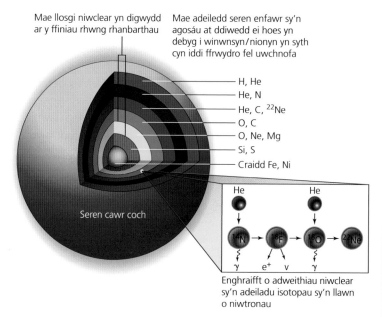

Mae llosgi niwclear yn digwydd ar y ffiniau rhwng rhanbarthau

Mae adeiledd seren enfawr sy'n agosáu at ddiwedd ei hoes yn debyg i winwnsyn/nionyn yn syth cyn iddi ffrwydro fel uwchnofa

H, He
He, N
He, C, ^{22}Ne
O, C
O, Ne, Mg
Si, S
Craidd Fe, Ni

Seren cawr coch

Enghraifft o adweithiau niwclear sy'n adeiladu isotopau sy'n llawn o niwtronau

Ffigur 14.26 Niwcleosynthesis y tu mewn i seren cawr coch.

- Mae Cysawd yr Haul yn cynnwys un seren – yr Haul, wyth planed, nifer o gorblanedau a llawer o leuadau.
- Mae 'bywyd' yn bosibl y tu mewn i ardal o ofod yn agos at seren o'r enw rhanbarth trigiadwy neu Ranbarth Elen Benfelen (*Goldilocks Zone*).
- Cysawd yr Haul yw'r enw ar ein darn 'lleol' ni o'r gofod. Mae Cysawd yr Haul y tu mewn i alaeth o'r enw y Llwybr Llaethog. Mae'r Llwybr Llaethog yn rhan o grŵp o alaethau o'r enw y grŵp Lleol, ac mae'r grŵp Lleol yn rhan o glwstwr o 'grwpiau' o'r enw Uwchglwstwr Virgo.
- Mae angen defnyddio amrywiaeth o raddfeydd pellter wrth drafod y Bydysawd: ar raddfa planedau a Chysawd yr Haul, y peth gorau i'w wneud yw cymharu pethau â'r Ddaear a'r Haul. Ar raddfa galaeth y Llwybr Llaethog a'r Bydysawd arsylladwy, yr uned orau i'w defnyddio yw'r flwyddyn golau, sef y pellter mae golau'n ei deithio mewn 1 flwyddyn.
- Mae sêr yn cael eu ffurfio pan mae nifylau'n cwympo oherwydd disgyrchiant. Mae protosêr yn ffurfio allan o ranbarthau â dwysedd uchel o'r enw Globylau Bok,

cyn ffurfio sêr prif ddilyniant. Mae sêr prif ddilyniant, sydd â màs tebyg i'r Haul, yn ffurfio sêr cewri coch cyn cwympo i mewn ar eu hunain, gan ffurfio nifwl planedol a chorrach gwyn. Mae sêr sydd â màs mwy yn ffurfio gorgewri cyn cwympo a ffrwydro fel uwchnofa, gan adael nifwl, seren niwtron neu dwll du.

- Mae sefydlogrwydd sêr yn dibynnu ar gydbwysedd rhwng grym disgyrchiant a chyfuniad o wasgedd nwy a gwasgedd pelydriad; mae sêr yn cynhyrchu eu hegni trwy ymasiad elfennau sy'n mynd yn gynyddol drymach.
- Mae defnyddiau serol (gan gynnwys yr elfennau trwm) yn cael eu dychwelyd yn ôl i'r gofod yn ystod y cyfnodau olaf yng nghylchred oes sêr cewri.
- Cafodd Cysawd yr Haul ei ffurfio ar ôl i gwmwl o nwy a llwch gwympo, gan gynnwys yr elfennau a gafodd eu bwrw allan gan uwchnofa.
- Mae'r diagram Hertzsprung–Russell (HR) yn dangos priodweddau sêr, ac mae'n dangos llwybr esblygol seren dros gyfnod ei hoes.

▶ Cwestiynau ymarfer

1 Dyma rai o'r unedau pellter cyffredin sy'n cael eu defnyddio mewn seryddiaeth:

1 blwyddyn golau = y pellter mae golau'n ei deithio mewn 1 flwyddyn;

1 parsec (pc) = 3.3 blwyddyn golau;

1 ciloparsec (kpc) = 1000 parsec = 3300 blwyddyn golau;

1 uned seryddol (AU) = y pellter rhwng y Ddaear a'r Haul = 150 miliwn km.

Defnyddiwch y wybodaeth uchod i ateb y cwestiynau canlynol.

a) Sawl blwyddyn mae'n ei gymryd i olau deithio 1 parsec? [1]

b) Mae diamedr ein galaeth ni tua 30 kpc. Beth yw ei diamedr mewn blynyddoedd golau? [1]

c) Y pellter rhwng yr Haul a Neifion yw 30 AU. Beth yw'r pellter hwn mewn miliwn km? [1]

(TGAU Ffiseg CBAC P1, Sylfaenol, haf 2015, cwestiwn 4)

2 a) Enwch y **ddau** brif nwy oedd yn bresennol ar ôl y Glec Fawr. Mae'r sêr i gyd wedi cael eu gwneud o'r nwyon hyn. [2]

b) Pan fydd sêr prif ddilyniant yn cyrraedd diwedd eu 'bywydau', mae'r camau maen nhw'n mynd drwyddyn nhw yn dibynnu ar eu màs. Dewiswch eiriau neu ymadroddion o'r blwch i gwblhau Ffigur 14.27. [4]

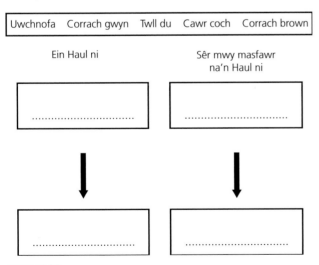

Uwchnofa	Corrach gwyn	Twll du	Cawr coch	Corrach brown

Ffigur 14.27

(TGAU Ffiseg CBAC P3, Sylfaenol, haf 2015, cwestiwn 1)

3 Mae'r blychau ar ochr chwith Ffigur 14.28 yn dangos enwau gwrthrychau yn y Bydysawd. Mae'r blychau ar y dde yn dangos yr amser mae golau yn ei gymryd i deithio o'r gwrthrychau hyn i'r Ddaear. Nid ydynt mewn trefn. Copïwch y diagram a thynnu llinell o bob blwch ar y chwith i'r blwch cywir ar y dde. [3]

Gwrthrychau yn y Bydysawd	Amser a gymerir i olau deithio i'r Ddaear
Yr Haul	1.3 eiliad
Alpha Centauri (seren yn y llwybr llaethog)	Dros 2 filiwn o flynyddoedd
Galaeth yr Andromeda	4.5 blynedd
Y Lleuad	500 eiliad

Ffigur 14.28

(TGAU Ffiseg CBAC P1, Sylfaenol, Ionawr 2014, cwestiwn 1)

4 Yn y diagram Hertzsprung–Russell (HR) sy'n cael ei ddangos yn Ffigur 14.29 isod, mae pob seren yn cael ei chynrychioli â dot. Mae safle pob dot ar y diagram yn dweud dau beth wrthon ni am bob seren: pa mor ddisglair yw hi a'i thymheredd. Mae'r sêr ar y prif ddilyniant yn sefydlog oherwydd mae eu grym disgyrchiant a'u gwasgedd pelydriad wedi'u cydbwyso.

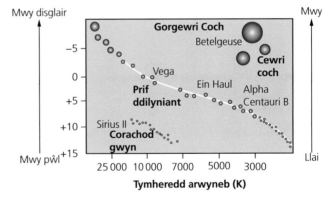

Ffigur 14.29

a) Defnyddiwch y wybodaeth yn y diagram i ateb y cwestiynau canlynol.

i) Amcangyfrifwch dymheredd arwyneb ein Haul ni. [1]

ii) Nodwch **ddau** wahaniaeth ym mhriodweddau Alpha Centauri B o'i gymharu â'n Haul ni. [2]

iii) Nodwch **un** ffordd mae ein Haul ni ac Alpha Centauri B yn debyg. [1]

b) i) Pa newidiadau fydd yn digwydd i'r Haul i'w achosi i ehangu i gawr coch? [1]

ii) Defnyddiwch wybodaeth o'r diagram i ddisgrifio'r effaith bydd y newidiadau hyn yn ei chael ar briodweddau'r Haul. [3]

c) Marciwch X ar y diagram i ddangos ble bydd ein Haul ni yn gorffen ei fywyd. [1]

(TGAU Ffiseg CBAC P3, Sylfaenol, haf 2013, cwestiwn 5)

5 a) Mae dau rym yn gweithredu ar seren. Mae un o'r rhain yn cael ei achosi gan ddisgyrchiant. Mae'r grym arall yn cael ei achosi gan wasgedd nwyon yn bennaf. Beth allwch chi ei ddweud am y grymoedd hyn pan fydd y seren yn ei chyflwr sefydlog? *[1]*

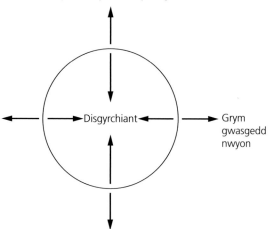

Ffigur 14.30

b) Mae sêr yn mynd trwy gyfres o newidiadau ar ôl cyfnod y cyflwr sefydlog. Mae'r newidiadau hyn yn dibynnu ar faint y seren. Mae Ffigur 14.31 yn dangos rhai newidiadau posibl. Copïwch a chwblhewch y diagram. *[2]*

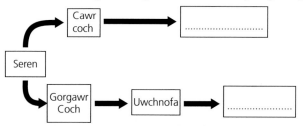

Ffigur 14.31

(TGAU Ffiseg CBAC P1, Sylfaenol, haf 2007, cwestiwn 6)

6 Mae Ffigur 14.32 yn dangos y berthynas rhwng tymheredd seren a maint, disgleirdeb a lliw'r seren.

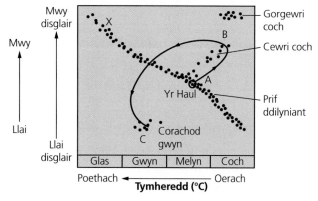

Ffigur 14.32

Ar hyn o bryd mae ein Haul yn seren prif ddilyniant. Mae sêr prif ddilyniant yn cynhyrchu egni trwy ymasiad hydrogen gan ffurfio heliwm. Mewn seren sefydlog, mae'r broses ymasiad yn cynhyrchu gwasgedd tuag allan (cyfuniad o wasgedd nwy a gwasgedd pelydriad) sy'n cydbwyso'r grym disgyrchiant yn union. Mae'r llinell drwchus ABC yn dangos y newidiadau fydd yn digwydd i'r Haul pan fydd yn dod i ddiwedd ei fywyd.

a) i) Nodwch un ffordd mae'r seren sydd wedi'i labelu'n X:
   i) yn wahanol i'n Haul ni;
   ii) yn debyg i'n Haul ni. *[2]*

b) i) Eglurwch y newidiadau a fydd yn digwydd i achosi'r Haul i ehangu i'r cam Cawr Coch.
   ii) Defnyddiwch wybodaeth o'r diagram i ddisgrifio'r effaith y bydd y newidiadau yma'n ei chael ar yr Haul. *[3]*

c) i) Eglurwch y newidiadau a fydd yn digwydd i achosi'r Haul i gwympo (*collapse*) i'r cam Corrach Gwyn.
   ii) Defnyddiwch wybodaeth o'r diagram i ddisgrifio'r effaith y bydd y newidiadau yma'n ei chael ar yr Haul. *[3]*

(TGAU Ffiseg CBAC P1, Uwch, haf 2009, cwestiwn 7)

7 Mae Cysawd yr Haul yn cynnwys yr Haul a'i blanedau.

a) i) Ar wahân i'r Ddaear, enwch un blaned sydd ag adeiledd creigiog. *[1]*
   ii) Enwch y blaned fwyaf mewnol sydd ag adeiledd nwyol. *[1]*

b) Mae Tabl 14.5 yn dangos data am rai o'r planedau.

Tabl 14.5

Planed	Pellter o'r Haul (miliwn km)	Amser orbit o amgylch yr Haul (diwrnodau)	Hyd diwrnod (oriau)
Mercher	60	90	1420
Gwener	110	220	5930
Y Ddaear	150	365	24
Mawrth	230	690	24.5
Iau	780	4380	

i) Plotiwch graff i ddangos sut mae'r amser mae planed yn ei gymryd i wneud orbit o amgylch yr Haul (echelin-*y*) yn dibynnu ar y pellter o'r Haul (echelin-*x*). Gwnewch hyn **ar gyfer y pedair planed gyntaf yn unig**. *[3]*

ii) Eglurwch sut mae'r graff yn dangos nad yw'r amser ar gyfer orbit mewn cyfrannedd union â'r pellter o'r Haul. *[1]*

iii) Oes digon o wybodaeth yn y tabl i amcangyfrif hyd diwrnod ar Iau? Rhowch reswm dros eich ateb. *[1]*

(TGAU Ffiseg CBAC P1, Uwch, haf 2010, cwestiwn 2)

8 Yn y 19eg ganrif, y ddamcaniaeth gyffredin oedd bod y planedau a'r Haul wedi'u ffurfio ar yr un pryd. Roedden nhw'n credu mai ffynhonnell egni'r Haul oedd yr egni cemegol yn ei nwyon.

a) Wedi hyn, fe wnaeth daearegwyr ddarganfod bod y Ddaear yn filiynau o flynyddoedd oed. Eglurwch sut mae'r darganfyddiad hwn wedi arwain at wrthod y ddamcaniaeth am ffynhonnell egni'r Haul. *[2]*

b) Sut mae ffynhonnell egni'r haul yn cael ei egluro heddiw? *[2]*

c) Eglurwch sut mae sylweddau sy'n drymach na heliwm yn cael eu ffurfio yn y Bydysawd. *[2]*

(TGAU Ffiseg CBAC P1, Uwch, haf 2008, cwestiwn 7)

15 Y Bydysawd

🏠 | **Cynnwys y fanyleb**

Mae'r bennod hon yn ymdrin ag adran 2.6 Y Bydysawd yn y fanyleb TGAU Ffiseg, sy'n edrych ar y dystiolaeth sy'n arwain at y cysyniad o fydysawd yn ehangu ac mae'n cysylltu'r dystiolaeth hon â model y Glec Fawr. Mae'n trafod rhan y rhuddiad cosmolegol wrth gefnogi model y Glec Fawr. Dydy'r bennod hon ddim yn berthnasol i fyfyrwyr TGAU Gwyddoniaeth (Dwyradd).

▶ Ble mae'r gofod yn dod i ben?

Efallai y dylem ni ofyn y cwestiwn hwn mewn ffordd wahanol. Ydy'r gofod yn mynd ymlaen am byth? Ydy'r Bydysawd yn anfeidraidd? Neu, o ran hynny, beth yw'r Bydysawd? Efallai ei bod hi'n haws ateb y cwestiwn olaf na'r lleill. Y Bydysawd yw: yr holl ofod; yr holl amser; yr holl fater a'r holl egni – syml!

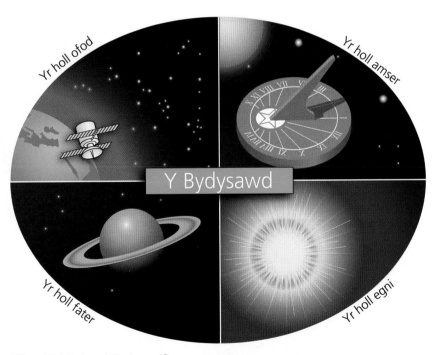

Ffigur 15.1 Beth yw'r Bydysawd?

Pwynt trafod

Oed y Bydysawd yw tuag 13.7 biliwn o flynyddoedd, felly mae 'ymyl' y Bydysawd dim ond 0.6 biliwn o flynyddoedd golau (sef 4% o gyfanswm maint y Bydysawd) yn bellach na *GRB* 090429B. Ond dyna'r cyfan. Does dim mwy. Neu oes yna? Gallwn ni ystyried bod y Bydysawd gweladwy (y Bydysawd rydym ni'n gallu ei arsylwi â'r sbectrwm electromagnetig) yn sffêr sydd â diamedr tua 28 biliwn blwyddyn golau (tua 2 × 13.7 biliwn l-y), ond beth sydd y tu hwnt iddo? Neu beth oedd yma o'i flaen? Pwy a ŵyr?

Felly os yw'r Bydysawd yn bopeth, pa mor fawr yw popeth? Pan mae seryddwyr yn defnyddio telesgopau mwyaf a chryfaf y byd, maen nhw'n gallu gweld gwrthrychau sy'n bell iawn iawn i ffwrdd. Y gwrthrych pellaf erioed i gael ei ddelweddu yw *GRB* 090429B, gwrthrych byrst pelydrau gama (*GRB: gamma-ray burst*) a gafodd ei fesur 13.14 biliwn blwyddyn golau i ffwrdd gan Delesgop Swift *GRB* NASA.

233

  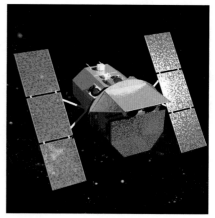

Ffigur 15.2 Y gwrthrych pellaf erioed i gael ei ddelweddu – GRB 090429B, wedi'i ddelweddu gan Delesgop Swift GRB NASA.

✔ Profwch eich hun

1 Pa mor fawr yw'r Bydysawd?
2 Pe baech chi'n rhoi eich cyfeiriad i rywun arall a oedd yn byw ar ochr arall y Bydysawd, sut byddech chi'n ysgrifennu eich cyfeiriad er mwyn iddynt allu anfon cerdyn post atoch chi?
3 Pa mor hir y byddai'n ei gymryd i e-gerdyn yn teithio ar fuanedd golau eich cyrraedd o ochr arall y Bydysawd?

→ Gweithgaredd

Ymyl y bydysawd?

Dyma weithgaredd sy'n eich helpu i wneud y canlynol:
> gwerthuso honiadau gwyddonol yn seiliedig ar ddadansoddi data'n feirniadol
> gweld sut mae damcaniaeth wyddonol wedi datblygu dros amser
> prosesu, dadansoddi a dehongli data eilaidd
> ffurfio casgliadau'n seiliedig ar dystiolaeth.

Ffigur 15.4 Maes Dwfn Iawn Hubble.

Ai hwn yw'r ffotograff gwyddonol pwysicaf erioed? Rhwng mis Medi 2003 a mis Ionawr 2004, cafodd camerâu Telesgop Gofod Hubble eu cyfeirio at ddarn o ofod oedd yn ymddangos yn ddu ac yn wag, a chafodd agorfeydd y camerâu eu gadael ar agor am ychydig dros 11 diwrnod. Pan gafodd y delweddau eu prosesu a'u hadio at ei gilydd, cafodd delwedd anhygoel ei ffurfio. Cafodd y ddelwedd hon ei mireinio eto ym mis Medi 2012, pan wnaeth NASA ryddhau Ffigur 15.4, llun cyfansawdd o lun gwreiddiol yr Hubble a delwedd newydd isgoch a gafodd ei thynnu gan sianel isgoch Camera Maes Eang Hubble 3. Caiff ei galw'n Faes Dwfn Iawn Hubble.

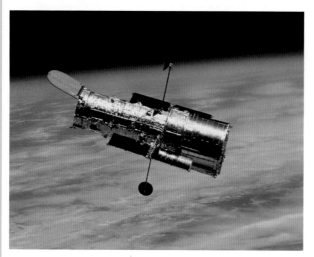

Ffigur 15.3 Telesgop Gofod Hubble.

Mewn gwirionedd, mae dros 10 000 o alaethau yn y darn 'gwag' hwn o'r awyr, ac mae pob galaeth yn cynnwys dros gan biliwn o sêr. Mae pob un o'r sbeciau a'r smotiau hyn yn alaeth gyfan! Mae maint y gofod sydd yn y llun hefyd yn aruthrol. Dychmygwch edrych ar y gofod trwy welltyn yfed 2.5 m o hyd – dyna pa mor fawr yw'r darn o ofod yn y llun hwn. Mae llawer o'r galaethau hyn mor bell oddi wrthym ni nes bod y golau sy'n ein cyrraedd ni wedi cymryd biliynau o flynyddoedd i'n cyrraedd. Rydym ni'n edrych arnynt fel yr oedden nhw yn fuan ar ôl i'r Glec Fawr gynhyrchu'r Bydysawd, 13.7 biliwn o flynyddoedd yn ôl. Yn y dasg hon, byddwch chi'n cael dwy set o ddata sydd wedi'u cymryd gan seryddwyr dros y 100 mlynedd diwethaf. Mae'r data'n rhoi pellter galaeth o'r Ddaear a'i buanedd oddi wrthym ni. Cafodd Set Ddata 1 (Tabl 15.1) ei defnyddio gan y seryddwr o America, Edwin Hubble, yn 1929 (Ffigur 15.5) ac mae Set Ddata 2 (Tabl 15.2) yn gasgliad o ddata modern sy'n defnyddio arsylwadau a mesuriadau o uwchnofâu pell yn ffrwydro (sêr enfawr yn ffrwydro).

Ffigur 15.5 Edwin Hubble.

Gallwch chi blotio'r data â llaw ar bapur graff neu drwy ddefnyddio rhaglen taenlenni fel Excel.

Tabl 15.1 Set Ddata 1 – data Edwin Hubble yn 1929.

Pellter yr alaeth o'r Ddaear, d (l-y)	Buanedd yr alaeth oddi wrth y Ddaear, v (km/s)
10	170
150	200
170	290
210	200
270	300
300	650
310	150
340	920
370	500
480	500
580	960
660	500
670	800
680	1090

1 Plotiwch ddata Hubble (ar gyfer galaethau cyfagos) ar graff gyda 'Pellter o'r Ddaear, d (l-y)' ar yr echelin-x a 'Buanedd oddi wrth y Ddaear, v (km/s)' ar yr echelin-y.

2 Sut byddech chi'n disgrifio patrwm y data hyn? (Awgrym: Ydy'r data i gyd yn eistedd ar linell syth neu ydy hi'n gromlin? Oes patrwm/tuedd gyffredinol? Ydy'r data wedi'u gwasgaru'n eang neu'n agos at ei gilydd?)

3 Tynnwch linell syth ffit orau trwy'r data. Rhaid i'ch llinell ddechrau yn y tarddbwynt (0,0). Rhaid i'r llinell ffit orau hon fynd trwy ganol patrwm y data.

4 Allwch chi dynnu llinellau eraill sy'n dangos patrymau yn y data hyn?

Casgliad Edwin Hubble oedd fod y data hyn yn dangos bod y Bydysawd yn ehangu. Y pellaf roedd y seren, y cyflymaf roedd hi'n symud. Dywedodd hefyd fod perthynas fathemategol union rhwng y ddau fesur, $v = H_0 \times d$, neu os dyblwch chi'r pellter o'r Ddaear, fod buanedd y seren yn dyblu. Cafodd y gwerth H_0 ei enwi'n gysonyn Hubble, a hwn yw graddiant (neu oledd) y llinell; cyfrifodd Hubble y gwerth fel 500 km/s/Mpc. Cafodd y berthynas hon ei henwi'n Ddeddf Hubble.

5 Ydych chi'n cytuno â chasgliadau Hubble?

6 Pa mor gryf roedd Hubble yn teimlo am y casgliad hwn, yn eich barn chi?

7 Ydych chi'n meddwl bod gwyddonwyr eraill yn gyffredinol yn cytuno ag ef, neu ydych chi'n meddwl y byddai rhai wedi ei amau?

Tabl 15.2 Set Ddata 2 – Data uwchnofâu modern.

Pellter yr uwchnofa o'r Ddaear, d (Mpc)	Buanedd yr uwchnofa oddi wrth y Ddaear, v (km/s)
60	4100
80	5400
100	7200
120	7900
140	9000
160	12000
180	13700
200	14800
220	15000
240	16900
260	18400
280	19000
300	21600
320	23600
400	26500
420	30600

Bron yn syth ar ôl i Hubble gyhoeddi ei ddata, sylweddolodd seryddwyr eraill, os oedd y Bydysawd yn ehangu, ei fod ar un adeg wedi gorfod bod yn llawer llawer llai. Yn wir, roedd yn rhaid bod y Bydysawd wedi dechrau mewn un man, ac ar un adeg yn y gorffennol. Mae'n rhaid bod ffrwydrad aruthrol – creadigaeth y Bydysawd – a chafodd hwn ei enwi'n Glec Fawr.

8 Plotiwch ddata'r uwchnofâu ar graff gyda 'Pellter o'r Ddaear, d (Mpc)' ar yr echelin-x a 'Buanedd oddi wrth y Ddaear, v (km/s)' ar yr echelin-y.

9 Sut byddech chi'n disgrifio patrwm y data hyn? (Awgrym: Ydy'r data i gyd yn eistedd ar linell syth neu ydy hi'n gromlin? Oes patrwm/tuedd gyffredinol? Ydy'r data wedi'u gwasgaru'n eang neu'n agos at ei gilydd?)

10 Tynnwch linell syth ffit orau trwy'r data. Rhaid i'ch llinell ddechrau yn y tarddbwynt (0,0). Rhaid i'r llinell ffit orau hon fynd drwy ganol patrwm y data.

11 Allwch chi luniadu unrhyw linellau eraill sy'n dangos patrymau yn y data hyn?

···
Gwaith estynedig

12 Cyfrifwch raddiant y llinell ffit orau hon, mewn km/s/Mpc.
···

13 Ydy'r data hyn yn cadarnhau neu'n gwrthbrofi casgliadau Hubble yn 1929?

14 Ydych chi'n meddwl bod seryddwyr modern yn hyderus neu'n amheus am gasgliadau Hubble?

15 Disgrifiwch y gwahaniaeth rhwng y ddwy set ddata.

Heddiw mae gan seryddwyr lawer mwy o bwyntiau wedi'u plotio ar y graff hwn, gan ddefnyddio telesgopau manwl gywir a phwerus iawn. Mae gwerth diweddaraf y cysonyn Hubble o fesuriadau Telesgop Planck NASA yn 2015 yn rhoi $H_0 = 67.8 \pm 0.9$ km/s/Mpc. Mae hyn yn rhoi oed o 13.82 ± 0.12 biliwn o flynyddoedd i'r Bydysawd, felly gallai ymyl y Bydysawd fod 13.82 biliwn o flynyddoedd golau i ffwrdd!

16 Gan weithio tuag ymlaen, beth ydych chi'n meddwl yw ystyr y data hyn o ran tynged y Bydysawd yn y dyfodol?

✔ Profwch eich hun

4 Beth mae llun Maes Dwfn Iawn Hubble yn Ffigur 15.4 yn ei ddangos?

5 Aeth Telesgop Gofod Hubble o amgylch y Ddaear 400 gwaith yn ystod cyfnod y set gyntaf o arsylwadau (golau gweladwy), gan dynnu 800 llun – neu ddau ar bob orbit.
   a) Pam na allai Telesgop Gofod Hubble bwyntio at yr un pwynt yn yr awyr yn barhaus am 11 diwrnod?
   b) Os oedd pob dinoethiad (*exposure*) yn para'r un faint o amser, pa mor hir oedd pob dinoethiad?

6 a) Faint o sêr allai fod yn y llun o'r Maes Dwfn Iawn?
   b) Pam rydym ni'n edrych yn ôl mewn amser, i bob diben, wrth edrych ar lun y Maes Dwfn Iawn?
   c) Pam roedd cymheiriaid Hubble – y seryddwyr eraill oedd yn gweithio ar broblemau tebyg yn 1929 – yn ei chael hi'n anodd derbyn Deddf Hubble?

7 a) Gan ddefnyddio set ddata Hubble (Tabl 15.1), amcangyfrifwch fuaneddau uchaf ac isaf galaeth sydd 400 l-y (blwyddyn golau) o'r Ddaear.
   b) Pam mae yna amrediad mawr o fuaneddau?

8 Mae Set Ddata 2 yn Nhabl 15.2, sef y data o arsylwadau modern o uwchnofâu, yn dangos tuedd linol (llinell syth) iawn. Ble ar y graff hwn fyddai data Hubble o 1929?

9 Pam mae seryddwyr modern yn hyderus iawn am Ddeddf Hubble?

10 Os yw oed y Bydysawd yn 13.82 biliwn o flynyddoedd, bydd golau o'r gwrthrychau pellaf yn y Bydysawd (a gafodd eu creu'n fuan ar ôl y Glec Fawr) wedi teithio 4319 Mpc. Gan ddefnyddio Deddf Hubble, $v = H_0 \times d$, a chysonyn Hubble o 67.8 km/s/Mpc, pa mor gyflym y bydd y gwrthrychau pellaf yn y Bydysawd yn teithio?

💬 Pwynt trafod

Pam rydych chi'n meddwl bod ffotograff Maes Dwfn Iawn Hubble yn un o'r ffotograffau pwysicaf erioed? Eglurwch eich ateb.

▶ Sut aeth Hubble ati i fesur buanedd galaethau?

Isaac Newton oedd y cyntaf i sylwi bod tlws 'ffair' rhad o'r enw prism yn hollti golau'r haul i'w liwiau unigol. Cyhoeddodd ei syniadau am olau yn ei lyfr *Optiks* yn 1704.

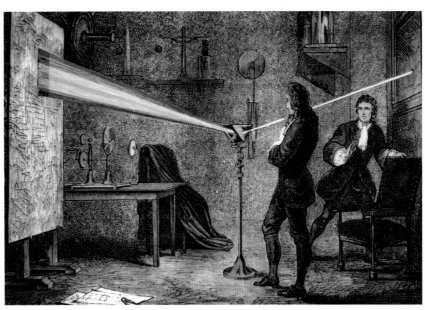

Ffigur 15.6 Isaac Newton a'i brism.

Aeth Newton ati i ddefnyddio prismau i astudio golau o lawer o wahanol ffynonellau. Mae *Optiks* yn llyfr sy'n disgrifio syniadau Newton am beth yw golau a lliw. Gan mlynedd yn ddiweddarach, fe wnaeth Joseph von Fraunhofer ('tad sbectrosgopeg fodern') ddarganfod bod y sbectrwm parhaus o liw sy'n cael ei gynhyrchu gan olau o'r Haul mewn gwirionedd yn cynnwys dros 700 o linellau du bach iawn. Yn ddiweddarach, cafodd hwn ei enwi'n 'sbectrwm Fraunhofer'.

Ffigur 15.7 Joseph von Fraunhofer.

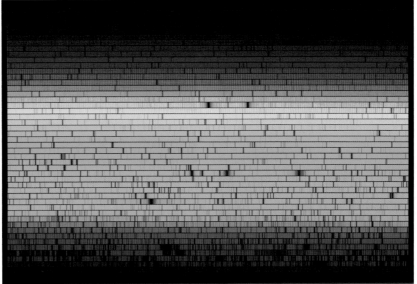

Ffigur 15.8 Sbectrwm Fraunhofer.

Ffigur 15.9 Gustav Kirchhoff.

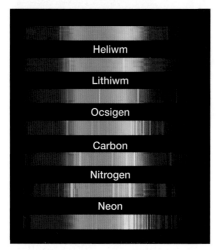

Ffigur 15.10 Spectra allyrru.

Ffigur 15.12 Syr Norman Lockyer.

Roedd hi'n 1859 cyn i sbectrwm Fraunhofer gael ei egluro gan Gustav Kirchhoff a Robert Bunsen (a roddodd ei enw i'r llosgydd Bunsen). Fe wnaethon nhw ddarganfod bod gwahanol elfennau'n allyrru golau wrth iddynt gael eu hanweddu mewn fflam llosgydd Bunsen. Yna, aethon nhw ati i ddefnyddio dyfais prism i astudio sbectra'r gwahanol elfennau. Fe welon nhw fod gan bob elfen ei sbectrwm golau unigryw ei hun. Enw'r rhain yw sbectra allyrru. Ar ben hyn fe wnaeth Kirchhoff ganfod, wrth iddo basio'r golau o wahanol elfennau trwy nwy o'r elfen honno (er enghraifft, golau sbectrwm hydrogen trwy nwy hydrogen), fod y nwy'n amsugno lliwiau'r sbectrwm. Sylweddolodd Kirchhoff fod y llinellau du ar sbectrwm Fraunhofer o'r Haul yn cael eu cynhyrchu gan yr elfennau sydd yn yr Haul. Roedd Kirchhoff a Fraunhofer wedi darganfod ffordd o ganfod gwahanol elfennau ar sêr sy'n bell o'r Ddaear. Roedd **sbectrosgopeg serol** wedi'i geni.

Ar 18 Awst 1868, pan oedd ar daith i Norwy i arsylwi diffyg ar yr haul, fe wnaeth Syr Norman Lockyer ganfod llinell sbectrol felen anarferol o amlwg yn sbectrwm fflêr solar a welodd yn ystod y llwyr ddiffyg. Mae'r llinell felen yn cyfateb i liw â thonfedd o 588 nm (5.88×10^{-7} m). Ar y pryd, doedd dim elfen hysbys yn cynhyrchu llinell sbectrol oedd â'r lliw a'r donfedd hon. Awgrymodd Lockyer fod y llinell hon yn cyfateb i elfen newydd a alwodd yn heliwm, ar ôl y gair Groeg 'helios', sy'n golygu 'haul'.

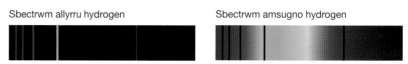

Ffigur 15.11 Sbectrwm allyrru a sbectrwm amsugno hydrogen.

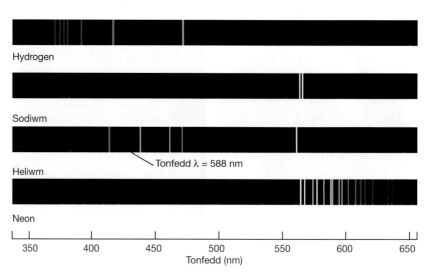

Ffigur 15.13 Sbectra allyrru hydrogen, sodiwm, heliwm a neon.

Cafodd heliwm ei arunigo a'i adnabod o'r diwedd mewn labordy yn 1878 gan William Ramsey, ac mae technegau sbectrosgopeg serol Lockyer yn dal i gael eu defnyddio hyd heddiw i astudio cyfansoddiad cemegol sêr.

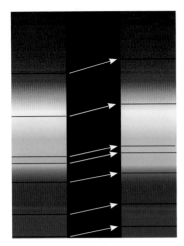

Ffigur 15.14 Rhuddiad.

Yn fuan ar ôl i Fraunhofer ddarganfod sbectrosgopeg, fe wnaeth ffisegydd o Ffrainc o'r enw Hippolyte Fizeau ddarganfod bod llinellau sbectrol rhai sêr yn edrych fel eu bod nhw wedi 'syflyd' (*shifted*) tuag at donfedd uwch, h.y. eu bod nhw'n mynd ychydig yn fwy 'coch' (neu'n 'rhuddo'). Roedd y patrymau i gyd yn aros yr un fath, ond roedd yn ymddangos bod pob un o'r llinellau sbectrol yn symud yr un maint tuag at ben coch y sbectrwm gweladwy. Cafodd yr effaith hon ei galw'n **rhuddiad**.

Roedd Fizeau yn tybio bod y syfliad (*shifft*) yn y llinellau'n digwydd oherwydd bod y seren yn symud yn gyflym i ffwrdd oddi wrth y Ddaear ac, yn 1868, y seryddwr o Brydain William Huggins oedd y cyntaf i ddefnyddio mesuriadau rhuddiad i fesur buanedd seren arall yn symud oddi wrth y Ddaear. Fodd bynnag, Edwin Hubble oedd y cyntaf i sylwi y gallai ei fesuriadau o ruddiad galaethau pell eraill gael eu hegluro nid yn unig yn nhermau symudiad cymharol y galaethau hynny i ffwrdd oddi wrth ein galaeth ni, ond hefyd oherwydd bod y Bydysawd yn ehangu. Yr enw ar hyn bellach yw **rhuddiad cosmolegol**. Mae Ffigur 15.15 yn dangos model o ruddiad cosmolegol. Mae arwyneb balŵn yn cynrychioli'r Bydysawd ac mae ton golau'n cael ei lluniadu ar arwyneb y balŵn cyn iddo gael ei enchwythu. Wrth i'r balŵn gael ei enchwythu, mae arwyneb y balŵn (y Bydysawd) yn ehangu ac mae'r don golau'n cael ei hestyn, gan gynyddu tonfedd y golau. Os yw'r donfedd yn cynyddu mae'n mynd yn fwy coch, neu'n rhuddo.

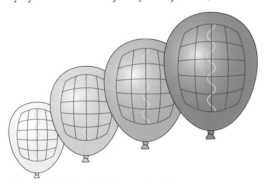

Ffigur 15.15 Rhuddiad cosmolegol.

✔ Profwch eich hun

11 Beth mae prism yn ei wneud i olau gwyn?

12 Mae can mlynedd yn amser hir mewn gwyddoniaeth a thechnoleg. Pam rydych chi'n meddwl mai Joseph von Fraunhofer arsylwodd y llinellau sbectrol yn sbectrwm yr Haul, ac nid Isaac Newton?

13 a) Beth yw 'sbectrwm allyrru'?
   b) Sut mae'n wahanol i sbectrwm amsugno?

14 a) Sut gwnaeth Norman Lockyer ddarganfod heliwm? Mae heliwm yn nwy nobl ac mae'n anadweithiol iawn – dydy e ddim yn adweithio llawer â chemegion eraill.
   b) Pam rydych chi'n meddwl y cymerodd 10 mlynedd i gadarnhau darganfyddiad Lockyer?

15 Eglurwch sut gallwn ni ddefnyddio sbectra allyrru elfennau yma ar y Ddaear i ganfod cyfansoddiad cemegol sêr o'u sbectra.

16 a) Beth yw rhuddiad?
   b) Eglurwch y gwahaniaeth rhwng esboniad Hippolyte Fizeau o ruddiad ac esboniad Edwin Hubble.

Pwynt trafod

Sut gallwn ni ddefnyddio balŵn i fodelu rhuddiad cosmolegol? Beth sy'n dda am y model? Ble mae'r model yn methu?

Gwneud model o'r bydysawd

Dyma weithgaredd sy'n eich helpu i wneud y canlynol:

> gwneud model gwyddonol
> dadansoddi model gwyddonol
> trafod beth sy'n debyg a beth sy'n wahanol rhwng model gwyddonol a'r 'peth go iawn'
> gwneud mesuriadau.

Cyfarpar

> band rwber trwchus
> siswrn
> 4 seren â chefn gludiog
> pren mesur
> stand, cnapiau × 2, clampiau × 2

Ffigur 15.16

Dull

1 Torrwch y band rwber a'i osod ar y bwrdd.
2 Defnyddiwch ysgrifbin i luniadu ton yr holl ffordd i lawr un ochr i'r band rwber. Ceisiwch gadw'r donfedd yn gyson – gallech chi ddefnyddio pren mesur i helpu i wneud hyn.
3 Glynwch y sêr ar y band rwber, pob un yn bellach a phellach oddi wrth un pen. Labelwch y sêr yn alffa (α), beta (β), gama (γ) a delta (δ).
4 Daliwch ddau ben y band rwber a'i estyn.
5 Arsylwch a chofnodwch beth sy'n digwydd i donfedd y don rydych chi wedi ei lluniadu ar y band rwber.
6 Arsylwch a chofnodwch beth sy'n digwydd i'r 'pellter rhyngserol' rhwng pob seren.
7 Trowch y band rwber o gwmpas ac ailadroddwch yr estyniad a'r arsylwadau. Oes ots ble ar y band rwber rydych chi wrth wneud yr arsylwadau hyn?
8 Gosodwch y band rwber yn fertigol rhwng dau glamp ar stand. Tynhewch y ddau glamp ar draws pennau'r band rwber. Estynnwch eich model a thynhewch y cnapiau sy'n dal y clampiau.
9 Copïwch Dabl 15.3 a'i gwblhau gan ddefnyddio mesuriadau eich model chi o'r Bydysawd.

Tabl 15.3

Mesuriad	Cyn ei estyn	Wedi ei estyn
Hyd y band rwber		
Nifer y tonnau cyflawn ar y band rwber (rhif ton)		
Tonfedd y tonnau		
Pellter rhwng sêr α a β		
Pellter rhwng sêr β a γ		
Pellter rhwng sêr γ a δ		

Dadansoddi eich canlyniadau

1 Beth sy'n digwydd i'r sêr wrth i'r band rwber gael ei estyn?
2 Eglurwch pam, wrth ddefnyddio'r model hwn, nad yw'r sêr yn cael eu hestyn wrth i'r Bydysawd ehangu.
3 Beth yw'r berthynas rhwng y cynnydd yn y donfedd ar y band rwber a hyd y band rwber wrth iddo gael ei estyn?
4 Beth sy'n cyfateb i ruddiad cosmolegol ar y model hwn?

💬 | **Pwynt trafod**

Eglurwch sut mae'r model hwn yn debyg i'r Bydysawd go iawn. Pa mor dda yw'r model yn eich barn chi? Ydy'r model hwn yn wahanol i'r model balŵn?

▶ Y Glec Fawr

Mesuriadau Hubble oedd man cychwyn y Glec Fawr fel model o'r Bydysawd. Tua 13.82 biliwn o flynyddoedd yn ôl, daeth y Bydysawd (yr holl ofod, amser, màs ac egni) i fodolaeth o ganlyniad i ffrwydrad enfawr. Byth ers hynny, mae'r Bydysawd wedi bod yn ehangu, a gallwn ni fesur faint mae wedi ehangu yn ôl y rhuddiad cosmolegol a hafaliad Hubble, $v = H_0 \times d$. Adeg y Glec Fawr, fodd bynnag, mae'n rhaid bod symiau enfawr o egni wedi cael eu creu ar ffurf pelydrau gama. Beth sydd wedi digwydd iddynt? Bydd rhuddiad cosmolegol wedi estyn y pelydrau gama hyn, ac wrth i'r Bydysawd ehangu, bydd eu tonfeddi wedi mynd yn hirach ac yn hirach.

Mewn 13.82 biliwn o flynyddoedd, bydd y pelydrau gama hyn wedi cael eu hestyn gymaint nes y dylai eu tonfeddi fod yn debyg i donfeddi microdonnau. Os edrychwn ni'n ddigon manwl, dylai'r Bydysawd fod yn llawn o'r microdonnau nodweddiadol hyn, sydd nawr yn cael eu galw'n **Belydriad Cefndir Microdonnau Cosmig** (*CMBR: Cosmic Microwave Background Radiation*). Cafodd *CMBR* ei ddarganfod yn anfwriadol yn 1964. Roedd dau ffisegydd yn gweithio i Gwmni Ffonau Bell ger Efrog Newydd – Arno Penzias a Robert Wilson – ac yn chwilio am belydriad o'r gofod a allai niweidio lloerenni cyfathrebu. Wrth wneud hynny, daethon nhw o hyd i weddillion y pelydriad a gafodd ei gynhyrchu gan y Glec Fawr.

Ffigur 15.17 Arno Penzias a Robert Wilson.

Roedd gan y *CMBR* a gafodd ei ddarganfod gan Penzias a Wilson yn union yr un tonfeddi â'r rhai roedd model y Glec Fawr yn eu rhagfynegi. Mae'r lloeren *WMAP* wedi gwneud map o'r *CMBR* (Ffigur 15.18).

Ffigur 15.18 Pelydriad Cefndir Microdonnau Cosmig (*CMBR*) wedi'i fapio gan y lloeren *WMAP*.

Mae'r lliwiau gwahanol ar y map yn cynrychioli newidiadau bach yn arddwysedd y *CMBR*. Heb y newidiadau bach hyn, ni fyddai mater wedi ymgasglu at ei gilydd i ffurfio sêr a galaethau. Mae Ffigur 15.19 yn dangos esblygiad y Bydysawd o'r Glec Fawr hyd at arsylwadau'r lloeren *WMAP*.

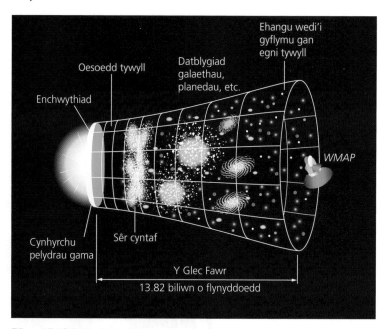

Ffigur 15.19 Esblygiad y Bydysawd.

Mae'r Glec Fawr yn ddamcaniaeth anhygoel. Cafodd ei chynnig am y tro cyntaf gan ffisegydd o Wlad Belg o'r enw Georges Lemaitre yn 1927, ac mae hi wedi datblygu dros y blynyddoedd ers hynny. Y rheswm ei bod hi'n ddamcaniaeth mor dda yw ei bod hi'n seiliedig ar arsylwadau a thystiolaeth. Heb ruddiad cosmolegol a'r *CMBR*, dim ond ymarfer damcaniaethol diddorol mewn ffiseg fyddai damcaniaeth y Glec Fawr. Mae gan y ddamcaniaeth ei phroblemau fodd bynnag: mae'n ymddangos nad oes digon o fater yn y Bydysawd (sy'n arwain at ddamcaniaeth 'Mater Tywyll'); a does neb yn siŵr iawn sut gwnaeth popeth ddechrau, ac a oedd yna unrhyw beth cyn y Glec Fawr. Ai dim ond un Bydysawd sydd, neu oes mwy o Fydysawdau? Oedd yna Fydysawdau cyn *ein* Bydysawd *ni*?

💬 **Pwynt trafod**

Heddiw, mae nifer o gosmolegwyr damcaniaethol yn credu ei bod yn sicr bod yna 'rywbeth' cyn y Glec Fawr. Beth allai 'rhywbeth' fod?

✔ **Profwch eich hun**

17 Beth yw'r *CMBR*?

18 Pam rydych chi'n meddwl bod darganfod y *CMBR* yn cael ei ystyried yn 'ddamwain'?

19 Beth mae 'map' yr *WMAP* o'r *CMBR* yn ei ddangos i ni?

20 Disgrifiwch esblygiad y Bydysawd.

21 **a)** Pam mae'r Glec Fawr yn ddamcaniaeth mor dda?

b) Beth yw 'damcaniaeth'? Pam mae ffisegwyr yn gweithio ar ddamcaniaethau newydd i'r Bydysawd?

▶ Y diwedd?

Mae hyn yn gysyniad diddorol. Mae tystiolaeth arsylwadol presennol yn awgrymu y bydd y Bydysawd yn parhau i ehangu am byth, ond mae hynny'n amser hir iawn, a phwy a ŵyr...efallai y daw damcaniaeth arall well i gymryd ei lle!

Fel yr ysgrifennodd Douglas Adams yn *The Hitchhiker's Guide to the Galaxy:*

Gryn amser yn ôl, penderfynodd grŵp o fodau panddimensiynol, deallus iawn eu bod nhw'n mynd i ateb cwestiwn mawr Bywyd, y Bydysawd a Phopeth, unwaith ac am byth. Felly, adeiladon nhw gyfrifiadur anhygoel o bwerus, Meddwl Dwfn. Ar ôl i'r rhaglen gyfrifiadurol fawr orffen rhedeg (am saith miliwn a hanner o flynyddoedd), cafodd yr ateb ei gyhoeddi.

Yr Ateb Sylfaenol i Fywyd, y Bydysawd a Phopeth yw...
(Fyddwch chi ddim yn hoffi hyn...)
Yw...
42
Sy'n awgrymu mai beth mae angen i chi ei wybod mewn gwirionedd yw 'Beth oedd y Cwestiwn?'

⬇ Crynodeb o'r bennod

- Mae atomau nwy'n amsugno golau ar donfeddi penodol sy'n nodweddiadol o'r elfennau yn y nwy.
- Gallwch chi ddefnyddio data am sbectra gwahanol elfennau i adnabod nwyon o'u sbectrwm amsugno.
- Roedd gwyddonwyr y bedwaredd ganrif ar bymtheg yn gallu datgelu cyfansoddiad cemegol sêr trwy astudio'r llinellau amsugno yn eu sbectra.
- Dangosodd mesuriadau Edwin Hubble o sbectra galaethau pell fod tonfeddi'r llinellau amsugno wedi cynyddu a bod y 'rhuddiad cosmolegol' hwn yn cynyddu wrth i bellter gynyddu.

- Mae rhuddiad cosmolegol y pelydriad sy'n cael ei allyrru gan sêr a galaethau'n ymddangos oherwydd bod y Bydysawd wedi ehangu ers i'r pelydriad gael ei allyrru.
- Cafodd bodolaeth pelydriad cefndir ei rhagfynegi gan ddamcaniaeth y Glec Fawr ar darddiad y Bydysawd, a chafodd ei chanfod yn anfwriadol yn yr 1960au. Yn dilyn rhuddiad, y Pelydriad Cefndir Microdonnau Cosmig (*CMBR*) hwn yw gweddillion y pelydriad a gafodd ei gynhyrchu pan gafodd y Bydysawd ei greu.
- Mae rhuddiad cosmolegol a'r Pelydriad Cefndir Microdonnau Cosmig wedi rhoi tystiolaeth o blaid damcaniaeth y Glec Fawr am darddiad y Bydysawd.

Cwestiynau ymarfer

1 a) Mae Ffigur 15.20 isod yn dangos dau **sbectrwm** sy'n cael eu cynhyrchu gan nwy hydrogen. Mae'r sbectrwm **uchaf** yn cael ei gynhyrchu pan fydd golau **gwyn** yn cael ei basio trwy hydrogen. Mae'r sbectrwm **isaf** yn cael ei gynhyrchu gan hydrogen tywynnol.

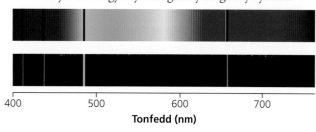

Ffigur 15.20

   i) Nodwch **ddwy** ffordd maen nhw'n debyg i'w gilydd. *[2]*

   ii) Nodwch **un** ffordd maen nhw'n wahanol i'w gilydd. *[1]*

b) Mae'r sbectrwm hydrogen yn Ffigur 15.21 yn dod o seren bell.

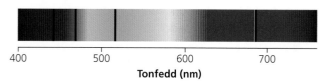

Ffigur 15.21

   i) Ym mha ffordd mae'n wahanol i'r sbectrwm hydrogen uchaf yn (a)? *[1]*

   ii) Beth mae hyn yn ei ddweud wrthoch chi am y seren? *[1]*

c) Y tri sbectrwm cyntaf yn Ffigur 15.22 yw sbectra allyrru'r nwyon tywynnol hydrogen (H), mercwri (Hg), a neon (Ne). Sbectrwm amsugno o gwmwl nwy gerllaw yw'r sbectrwm gwaelod.

Sbectra allyrru

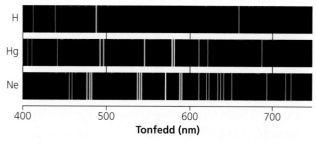

Sbectrwm amsugno o gwmwl nwy

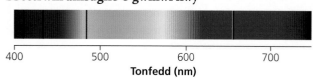

Ffigur 15.22

Sut gallwch chi ddweud nad yw'r cwmwl nwy yn cynnwys unrhyw neon nac anwedd mercwri? *[1]*

(TGAU Ffiseg CBAC P1, Sylfaenol, haf 2014, cwestiwn 3)

2 Cafodd damcaniaeth y Glec Fawr ar gyfer tarddiad y Bydysawd ei datblygu ar sail rhai o'r ffeithiau canlynol. Copïwch Dabl 15.4 a'i gwblhau. Ticiwch (✓) ddau flwch yn unig yn ymyl y ffeithiau a wnaeth helpu i benderfynu ar y ddamcaniaeth yma. *[2]*

Tabl 15.4

Mae rhuddiad yn digwydd i olau o alaethau pell.	
Mae ein Haul ni yn un o biliynau o sêr yng ngalaeth y Llwybr Llaethog.	
Mae gwyddonwyr wedi darganfod bod sêr wedi'u gwneud o nwyon.	
Mae gwyddonwyr wedi canfod Pelydriad Cefndir Microdonnau Cosmig (*CMBR*).	
Mae biliynau o alaethau yn y Bydysawd.	

(TGAU Ffiseg CBAC P1, Sylfaenol, haf 2013, cwestiwn 1)

3 Mae'r Ffigur 15.23 yn dangos dwy o'r llinellau tywyll yn y sbectrwm o'r Haul.

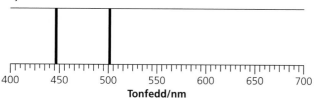

Ffigur 15.23

a) Copïwch Dabl 15.5 a defnyddiwch y wybodaeth yn y tabl isod i roi tic (✓) wrth ymyl yr elfen wnaeth gynhyrchu'r pâr hwn o linellau tywyll. *[1]*

Tabl 15.5

Elfen	Rhai tonfeddi yn y sbectrwm (nm)		Nwy sy'n cael ei ddefnyddio i wneud y sbectrwm (Ticiwch ✓)
Haearn	431	527	
Hydrogen	410	486	
Heliwm	447	502	
Sodiwm	590	591	

b) Copïwch a thanlinellwch y gair neu'r ymadrodd yn y cromfachau i gwblhau'r frawddeg ganlynol yn gywir. *[1]*

Mae'r ddwy linell dywyll yno oherwydd bod golau (yn cael ei amsugno/yn cael ei adlewyrchu/ddim yn cael ei amsugno/yn cael ei gyfuno) gan yr atomau.

c) Mae'r ddwy linell dywyll hyn yn ymddangos yn y sbectrwm golau o alaethau pell, ond mae eu safleoedd yn wahanol. Ysgrifennwch un o'r llythrennau **A**, **B**, **C** neu **Ch** sy'n dangos y cyfeiriad y byddai'r llinellau'n symud iddo yn Ffigur 15.24. *[1]*

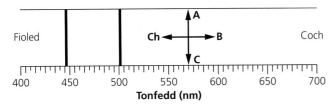

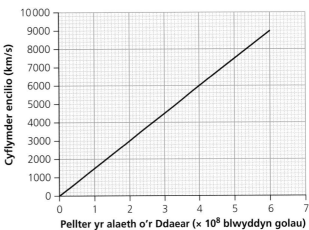

Ffigur 15.24

ch) Nodwch **pam** mae'r llinellau hyn wedi symud i'r cyfeiriad yr ydych wedi ei ddewis. *[1]*

e) Nodwch beth mae'r dystiolaeth hon o alaethau pell yn ei ddweud wrthym am y Bydysawd. *[1]*

dd) Mae'r dystiolaeth yn awgrymu mai digwyddiad wnaeth greu ein Bydysawd. Enwch y digwyddiad hwn. *[1]*

(TGAU Ffiseg CBAC P1, Ionawr 2014, cwestiwn 5)

4 Trafodwch y dystiolaeth am ddamcaniaeth y Glec Fawr. Dylech gyfeirio at y canlynol yn eich ateb:

- rhuddiad cosmolegol o sbectra sêr pell a galaethau;

- Pelydriad Cefndir Microdonnau Cosmig (*CMBR: Cosmic Microwave Background Radiation*). *[6 ACY]*

(TGAU Ffiseg CBAC P1, Uwch, haf 2015, cwestiwn 6)

5 Mae Galaeth Andromeda yn 2.22×10^6 blwyddyn golau i ffwrdd o'r Ddaear. Mae rhan o'i sbectrwm yn cael ei ddangos yn Ffigur 15.25.

Ffigur 15.25

a) Faint o amser mae'r golau o Andromeda yn ei gymryd i gyrraedd y Ddaear? *[1]*

b) Eglurwch sut mae'r llinellau tywyll sy'n croesi'r sbectrwm yn cael eu cynhyrchu. *[3]*

c) Cynigiodd Fred Hoyle ddamcaniaeth Cyflwr Sefydlog y Bydysawd yn 1948. Roedd hon yn awgrymu bod y Bydysawd bob amser wedi edrych yr un fath dros gyfnod o amser. Eglurwch pam nad oedd mesuriadau rhuddiad **a** darganfod Pelydriad Cefndir Microdonnau Cosmig (*CMBR*) yn cefnogi'r ddamcaniaeth hon. *[3]*

(TGAU Ffiseg CBAC P1, Uwch, Ionawr 2015)

6 Mae'r graff yn Ffigur 15.26 yn dangos sut mae cyflymder galaethau sy'n symud i ffwrdd oddi wrth y Ddaear (sy'n cael ei alw'n gyflymder encilio (*recession velocity*) yn dibynnu ar eu pellter i ffwrdd oddi wrthon ni (mewn blynyddoedd golau).

Ffigur 15.26

Cyflwynodd Syr Edwin Hubble y ddamcaniaeth hon.

"Mae cyflymder encilio galaeth mewn cyfrannedd union â'i phellter o'r Ddaear."

a) i) Nodwch sut mae'r graff yn cefnogi damcaniaeth Hubble. *[2]*

ii) 'Cysonyn Hubble' yw'r enw sy'n cael ei roi ar raddiant (pa mor serth) y graff.

Mae ei werth yn cael ei roi gan:

$$\text{cysonyn Hubble} = \frac{1}{\text{oed y Bydysawd}}$$

Eglurwch sut bydd graddiant y llinell hon yn newid yn y dyfodol. *[2]*

b) Mae buanedd encilio galaeth bell yn cael ei fesur fel 6 000 km/s. Defnyddiwch y graff i gyfrifo pellter yr alaeth hon o'r Ddaear. Rhowch eich ateb mewn km. (Mae un flwyddyn golau yn gywerth â 9.5×10^{12} km.) *[2]*

c) Mae tonfedd llinell amsugno benodol o'r alaeth bell yn cael ei fesur fel 669.4 nm. Mae'r llinell wedi'i dadleoli 13.1 nm tuag at y coch. Defnyddiwch hafaliad addas i gyfrifo'r amledd byddech chi'n ei ddisgwyl i'r un llinell amsugno ei gael pe bai'n cael ei fesur mewn arbrawf labordy ar y Ddaear. (Buanedd golau mewn gwactod, $c = 3 \times 10^8$ m/s.) *[5]*

ch) i) Eglurwch sut mae Pelydriad Cefndir Microdonnau Cosmig (*CMBR*) yn darparu tystiolaeth sy'n cefnogi Damcaniaeth y Glec Fawr. *[2]*

ii) Mae gan y gofod dymheredd o tua –270 °C (3 K) ac mae'n llawn egni *CMBR*. Eglurwch pam bydd y tymheredd yn y gofod yn gostwng wrth i'r Bydysawd barhau i ehangu. [Cofiwch fod egni ton mewn cyfrannedd union ag amledd y don.] *[2]*

(TGAU Ffiseg CBAC P1, Uwch, haf 2014, cwestiwn 5)

7 Nodwch beth yw ystyr sbectra amsugno **ac** eglurwch sut maen nhw'n gallu darparu gwybodaeth am sêr a galaethau. *[6 ACY]*

(TGAU Ffiseg CBAC P1, Uwch, Ionawr 2014, cwestiwn 7)

Mathau o belydriad

🏠 | **Cynnwys y fanyleb**

Mae'r bennod hon yn ymdrin ag adran 2.7 Mathau o belydriad yn y fanyleb TGAU Ffiseg ac adran 6.5 Mathau o belydriad yn y fanyleb TGAU Gwyddoniaeth (Dwyradd), sy'n archwilio adeiledd yr atom a'r defnydd o nodiant atomig i'w gynrychioli. Mae'n edrych ar natur ddigymell dadfeiliad niwclear a natur ymbelydredd alffa, ymbelydredd beta a phelydriad gama. Byddwch chi hefyd yn llunio ac yn cydbwyso hafaliadau niwclear ar gyfer dadfeiliad ymbelydrol.

▶ Ai dyma'r lle mwyaf ymbelydrol ar y Ddaear?

Mae Adeilad B30 yn adeilad concrit mawr a brwnt sy'n sefyll yng nghanol Sellafield, safle gwaith prosesu niwclear mawr Prydain yn Cumbria. Mae wedi ei amgylchynu â ffens 3 metr o uchder â gwifren rasel ar ei phen, mae sgaffaldiau drosto ac mae wedi ei orchuddio â drysfa o bibellau a cheblau. Mae'n annhebygol iawn o ennill unrhyw wobrau am bensaernïaeth! Er hyn, mae gan B30 reswm pwerus dros fod yn enwog, er ei fod yn un annifyr. 'Hwn yw adeilad diwydiannol mwyaf peryglus gorllewin Ewrop', yn ôl George Beveridge, dirprwy reolwr gyfarwyddwr Sellafield. Dydy hi ddim yn anodd deall ychwaith pam mae gan yr adeilad enw mor ofnadwy. Mae pentyrrau o hen ddarnau o adweithyddion niwclear a rhodenni tanwydd sy'n dadfeilio yn gorwedd mewn dŵr budr ac ymbelydrol yn y pwll oeri yng nghanol B30, a does neb yn gwybod llawer am darddiad nac oed llawer ohonynt. Yno, mae darnau o fetel llygredig wedi ymdoddi'n slwtsh sy'n allyrru dosiau mawr o ymbelydredd a allai fod yn angheuol.

Mae'n lle annifyr, ond dydy B30 ddim yn unigryw o bell ffordd. Mae Adeilad B38 drws nesaf, er enghraifft. 'Dyna'r ail adeilad diwydiannol mwyaf peryglus yn Ewrop', meddai Beveridge. Yma, mae cladin tra ymbelydrol rhodenni tanwydd adweithyddion yn cael ei storio, hefyd dan ddŵr. Ac unwaith eto, does gan beirianwyr ddim llawer o syniad beth arall sydd wedi'i ddympio yn y pwll oeri a'i adael yno i ddadfeilio dros y degawdau diwethaf. Ond mae'r adeiladau, fel cymaint o hen adeiladau eraill yn Sellafield, yn adfeilio, ac mae peirianwyr nawr yn gorfod wynebu'r broblem o ddelio â'u cynnwys angheuol.

Dyma galon dywyll Sellafield felly, lle mae peirianwyr a gwyddonwyr yn gorfod wynebu etifeddiaeth dyheadau atomig Prydain ar ôl y rhyfel a'r diffeithdir gwenwynig sydd wedi'i greu ar arfordir Cumbria. Mae peirianwyr yn amcangyfrif y gallai gostio hyd at £50 biliwn i'r wlad lanhau'r lle dros y 100 mlynedd nesaf.

Ffigur 16.1 Gwaith prosesu niwclear Sellafield.

Ffigur 16.2 Pwll oeri mewn atomfa.

→| **Gweithgaredd**

Sellafield

Dyma weithgaredd sy'n eich helpu i wneud y canlynol:

> archwilio'r dadleuon o blaid ac yn erbyn mater gwyddonol sy'n bwysig i gymdeithas
> llunio tabl.

Mae bron yn rhy ddychrynllyd meddwl am ganlyniadau gollyngiad niwclear ar raddfa fawr o Sellafield. Pe bai Adeilad B30 yn rhyddhau ei gynnwys i Fôr Iwerddon (mae Sellafield wedi ei leoli ar lan y môr gydag Afon Calder yn rhedeg trwy'r safle) byddai'r gwastraff ymbelydrol yn dinistrio'r amgylchedd morol am gannoedd o filltiroedd sgwâr. Byddai miliynau o bobl mewn perygl. Mae'r peirianwyr yn amcangyfrif y gallai glanhau Sellafield gostio £50 biliwn. Ydy'r wlad yn gallu fforddio hyn? Byddai £50 biliwn yn prynu 1000 o ysbytai neu 2000 o ysgolion uwchradd. Mae cyllideb addysg flynyddol y Deyrnas Unedig yn £80 biliwn a chyllideb flynyddol y Gwasanaeth Iechyd Genedlaethol yn £110 biliwn.

Lluniwch dabl i ddangos y dadleuon o blaid ac yn erbyn glanhau Sellafield.

Beth sy'n llechu ym mhwll oeri Adeilad B30?

Mae defnyddiau sy'n dod allan o adweithyddion niwclear, naill ai'n syth o'r adweithydd ei hun neu o'r ardal o'i gwmpas, yn ymbelydrol iawn. Mae hyn yn golygu eu bod nhw'n cynnwys atomau sy'n allyrru pelydriad peryglus sy'n ïoneiddio. Mae ymbelydredd yn ffenomenon ffisegol sy'n digwydd yn naturiol (a hefyd yn cael ei greu gan bobl). Bydd niwclysau rhai atomau'n **ansefydlog**. Mae hyn yn golygu bod ganddynt ormod o egni a bod angen iddynt golli rhywfaint o egni i fod yn fwy sefydlog. Gall niwclysau'r rhan fwyaf o atomau niwclear wneud hyn mewn tair ffordd.

Maen nhw'n gallu allyrru (rhyddhau):

▸ gronynnau alffa (α)
▸ gronynnau beta (β)
▸ pelydrau gama (γ).

Mae'r gronynnau neu'r pelydrau sy'n cael eu hallyrru yn mynd ag egni i ffwrdd o niwclews yr atom, gan ei wneud yn fwy sefydlog. Enw'r gronynnau a'r pelydrau hyn yw **ymbelydredd niwclear**.

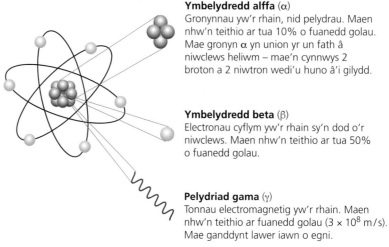

Ymbelydredd alffa (α)
Gronynnau yw'r rhain, nid pelydrau. Maen nhw'n teithio ar tua 10% o fuanedd golau. Mae gronyn α yn union yr un fath â niwclews heliwm – mae'n cynnwys 2 broton a 2 niwtron wedi'u huno â'i gilydd.

Ymbelydredd beta (β)
Electronau cyflym yw'r rhain sy'n dod o'r niwclews. Maen nhw'n teithio ar tua 50% o fuanedd golau.

Pelydriad gama (γ)
Tonnau electromagnetig yw'r rhain. Maen nhw'n teithio ar fuanedd golau (3×10^8 m/s). Mae ganddynt lawer iawn o egni.

Ffigur 16.3 Ymbelydredd alffa, ymbelydredd beta a phelydriad gama.

Y broblem yw fod yr egni sy'n cael ei allyrru fel ymbelydredd alffa a beta neu belydriad gama'n symud allan ac i ffwrdd o'r atomau. Os oes meinwe dynol yn y ffordd, bydd yr egni'n niweidio neu'n lladd celloedd y meinwe hwnnw. Mae'r pelydriad yn gallu ïoneiddio'r gell (ei gwefru) gan ei lladd yn uniongyrchol, neu gall newid DNA y gell gan achosi iddi fwtanu a ffurfio canserau (neu annormaleddau genetig mewn celloedd rhyw). Mae pelydrau gama'n rhan o'r sbectrwm electromagnetig, fel y mae uwchfioled a phelydrau X. Mae uwchfioled a phelydrau X hefyd yn ïoneiddio ac maen nhw'n gallu achosi i gelloedd farw neu fwtanu. Yr enw ar belydriadau sy'n cael eu hallyrru gan sylweddau ymbelydrol, uwchfioled a phelydrau X yw **pelydriad sy'n ïoneiddio**.

Ymbelydredd alffa yw'r math o belydriad sy'n ïoneiddio fwyaf (tuag 20 gwaith yn fwy nag unrhyw un arall). Mae ymbelydredd beta, pelydriad gama, pelydrau X ac uwchfioled i gyd yn cael effaith ïoneiddio debyg ar y corff.

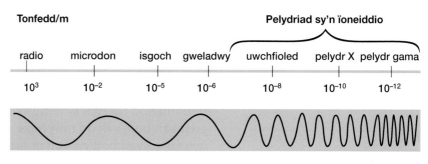

Ffigur 16.4 Y sbectrwm electromagnetig.

✔ Profwch eich hun

1 Pam mae rhai atomau'n ymbelydrol?

2 Ym mha dair ffordd mae niwclysau'n gallu mynd yn fwy sefydlog?

3 Mae radon yn nwy ymbelydrol sy'n allyrru ymbelydredd alffa. Mae'n bosibl ei fewnanadlu i'r ysgyfaint. Eglurwch beth sy'n gallu digwydd i gelloedd yn yr ysgyfaint os yw unigolyn yn mewnanadlu nwy radon.

4 Ar ôl ffrwydrad adweithydd niwclear Chernobyl yn yr Wcráin yn 1986, mae nifer o fabanod yn yr Wcráin a Belarws wedi cael eu geni ag annormaleddau genetig. Eglurwch beth allai fod wedi digwydd yng nghelloedd rhieni'r plant sydd wedi cael eu geni ag annormaleddau corfforol.

5 Mae ymbelydredd beta'n cynnwys electronau â llawer o egni sy'n cael eu hallyrru o niwclysau atomau ymbelydrol. Mae uwchfioled yn rhan o sbectrwm electromagnetig tonnau. Ym mha ffyrdd mae ymbelydredd beta a phelydriad uwchfioled yn debyg?

6 Pam mae ymbelydredd alffa'n fwy peryglus na phelydriad uwchfioled?

Ffigur 16.5 Mae annormaleddau corfforol gan rai plant a gafodd eu geni yn agos i Chernobyl.

Caiff defnyddiau ymbelydrol eu storio mewn dŵr, gyda llawer o goncrit o'u cwmpas ac amddiffynfeydd plwm hefyd weithiau. Caiff y pelydriad ei amsugno gan y defnyddiau hyn yn lle gan bobl – sy'n golygu ei fod yn llawer mwy diogel. Mae Sellafield yn bwriadu defnyddio robotiaid i garthu pyllau B30 a B38, yna cau'r slwtsh ymbelydrol solet mewn blociau gwydr – proses o'r enw 'gwydriad'. Yna, byddan nhw'n storio'r blociau gwydr yn ddwfn dan ddaear lle bydd y creigiau o'u cwmpas yn amsugno'r pelydriad. Bydd y broses hon yn cymryd degawdau a bydd y defnydd ymbelydrol yn aros yn ymbelydrol am filiynau o flynyddoedd.

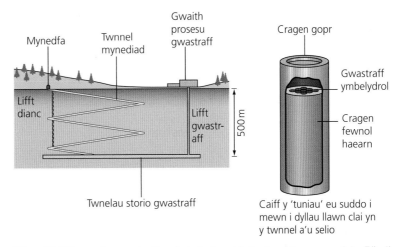

Ffigur 16.6 Gwaredu gwastraff ymbelydrol yn ddwfn dan ddaear – model y Ffindir.

✔ Profwch eich hun

7 Pam mae Sellafield yn bwriadu defnyddio robotiaid i garthu pyllau oeri a storio Adeilad B30?

8 Pam bydd slwtsh ymbelydrol yn fwy diogel os caiff ei gau mewn gwydr?

Ydych chi'n Nimby?

Dyma weithgaredd sy'n eich helpu i wneud y canlynol:

> cynnal arolwg
> dadansoddi canlyniadau arolwg
> cyflwyno canfyddiadau arolwg ar ffurf graff/graffigyn.

Gair o America yw 'nimby'. Acronym ydyw o **N**ot In **M**y **B**ack **Y**ard. Os ydych chi'n nimby, rydych chi'n cefnogi rhywbeth yn gyffredinol, ar yr amod nad yw'n effeithio'n uniongyrchol arnoch chi. Yn yr achos hwn, byddai'r rhan fwyaf o wyddonwyr a'r cyhoedd yn cytuno mai'r peth gorau i'w wneud â gwastraff niwclear yw ei storio'n ddiogel yn ddwfn dan ddaear. Ond fyddech chi'n dymuno cael cyfleuster gwastraff niwclear wedi'i adeiladu dan eich tŷ chi? Os nad ydych chi eisiau i gyfleuster gael ei adeiladu'n agos atoch chi, ond eich bod chi ei eisiau yn rhywle arall, rydych chi'n nimby.

Yn y dasg hon, mae angen i chi ddyfeisio ffordd o brofi faint o nimby yw rhywun. Mae angen i chi ddyfeisio graddfa i fesur agwedd nimby pobl. Er enghraifft, gallech chi greu graddfa rifiadol syml gyda 'nimby llwyr' ar un pen, 'ddim yn nimby' ar y pen arall ac amrediad o werthoedd rhyngddynt (mae 1 i 5 yn amrediad da fel rheol). Yna, gallech chi ddyfeisio cyfres o senarios y gallech chi eu cyflwyno i bobl i brofi faint o nimby ydyn nhw. Dyma rai enghreifftiau:

> Mae eich cymydog eisiau troi ei ardd yn fuarth ieir i gynhyrchu wyau buarth.
> Mae'r cyngor lleol eisiau rhoi croesfan gerddwyr â goleuadau o flaen eich tŷ.
> Mae cwmni ffonau symudol eisiau codi mast ffôn wrth ymyl eich tŷ.
> Mae'r cwmni dŵr lleol eisiau adeiladu gwaith carthffosiaeth bach yn agos at eich tŷ.
> Mae eich cymydog eisiau gosod tyrbin gwynt 15 m o uchder yn ei gardd.
> Mae cwmni egni eisiau adeiladu atomfa 3 milltir o'ch tŷ.
> Mae'r Llywodraeth eisiau adeiladu cyfleuster storio gwastraff niwclear yn ddwfn dan ddaear o dan eich tŷ.

Gallech chi ddefnyddio'r enghreifftiau hyn neu ddatblygu rhai eich hun.

Cwestiynau

1 Gofynnwch i nifer o bobl (ffrindiau, teulu, athrawon) beth maen nhw'n ei feddwl am bob senario. Gofynnwch iddynt ddefnyddio eich system sgorio chi.
2 Cofnodwch eu gwerthoedd nhw ac adiwch eu hatebion i roi sgôr nimby cyffredinol.
3 Os cofnodwch chi oed a rhyw'r person hefyd, gallwch chi weld a oes unrhyw batrymau nimby yn ymddangos.
   a) Ydy pobl ifanc yn llai o nimbys na phobl hŷn?
   b) Ydy gwrywod yn fwy o nimbys na benywod?
   c) Ydy sgôr nimby pobl yn dibynnu faint o niwed y byddai'r mater yn gallu ei achosi?
4 Cyflwynwch eich canfyddiadau ar ffurf graff/graffigyn.

💬 Pwynt trafod

Pam rydych chi'n meddwl mai storio dan ddaear yw'r 'hoff ddewis' tymor hir ar gyfer storio gwastraff niwclear? Oes unrhyw ddewisiadau eraill?

O ble mae ymbelydredd niwclear yn dod?

Mae atom wedi'i wneud o niwclews â gwefr bositif ac electronau. Mae'r niwclews yn fach iawn ac mae'r electronau mewn orbit o'i amgylch.

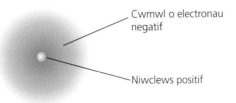

Cwmwl o electronau negatif

Niwclews positif

Ffigur 16.7 Model o adeiledd yr atom.

Ffigur 16.8 Atom heliwm.

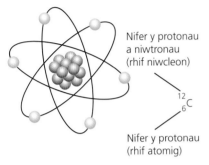

Nifer y protonau a niwtronau (rhif niwcleon)

$^{12}_{6}C$

Nifer y protonau (rhif atomig)

Ffigur 16.9 Atom carbon.

Mae **niwclysau** wedi'u gwneud o ddau fath o ronyn: **protonau** â gwefr bositif a **niwtronau** niwtral. Enw'r gronynnau hyn gyda'i gilydd yw **niwcleonau**, gan eu bod yn ronynnau sy'n bodoli mewn niwclysau. Mae gan wyddonwyr ffordd law-fer o ysgrifennu cyfansoddion niwclysau, sef y **nodiant** $^{A}_{Z}X$. **A** yw'r **rhif niwcleon** neu'r **rhif màs** a hwn yw nifer y protonau + nifer y niwtronau yn y niwclews. **Z** yw'r **rhif proton** (mae cemegwyr fel rheol yn ei alw'n rhif atomig) ac **X** yw'r symbol atomig (o'r Tabl Cyfnodol).

Mewn adweithydd niwclear, y tanwydd sy'n cael ei ddefnyddio yw wraniwm (fel rheol, caiff ei gloddio fel mwyn wraniwm crynodiad isel mewn lleoedd fel Kazakstan, Canada ac Awstralia). Mae'r wraniwm mewn mwyn wraniwm yn cynnwys dau brif isotop – wraniwm-238, sy'n cael ei ysgrifennu fel $^{238}_{92}U$, ac wraniwm-235, sy'n cael ei ysgrifennu fel $^{235}_{92}U$. Mae'r ddau o'r rhain yn fath o wraniwm gan fod ganddynt yr un nifer o brotonau yn eu niwclews ($Z = 92$), ond mae ganddynt rifau niwcleon gwahanol (238 a 235), felly mae ganddynt nifer gwahanol o niwtronau. Mewn wraniwm-238, mae $A = 238$ a $Z = 92$, felly nifer y niwtronau yw $238 - 92 = 146$. Mewn wraniwm-235, mae $A = 235$ a $Z = 92$, felly nifer y niwtronau yw $235 - 92 = 143$.

Mae **isotopau** yn atomau o'r un elfen. Mae ganddynt yr un nifer o brotonau, ond **niferoedd gwahanol o niwtronau**. Rydym ni'n gwybod am 26 o isotopau wraniwm, yn amrywio o U-217 i U-242. Does dim yr un ohonynt yn sefydlog, maen nhw i gyd yn ymbelydrol, ac mae gan rai ohonynt, fel U-235 ac U-238, hanner oes hir iawn.

Mae wraniwm-238, $^{238}_{92}U$, yn ymbelydrol ac mae'n dadfeilio trwy allyrru gronyn alffa, $^{4}_{2}He$, a throi'n thoriwm-234, $^{234}_{90}Th$. Gallwn ni grynhoi hyn mewn hafaliad niwclear:

$$^{238}_{92}U \rightarrow {}^{234}_{90}Th + {}^{4}_{2}He$$

Yr hafaliad niwclear cyffredinol ar gyfer dadfeiliad gronyn alffa yw:

$$^{A}_{Z}X \rightarrow {}^{A-4}_{Z-2}Y + {}^{4}_{2}He$$

Mae'r thoriwm-234 sy'n cael ei ffurfio gan ddadfeiliad wraniwm-238 mewn adweithydd niwclear hefyd yn ymbelydrol, ac mae'n dadfeilio trwy allyrru gronynnau beta, $^{0}_{-1}e$.
Hafaliad niwclear y dadfeiliad hwn yw:

$$^{234}_{90}Th \rightarrow {}^{234}_{91}Pa + {}^{0}_{-1}e$$

Hafaliad niwclear cyffredinol dadfeiliad gronyn beta yw:

$$^{A}_{Z}X \rightarrow {}^{A}_{Z+1}Y + {}^{0}_{-1}e$$

✔ **Profwch eich hun**

9 Ysgrifennwch hafaliadau niwclear y dadfeiliadau canlynol:

a) wraniwm-235, $^{235}_{92}U$, sydd hefyd yn allyrrydd gronyn alffa, yn dadfeilio i roi thoriwm-231, $^{231}_{90}Th$.

b) carbon-14, $^{14}_{6}C$, sydd yn allyrrydd beta, yn dadfeilio i roi nitrogen-14, $^{14}_{7}N$.

10 Defnyddiwch Dabl Cyfnodol neu Dabl Niwclidau (chwiliwch am 'Table of nuclides' ar beiriant chwilio) i ysgrifennu hafaliadau niwclear i ganfod cynnyrch dadfeilio'r isotopau canlynol:

a) allyrwyr alffa:
  i) americiwm-241
  ii) poloniwm-210
  iii) radon-222
  iv) radiwm-226
  v) plwtoniwm-236

b) allyrwyr beta:
  i) hydrogen-3 (tritiwm)
  ii) ffosfforws-32
  iii) nicel-63
  iv) strontiwm-90
  v) sodiwm-24

Pa fath o ddefnyddiau ymbelydrol a allai fod yn y slwtsh ar waelod y pyllau?

Mae gwastraff ymbelydrol o adweithyddion niwclear yn cynnwys llawer o elfennau ymbelydrol iawn. Un o'r elfennau hyn yw **wraniwm-235**. Wraniwm-235 yw'r prif atom sy'n gysylltiedig â chynhyrchu'r egni mewn adweithydd niwclear. Mae tua 0.7% o'r wraniwm sy'n bodoli'n naturiol yn wraniwm-235 (wraniwm-238 yw'r rhan fwyaf ohono). Mae'r rhodenni tanwydd sy'n cael eu defnyddio mewn adweithydd niwclear yn mynd trwy broses arbennig sy'n eu cyfoethogi, gan gynyddu swm yr wraniwm-235 i tua 5%. Mae wraniwm-235 yn aros yn ymbelydrol am filiynau o flynyddoedd. Yn wir, mae'n cymryd tua 703 800 000 o flynyddoedd i ymbelydredd sampl o wraniwm-235 haneru. Mae'n cymryd tua phum gwaith yr amser hwn, tua 3 500 000 000 o flynyddoedd, cyn i'r ymbelydredd ddychwelyd i werth sy'n agos at belydriad cefndir sy'n bodoli'n naturiol. Mae tua 0.8% o roden danwydd ddarfodedig (*spent*) yn wraniwm-235. Bydd angen storio gwastraff ymbelydrol o'r tu mewn i adweithydd niwclear am amser maith iawn i'w gadw'n ddiogel.

Mae ysbytai hefyd yn defnyddio ymbelydredd i drin canserau ac i ddelweddu'r corff. Un o'r atomau ymbelydrol sy'n cael eu defnyddio yw radiwm-226. Mae radiwm-226 yn aros yn ymbelydrol am tuag 16 000 o flynyddoedd, felly mae'n rhaid gwneud trefniadau arbennig iawn i storio'r defnyddiau ymbelydrol ar ôl eu defnyddio. Mae'r rhan fwyaf o wastraff ymbelydrol o ysbytai'n mynd i Sellafield i gael ei brosesu – sy'n ychwanegu at yr ymbelydredd sy'n cronni.

Ffigur 16.10 Claf yn cael radiotherapi i drin tiwmor.

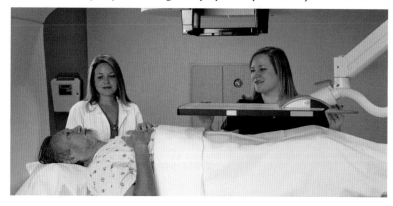

Gweithgaredd

Gwastraff niwclear ac esblygiad dynol

Dyma weithgaredd sy'n eich helpu i wneud y canlynol:

> plotio data mewn graff
> cymharu dau ffenomenon 'heb gysylltiad'
> ystyried canlyniadau gweithredoedd gwyddonol y presennol i genedlaethau'r dyfodol.

Rydym ni'n defnyddio mesuriad o'r enw **hanner oes** i gymharu amser dadfeilio atomau ymbelydrol. Hanner oes sylwedd ymbelydrol yw'r amser mae'n ei gymryd i actifedd sampl haneru. Mae'r atomau ymbelydrol yn Nhabl 16.1 i gyd i'w cael mewn tanwydd niwclear darfodedig, ac mae ganddynt hanner oes hir iawn.

Tabl 16.1 Hanner oes rhai atomau ymbelydrol.

Atom ymbelydrol	Hanner oes (miliynau o flynyddoedd)
Technetiwm-99	0.211
Tun-126	0.230
Seleniwm-79	0.327
Sirconiwm-93	1.53
Cesiwm-135	2.3
Paladiwm-107	6.5
Ïodin-129	15.7

Eich tasg chi yw cymharu hanner oes y sylweddau hyn â llinell amser esblygiad dynol.

Tabl 16.2 Rhai o brif ddigwyddiadau esblygiad dynol.

Digwyddiad	Amser (miliynau o flynyddoedd yn ôl)
Epaod Mawr yn ymddangos	15
Hynafiad yr orang-wtang	13
Hynafiad y gorila	10
Hynafiad y tsimpansî	7
Ardepithicus (hynafiad dwy-droed cyntaf)	4.4
Australopithecus	3.6
Homo habilis	2.5
Homo erectus	1.8
Dyn Neanderthalaidd	0.6
Homo sapiens	0.2

Cwestiynau

1 Plotiwch siart o hanner oes yr atomau ymbelydrol sy'n bresennol mewn tanwydd niwclear darfodedig. Defnyddiwch echelin amser y siart i blotio'r digwyddiadau arwyddocaol yn esblygiad y rhywogaeth ddynol.

2 Sut mae'r ddau siart yn cymharu?

 Pwynt trafod

Mae holl esblygiad yr hil ddynol o hynafiad cyffredin yr epaod mawr wedi digwydd yn amser un hanner oes ïodin-129. Bydd gwastraff ymbelydrol yn aros yn ymbelydrol am amser maith iawn. Beth yw canlyniadau hyn i ddynoliaeth? Pa gamau y bydd angen eu cymryd i sicrhau bod y gwastraff hwn yn ddiogel yn y tymor hir?

▶ Sut rydym ni'n monitro pelydriad?

Enw'r cwmni sy'n gyfrifol am gyfleuster prosesu niwclear Sellafield yn Cumbria yw Sellafield Ltd. Maen nhw'n gyfrifol i'r Llywodraeth am sicrhau bod y cyfleuster yn ddiogel, a bod yr holl belydriad yn cael ei gadw o fewn y safle heb fod yn gollwng i'r amgylchedd lleol. Mae'n ofynnol eu bod nhw'n monitro, yn mesur ac yn cofnodi'r pelydriad ar y safle ac o'i gwmpas dros amser. I wneud hyn, maen nhw'n defnyddio **rhifyddion Geiger** sensitif sy'n gallu canfod ac adnabod y gwahanol fathau o belydriad. Mae gan hap-natur dadfeiliad ymbelydrol oblygiadau wrth ddefnyddio rhifyddion Geiger i gael mesuriadau, gan ei bod yn golygu bod rhaid ailadrodd darlleniadau neu gymryd mesuriadau dros gyfnod hir o amser.

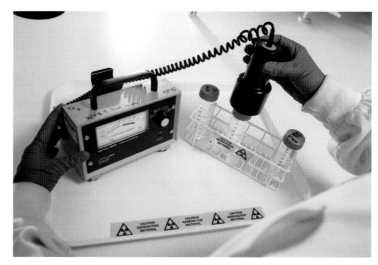

Ffigur 16.11 Rhifydd Geiger.

Bydd rhifyddion Geiger yn canfod pelydriad sy'n dod o unrhyw ffynhonnell, felly mae'n bwysig gwybod beth yw lefel y **pelydriad cefndir** er mwyn darganfod gollyngiadau posibl yn Sellafield. Mae pelydriad cefndir o'n cwmpas ni ym mhobman. Rhaid tynnu cyfradd cyfrif y pelydriad cefndir o unrhyw fesuriadau sy'n dod o ymbelydredd niwclear. Mae'n dod yn naturiol o'n hamgylchedd ac o ffynonellau artiffisial (wedi'u gwneud gan bobl). Mae Ffigur 16.12 yn dangos (ar gyfartaledd) gwahanol ffynonellau pelydriad cefndir.

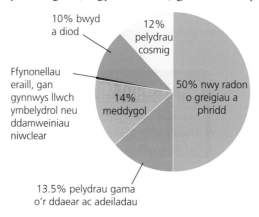

10% bwyd a diod

12% pelydrau cosmig

Ffynonellau eraill, gan gynnwys llwch ymbelydrol neu ddamweiniau niwclear

14% meddygol

50% nwy radon o greigiau a phridd

13.5% pelydrau gama o'r ddaear ac adeiladau

Ffigur 16.12 Ffynonellau pelydriad cefndir.

Mae'r rhan fwyaf o'r pelydriad cefndir yn dod o ffynonellau sy'n bodoli'n naturiol, yn bennaf o'r ddaear, o greigiau ac o'r gofod. Daw'r rhan fwyaf o belydriad cefndir artiffisial o ffynonellau meddygol, yn bennaf o ganlyniad i'r archwiliadau meddygol a deintyddol sy'n defnyddio pelydrau X. Daw'r gyfran fwyaf o'r pelydriad cefndir rydym ni'n ei dderbyn o'r elfen ymbelydrol **radon**, sy'n cael ei hallyrru o greigiau ac o'r pridd. Mae rhai creigiau'n llawer mwy ymbelydrol nag eraill. Mae gwenithfaen yn graig arbennig o ymbelydrol gan ei bod yn cynnwys wraniwm. Mae'r wraniwm mewn gwenithfaen yn dadfeilio, ac yn y pen draw mae'n cynhyrchu radon. Gan mai nwy yw radon, mae'n gallu dianc o'r wenithfaen ac mae'n hawdd i bobl ei fewnanadlu. Mae'r radon yn mynd i'n hysgyfaint lle mae'n gallu dadfeilio. Mae'r gronynnau alffa sy'n cael eu hallyrru wrth i'r radon ddadfeilio yn cael eu hamsugno gan y celloedd sy'n leinio'r ysgyfaint, gan achosi i'r celloedd farw neu fwtanu (gan ffurfio canserau).

Mae'r map yn Ffigur 16.13 yn dangos y risg o ymbelydredd radon ledled Cymru a Lloegr. Mae'r rhan o'r map sydd wedi'i chwyddo'n dangos y risg radon yng ngwaith Sellafield yn Cumbria ac o'i gwmpas.

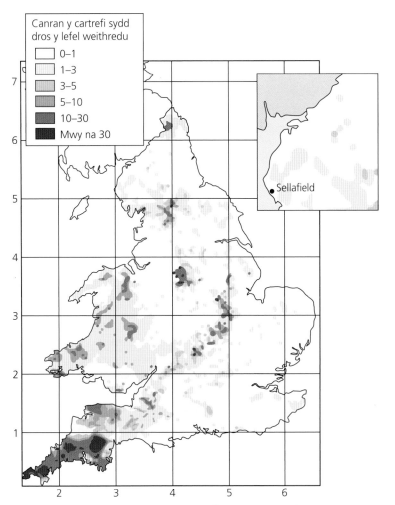

Ffigur 16.13 Allyriadau radon mewn cartrefi yng Nghymru a Lloegr.

Os hoffech chi gael gwybod faint o risg radon sy'n eich wynebu chi, gallwch chi gael map ar raddfa fawr o'ch ardal chi trwy chwilio am 'fapiau o ardaloedd radon' gan ddefnyddio peiriant chwilio.

Os yw gwyddonwyr eisiau mesur effeithiau pelydriad, rhaid iddynt ystyried lefel y pelydriad cefndir – rhaid tynnu hwn o'r gwerthoedd sy'n cael eu mesur. Ar ôl i'r lefel gefndir gael ei thynnu, mae unrhyw belydriad sy'n weddill yn bodoli oherwydd ffactorau eraill, fel gollyngiad o gyfleusterau storio niwclear. Caiff y **sievert** (Sv) ei ddefnyddio i fesur dos pelydriad (faint o belydriad rydym ni'n ei gael). Mae'n uned fawr, ac mae dos o 1 Sv yn ddos mawr o belydriad. Yn ymarferol, rydym ni'n defnyddio'r **milisievert** (mSv) sef milfed ran o sievert. Y dos blynyddol cyfartalog o belydriad o radon yn y Deyrnas Unedig yw 1.3 mSv, ond mewn lleoedd fel Cernyw lle mae llawer o wenithfaen, mae'r pelydriad cefndir oherwydd radon yn gallu bod mor uchel â 6.4 mSv – bron bum gwaith yn uwch!

Monitro'r dos

Yn y Deyrnas Unedig, yr Awdurdod Diogelu Iechyd (*HPA: Health Protection Authority*) yw enw'r cwmni sydd â'r dasg o fonitro'r dos pelydriad mae'r boblogaeth gyffredinol yn ei gael. Mae'r siartiau yn Ffigur 16.14 yn cymharu dos pelydriad blynyddol cyfartalog tri grŵp cyfartalog o bobl. Y grŵp cyntaf yw poblogaeth gyfan y Deyrnas Unedig, yr ail grŵp yw pobl sy'n byw yng Nghernyw a'r trydydd grŵp yw pobl sy'n byw o gwmpas Sellafield yn Cumbria. (Mae effaith dod i gysylltiad â phelydriad o archwiliadau meddygol wedi'i dileu i'w gwneud hi'n gymhariaeth deg).

Mae'r siartiau'n dangos mai dim ond 1% o'r dos pelydriad blynyddol cyfartalog yn Cumbria sy'n cael ei achosi gan gyfleuster prosesu niwclear Sellafield.

✔ Profwch eich hun

11 Beth yw'r ddau brif grŵp o ffynonellau pelydriad cefndir?

12 Ar gyfartaledd, ledled y Deyrnas Unedig, faint o'r dos cefndir (mewn mSv) sy'n dod o'r gofod?

13 Pa ffynhonnell pelydriad cefndir sy'n cyfrannu'r dos mwyaf ar gyfartaledd ledled y Deyrnas Unedig?

14 Pam mae'r dos cefndir oherwydd radon yn wahanol yng Nghernyw a Cumbria?

15 Pam mae'r dos cefndir o archwiliadau meddygol (pelydrau X) yn cael ei hepgor fel rheol wrth gymharu gwahanol leoliadau?

16 Mae'r rhan fwyaf o'r dos pelydriad cefndir rydym ni'n ei gael trwy fwyd a diod yn dod o fwyta bwyd môr (pysgod a physgod cregyn gan fwyaf). Pam rydych chi'n meddwl bod bwyd môr yn gyffredinol yn cynnwys dos cefndir uwch na ffrwythau, llysiau a chig?

▶ Beth yw'r broblem gyda radon?

Y broblem gyda radon yw mai nwy ydyw. Pan gaiff ei allyrru gan greigiau fel gwenithfaen, mae'n gallu mynd i'n hysgyfaint. Yn yr awyr agored, dydy hyn ddim yn broblem fawr, ond mae radon yn gallu cronni y tu mewn i dai, yn enwedig os oes ganddynt awyriad gwael dan y lloriau, neu os yw'r tai wedi eu gwneud o wenithfaen (fel rhai o'r tai hŷn mewn lleoedd fel Cernyw).

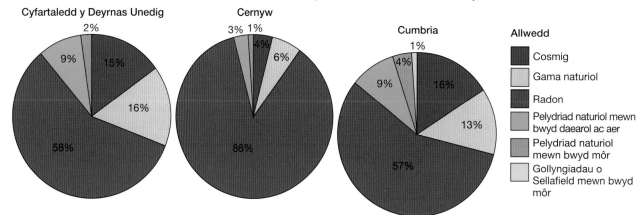

Ffigur 16.14 Ffynonellau pelydriad yn y Deyrnas Unedig, Cumbria a Chernyw.

16 Mathau o belydriad

💬 Pwynt trafod

Bydd tua 100 000 o belydrau cosmig o'r gofod yn mynd trwy eich corff bob awr. Rydych chi'n cael dos uwch o belydrau mewn awyren oherwydd bod llai o aer rhyngoch chi a'r gofod i'w hamsugno. Bydd hedfan am awr yn cynyddu eich dos tua 0.005 mSv. Oes angen i bobl sy'n hedfan yn aml, fel peilotiaid a chriw'r caban, boeni am gael mwy o belydriad cefndir oherwydd pelydrau cosmig?

Mae'r diagramau yn Ffigur 16.15 yn dangos pa mor hawdd ydyw i radon fynd i dŷ, a hefyd pa mor hawdd yw cael gwared â'r radon trwy ychwanegu mwy o awyrellau i awyru'r tŷ a thrwy osod staciau a swmpau radon mewn tai newydd. Mae Llywodraeth y Deyrnas Unedig wedi argymell bod angen gwaith adferol os yw'r lefel yn uwch na 200 Bq/m³. Mae un **becquerel** (Bq) yn gywerth ag un atom ansefydlog yn dadfeilio bob eiliad. Mae Ffigurau 16.16 ac 16.17 yn dangos bod y risg dros oes o ddod i gyswllt â lefelau cyfartalog o radon yn fach iawn. Rydych chi deirgwaith yn fwy tebygol o farw o ganlyniad i ddamwain yn eich cartref. Ond, fel mae'r graffiau'n dangos, wrth i grynodiad y radon gynyddu, mae'r risgiau'n cynyddu hefyd. Mae'r diagram yn dangos y risgiau i bobl sydd ddim yn ysmygu. Os ydych chi'n ysmygu 15 sigarét y dydd, bydd eich risg chi 10 gwaith yn uwch.

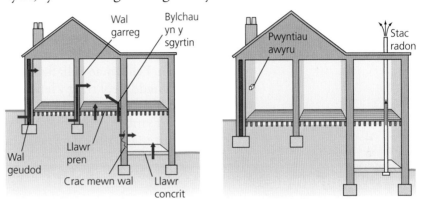

Ffigur 16.15 Mae yna nifer o wahanol ffyrdd i radon fynd i mewn i dŷ.

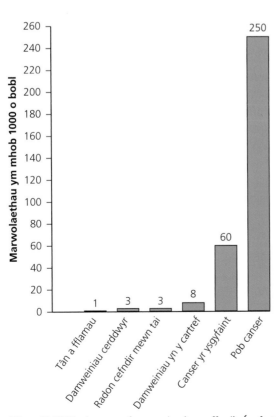

Ffigur 16.16 Risgiau oes o farw o achosion cyffredin (cyfartaledd y Deyrnas Unedig i ysmygwyr a phobl sydd ddim yn ysmygu)

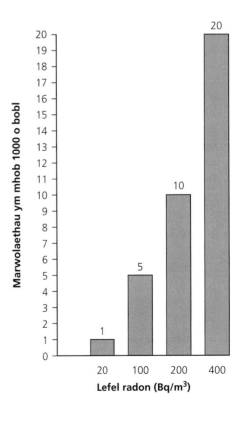

Ffigur 16.17 Risgiau oes o ganser yr ysgyfaint oherwydd radon (i bobl sydd ddim yn ysmygu).

17 O'r graffiau yn Ffigur 16.16 a Ffigur 16.17:
  a) Beth yw cyfanswm nifer y marwolaethau nad ydynt yn gysylltiedig â chanser y 1000 o bobl?
  b) Faint yn uwch yw'r risg o farw o unrhyw fath o ganser na'r risg o farw o radon cefndir?

▶ Ydy Sellafield yn ddiogel?

Yr ateb yw ydy, ac nac ydy! Mae'r holl danwydd a gwastraff ymbelydrol sydd yno'n fygythiad gwirioneddol. Pe bai symiau sylweddol o'r pelydriad yn gollwng i'r amgylchedd lleol, byddai'n drychineb naturiol. Dydy lefel pelydriad cefndir naturiol Sellafield ddim yn arbennig o uchel (tua 3.5 gwaith yn llai na chyfartaledd Cernyw) a dim ond 1% o'r cefndir hwnnw sydd oherwydd y gwaith prosesu. Felly, mae Sellafield yn gwneud gwaith da o amddiffyn yr amgylchedd lleol rhag y lefelau angheuol o ymbelydredd sydd y tu mewn iddo. Mae lleoedd fel Adeilad B30, sy'n dal symiau enfawr o wastraff ymbelydrol, yn cadw'r ymbelydredd y tu mewn i'r adeilad. Felly sut maen nhw'n gwneud hynny?

Gweithgaredd

Ymchwilio i amsugno pelydriad

Dyma weithgaredd sy'n eich helpu i wneud y canlynol:
> arsylwi arddangosiad a gwneud arsylwadau
> defnyddio efelychiad/model cyfrifiadurol gwyddonol
> ymchwilio i effaith wyddonol
> ffurfio casgliadau'n seiliedig ar arsylwadau arbrofol a/neu efelychiad.

Gall eich athro/athrawes arddangos gwahanol briodweddau amsugno ymbelydredd alffa a beta a phelydriad gama i chi. Mewn ysgolion a cholegau, dydy myfyrwyr dan 16 oed ddim yn cael cynnal arbrofion sy'n defnyddio pelydriad sy'n ïoneiddio. Gallwch chi lwytho i lawr raglen efelychiad a fydd yn rhith arddangos yr un peth i chi. Dyma rai efelychiadau da y gallech chi roi cynnig arnynt:
> RadiationLab at http://getwordwall.com/visualsimulations
> www.furryelephant.com/player.php?subject=physics&jumpTo=re/2Ms16

Nodiadau diogelwch

Rhaid i'r arbrawf hwn gael ei arddangos gan athro/athrawes.

Cyfarpar

> ffynonellau ymbelydrol (α, β a γ)
> tiwb Geiger–Müller
> mesurydd cyfradd
> gefel fach

> dalen o gerdyn
> llenni alwminiwm o wahanol drwch
> llenni plwm o wahanol drwch

Dull

Bydd eich athro/athrawes yn cydosod y cyfarpar fel yn Ffigur 16.18, ac yn mesur cyfrif y pelydriad cefndir. Rhaid ailadrodd y mesuriad hwn dair gwaith a chyfrifo cymedr.

Ymbelydredd alffa

Mae'r ffynhonnell (americiwm-241) yn allyrru ymbelydredd α yn unig.

1 Bydd eich athro/athrawes yn rhoi'r ffynhonnell yn agos at y tiwb Geiger–Müller gyda gefel fach ac yn mesur y gyfradd cyfrif. Ailadroddwch y mesuriad hwn dair gwaith a chyfrifwch werth cymedrig. Tynnwch y gyfradd cyfrif cefndir o'r gwerth cymedrig hwn.

2 Gan ddefnyddio gefel fach, bydd eich athro/athrawes yn rhoi darn o gerdyn rhwng ffynhonnell yr ymbelydredd α a'r tiwb, ac yn mesur y gyfradd cyfrif. Ailadroddwch y mesuriad hwn dair gwaith a chyfrifwch werth cymedrig. Tynnwch y gyfradd cyfrif cefndir o'r gwerth cymedrig hwn.

3 Cymharwch y gwerthoedd sydd wedi'u cywiro ar gyfer y cyfrif cefndir, gyda a heb yr amsugnydd cerdyn.

Ymbelydredd beta

Mae'r ffynhonnell (strontiwm-90) yn allyrru ymbelydredd β yn unig. Bydd eich athro/athrawes yn ailadrodd yr arddangosiad gyda'r ymbelydredd β ac yn ceisio atal yr ymbelydredd, yn gyntaf â cherdyn, yna â llenni alwminiwm mwy a mwy trwchus.

Pelydriad gama

Gan ddefnyddio ffynhonnell sy'n allyrru pelydriad γ yn unig, fel cobalt-60, bydd eich athro/athrawes yn ailadrodd yr arddangosiad ac yn ceisio atal y pelydriad â cherdyn, ag alwminiwm ac yn olaf â llenni plwm. Os oes gan eich ysgol ffynhonnell radiwm, gallwch chi ddefnyddio'r arbrawf i ddangos bod radiwm yn allyrru ymbelydredd alffa a beta a phelydriad gama.

Mae'r arddangosiadau sy'n cael eu disgrifio yn y gweithgaredd hwn yn dangos bod pŵer treiddio pob math o belydriad yn wahanol. Pelydriad gama yw'r mwyaf treiddiol, yna ymbelydredd beta, ac ymbelydredd alffa yw'r lleiaf treiddiol. Mae Ffigur 16.19 yn crynhoi hyn.

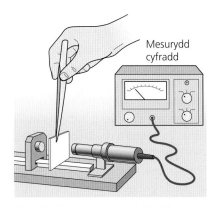

Ffigur 16.18 Profi i weld pa ddefnyddiau sy'n atal pelydriad.

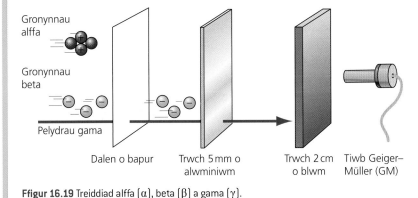

Ffigur 16.19 Treiddiad alffa (α), beta (β) a gama (γ).

→ | Gweithgaredd

Dosimedrau pelydriad

Dyma weithgaredd sy'n eich helpu i wneud y canlynol:

> dadansoddi cymhwysiad ymarferol gwyddonol
> defnyddio diagramau i gyfathrebu syniadau gwyddonol
> dylunio dyfais electronig
> egluro sut gallwn ni ddefnyddio TGCh mewn cysylltiad â gwyddoniaeth i wella proses.

Mae gwahanol bwerau treiddio alffa, beta a gama yn cael eu defnyddio mewn ysbytai, atomfeydd a diwydiannau eraill sy'n defnyddio pelydriad fel ffordd o fesur y dos mae gweithwyr yn ei gael. Mae dyfais o'r enw **bathodyn dosimedr** yn cael ei defnyddio i fesur y gwahanol fathau o belydriad. Mae Ffigur 16.20 yn dangos un math o fathodyn dosimedr.

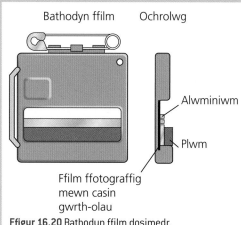

Bathodyn ffilm   Ochrolwg

Alwminiwm

Plwm

Ffilm ffotograffig
mewn casin
gwrth-olau

Ffigur 16.20 Bathodyn ffilm dosimedr.

Mae'r ffilm ffotograffig wedi'i labelu a'i dangos mewn du ar y diagram. Mae wedi'i gorchuddio mewn casin gwrth-olau tenau. Pan mae pelydriad sy'n ïoneiddio yn taro'r ffilm, mae'n achosi i'r ffilm niwlo. Os bydd mwy o belydriad yn taro'r ffilm, bydd y 'niwl' yn mynd yn ddwysach. Caiff ffilm y bathodynnau unigol ei harchwilio o bryd i'w gilydd a chaiff y niwlo ei fesur. Mae'r ffilm wedi'i gorchuddio'n rhannol â dwy 'ffenestr': mae un ffenestr wedi'i gwneud o ddarn tenau o alwminiwm a'r llall wedi'i gwneud o alwminiwm y tu ôl i ddarn tenau o blwm.

Tasgau

1 Gan ddefnyddio diagram addas, a'ch gwybodaeth am bŵer treiddio'r gwahanol fathau o belydriad (alffa, beta a gama), eglurwch sut mae'r bathodyn hwn yn gallu mesur faint o belydriad mae'r person sy'n ei wisgo yn ei gael gan bob math o belydriad.

2 Dyluniwch ddyfais electronig i fesur dwysedd y niwl ar y ffilm pan gaiff ei harchwilio. Lluniwch ddiagram addas ar gyfer eich dyfais wrth ochr eich diagram o'r dosimedr, gan ddangos sut mae'n canfod y gwahanol fathau o belydriad.

3 Eglurwch beth fyddai manteision cysylltu eich dyfais electronig eich hun â chyfrifiadur sydd â chronfa ddata addas i gofnodi dros amser ddwysedd y niwl ar ffilm pob gweithiwr sy'n dod i gysylltiad â phelydriad mewn sefydliad. Sut gallai system fel hon gael ei defnyddio i fonitro dos pelydriad pob gweithiwr yn awtomatig?

4 Mae'r Awdurdod Gweithredol Iechyd a Diogelwch yn dweud mai 20 mSv y flwyddyn yw uchafswm y dos cyfreithiol i unigolyn (dros 18 oed) sy'n gweithio gyda phelydriad. Awgrymwch sut gallai sefydliad ddefnyddio eich system bathodyn dosimedr/dyfais mesur/cronfa ddata cyfrifiadur i reoli'r dos mae gweithwyr yn ei gael ac i sicrhau nad yw unrhyw weithiwr yn cael dos uwch na'r uchafswm cyfreithiol.

Storio pelydriad yn Sellafield

Yn Sellafield, maen nhw'n defnyddio'r wybodaeth hon am bŵer treiddio'r gwahanol fathau o belydriad i ddal y pelydriad y tu mewn i'r adeiladau. Maen nhw'n defnyddio amrywiaeth o wahanol ddulliau amddiffyn i atal lefelau uchel o belydriad rhag dianc.

Mae'r rhodenni tanwydd darfodedig o adweithyddion, sy'n cynnwys gwastraff tanwydd ymbelydrol iawn, yn cael eu llwytho i duniau dur (Ffigur 16.21). Mae'r tuniau wedi'u cynllunio i fod yn gryf iawn ac i ddargludo i ffwrdd y gwres sy'n dal i gael ei gynhyrchu gan y rhodenni tanwydd. Mae'r defnydd dur yn amsugno cyfran fawr o'r pelydriad sy'n cael ei allyrru gan y tanwydd darfodedig. Yna, caiff y tuniau dur eu storio mewn 'pwll oeri' mawr o ddŵr (Ffigur 16.22). Mae'r dŵr yn oeri'r rhodenni a hefyd yn amsugno mwy o'r pelydriad. Mae'r pwll oeri wedi'i ddal mewn adeilad â waliau a nenfydau trwchus o goncrit cyfnerth. Felly, mae'r adeilad yn gryf, ac mae'r concrit yn amsugno mwy fyth o'r pelydriad. Mae plwtoniwm-239 ac wraniwm-235, dau o brif gynhyrchion dadfeiliad ymbelydrol mewn tanwydd niwclear darfodedig, yn allyrru ymbelydredd alffa a phelydriad gama. Mae'r ymbelydredd alffa'n cael ei amsugno gan gasin y rhodenni tanwydd, ac mae'r rhan fwyaf o'r pelydriad gama'n cael ei amsugno gan y cyfuniad o ddur, dŵr a choncrit. Mae elfennau ymbelydrol eraill yn y celloedd tanwydd darfodedig yn allyrru ymbelydredd beta, ac mae'r ymbelydredd beta'n cael ei amsugno gan y tuniau dur a'r dŵr.

Cragen ddur

Rhodenni tanwydd darfodedig

Amlen ddur allanol

Dargludyddion gwres

Gorchudd sy'n lladd sioc

Ffigur 16.21 Tun i storio tanwydd darfodedig.

Ffigur 16.22 Pwll storio.

Dyfodol Sellafield ac Adeilad B30

Mae Sellafield yn lle a gafodd ei gynllunio i ailbrosesu gwastraff niwclear. Ni chafodd ei gynllunio fel cyfleuster ar gyfer storio'r gwastraff dros gyfnod hir. Mae Sellafield yn llwyddo i storio 'dros dro' 67% (yn ôl cyfaint) o ddefnyddiau gwastraff ymbelydrol y Deyrnas Unedig. Ledled y Deyrnas Unedig, mae cyfanswm y gwastraff ymbelydrol yn dal i gynyddu. Yn 2006, cynhaliwyd asesiad gan Bwyllgor Rheoli Gwastraff Ymbelydrol (*CoRWM: Committee on Radioactive Waste Management*) y llywodraeth. Roedden nhw'n amcangyfrif bod y cyfeintiau canlynol o wastraff ymbelydrol wedi'u storio mewn gwahanol gyfleusterau ledled y wlad:

▶ gwastraff lefel uchel – 2000 metr ciwbig
▶ gwastraff lefel ganolradd – 350 000 metr ciwbig
▶ gwastraff lefel isel – 30 000 metr ciwbig
▶ tanwydd darfodedig – 10 000 metr ciwbig
▶ plwtoniwm – 4300 metr ciwbig
▶ wraniwm – 75 000 metr ciwbig.

Argymhelliad *CoRWM* oedd datblygu storfeydd tymor hir ar gyfer gwastraff ymbelydrol yn ddwfn dan ddaear. Roedden nhw'n amcangyfrif bod daeareg tua thraean o'r Deyrnas Unedig yn addas i storio gwastraff niwclear dros gyfnod hir.

Pwynt trafod

Llaw i fyny os hoffech chi gael cyfleuster storio gwastraff niwclear yng ngwaelod eich gardd! Hoffech chi gael un?

Profwch eich hun

18 Sut mae'r ymbelydredd alffa ïoneiddiad uchel sy'n dod o wastraff ymbelydrol yn cael ei ddiogelu yn Sellafield?

19 Pam mae'r tuniau storio gwastraff ymbelydrol wedi'u gwneud o ddur?

20 Beth yw pwrpas y dŵr yn y pyllau storio?

21 Pam rydych chi'n meddwl bod yr adeiladau wedi'u gwneud o goncrit cyfnerth trwchus, yn hytrach na briciau safonol?

22 Pam gallai hi fod yn anymarferol amddiffyn yr adeiladau cyfan â phlwm, er mwyn lleihau'n sylweddol faint o belydriad gama sy'n cael ei allyrru o'r adeiladau?

23 Dim ond robotiaid sy'n gweithio yn yr adeiladau storio. Pam mae hyn yn syniad da, yn eich barn chi?

24 Mae angen i bwll nofio Olympaidd fod â hyd 50 m × lled 25 m × dyfnder 2 m. Beth yw cyfaint (y dŵr mewn) pwll nofio Olympaidd? Faint o byllau nofio Olympaidd fyddai eu hangen i storio gwastraff ymbelydrol y Deyrnas Unedig?

25 Yn y pen draw, bydd angen cludo'r gwastraff ymbelydrol i'w gyfleuster storio dan ddaear. Disgrifiwch bum cam y bydd rhaid i Sellafield Ltd eu cymryd er mwyn amddiffyn y cyhoedd rhag y pelydriad wrth i'r gwastraff gael ei symud – yn enwedig os yw'r cyfleuster storio dan ddaear mewn rhan wahanol o'r wlad.

Crynodeb o'r bennod

- Mae'r term 'pelydriad' yn cael ei ddefnyddio i ddisgrifio tonnau electromagnetig a'r egni sy'n cael ei ryddhau gan ddefnyddiau ymbelydrol. Mae'r term 'ymbelydredd' yn cael ei ddefnyddio ar gyfer gronynnau sy'n cael eu hallyrru gan sylwedd ymbelydrol.

- Mae sylweddau ymbelydrol yn gallu allyrru ymbelydredd alffa (α), ymbelydredd beta (β) a phelydriad gama (γ).

- Mae pelydriad gama hefyd yn rhan o'r teulu o donnau o'r enw'r sbectrwm electromagnetig – fel uwchfioled a phelydrau X. Pelydrau gama sydd â'r tonfeddi byrraf a'r mwyaf o egni.

- Mae ymbelydredd alffa (α), ymbelydredd beta (β) a phelydriad gama (γ), uwchfioled a phelydrau X i gyd yn fathau o belydriad sy'n ïoneiddio.

- Mae pelydriad sy'n ïoneiddio'n gallu rhyngweithio ag atomau a niweidio celloedd oherwydd yr egni mae'n ei gludo.

- Mae allyriadau ymbelydrol o niwclysau atomig ansefydlog yn digwydd oherwydd anghydbwysedd rhwng nifer y protonau a nifer y niwtronau.

- Y rhif niwcleon neu'r rhif màs (A) yw'r enw ar nifer y protonau a'r niwtronau mewn niwclews atomig, a'r enw ar nifer y protonau yw'r rhif proton (Z) (fel rheol, mae cemegwyr yn galw hwn yn rhif atomig).

- Mae gan isotopau gwahanol o'r un elfen i gyd yr un nifer o brotonau yn eu niwclews, ond mae ganddynt nifer gwahanol o niwcleonau, felly mae ganddynt nifer gwahanol o niwtronau.

- Mae'r symbolau niwclear yn y nodiant $^{A}_{Z}X$ (lle mai X yw'r symbol atomig o'r Tabl Cyfnodol) yn ddefnyddiol yng nghyd-destun trawsnewidiadau sy'n cynnwys dadfeiliad ymbelydrol, ymholltiad niwclear ac ymasiad niwclear.

- Cynhyrchu hafaliadau niwclear i ddangos dadfeiliadau ymbelydrol.

- Cydbwyso hafaliadau niwclear i ddangos dadfeiliadau ymbelydrol.

- Mae defnyddiau gwastraff gorsafoedd trydan niwclear a meddygaeth niwclear yn ymbelydrol; bydd rhai ohonynt yn aros yn ymbelydrol am filoedd o flynyddoedd.

- Gallwn ni ddefnyddio arbrofion a/neu efelychiadau TGCh o arbrofion i ymchwilio i bŵer treiddio ymbelydredd niwclear.

- Wrth fesur pelydriad, rhaid i ni ganiatáu am belydriad cefndir.

- Mae gan ymbelydredd alffa, ymbelydredd beta a phelydriad gama bwerau treiddio gwahanol. Caiff ymbelydredd alffa ei amsugno gan ddalen denau o bapur, caiff ymbelydredd beta ei amsugno gan rai milimetrau o alwminiwm neu Bersbecs, ond mae angen centimetrau o blwm i amsugno pelydriad gama.

- Mae'r gwahaniaethau rhwng pŵer treiddio alffa, beta a gama yn pennu pa mor niweidiol y gallant fod. Mae ymbelydredd alffa'n cael ei amsugno'n hawdd ond hwnnw sy'n ïoneiddio fwyaf. Mae pelydrau gama'n treiddio'n dda ond maen nhw'n ïoneiddio tuag 20 gwaith yn llai nag ymbelydredd alffa.

- Caiff gwastraff ymbelydrol ei storio mewn cyfres o systemau dal. Mae tuniau dur, dŵr, concrit a phlwm i gyd yn cael eu defnyddio i amddiffyn yr amgylchedd rhag dosiau niweidiol o belydriad. Mae'r pelydriad sy'n cael ei gynhyrchu gan y gwastraff yn cael ei amsugno gan wahanol fathau o gynwysyddion o wahanol drwch.

- Yr ateb tymor hir i storio gwastraff ymbelydrol yw ei storio'n ddwfn dan ddaear, lle mae'r creigiau o'i gwmpas yn gallu amsugno'r pelydriad niweidiol.

- Mae pelydriad cefndir o'n cwmpas ni ym mhobman ac mae'n dod o ffynonellau naturiol neu artiffisial (wedi'u gwneud gan bobl).

- Mae ffynonellau naturiol pelydriad cefndir yn cynnwys radon o greigiau, pelydrau gama o'r ddaear ac adeiladau, pelydrau cosmig o'r gofod a phelydriad mewn bwyd a diod.

- Mae ffynonellau artiffisial pelydriad cefndir yn cynnwys pelydrau X o archwiliadau meddygol ac alldafliad niwclear o brofion arfau neu ddamweiniau.

- Mae'r rhan fwyaf (rhwng 50 a 90%) o'n pelydriad cefndir ni yn dod o nwy radon (gan ddibynnu lle rydych chi'n byw).

- Mae lefelau uwch o nwy radon mewn ardaloedd fel Cernyw, lle mae llawer o graig gwenithfaen, oherwydd mae gwenithfaen yn cynnwys wraniwm sy'n dadfeilio (yn y pen draw) i roi radon.

▶ Cwestiynau ymarfer

1 Mae ffynonellau pelydriad cefndir mewn rhan o'r DU yn cael eu dangos yn y siart cylch yn Ffigur 16.23.

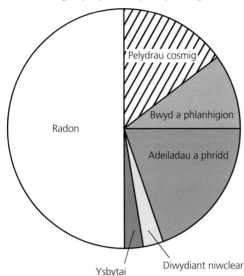

Ffigur 16.23

a) Mae un darlleniad o gyfanswm y pelydriad cefndir yn dangos bod 20 cyfrif wedi'u cymryd mewn munud.

i) Cyfrifwch gyfanswm nifer y cyfrifon y funud (c.y.f.) o'r pelydrau cosmig a bwyd a phlanhigion **gyda'i gilydd**. [2]

ii) Disgrifiwch sut byddai wedi bod yn bosibl darganfod gwerth mwy dibynadwy ar gyfer cyfanswm y pelydriad cefndir. [2]

iii) Rhowch enw **un** ffynhonnell o belydriad cefndir sy'n dibynnu'n fawr ar y creigiau yn yr ardal lle mae'r mesuriad yn cael ei gymryd. [1]

b) Mae canfodydd ymbelydredd yn cael ei gysylltu â rhifydd mewn ystafell ddosbarth. Mae amsugnyddion yn cael eu gosod yn union o flaen y canfodydd er mwyn ceisio darganfod pa ymbelydredd sy'n cael ei allyrru gan y ffynhonnell ymbelydrol americiwm-241.

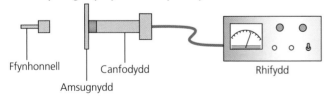

Ffigur 16.24

Mae'r canlyniadau'n cael eu dangos yn Nhabl 16.3. Mae'r ffigurau'n cynnwys cyfrif **cymedrig** y pelydriad cefndir o 20 c.y.f.

Tabl 16.3

Amsugnydd	Darlleniad a gafwyd (cyfrif y funud)
Dim	350
Cerdyn tenau	20
3 mm o alwminiwm	21
20 mm o blwm	1

Defnyddiwch y wybodaeth yn y tabl a'ch gwybodaeth am ymbelydredd i ateb y cwestiynau canlynol.

i) Cyfrifwch nifer cymedrig y cyfrifon y funud sy'n cael eu hallyrru gan yr americiwm-241. [2]

ii) Eglurwch pa **fath** o ymbelydredd sy'n cael ei allyrru gan y ffynhonnell. [2]

iii) Rhowch reswm pam nad oedd angen amddiffyn disgyblion yn y dosbarth rhag ymbelydredd y ffynhonnell. [1]

iv) Eglurwch sut mae'r data yn dangos mai gama yn bennaf yw'r pelydriad cefndir. [2]

v) Nodwch pam mae'r cyfraddau cyfrif sy'n cael eu mesur y tu hwnt i'r alwminiwm yn wahanol i'r cyfrif cefndir cymedrig. [1]

(TGAU Ffiseg CBAC P1, Sylfaenol, haf 2015, cwestiwn 5)

2 a) Mae Ffigur 16.25 yn dangos tri math o belydriadau niwclear (*nuclear radiations*) yn cael eu hamsugno gan ddefnyddiau gwahanol. Defnyddiwch y geiriau isod i gopïo a chwblhau'r blychau yn y diagram. [3]

beta   gama   plwm   alwminiwm

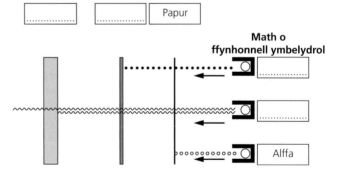

Ffigur 16.25

b) Mae Tabl 16.4 yn dangos y gyfradd cyfrif cefndir (mewn cyfrif/mun) wedi'i chymryd mewn labordy ar 5 amser gwahanol.

Tabl 16.4

	Mesuriad				
	1	2	3	4	5
Actifedd (cyfrif/mun)	30	32	28	29	31

i) Nodwch pam mae'r darlleniadau'n wahanol. [1]

ii) Cyfrifwch yr actifedd cymedrig ar gyfer y pelydriad cefndir **a** thrawsnewidiwch eich ateb o gyfrif y funud i gyfrif yr eiliad (cyfrif/s). [2]

iii) Enwch **un** ffynhonnell **naturiol** o belydriad cefndir. [1]

(TGAU Ffiseg CBAC P1, Sylfaenol, Ionawr 2015, cwestiwn 3)

3 Mae adran radioleg mewn ysbyty yn arddangos gwybodaeth am y dos mae claf yn ei dderbyn gan fathau gwahanol o archwiliadau pelydr X

Tabl 16.5

Math o archwiliad pelydr X	Dos sy'n cael ei dderbyn mewn unedau	Diwrnodau cywerth o belydriad cefndir
Pen-glin	1	1.5
Brest	2	3
Penglog	10	15
Asgwrn cefn	100	150
Clun	30	45
Pelfis	100	150
Abdomen	150	225

a) Eglurwch pam mae archwiliadau pelydr X yn rhoi'r claf mewn perygl. [2]

b) Defnyddiwch wybodaeth yn y tabl i egluro pa fath o archwiliad pelydr X yw'r mwyaf peryglus i'r claf. [2]

c) Mae claf yn cael gwybod ei fod wedi derbyn cyfanswm o 140 uned o ddos pelydriad gan archwiliadau pelydr X.

   i) Cyfrifwch sawl archwiliad pelydr X o'r frest sy'n gywerth â'r dos hwn. [2]

   ii) Y pelydriad cefndir cymedrig mae person yn ei dderbyn yw 43 200 cyfrif bob dydd. Cyfrifwch y cyfrifon pelydriad sy'n cael eu derbyn gan y claf gan y nifer hwn o archwiliadau pelydr X. [2]

(TGAU Ffiseg CBAC P1, Sylfaenol, Ionawr 2015, cwestiwn 7)

4 Mae nifer o ffynonellau ymbelydrol yn allyrru mwy nag un math o belydriad. Mae'r offer sy'n cael eu dangos yn Ffigur 16.26 yn gallu cael eu defnyddio i adnabod y pelydriadau mae ffynhonnell yn eu rhyddhau. Mae amsugnyddion gwahanol yn cael eu gosod yn eu tro rhwng y ffynhonnell a'r canfodydd ac mae'r darlleniad ar y rhifydd yn cael ei gymryd.

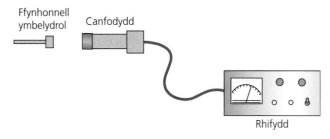

Ffynhonnell ymbelydrol

Canfodydd

Rhifydd

Ffigur 16.26

Fe wnaeth arbrawf gynhyrchu'r canlyniadau yn Nhabl 16.6. Mae pob un o'r ffigurau wedi cael ei gywiro ar gyfer pelydriad cefndir.

Tabl 16.6

Amsugnydd wedi'i osod rhwng y canfodydd a'r ffynhonnell	Cyfradd cyfrif (cyfrif y funud)
Dim amsugnydd	5000
Cerdyn tenau	5000
Trwch 3 mm o alwminiwm	4000
Trwch 10 mm o blwm	500

a) i) Enwch **un** pelydriad sydd **ddim** yn cael ei ryddhau gan y ffynhonnell hon. [1]

   ii) Faint o'r pelydriad gwreiddiol sy'n cael ei amsugno gan yr alwminiwm? [1]

   iii) Faint o'r gyfradd cyfrif wreiddiol gafodd ei gynhyrchu gan ymbelydredd beta? [1]

b) Pan fydd pelydriad gama yn pasio trwy blwm o ffynhonnell wahanol mae'r cyfrifon y funud yn dibynnu ar drwch y plwm rhwng y ffynhonnell a'r rhifydd. Mae Tabl 16.7 yn dangos hyn.

Tabl 16.7

Trwch y plwm rhwng y ffynhonnell a'r canfodydd (mm)	Cyfradd cyfrif (cyfrif y funud)
0	8000
10	4000
30	1000
40	500
50	250

   i) Plotiwch y data ar graff Cyfradd cyfrif (echelin-*y*) yn erbyn Trwch (echelin-*x*) a thynnwch linell addas. [3]

   ii) Defnyddiwch y graff i ddisgrifio'r berthynas rhwng y gyfradd cyfrif a thrwch y plwm. [2]

   Y gyfradd cyfrif ar gyfer plwm â thrwch o 10 mm yw 4 000 cyfrif y funud.

   iii) Pa **ffracsiwn** o hwn fyddai'n cael ei ganfod ar gyfer plwm â thrwch o 30 mm? [2]

   iv) Pa gyfradd cyfrif fyddai'n cael ei ganfod ar gyfer plwm â thrwch o 60 mm? Nodwch sut cawsoch chi eich ateb. [1]

(TGAU Ffiseg CBAC P1, Uwch, haf 2014, cwestiwn 1)

5 Mae Tabl 16.8 isod yn dangos rhestr o radioisotopau a'u modd dadfeilio.

Tabl 16.8

Radioisotop	Modd dadfeilio
Radon-272	α
Strontiwm-90	β
Arian-110	β a γ
Ïodin-131	γ
Radiwm-226	α a γ

Mae Tabl 16.9 yn dangos y gyfradd cyfrif sy'n cael ei chanfod o dri o'r radioisotopau uchod pan fydd amsugnyddion gwahanol yn cael eu gosod rhwng y ffynhonnell a'r rhifydd. Mae'r pellter rhwng y rhifydd a'r radioisotop yn sefydlog ar 2 cm.

Tabl 16.9

Radioisotop	Cyfradd cyfrif (unedau)			
	Dim amsugnydd	Papur	Alwminiwm	Plwm
X	21	20	21	6
Y	74	73	56	15
Z	44	32	33	12

Defnyddiwch y wybodaeth yn y **ddau** dabl i adnabod radioisotopau **X**, **Y** a **Z** gan roi eich ymresymiad. [5]

(TGAU Ffiseg CBAC P1, Uwch, Ionawr 2014, cwestiwn 5)

6 Mae craidd adweithydd niwclear yn cael ei amddiffyn gan goncrit.

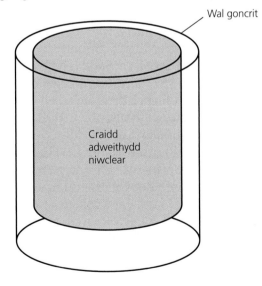

Wal goncrit

Craidd adweithydd niwclear

Ffigur 16.27

a) Cymharwch effeithiolrwydd trwch gwahanol o goncrit wrth amsugno pob un o'r tri math o belydriad. [3]

b) i) Nodwch **un** dull ar gyfer storio gwastraff ymbelydrol yn y tymor hir. [1]

ii) Rhowch amlinelliad o **un** fantais ac **un** anfantais storio gwastraff yn y ffordd hon. [2]

(TGAU Ffiseg CBAC P1, Uwch, haf 2013, cwestiwn 3)

7 Gall isotopau ïodin gael eu defnyddio i astudio'r chwarren thyroid yn y corff. Mae swm bach o'r isotop ymbelydrol yn cael ei chwistrellu i mewn i glaf ac mae'r pelydriad yn cael ei ganfod y tu allan i'r corff. Dau isotop allai gael eu defnyddio yw $^{123}_{53}$I a $^{131}_{53}$I.

a) Atebwch y cwestiynau canlynol yn nhermau nifer y gronynnau.

i) Nodwch **un** tebygrwydd rhwng niwclysau $^{123}_{53}$I a $^{131}_{53}$I. [1]

ii) Nodwch **un** gwahaniaeth rhwng niwclysau $^{123}_{53}$I a $^{131}_{53}$I. [1]

b) Mae niwclews $^{123}_{53}$I yn dadfeilio i senon (Xe) trwy roi allan ymbelydredd beta (β) a phelydriad gama (γ).

i) Beth yw 'ymbelydredd beta'? [1]

ii) Copïwch a chwblhewch yr hafaliad isod i ddangos dadfeiliad Ïodin-131 (I-131). [2]

$$^{131}_{53}\text{I} \rightarrow \, ^{...}_{54}\text{Xe} + \, ^{0}_{...}\beta + \gamma$$

c) Mae'r isotop $^{123}_{53}$I yn dadfeilio trwy allyriad gama. Eglurwch pam mae'n well defnyddio $^{123}_{53}$I na $^{131}_{53}$I fel olinydd meddygol. [2]

(TGAU Ffiseg CBAC P2, Uwch, Ionawr 2014, cwestiwn 2)

8 Mae'r datganiadau canlynol yn seiliedig ar y wybodaeth a gyflwynwyd yn Ffigur 16.14 (tudalen 256), sy'n cymharu ffynonellau pelydriad cefndir yng Nghernyw, Cumbria ac, ar gyfartaledd, yn genedlaethol yn y DU. Nodwch a yw'r datganiadau naill ai'n Gywir neu'n Anghywir.

A Radon yw'r ffynhonnell fwyaf o belydriad cefndir yn genedlaethol.

B Mae cyfran y pelydriad cefndir sy'n dod o fwyd daearol, aer ac o fwyd y môr ar y cyd yn fwy yn Cumbria nag yn y DU ar gyfartaledd.

C Mae cyfran y pelydriad cefndir sy'n dod o belydrau cosmig a ffynonellau naturiol o belydrau gama ar ei uchaf yn Cumbria.

CH Ar gyfartaledd yn y DU, mae 11% o'r pelydriad cefndir yn dod o fwyd neu o aer. [4]

17 Hanner oes

Cynnwys y fanyleb

Mae'r bennod hon yn ymdrin ag adran 2.8 Hanner oes yn y fanyleb TGAU Ffiseg ac adran 6.6 Hanner oes yn y fanyleb TGAU Gwyddoniaeth (Dwyradd), sy'n edrych ar hap-natur dadfeiliad ymbelydrol ac mae'n cyflwyno'r syniad o hanner oes. Byddwch chi'n plotio cromliniau dadfeiliad ac yn eu defnyddio i ddarganfod hanner oes defnyddiau ymbelydrol. Mae'r bennod yn astudio ffyrdd gwahanol o ddefnyddio defnyddiau ymbelydrol, gan gysylltu'r rhain â'u hanner oesau a'u grymoedd treiddio.

► Defnyddio dadfeiliad ymbelydrol

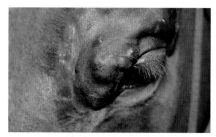

Ffigur 17.1 Ceffyl yn dioddef o sarcoid llygad.

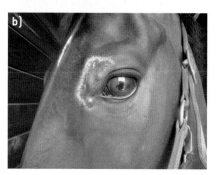

Ffigur 17.2 a) Gwifren iridiwm wedi'i gosod mewn sarcoid a b) ar ôl y driniaeth.

Mae'r ceffyl yn y llun yn dioddef gan fath arbennig o dyfiant ger y llygad o'r enw sarcoid. Tyfiant anfalaen (cyflwr croen lle mae celloedd y croen mewn man penodol yn mynd yn llidus) yw sarcoid. Pan mae sarcoidau'n ymddangos o gwmpas y llygad mae'n anodd eu trin yn llawfeddygol – mae milfeddygon yn gyndyn i gynnal triniaeth lawfeddygol arnynt oherwydd maen nhw'n ofni dallu'r ceffyl. Ffordd arall o drin y tyfiannau hyn, fodd bynnag, yw defnyddio ymbelydredd o ffynhonnell ymbelydrol i ladd y celloedd.

Fe gofiwch chi fod alffa (α), beta (β) a gama (γ) yn fathau o belydriad sy'n ïoneiddio ac sy'n gallu lladd meinweoedd y corff – mae egni'r pelydriad yn gallu ïoneiddio atomau yn y gell, gan ladd (neu fwtanu) celloedd yn y broses. Mae milfeddygon yn defnyddio ymbelydredd β i drin sarcoidau, oherwydd mae'n ïoneiddio heb dreiddio'n bell i'r corff. Mae'r gronynnau β sy'n cael eu hallyrru gan ffynhonnell, fel rheol ar ffurf gwifren, yn lladd y tyfiant sarcoid ond dydyn nhw ddim yn treiddio lawer mwy na 3–4 cm i'r corff, sy'n golygu nad ydyn nhw'n achosi llawer o niwed o gwmpas y tyfiant. Yr elfen iridiwm-192 yw'r isotop ymbelydrol a gaiff ei ddefnyddio ar gyfer y weithdrefn hon, oherwydd mae gan iridiwm-192 hanner oes o 74 diwrnod. Mae hyn yn golygu, ar ôl 74 diwrnod, y bydd actifedd y ffynhonnell ymbelydrol wedi haneru ac ar ôl tua 370 diwrnod (tua phum hanner oes), bydd yr actifedd wedi gostwng i lefelau cefndir ac ni fydd y ffynhonnell yn cael ei hystyried yn actif mwyach. Mae hyn yn rhoi digon o amser i drosglwyddo'r iridiwm-192 o'r adweithydd niwclear, lle caiff ei wneud, i'r milfeddyg fydd yn ei roi yn y sarcoid am 4 i 14 diwrnod, ac yna'n ei ddychwelyd i'r adweithydd.

Dadfeiliad ymbelydrol

Mae dadfeiliad ymbelydrol yn digwydd ar hap yn unol â deddfau tebygolrwydd. Os oes gennych chi gasgliad o 120 atom ymbelydrol, dydych chi ddim yn gallu dweud yn bendant pa atomau fydd yn dadfeilio mewn amser penodol – fel na allwch chi ddweud yn

Ffigur 17.3 Henri Becquerel.

bendant os taflwch chi 120 dis pa rai fydd yn rhoi chwech. Ond gallwch chi ddweud, os taflwch chi 120 dis, fod tebygolrwydd y bydd 1 o bob 6 yn rhoi chwech, hynny yw, rydych chi'n disgwyl y bydd 20 dis yn dangos chwech.

Mae unrhyw atom mewn isotop ymbelydrol yr un mor debygol o ddadfeilio ag unrhyw un arall. Gallwn ni fesur hyn â rhif o'r enw **hanner oes**. Dyma'r amser mae'n ei gymryd i **hanner** nifer yr atomau mewn unrhyw sampl ddadfeilio. Mae hyn yn gyson ar gyfer unrhyw un math o atom. Mae isotopau â hanner oes hir iawn yn aros yn ymbelydrol am amser hir iawn, ac mae isotopau â hanner oes byr iawn yn stopio bod yn ymbelydrol o fewn ffracsiynau o eiliad.

Uned actifedd ymbelydrol yw'r becquerel, Bq. Cafodd yr uned ei henwi i anrhydeddu Henri Becquerel, y dyn a wnaeth 'ddarganfod' ymbelydredd yn 1896. Mae actifedd o 1 Bq yn gyfystyr ag 1 dadfeiliad ymbelydrol yr eiliad, sy'n werth eithaf isel. Bydd cyfanswm actifedd gwifren 0.5 g o iridiwm-192 yn 160 000 000 000 000 Bq (160×10^{12} Bq)! (Bydd rhifydd Geiger yn mesur actifeddau llawer llai na hyn, gan ei fod yn mesur y gyfran fach o'r gronynnau β sy'n cael eu hallyrru i gyfeiriad y rhifydd Geiger yn unig, a hynny'n bellter byr oddi wrth y ffynhonnell.)

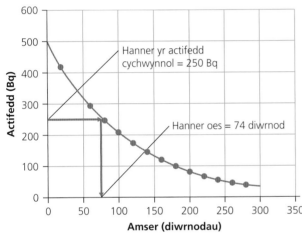

Ffigur 17.4 Graff dadfeiliad ymbelydrol iridiwm-192.

Mae Ffigur 17.4 yn rhoi graff dadfeiliad ymbelydrol iridiwm-192. Mae'r graff yn dangos sut mae actifedd sampl o iridiwm-192 yn amrywio gydag amser. Gallwch chi weld o'r graff fod actifedd cychwynnol y sampl o iridiwm-192 yn 500 Bq. Gallwn ni ddefnyddio'r graff i fesur hanner oes yr iridiwm-192. Caiff hanner oes ei ddiffinio fel yr amser mae'n ei gymryd i'r actifedd haneru, yn yr achos hwn, yr amser i'r actifedd fynd i lawr i $\frac{500}{2} = 250$ Bq. Os defnyddiwn ni'r graff hwn i fesur yr amser mae hyn yn ei gymryd, mae'n rhoi 74 diwrnod i ni. Mae gan bob isotop ymbelydrol graff dadfeilio sy'n edrych fel hyn (siâp o'r enw dadfeiliad esbonyddol yw siâp y graff). Yr unig wahaniaeth rhwng isotopau ymbelydrol gwahanol yw fod yr amrediadau ar yr echelinau'n newid. Ar gyfer isotopau ymbelydrol fel wraniwm-238, sydd â hanner oes o 4.47 biliwn o flynyddoedd, byddai angen i'r echelin amser fynd i fyny at ryw 20 biliwn o flynyddoedd! Ar y llaw arall, mae hanner oes technetiwm-99, isotop sy'n cael ei ddefnyddio'n aml i sganio esgyrn, yn 6 awr, a byddai'r echelin amser yn mynd i fyny hyd at tua 30 awr.

✔ | Profwch eich hun

1 Beth yw'r tri math o ddadfeiliad ymbelydrol?

2 Beth mae pelydriad sy'n ïoneiddio'n gallu ei wneud i gelloedd byw?

3 Beth yw hanner oes isotop ymbelydrol?

4 Ar ôl sawl hanner oes fydd actifedd sampl ymbelydrol tua'r un faint â'r actifedd cefndir naturiol?

5 Pam mae iridiwm-192 yn cael ei ddewis i drin sarcoidau llygad ar geffylau?

6 Faint o amser bydd hi'n ei gymryd i sampl o iridiwm-192 ag actifedd cychwynnol o 1200 Bq gyrraedd actifedd o 75 Bq? (Cofiwch, hanner oes iridiwm-192 yw 74 diwrnod.)

7 Mae actifedd sampl o iridiwm-192 yn 215 Bq, 296 diwrnod ar ôl iddo gael ei dynnu o'r adweithydd niwclear lle cafodd ei wneud.

   a) Sawl hanner oes sydd wedi mynd heibio mewn 296 diwrnod?

   b) Beth oedd actifedd cychwynnol y sampl?

8 Mae Tabl 17.1 yn dangos dadfeiliad ymbelydrol sampl o ïodin-131, isotop ymbelydrol sy'n cael ei ddefnyddio weithiau i drin problemau â'r chwarren thyroid.

Tabl 17.1

Amser (diwrnodau)	0	4	8	12	16	20	24	28	32
Actifedd (Bq)	800	566	400	283	200	141	100	71	50

a) Plotiwch graff o actifedd (echelin-y) yn erbyn amser (echelin-x).
b) Lluniadwch linell ffit orau (cromlin) trwy eich pwyntiau.
c) Defnyddiwch eich graff i fesur hanner oes ïodin-131.

⚙ Gwaith ymarferol

Dadfeiliad ymbelydrol protactiniwm-234

Dyma weithgaredd sy'n eich helpu i wneud y canlynol:

> arsylwi dadfeiliad ymbelydrol go iawn
> modelu dadfeiliad ymbelydrol
> defnyddio efelychiad cyfrifiadurol
> plotio data dadfeiliad ymbelydrol ar graff
> dadansoddi graff.

Gallwch chi lwytho i lawr efelychiad rhagorol o ddadfeiliad ymbelydrol o:
RadiationLab at http://getwordwall.com/visualsimulations

Mae protactiniwm-234 (Pa-234) yn allyrrydd beta, ac mae ei hanner oes ychydig dros 1 munud. Efallai y bydd eich athro/athrawes yn dangos 'generadur protactiniwm' arbennig i chi sy'n gallu cael ei ddefnyddio yn y labordy i gynhyrchu digon o brotactiniwm i fesur ei ddadfeiliad a chanfod ei hanner oes.

Nodiadau diogelwch

Ni chewch chi gynnal yr arbrawf hwn eich hun. Rhaid iddo gael ei arddangos i chi.

Cyfarpar

> rhifydd Geiger
> stopgloc
> generadur protactiniwm

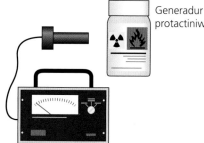

Generadur protactiniwm

Rhifydd Geiger

Dull

1 Bydd eich athro/athrawes yn cydosod yr holl gyfarpar sydd ei angen, gan gynnwys y generadur protactiniwm.
2 Bydd eich athro/athrawes yn dangos tabl addas i chi gofnodi canlyniadau'r arbrawf hwn.
3 Caiff y stopgloc ei gychwyn a chaiff y rhifydd Geiger ei ddefnyddio i fesur actifedd y ffynhonnell ar t = 0 s (mae'r ffordd o wneud hyn yn dibynnu ar y math o rifydd Geiger mae eich athro/athrawes yn ei ddefnyddio, felly bydd ef/hi'n disgrifio'r union ddull i chi).

Stopgloc

Ffigur 17.5 Arbrawf dadfeiliad Pa-234.

4 Mesurwch a chofnodwch actifedd y generadur protactiniwm bob 15 s am tua 5 munud (300 s), gan ddefnyddio tabl priodol.
5 Plotiwch graff cromlin dadfeiliad ymbelydrol o'ch canlyniadau, a defnyddiwch eich graff i fesur hanner oes protactiniwm-234.
6 Gallwch chi wneud efelychiad cyfrifiadurol o'r arbrawf hwn eich hun. Defnyddiwch y cyswllt ar ddechrau'r Gwaith ymarferol i lwytho i lawr yr efelychiad (am ddim) a chyflawni'r arbrawf. Bydd angen i chi ddefnyddio'r 'allwedd' ar waelod y sgrin i 'gasglu' y ffynhonnell protactiniwm o'r 'cwpwrdd pelydriad'.

Canfod hanner oes model o ffynhonnell ymbelydrol

Canfod hanner oes diceiwm

Dyma weithgaredd sy'n eich helpu i wneud y canlynol:

> arsylwi model o ddadfeiliad ymbelydrol
> modelu dadfeiliad ymbelydrol
> plotio data dadfeiliad ymbelydrol ar ffurf graff
> dadansoddi graff.

Cyfarpar

> nifer mawr (hysbys) o ddisiau, neu giwbiau gyda marciwr ar un wyneb

Gellir defnyddio disiau fel model o ddadfeiliad ymbelydrol. Mae pob dis yn cael ei daflu a dywedwn fod dis wedi 'dadfeilio' os bydd 1 yn cael ei daflu. Mae hyn yn golygu bod gan bob dis siawns o 1/6 o 'ddadfeilio'.

Dull

1 Cyfrwch nifer y disiau/ciwbiau. Cofnodwch y rhif hwn. Hwn yw Tafliad 0.
2 Taflwch bob dis a chyfrwch y disiau sy'n dangos '1' – rhain yw'r disiau sydd wedi dadfeilio. Cofnodwch nifer y disiau wedi dadfeilio ar gyfer Tafliad 1 ac yna cyfrifwch a chofnodwch nifer y disiau sydd heb ddadfeilio.
3 Tynnwch y disiau sydd wedi dadfeilio o'r arbrawf.
4 Ailadroddwch hyn ar gyfer y tafliadau dilynol nes bod gennych un dis heb ddadfeilio ar ôl.

Dadansoddi eich canlyniadau

1 Plotiwch graff y disiau heb ddadfeilio (echelin-y) yn erbyn rhif y tafliad (echelin-x).
2 Defnyddiwch y graff i ganfod hanner oes 'diceiwm' – sawl tafliad oedd eu hangen er mwyn lleihau nifer y disiau heb ddadfeilio i hanner y gwerth gwreiddiol?

Dyddio carbon

Mae carbon-14 yn isotop carbon ymbelydrol sy'n bodoli'n naturiol. Fodd bynnag, dim ond tuag 1 atom o bob 10 000 000 000 atom carbon sy'n atom carbon-14. Mae carbon-14 yn ymbelydrol. Ei hanner oes yw 5730 o flynyddoedd ac mae'n allyrru gronynnau beta. Mae carbon-14 yn isotop pwysig iawn oherwydd rydym ni'n gallu ei ddefnyddio i ddyddio gwrthrychau organig hyd at oed o ryw 60 000 o flynyddoedd. Felly mae'n ddefnyddiol iawn i ddyddio gwrthrychau dynol cynnar, gan fod hyn yn cyfateb yn fras i'r amser pan wnaeth ein cyndadau, yr *Homo sapiens* cynnar, ddechrau mudo o Affrica.

Mae pob peth byw'n cynnwys carbon. Rydym ni'n gwybod yn drachywir beth yw cymhareb atomau carbon-12 sydd ddim yn ymbelydrol i atomau carbon-14 ymbelydrol mewn pethau byw – mae'n dibynnu ar gyfansoddiad y carbon deuocsid yn yr atmosffer. Pan mae creadur neu blanhigyn organig yn marw, mae cymhareb carbon-12 i garbon-14 yn dechrau newid wrth i'r carbon-14 ddadfeilio heb i ddim carbon-14 newydd gael ei ychwanegu, gan nad yw'r creadur neu blanhigyn marw'n cyflawni ffotosynthesis a/neu resbiradaeth. Trwy fesur cymhareb carbon-12 i garbon-14 mewn gwrthrych organig marw, mae'n bosibl defnyddio hanner oes carbon-14 i weithio'n ôl i ddarganfod pryd roedd y gymhareb yr un fath ag y mae mewn organebau byw heddiw. Gallwn ni ddefnyddio graff tebyg i'r un yn Ffigur 17.6 i fesur canran y carbon-14 sy'n weddill o'i gymharu â'r sampl byw.

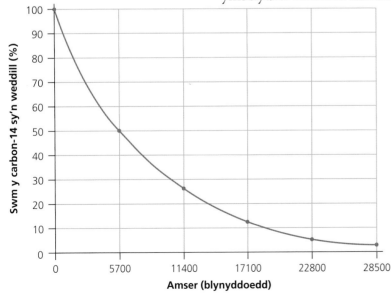

Ffigur 17.6 Graff dadfeiliad ymbelydrol carbon-14.

9 Beth yw 'dyddio carbon'?
10 Pam rydych chi'n meddwl ei bod hi bron yn amhosibl defnyddio dyddio carbon i ddyddio defnyddiau organig marw sydd dros 60 000 blwydd oed?
11 Mae Amdo Turin yn grair sanctaidd, a'r honiad yw mai'r lliain hwn gafodd ei ddefnyddio i lapio Iesu ar ôl ei groeshoelio. Mae'n ymddangos bod delwedd dyn wedi ei 'hysgythru' ar un ochr i'r defnydd. Yn 1988, cafodd ffibrau o'r lliain eu dadansoddi gan dri labordy dyddio carbon annibynnol ac fe wnaethon nhw ddarganfod bod y samplau hyn yn cynnwys ychydig dros 90% o'r swm gwreiddiol o garbon-14. Defnyddiwch y graff dyddio carbon yn Ffigur 19.6 i amcangyfrif oed Amdo Turin.

Pwynt trafod

Mae llawer o ddadlau am ba mor ddilys yw Amdo Turin (*Turin Shroud*). Mae astudiaethau diweddar wedi canfod, er nad oes dim tystiolaeth o ffugio gwyddonol, a bod tarddiad y ddelwedd ar yr amdo yn dal i fod yn anhysbys, fod yna awgrym hefyd nad yw'r samplau o'r defnydd a gafodd eu harchwilio yn 1988 yn nodweddiadol o'r amdo cyfan. Beth sy'n digwydd felly? Mae'r data dyddio carbon yn dynodi mai arteffact canoloesol yw'r amdo. Ydy'n bosibl profi'r naill ffordd neu'r llall fod yr amdo yn ddilys, neu'n ffugiad manwl a chlyfar iawn?

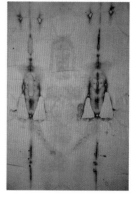

Ffigur 17.7 Amdo Turin.

Gweithgaredd

Defnyddio defnyddiau ymbelydrol

Dyma weithgaredd sy'n eich helpu i wneud y canlynol:

> archwilio data am isotopau ymbelydrol
> darllen am sut caiff ymbelydredd ei ddefnyddio a phenderfynu pa isotopau all fod y gorau i'w defnyddio.

Mae defnyddiau ymbelydrol yn cael eu defnyddio mewn amrywiaeth eang o sefyllfaoedd gwahanol. I ddeall pob un o'r rhain yn llawn, rhaid i ni archwilio priodweddau'r gwahanol fathau o ddadfeiliad ymbelydrol eto.

Defnyddiwch y data yn Nhabl 17.2 i benderfynu pa elfen ymbelydrol all fod yr un orau ar gyfer y cymwysiadau canlynol.

Generaduron thermodrydan o radioisotopau

Mae generadur thermodrydan o radioisotopau (*RTG: radioisotope thermoelectric generator*) yn ddyfais syml iawn. Mae'n poethi ac yn cynhyrchu trydan (heb ddim darnau'n symud). Pan mae elfennau ymbelydrol yn dadfeilio, maen nhw'n gallu cynhyrchu llawer o wres. Yna, gall y gwres hwn gael ei drawsnewid yn uniongyrchol i drydan gan ddefnyddio thermopil (llafnau o ddefnyddiau gwahanol sy'n cynhyrchu foltedd wrth gael eu gwresogi). Mae unedau *RTG* wedi cael eu defnyddio amlaf mewn chwiliedyddion gofod heb bobl ynddynt, ond maen nhw hefyd yn cael eu defnyddio'n aml mewn bwiau llywio yng nghanol y cefnfor ac mewn goleudai anghysbell iawn (Ffigur 17.8).

Tabl 17.2 Priodweddau'r gwahanol fathau o ddadfeiliad ymbelydrol.

Nodwedd	Alffa, α	Beta, β	Gama, γ
Natur (beth ydyw?)	Dau broton a dau niwtron – yn unfath â niwclews heliwm wedi'i allyrru o'r niwclews gwreiddiol	Electron sy'n cael ei allyrru o niwclews pan mae niwtron yn dadfeilio i roi proton ac electron	Pelydryn electromagnetig sy'n cael ei allyrru o'r niwclews pan mae'r protonau a'r niwtronau'n aildrefnu eu hunain
Symbol niwclear	$^4_2 He$	$^0_{-1} e$	γ
Graffigyn			
Treiddiad (pa mor bell mae'n treiddio i wahanol ddefnyddiau)	Rhai cm o aer, dalen o bapur neu haen denau o groen	Rhai mm o alwminiwm neu bersbecs, rhai cm o gnawd, neu tua 15 cm mewn aer	Yn cael ei leihau (ond ddim ei amsugno'n llwyr) gan rai cm o blwm
Pŵer ïoneiddio	Uchel iawn gan fod gwefr uchel (+2) gan α	Canolig – gwefr negatif (−1)	Isel – dim gwefr
Effaith fiolegol	Uchel iawn – mae α yn achosi tuag 20 gwaith mwy o niwed na β na γ	Canolig	Isel
Elfennau ymbelydrol sydd ar gael yn gyffredin (a'u hanner oes)	Poloniwm-210 (138 diwrnod) Americiwm-241 (432 blwyddyn)	Strontiwm-90 (28.5 blwyddyn) Thaliwm-204 (3.78 blwyddyn) Carbon-14 (5730 blwyddyn) Iridiwm-192 (74 diwrnod) Ïodin-131 (8 diwrnod)	Bariwm-133 (10.7 blwyddyn) Cadmiwm-109 (453 diwrnod) Cobalt-57 (270 diwrnod) Cobalt-60 (5.27 blwyddyn) Ewropiwm-152 (13.5 blwyddyn) Manganîs-54 (312 diwrnod) Sodiwm-22 (2.6 blwyddyn) Sinc-65 (244 diwrnod) Technetiwm-99 (6.01 awr)

Cwestiynau

1 Pa un o'r elfennau ymbelydrol sydd yn Nhabl 19.2 y byddech chi'n ei defnyddio ar gyfer *RTG*? Eglurwch eich ateb.

2 Pam rydych chi'n meddwl mai dim ond ar ddyfeisiau lle nad oes pobl mae unedau *RTG* yn cael eu defnyddio fel cyflenwad pŵer?

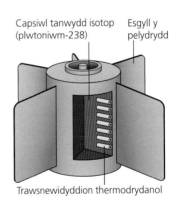

Capsiwl tanwydd isotop (plwtoniwm-238)

Esgyll y pelydrydd

Trawsnewidyddion thermodrydanol

Ffigur 17.8 *Generadur thermodrydan o radioisotopau (RTG).*

Defnyddio at ddibenion meddygol – delweddu radio

Mae olinyddion ymbelydrol yn cael eu defnyddio'n aml iawn ym myd meddygaeth. Maen nhw'n gallu gwirio bod organau mewnol y corff yn gweithio'n iawn. Mae'r claf yn llyncu sylwedd ymbelydrol neu'n ei gael mewn pigiad. Wrth i'r sylwedd ddadfeilio, mae'r ymbelydredd yn cael ei ganfod y tu allan i'r corff gan rifydd Geiger sensitif sy'n gallu cael ei sganio dros y claf neu o'i gwmpas i greu 'delwedd radio' 2D neu 3D. Mae llawer o elfennau olinyddion ymbelydrol yn glynu'n gemegol at foleciwlau sy'n cronni mewn rhannau penodol o'r corff (maen nhw'n cael eu targedu ar organau neu esgyrn penodol). Rhaid i'r elfen ymbelydrol fod â hanner oes byr iawn. Rhaid iddi ddadfeilio'n gyflym fel nad oes llawer o siawns y bydd yr ymbelydredd yn niweidio celloedd iach. Gallwn ni ddefnyddio olinydd ymbelydrol i wneud y pethau canlynol:

> canfod problemau â'r system dreulio
> canfod problemau â'r galon a'r pibellau gwaed
> canfod canserau esgyrn
> canfod problemau ag arennau
> canfod a delweddu chwarennau thyroid tanweithgar (*underactive*)
> wrth ymchwilio i ganfod achosion a ffyrdd o iacháu clefydau fel canser, AIDS a chlefyd Alzheimer.

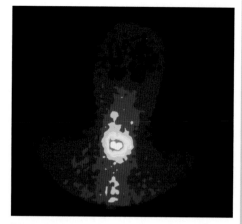

Ffigur 17.9 Sgan o unigolyn ar ôl iddo gael pigiad ïodin-131; mae hwn yn dangos bod chwarren thyroid y claf wedi chwyddo.

Cwestiynau

3 Pa elfennau ymbelydrol fyddai'n addas i'w defnyddio fel olinyddion ymbelydrol? Eglurwch eich ateb.
4 Pam mae'n bwysig bod hanner oes yr olinydd ymbelydrol sy'n cael ei ddefnyddio yn fyr iawn?

Ffigur 17.10 Camera gama ar waith.

Defnyddio at ddibenion meddygol – radiotherapi

Mae radiotherapi'n ffordd arall o ddefnyddio isotopau ymbelydrol yn feddygol, ond mae'n wahanol i ddelweddu radio oherwydd mae'r pelydriad sy'n cael ei gynhyrchu gan ffynhonnell yn cael ei ddewis yn benodol i ladd celloedd. Mae trin sarcoidau llygad mewn ceffyl yn un math o radiotherapi. Rhaid bod yn ofalus wrth ddewis hanner oes a phŵer treiddio'r isotopau ymbelydrol sy'n cael eu defnyddio mewn radiotherapi er mwyn osgoi niwed i gelloedd iach. Fel rheol, caiff radiotherapi ei ddefnyddio i drin tyfiannau, gan gynnwys rhai canseraidd a rhai anfalaen. Mae tri math o radiotherapi:

> Radiotherapi paladr allanol, lle caiff paladr o belydrau gama ei ffocysu ar ran benodol o'r corff.
> Brachytherapi, lle caiff ffynhonnell wedi'i selio ei rhoi ar y croen neu ynddo (fel wrth drin sarcoidau).
> Radiotherapi ffynhonnell heb ei selio, lle caiff ffynhonnell heb ei selio ei llyncu neu ei rhoi yn y corff trwy bigiad fel rheol.

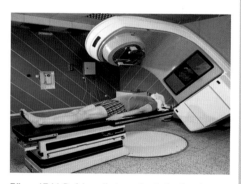

Ffigur 17.11 Dyfais radiotherapi paladr allanol.

Cwestiynau

5 Ar gyfer pob un o'r mathau canlynol o radiotherapi, awgrymwch ac eglurwch pa radioisotop(au) y byddech chi'n eu defnyddio:
   a) radiotherapi paladr allanol
   b) brachytherapi
   c) radiotherapi ffynhonnell heb ei selio.
6 Eglurwch pa ragofalon diogelwch y bydd angen i nyrs radiotherapi arbenigol eu cymryd wrth ddefnyddio radiotherapi paladr allanol i drin claf.

Canfod gollyngiadau

Mae gollyngiadau mewn pibellau olew, nwy neu garthffosiaeth tanddaearol yn gallu achosi llawer o lygredd. Os oes amheuaeth o ollyngiad, mae'n bosibl rhoi olinydd ymbelydrol yn y bibell. Bydd yr olinydd yn gollwng trwy'r crac, a bydd y radioisotop yn cronni yn y pridd o gwmpas y gollyngiad. Bydd y gweithredwr yn ddefnyddio rhifydd Geiger wrth iddo gerdded uwchben y bibell i chwilio am fan lle mae'r actifedd yn uwch na'r lefel normal.

Cwestiynau

7 Pa radioisotopau y byddech chi'n eu defnyddio i ganfod gollyngiadau?

8 Pam mae'n bwysig defnyddio radioisotopau â hanner oes byr i ganfod gollyngiadau?

Rheoli trwch

Mae defnyddiau sy'n dod mewn dalenni fel ffoil alwminiwm, papur, polythen a defnyddiau plastig eraill yn cael eu gwneud yn gyflym iawn. Mae'r defnyddiau crai'n cael eu pasio rhwng rholeri sy'n eu rholio'n ddalenni fflat hir di-dor. Mae rhifydd Geiger yn y peiriant yn mesur faint o ymbelydredd beta sy'n mynd trwy'r defnydd. Y mwyaf trwchus yw'r ddalen, y lleiaf o ymbelydredd fydd yn mynd drwyddi i'r canfodydd, ac mae'r system awtomatig yn rhoi 'adborth' i'r rholeri gan eu symud ychydig yn agosach. Caiff y wybodaeth hon ei defnyddio i gadw'r dalenni ar y trwch cywir. Ffynonellau beta yw'r mwyaf defnyddiol oherwydd eu gallu treiddio. Dydy pelydrau gama ddim yn cael eu hatal o gwbl gan ddalenni mor denau o'r defnyddiau hyn, a bydd hyd yn oed dalen denau iawn yn atal gronynnau alffa.

Cwestiynau

9 Pam mae ffynonellau beta'n cael eu defnyddio i reoli trwch?

10 Nodwch, gyda rheswm, y radioisotop y byddech chi'n dewis ei ddefnyddio mewn peiriant rheoli trwch. Sut byddech chi'n lleoli'r ffynhonnell hon o dan y ddalen?

11 Pam mae'n bwysig bod y rhifydd Geiger yn ddigon hir i ymestyn ar draws y ddalen gyfan?

Gwirio weldiadau metel

Mae pontydd, boeleri, llongau, llongau tanfor, pibellau a phurfeydd olew ymysg llawer o bethau lle caiff dalenni trwchus o ddur eu weldio at ei gilydd. Mewn llawer o achosion, byddai weldiad gwael yn drychinebus. Caiff ffynonellau pelydrau gama a chanfodyddion eu defnyddio i wirio ansawdd y weldiad.

Cwestiynau

12 Pa radioisotopau y byddech chi'n eu defnyddio i ganfod weldiadau metel? Eglurwch eich ateb.

13 Pa ragofalon sydd angen i'r gweithredwr eu cymryd wrth ddadansoddi weldiad metel?

14 Pam byddai radioisotopau alffa a beta yn anaddas at y diben hwn?

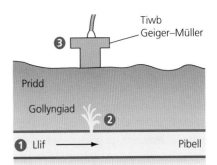

① Swm bach o isotop ymbelydrol (olinydd) sy'n allyrru pelydrau γ treiddiol yn cael ei fwydo i'r bibell. Rhaid defnyddio pelydrau gama gan eu bod nhw'n treiddio trwy bridd.

② Isotop ymbelydrol yn gollwng i'r pridd.

③ Defnyddio tiwb Geiger–Müller i ganfod yr ymbelydredd ac felly safle'r gollyngiad.

Ffigur 17.12 Defnyddio olinydd ymbelydrol i ganfod gollyngiad mewn pibell dan ddaear.

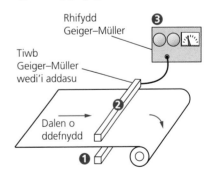

Ffigur 17.13 Gweithredwyr ar yr arwyneb yn sganio am y gollyngiad.

① Ffynhonnell ymbelydrol sy'n allyrru ymbelydredd beta llai treiddiol.

② Tiwb Geiger–Müller hir wedi'i addasu yn canfod yr ymbelydredd sy'n treiddio trwy'r ddalen o ddefnydd.

③ Rhifydd Geiger–Müller yn mesur lefel yr ymbelydredd (y mwyaf trwchus yw'r ddalen, yr isaf yw'r darlleniad). Caiff y wybodaeth ei defnyddio fel adborth i addasu trwch y defnydd os oes angen.

Ffigur 17.14 Defnyddio defnyddiau ymbelydrol i reoli trwch.

Diheintio i ladd bacteria niweidiol

Caiff offer meddygol, fel cyllyll llawfeddyg a gefeiliau, eu rhoi mewn pecyn a'u diheintio â phelydrau gama. Caiff unrhyw facteria niweidiol ar yr offer ac y tu mewn i'r pecyn eu lladd. Mae pŵer ïoneiddio'r pelydrau gama yn lladd celloedd y bacteria. Mae cynhyrchion eraill sy'n cael eu diheintio fel hyn yn cynnwys powdr babanod, cosmetigau a hydoddiant lensys cyffwrdd. Does dim cemegion yn cael eu hychwanegu at y cynhyrchion, ac mae'n bosibl eu diheintio yn eu pecynnau. Mae hyn yn golygu eu bod yn ddiogel iawn i'w defnyddio. Dydyn nhw ddim yn mynd yn ymbelydrol, oherwydd mae'r pelydrau gama yn dreiddgar iawn ac yn mynd yn syth trwy'r pecyn a'r cynnyrch maen nhw'n eu diheintio.

Cwestiynau

15 Eglurwch pa radioisotopau y gallech chi eu defnyddio mewn peiriant sy'n diheintio offer meddygol.

16 Pam mae'n bwysig cael tarian blwm drwchus o gwmpas y peiriant diheintio?

Pwynt trafod

Mae rhai mathau o fwyd yn cael eu trin yn yr un ffordd. Gallwn ni ddiheintio mefus, winwns/nionod, tatws a sbeisiau fel hyn. Trwy ladd y bacteria ar y cynhyrchion bwyd, bydd ganddynt oes silff lawer hirach. Fyddech chi'n hoffi bwyta mefus wedi'u harbelydru?

Larymau mwg

Dylai fod o leiaf dau larwm mwg ym mhob tŷ. Maen nhw wedi achub llawer o fywydau. Mae pob larwm mwg yn cynnwys swm bach iawn o isotop ymbelydrol. Mae'r ffynhonnell yn allyrru gronynnau alffa sy'n ïoneiddio'r aer yn y larwm. Mae hyn yn golygu bod cerrynt bach yn llifo. Os bydd mwg yn mynd i'r larwm, mae'n stopio'r cerrynt, ac mae hyn yn cynnau cylched y seinydd.

Cwestiynau

17 Eglurwch pam byddai americiwm-241 yn ddewis da fel radioisotop mewn canfodydd mwg.

18 Pam nad oes angen tarian ddur o gwmpas larwm mwg?

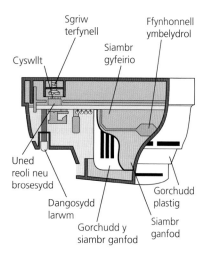

Cyswllt

Sgriw terfynell

Siambr gyfeirio

Ffynhonnell ymbelydrol

Uned reoli neu brosesydd

Dangosydd larwm

Gorchudd y siambr ganfod

Siambr ganfod

Gorchudd plastig

Ffigur 17.15 Y tu mewn i larwm mwg a sut mae'n edrych o'r tu allan.

▶ Dadfeiliad ymbelydrol – peryglus neu ddefnyddiol?

Mae ymbelydredd yn beth rhyfedd. Ar y naill law mae'n beryglus iawn, gan achosi i gelloedd farw neu fwtanu, ac yn lladd organebau os bydd y dosiau'n fawr. Ar y llaw arall mae'n ddefnyddiol mewn llawer o ffyrdd, gan gynnwys defnyddiau meddygol sy'n fuddiol iawn i ni. Y tric, wrth gwrs, yw gwybod am briodweddau'r mathau gwahanol o belydriad a'r radioisotopau a'u defnyddio mewn ffyrdd diogel a rheoledig er budd i ni. Yn anffodus, mae dadfeiliad ymbelydrol yn gallu bod yn beryglus iawn os nad yw'n cael ei reoli. Hyd yn oed yn y diwydiant pŵer niwclear lle mae rheoliadau diogelwch caeth iawn, ni all neb ragfynegi effeithiau trychinebus tsunami o uchder 14 metr ar adweithydd niwclear cyfagos, fel a ddigwyddodd ym mis Mawrth 2011 yn Japan (gweler tudalen 279).

Ffigur 17.16 Adweithydd Fukushima wedi'i ddifrodi.

⬇ Crynodeb o'r bennod

- Mae dadfeiliad ymbelydrol yn digwydd ar hap, yn unol â deddfau tebygolrwydd. Gallwn ni fodelu dadfeiliad ymbelydrol trwy rolio casgliad mawr o ddisiau, taflu nifer mawr o ddarnau arian neu ddefnyddio taenlen wedi'i rhaglennu'n addas.
- Yr hanner oes yw'r amser mae'n ei gymryd i hanner yr atomau yn y sampl ddadfeilio; mae hwn yn gysonyn mewn unrhyw un elfen benodol. Mae hanner oes gwahanol elfennau ymbelydrol yn amrywio o eiliadau i biliynau o flynyddoedd.
- Gallwn ni blotio actifedd sampl o isotop yn erbyn amser ar graff, ac o hyn gallwn ni fesur hanner oes yr isotop hwnnw. Enw'r graff yw graff dadfeiliad ymbelydrol.
- Uned dadfeiliad ymbelydrol yw'r becquerel, Bq. Mae 1 Bq yn golygu 1 dadfeiliad ymbelydrol bob eiliad.
- Mae carbon-14 yn isotop carbon ymbelydrol sy'n bodoli'n naturiol. Mae'n allyrru gronynnau beta, a'i hanner oes yw 5730 o flynyddoedd. Trwy gymharu cyfran y carbon-14 â'r isotop carbon arferol carbon-12,

gallwn ni ddyddio gwrthrychau organig hyd at 60 000 blwydd oed.
- Niwclysau heliwm yw gronynnau alffa, felly mae gwefr o +2 ganddynt. Maen nhw'n gallu treiddio trwy rai centimetrau o aer, ond maen nhw'n cael eu hatal gan haen denau o groen. Oherwydd eu pŵer ïoneiddio uchel (mae ganddynt wefr bositif gryf), maen nhw'n gallu achosi llawer o niwed biolegol os ydyn nhw'n mynd y tu mewn i chi.
- Electronau yw gronynnau beta, felly mae gwefr o −1 ganddynt. Maen nhw'n gallu teithio tua 15 cm mewn aer, trwy sawl centimetr o gnawd neu drwy rai centimetrau o alwminiwm neu bersbecs.
- Pelydrau electromagnetig heb wefr yw pelydriad gama. Mae pelydrau gama'n treiddio trwy ddefnydd yn rhwydd iawn ac maen nhw'n gallu teithio drwy sawl centimetr o blwm.
- Mae nodweddion y mathau gwahanol o ddadfeiliad ymbelydrol yn golygu eu bod nhw'n ddefnyddiol at ddibenion gwahanol, er enghraifft, defnyddiau meddygol fel delweddu radio a radiotherapi.

Cwestiynau ymarfer

1 a) Ticiwch (✓) bob blwch sy'n rhoi ystyr cywir **hanner oes** sylwedd ymbelydrol. *[2]*

    A Yr amser mae'n ei gymryd i'r ymbelydredd i haneru.

    B Yr amser mae'n ei gymryd i'r atomau hollti yn eu hanner.

    C Yr amser mae'n ei gymryd i nifer y gronynnau sydd heb ddadfeilio haneru.

    CH Yr amser mae'n ei gymryd i'r gyfradd cyfrif haneru.

    D Yr amser mae'n ei gymryd i hanner y gronynnau alffa ddadfeilio.

b) Mae Ffigur 17.17 yn dangos y gromlin dadfeilio ar gyfer sylwedd ymbelydrol.

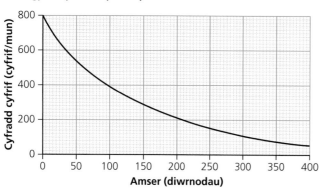

Ffigur 17.17

  i)   Defnyddiwch wybodaeth o'r graff i ysgrifennu'r gyfradd cyfrif ar ôl 100 diwrnod. *[1]*

  ii) Ysgrifennwch hanner oes y sylwedd ymbelydrol hwn. *[1]*

  iii) Ysgrifennwch yr amser byddai'n ei gymryd i'r gyfradd cyfrif ddisgyn o 50 i 25 cyfrif/mun. *[1]*

  iv) Copïwch y graff a lluniadwch gromlin dadfeilio ar gyfer sylwedd ymbelydrol sydd â chyfradd cyfrif gychwynnol o 800 cyfrif/mun a hanner oes byrrach na'r un sy'n cael ei ddangos. *[1]*

(TGAU Ffiseg CBAC P2, Sylfaenol, haf, 2015, cwestiwn 2)

2 Mae dosbarth o ddisgyblion yn defnyddio dis i fodelu dadfeiliad ymbelydrol.

- Mae 8 grŵp o ddisgyblion.
- Mae 50 dis gan bob grŵp.
- Mae'r 50 dis yn cael eu taflu.
- Mae unrhyw rai sy'n glanio gyda 6 yn wynebu tuag i fyny yn cael eu symud oddi yno.
- Mae nifer y dis sydd ar ôl yn cael ei gyfrif.
- Mae'r dis sydd ar ôl yn cael eu taflu eto ac eto, gan symud y 6au oddi yno bob tro.
- Mae Tabl 17.3 yn dangos canlyniadau un grŵp a chanlyniadau'r dosbarth cyfan.

Tabl 17.3

Rhif y tafliad	Nifer y dis sydd ar ôl	
	Canlyniadau un grŵp	Canlyniadau'r dosbarth
0	50	400
1	42	330
2	37	280
3	28	230
4	26	190
5	22	160
6	18	130
7	13	110
8	5	90

a) Cafodd canlyniadau pob grŵp eu hadio gyda'i gilydd i roi canlyniadau'r dosbarth. Rhowch **un** rheswm pam mae'r maint sampl mwy yn gwneud y data yn fwy ailadroddadwy. *[1]*

b) Mae Ffigur 17.18 yn dangos rhan o ddata'r dosbarth cyfan. Ail-blotiwch y graff ar bapur graff. Plotiwch weddill y data a thynnwch linell addas. *[3]*

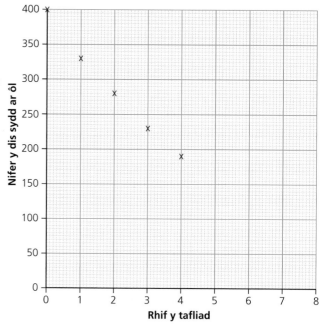

Ffigur 17.18

c) Yr 'hanner oes' ar gyfer y model hwn o ddadfeiliad yw nifer y tafliadau sydd eu hangen i haneru nifer y dis. (*Bydd nifer y tafliadau'n cynnwys ffracsiynau.*)

  i)   Defnyddiwch ganlyniadau'r dosbarth yn y tabl i amcangyfrif yr hanner oes. *[1]*

  ii) Nawr, defnyddiwch y graff i ddarganfod yr hanner oes. Dangoswch y dull rydych chi'n ei ddefnyddio ar y graff. *[2]*

  iii) Awgrymwch pam mae'n well defnyddio'r graff na'r tabl i amcangyfrif yr hanner oes. *[1]*

  iv) Defnyddiwch y graff i ddarganfod nifer y tafliadau mae'n ei gymryd i nifer y dis ostwng i ¼ y gwerth gwreiddiol. Gwnewch sylw am eich ateb. *[2]*

ch) Mae arbrawf yn cael ei wneud i gael data tebyg gan ddefnyddio'r isotop ymbelydrol, protactiniwm-234, sy'n allyrrydd beta. Mae'r gyfradd **cyfrif gychwynnol** yn cael ei mesur fel 80 cyfrif yr eiliad. Ar ôl 210 s roedd y gyfradd cyfrif wedi gostwng i 10 cyfrif yr eiliad.

   i) Darganfyddwch hanner oes protactiniwm-234. *[2]*

   ii) Cyfrifwch faint o amser mae'n ei gymryd i'r gyfradd cyfrif ostwng o 80 i 2.5 cyfrif yr eiliad. *[2]*

   iii) Nodwch uned actifedd ffynhonnell ymbelydrol. *[1]*

(TGAU Ffiseg CBAC P2, Sylfaenol, Ionawr 2015, cwestiwn 5)

3 Mae màs sampl o isotop ymbelydrol yn 64 g ac mae ganddo gyfradd cyfrif o 800 cyfrif y funud. Mae'n allyrrydd gama. Mae ganddo hanner oes o 30 munud. Mae dadfeiliad ymbelydrol yn dilyn y patrwm yn Ffigur 17.19:

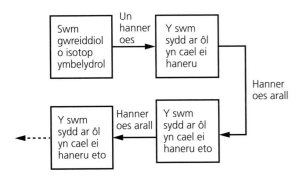

Ffigur 17.19

   a) **i)** Darganfyddwch sawl hanner oes mae'n ei gymryd i'r gyfradd cyfrif leihau i 50 cyfrif y funud. *[1]*

      ii) Faint o amser mae'n ei gymryd i'r gyfradd cyfrif leihau i 50 cyfrif y funud? *[2]*

      iii) Beth yw màs yr isotop ymbelydrol sydd ar ôl ar yr amser hwn? *[1]*

   b) Eglurwch pam byddai'r isotop ymbelydrol hwn yn addas fel olinydd ymbelydrol mewn meddygaeth. *[2]*

(TGAU Ffiseg CBAC P2, Sylfaenol, haf 2014, cwestiwn 3)

4 Mae Tabl 17.4 yn dangos gwybodaeth am rai radioisotopau.

Tabl 17.4

Radioisotop	Hanner oes	Dull dadfeilio
Telwriwm-133	12 munud	Beta
Astatin-211	7.2 awr	Alffa
Cobalt-60	5 blwyddyn	Beta a gama
Cesiwm-137	30 blwyddyn	Beta
Americiwm-241	432 blwyddyn	Alffa

a) Gan ddefnyddio'r wybodaeth yn y tabl, dewiswch y radioisotop mwyaf addas ar gyfer y tasgau isod, a rhowch resymau dros eich dewis.

   i) Trin canser trwy chwistrellu'r radioisotop yn syth i mewn i'r tiwmor. *[2]*

   ii) Diheintio offer llawfeddygol sydd mewn pecyn. *[2]*

b) Mae gan sampl o Telwriwm-133 actifedd cychwynnol o 288 Bq.

   i) Sawl hanner oes sy'n digwydd mewn 1 awr? *[1]*

   ii) Cyfrifwch actifedd y sampl ar ôl 1 awr. *[2]*

(TGAU Ffiseg CBAC P2, Sylfaenol, haf 2015, cwestiwn 6)

5 Mae anifeiliaid byw yn cymryd symiau bach o garbon-14 ymbelydrol i mewn. Ar ôl iddyn nhw farw, mae swm y carbon-14 yn eu cyrff yn lleihau, oherwydd bod yr atomau carbon-14 yn dadfeilio. Mae swm y carbon-14 sydd ar ôl yn esgyrn sgerbwd anifail yn gallu cael ei ddefnyddio i amcangyfrif ei oed. Mae carbon-14 yn allyrrydd beta, gyda hanner oes o 5720 blwyddyn.

a) Nodwch beth yw ystyr y gosodiadau canlynol: *[3]*

   i) mae carbon-14 yn allyrrydd beta;

   ii) mae gan garbon-14 hanner oes o 5720 blwyddyn.

b) Copïwch a chwblhewch yr hafaliad dadfeilio ar gyfer carbon-14 sy'n cael ei ddangos isod. *[3]*

$$^{14}_{6}\text{C} \rightarrow \,^{...}_{...}\text{N} + \,^{...}_{...}\text{e}$$

c) **i)** Mae asgwrn gafodd ei gymryd o sgerbwd, a oedd wedi cael ei ddarganfod ar safle archaeolegol, yn cynnwys 10 uned o garbon-14. Mae asgwrn unfath mewn anifail byw yn cynnwys 160 uned o garbon-14. Defnyddiwch eich dealltwriaeth o hanner oes i gyfrifo oed y sgerbwd. *[2]*

      ii) Eglurwch pam mae'r dull hwn o gyfrifo oed esgyrn yn annibynadwy ar gyfer sgerbydau y credir eu bod yn llai na 100 mlwydd oed. *[2]*

(TGAU Ffiseg CBAC P2, Uwch, haf 2014, cwestiwn 3)

6 Mae canfodydd mwg yn gweithio fel hyn:

• Mae'n defnyddio ffynhonnell ymbelydrol sy'n allyrru gronynnau alffa.

• Mae'r gronynnau alffa yn ïoneiddio'r aer y tu fewn i'r canfodydd gan achosi cerrynt trydanol.

• Mae unrhyw fwg sy'n mynd i mewn i'r canfodydd yn amsugno'r gronynnau alffa ac yn newid y cerrynt.

• Mae'r newid mewn cerrynt yn gwneud i'r larwm seinio.

a) i) Beth yw gronyn alffa? [1]

ii) Eglurwch pam na fyddai'r canfodydd yn gweithio pe bai'r ffynhonnell ymbelydrol yn allyrru pelydrau gama yn unig. [2]

iii) Eglurwch pam nad yw'r ffynhonnell ymbelydrol yn y canfodydd yn berygl i iechyd dynol wrth ei ddefnyddio'n normal. [2]

b) Mae gan Americiwm-241 hanner oes o 432 o flynyddoedd. Mae gan Curiwm-242 hanner oes o 160 o ddiwrnodau. Mae'r ddau isotop yn allyrrydd alffa.

i) Eglurwch pam mae Americiwm-241 yn fwy addas i'w ddefnyddio mewn canfodydd mwg na Curiwm-242. [2]

Mae canfodydd mwg arferol yn cynnwys tua 0.4 microgram (µg) o Americiwm-241. Actifedd cychwynnol yr Americiwm yw 52 000 uned.

ii) Enwch uned yr actifedd. [1]

iii) Cyfrifwch faint o amser bydd yn ei gymryd i'r actifedd ostwng i 26 000 uned. [2]

iv) Cyfrifwch beth yw màs yr Americiwm-241 sy'n weddill ar ôl 864 o flynyddoedd. [2]

(TGAU Ffiseg CBAC P2, Uwch, Ionawr 2013, cwestiwn 2)

7 a) Eglurwch beth yw ystyr hanner oes sylwedd ymbelydrol. [2]

b) Pan gafodd rhifydd Geiger ei adael allan yn y labordy dangosodd gyfradd cyfrif o 20 cyfrif y funud.

i) Beth oedd yn achosi'r 20 cyfrif y funud? [1]

ii) Yna cafodd y rhifydd Geiger ei roi o flaen ffynhonnell ymbelydrol arbennig sy'n allyrru gronynnau beta.

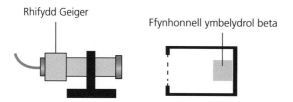

Rhifydd Geiger

Ffynhonnell ymbelydrol beta

Ffigur 17.20

Newidiodd y gyfradd cyfrif fel sydd i'w weld ar y graff yn Ffigur 17.21:

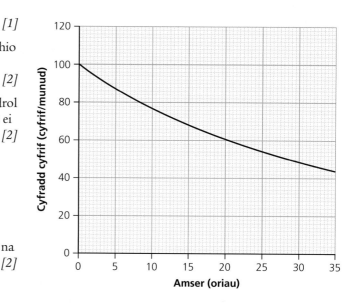

Ffigur 17.21

Pan gafodd y ffynhonnell ei symud oddi yno, roedd y rhifydd Geiger yn dal i ddangos cyfradd cyfrif o 20 cyfrif y funud.

I Defnyddiwch y graff i gopïo ac i gwblhau'r tabl ar gyfer y gyfradd cyfrif a fyddai'n cael ei chynhyrchu gan y ffynhonnell yn unig. [1]

Tabl 17.5

Amser (oriau)	0	5	15	25	30	35
Cyfradd cyfrif o'r ffynhonnell yn unig (cyfrifon y funud)						

II Defnyddiwch y cyfraddau cyfrif o'r tabl i luniadu graff o actifedd y ffynhonnell yn unig. Defnyddiwch yr un echelinau ag yn Ffigur 17.21. [2]

III Defnyddiwch y graff i ddarganfod gwerth ar gyfer hanner oes y ffynhonnell ymbelydrol. Tynnwch linellau ar eich graff i ddangos sut y cawsoch chi eich ateb. [2]

c) Nodwch un defnydd (use) sy'n cael ei wneud o ffynonellau beta mewn diwydiant ac eglurwch a fyddai'r ffynhonnell beta yma'n addas i'w defnyddio yn yr achos hwnnw. [2]

(TGAU Ffiseg CBAC P2, Uwch, Ionawr 2009, cwestiwn 5)

18 Dadfeiliad niwclear ac egni niwclear

🏠 **Cynnwys y fanyleb**

Mae'r bennod hon yn ymdrin ag adran 2.9 Dadfeiliad niwclear ac egni niwclear yn y fanyleb TGAU Ffiseg, sy'n edrych ar ffiseg ymholltiad ac ymasiad a'r syniad bod modd trawsnewid rhywfaint o'r màs yn egni yn y prosesau hyn. Byddwch chi'n edrych ar enghraifft o adwaith ymholltiad rheoledig ac yn astudio swyddogaethau'r cymedrolydd a'r rhodenni rheoli mewn adweithydd ymholltiad niwclear. Mae'r bennod hefyd yn trafod problem cyfyngiant mewn adweithyddion. Dydy'r bennod hon ddim yn berthnasol i fyfyrwyr TGAU Gwyddoniaeth (Dwyradd).

▶ Pŵer niwclear

Ydym ni eisiau adeiladu mwy o orsafoedd pŵer niwclear? Ar y naill law, mae pŵer niwclear yn gwneud llawer i gynhyrchu symiau mawr o drydan carbon-niwtral 'ar alw'. Ond ar y llaw arall, mae'r penderfyniad i adeiladu adweithyddion newydd yn y Deyrnas Unedig wedi mynd yn llawer anoddach ers digwyddiadau 11 Mawrth 2011, pan ddigwyddodd daeargryn maint 8.9 a oedd 400 km i'r gogledd-ddwyrain o Tokyo – gan achosi tsunami 14 m a darodd y lan wrth Atomfa Fukushima. Fodd bynnag, dim ond tua 5.5 yw maint y daeargryn mwyaf erioed i gael ei gofnodi yn y Deyrnas Unedig; digwyddodd hyn yn 1580 gan achosi mân ddifrod i adeiladau. Yn y 'senario gwaethaf', sef 'mega tsunami' 900 m o uchder wedi'i achosi gan gwymp llosgfynydd La Palma yn yr Ynysoedd Dedwydd, dim ond tsunami 5 metr fyddai'n cyrraedd arfordir de Lloegr. Byddai hyn yn dal i achosi llawer o ddifrod, ond byddai'n annhebygol o gael effaith arwyddocaol ar unrhyw un o adweithyddion y Deyrnas Unedig.

Ffigur 18.1 Ton tsunami Japan yn 2011.

Sut mae pŵer niwclear yn gweithio?

Fe weloch chi ym Mhennod 17 fod atom wedi'i wneud o niwclysau â gwefr bositif ac electronau. Mae'r niwclysau'n fach iawn ac mae'r electronau mewn orbit o'u hamgylch. Maen nhw wedi'u gwneud o niwcleonau (protonau a niwtronau). Caiff nodiant $^A_Z X$ ei ddefnyddio i ddisgrifio'r niwclews lle A yw'r rhif niwcleon (neu'r rhif màs), Z yw'r rhif proton (neu'r rhif atomig) ac X yw'r symbol atomig.

Mewn adweithydd niwclear, y tanwydd sy'n cael ei ddefnyddio yw wraniwm. Mae'r wraniwm mewn mwyn wraniwm yn cynnwys dau brif isotop – wraniwm-238 ($^{238}_{92} U$) ac wraniwm-235 ($^{235}_{92} U$). Mae'r ddau o'r rhain yn fath o wraniwm gan fod ganddynt yr un nifer o brotonau yn eu niwclews ($Z = 92$), ond mae ganddynt nifer gwahanol o niwtronau. Mewn wraniwm-238, mae $A = 238$ a $Z = 92$, felly nifer y niwtronau yw 238 – 92 = 146. Mewn wraniwm-235, mae $A = 235$ a $Z = 92$, felly nifer y niwtronau yw 235 – 92 = 143. Wraniwm-235 yw'r isotop sy'n cael ei ddefnyddio y tu mewn i adweithyddion niwclear oherwydd mae'n mynd trwy ymholltiad niwclear.

▶ Ymholltiad niwclear

Mae pob adweithydd niwclear ar hyn o bryd yn defnyddio proses ymholltiad niwclear i gynhyrchu eu prif ffynhonnell o egni gwres – mae'r gair 'ymholltiad' yn golygu 'torri' neu 'chwalu'. Mae wraniwm-235, $^{235}_{92} U$, yn naturiol ymbelydrol ac yn dadfeilio trwy ddadfeiliad alffa i roi thoriwm-231, $^{231}_{90}$Th. Mae hwn yn cael ei grynhoi gan yr hafaliad niwclear:

$$^{238}_{92} U \rightarrow {}^{234}_{90}Th \rightarrow {}^4_2 He$$

Fodd bynnag, mewn adweithydd niwclear, mae'r niwclysau U-235 yn gallu cael eu torri'n 'epilniwclysau' mawr (yn hytrach na dadfeiliad alffa), os maen nhw'n cael eu peledu gan **niwtronau sy'n symud yn araf**. Ymholltiad niwclear yw'r enw ar y broses hon. Mae ymholltiad yn cynhyrchu mwy o niwtronau rhydd sydd, yn eu tro, yn gallu achosi ymholltiad niwclysau U-235 eraill, ac yn y blaen, gan gychwyn proses o'r enw **adwaith cadwynol**. Yn ystod proses ymholltiad niwclear, mae pob niwclews U-235 sy'n dadfeilio yn allyrru 3.2×10^{-11} J o egni. Dydy hyn ddim yn swnio fel llawer, nes i chi wneud y symiau a darganfod bod 1 kg o U-235 yn cynhyrchu 83 000 000 000 000 J o egni (83 terajoule neu 83 TJ).

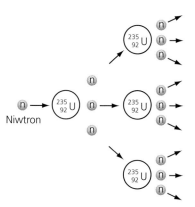

Ffigur 18.2 Adwaith cadwynol mewn wraniwm-235.

✔ Profwch eich hun

1 Gwnewch chi'r fathemateg: màs 1 atom U-235 yw 3.9×10^{-25} kg. Sawl atom U-235 sydd mewn 1 kg? Os yw niwclews pob atom yn gallu allyrru 3.2×10^{-11} J o egni gwres, faint o egni gwres allai 1 kg o U-235 ei gynhyrchu?

2 Ydy pŵer niwclear o ymholltiad yn werth chweil o ran egni? Gallai 1 kg o U-235 gynhyrchu tuag 83 TJ (83×10^{12} J) o egni. O'i gymharu, byddai 1 kg o'r glo gorau'n cynhyrchu 35 MJ (35×10^6 J). Faint o lo y byddai angen i chi ei losgi i gael yr un faint o egni ag 1 kg o wraniwm-235?

3 A ddylem ni ystyried unrhyw beth arall wrth gymharu glo ac wraniwm?

Sut mae ymholltiad yn gweithio?

Mae ymholltiad U-235 yn torri'r niwclews U-235 yn ddau epilniwclews, un â rhif niwcleon tua 137 a'r llall â rhif niwcleon tua 95. Ar gyfartaledd, mae tri niwtron hefyd yn cael eu cynhyrchu, er y gall hyn fod gymaint â phump neu gyn lleied ag un. Mae'r union ddadfeiliad sy'n digwydd i unrhyw un niwclews U-235 yn dibynnu ar lawer o ffactorau, gan gynnwys buanedd y niwtron ymholltiad sy'n ei daro. Gallwn ni gynrychioli un dadfeiliad cyffredin gyda'r hafaliad niwclear:

$$^{235}_{92}U + {}^{1}_{0}n \rightarrow {}^{144}_{56}Ba + {}^{89}_{36}Kr + 3{}^{1}_{0}n + egni$$

Yn yr enghraifft hon, mae niwtron sy'n symud yn araf yn effeithio ar y niwclews U-235. Bariwm-144 a chrypton-89 yw'r ddau epilniwclews sy'n cael eu ffurfio, a chaiff tri niwtron arall eu cynhyrchu a all fynd ymlaen i ffurfio tri digwyddiad ymholltiad arall wrth iddynt gael eu harafu gan gymedrolydd (gweler y tudalen nesaf).

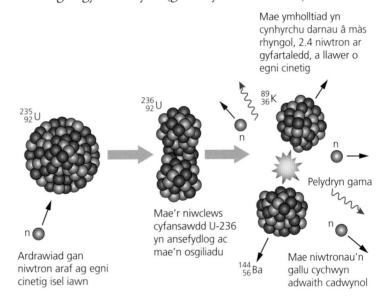

Mae ymholltiad yn cynhyrchu darnau â màs rhyngol, 2.4 niwtron ar gyfartaledd, a llawer o egni cinetig

$^{236}_{92}U$

$^{89}_{36}K$

Mae'r niwclews cyfansawdd U-236 yn ansefydlog ac mae'n osgiliadu

$^{235}_{92}U$

Pelydryn gama

Ardrawiad gan niwtron araf ag egni cinetig isel iawn

$^{144}_{56}Ba$

Mae niwtronau'n gallu cychwyn adwaith cadwynol

Ffigur 18.3 Dadfeiliad wraniwm-235.

Mae llawer o'r epilniwclysau hefyd yn ymbelydrol ac mae hanner oes y rhain wrth ddadfeilio'n amrywio'n fawr – o dechnetiwm-99 sydd â hanner oes o 211 100 o flynyddoedd, i ewropium-155 sydd â hanner oes o 4.76 mlynedd. Mae rhodenni tanwydd niwclear yn parhau'n ymbelydrol am amser hir iawn ac mae angen eu cadw'n ddiogel iawn.

> ### ✔ | Profwch eich hun
>
> 4 Defnyddiwch Dabl Cyfnodol neu Dabl Niwclidau i ysgrifennu hafaliadau niwclear i grynhoi'r adweithiau ymholltiad canlynol mewn rhoden danwydd niwclear, sy'n digwydd pan fydd ymholltiad wraniwm-235 yn deillio o ymholltiad un niwtron. Y cynhyrchion ymholltiad yw:
>
> **a)** senon-140, strontiwm-94 a dau niwtron
>
> **b)** rwbidiwm-90, cesiwm-144 a dau niwtron
>
> **c)** lanthanwm-146, bromin-87 a thri niwtron.

▶ Peirianneg adweithyddion

Dydy ymholltiad niwclear ddim yn bosibl oni bai bod y niwtronau sy'n cael eu rhyddhau gan ymholltiad wraniwm-235 yn symud yn ddigon araf. Os yw'r niwtronau'n symud yn rhy gyflym, fyddan nhw ddim yn achosi ymholltiad. Rydym ni'n galw niwtronau sy'n symud yn araf yn niwtronau thermol – mae egni'r niwtronau symudol tua'r un maint ag egni'r atomau yn y rhoden danwydd wrth iddynt ddirgrynu. Er mwyn arafu'r niwtronau cyflym sy'n cael eu cynhyrchu gan broses ymholltiad niwclear, mae'r rhodenni tanwydd yn yr adweithydd wedi'u hamgylchynu â defnydd o'r enw **cymedrolydd**. Mae dros 80% o adweithyddion niwclear y byd yn defnyddio dŵr fel cymedrolydd (adweithyddion dŵr gwasgeddedig (*PWRs: pressurised water reactors*) yw'r enw ar y rhain), ac mae tuag 20% yn defnyddio rhodenni graffit (mae graffit yn un o ffurfiau ffisegol carbon). Mantais defnyddio dŵr fel cymedrolydd yw ei fod hefyd yn gallu gweithredu fel oerydd ac fel mecanwaith trosglwyddo gwres yr adweithydd. Os bydd oerydd yn cael ei golli, bydd yr adwaith cadwynol niwclear yn gorffen (gan fod y niwtronau'n symud yn rhy gyflym), ond bydd yr adweithydd yn gorboethi; mae hyn yn un o'r pethau a ddigwyddodd yn Atomfa Fukushima ar ôl y tsunami ym mis Mawrth 2011.

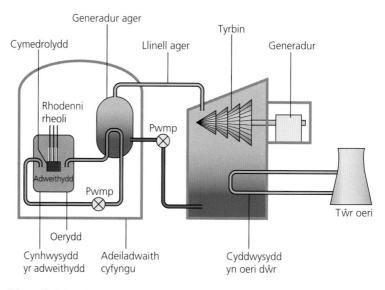

Ffigur 18.4 Adweithydd dŵr gwasgeddedig.

Gallwn ni atal proses ymholltiad niwclear, ei chyflymu neu ei harafu, trwy reoli nifer y niwtronau thermol yn y rhodenni tanwydd. Mewn adweithydd niwclear, caiff hyn ei wneud trwy roi rhodenni sy'n amsugno niwtronau, sef **rhodenni rheoli**, yn y bylchau rhwng y rhodenni tanwydd. Mae defnyddiau fel boron, cadmiwm a haffniwm yn cael eu defnyddio'n aml i wneud rhodenni rheoli. Mae gan bob adweithydd modern fecanwaith 'methiant diogel' syml yn rhan o'i system sy'n golygu, os oes diffyg yn digwydd, fod y rhodenni rheoli'n disgyn yn awtomatig i'r adweithydd, gan ddod â'r adwaith cadwynol i ben. Mae symud y rhodenni rheoli i lawr ac i mewn i'r adweithydd yn arafu'r adwaith (neu'n ei atal yn gyfan gwbl) trwy amsugno mwy o'r niwtronau thermol, ac mae symud y rhodenni i fyny yn cyflymu'r adwaith trwy amsugno llai o niwtronau thermol.

Agwedd bwysig ar ddiogelwch adweithyddion niwclear yw'r ffaith fod yr adweithydd y tu mewn i gynhwysydd gwasgedd dur cryf, a bod y cynhwysydd hwn yn ei dro y tu mewn i adeiladwaith cyfyngu wedi'i wneud o goncrit. Effaith y cynhwysydd gwasgedd a'r adeiladwaith cyfyngu gyda'i gilydd yw atal pelydriad dieisiau rhag dianc o'r adweithydd. Mae'r rhan fwyaf o gynhyrchion dadfeiliad ymholltiad niwclear yn ymbelydrol, ac mae gan lawer ohonynt hanner oes hir dros ben (mae gan U-235 ei hun hanner oes o 700 miliwn o flynyddoedd). Felly, mae'n bwysig iawn, pan fydd y rhodenni tanwydd wedi darfod (eu defnyddio'n gyfan gwbl), iddynt gael eu cadw'n ddiogel yn yr adeiladwaith cyfyngu dan ddŵr mewn 'pyllau oeri'. Mae hyn yn rhoi cyfle iddynt i oeri'n ddiogel heb fod eu pelydriad yn dianc o adeilad yr adweithydd.

Ar ôl i'r rhodenni tanwydd darfodedig (*spent*) oeri, maen nhw'n cael eu symud i gyfleuster ailbrosesu niwclear fel Sellafield yn Cumbria cyn iddynt gael eu storio'n ddwfn dan ddaear yn y pen draw (gweler Pennod 16).

💬 Pwyntiau trafod

Gallwch chi ddysgu sut mae rhai adweithyddion niwclear yn gweithio trwy chwilio ar lein gan ddefnyddio allweddeiriau fel 'nuclear power plant' 'animation' 'applet'. Efallai y bydd eich athro/athrawes yn dangos un o'r rhain i chi. Sut mae'r egni gwres sy'n cael ei gynhyrchu yn yr adweithydd yn cael ei drawsnewid i drydan?

✔️ Profwch eich hun

5 Beth yw'r prif danwydd sy'n cael ei ddefnyddio mewn adweithydd niwclear?
6 Beth yw 'adwaith cadwynol'?
7 Pam mae angen cymedrolydd mewn adweithydd niwclear?
8 Sut gallwn ni reoli adweithydd mewn atomfa?
9 Pam mae'r adweithydd wedi'i gau mewn cynhwysydd dur ac wedi'i amgylchynu ag adeiladwaith cyfyngu concrit trwchus?
10 Pam mae angen storio rhodenni tanwydd darfodedig dan ddŵr mewn pyllau yn yr adeiladwaith cyfyngu?
11 Lluniadwch siart llif i ddangos sut mae ymholltiad niwclear yn cynhyrchu trydan mewn atomfa.

▶ Oes ffordd arall?

Mae'r egni sy'n cael ei gynhyrchu gan ein Haul (a sêr eraill) hefyd yn cael ei gynhyrchu gan adweithiau niwclear.

Yn yr achos hwn, mae'r adwaith niwclear yn golygu **ymasiad** (uno) niwclysau, yn hytrach nag ymholltiad. Mae'r broses hon yn cynhyrchu symiau enfawr o egni. Cofiwch sut roedd llosgi 1 kg o lo'n gallu cynhyrchu 35 MJ (35×10^6 J) o egni gwres. Roedd 1 kg o wraniwm-235 yn gallu cynhyrchu 83 TJ (83×10^{12} J) o egni gwres. Byddai un kilogram o hydrogen yn gallu cynhyrchu 0.6 petajoule, 0.6 PJ (0.6×10^{15} J) – dros 7 gwaith cymaint ag 1 kg o wraniwm-235!

Er bod yr Haul yn cynhyrchu cymaint o egni niwclear, ac yn achosi i hydrogen ymasio ar gyfradd dros 6×10^{11} kg/s, mae digon o hydrogen gan yr Haul iddo ddal i ddisgleirio am o leiaf 5 mil miliwn o flynyddoedd i ddod. Felly, os yw ymasiad hydrogen yn cynhyrchu symiau mor fawr o egni, beth am i ni ddatblygu adweithydd ymasiad niwclear yma ar y Ddaear a chael symiau diddiwedd o egni glân heb gynhyrchu carbon? Yn anffodus, mae'n haws dweud hyn na'i wneud. Fel mae'n digwydd, er mwyn

Ffigur 18.5 Ein Haul.

cael niwclysau hydrogen (protonau) yn ddigon agos at ei gilydd i gyflawni ymasiad niwclear (a goresgyn y grym gwrthyrru mawr oherwydd eu gwefr bositif), rhaid iddynt fod yn symud ar fuanedd uchel iawn. Gan fod hydrogen yn nwy, mae hynny'n golygu tymheredd a gwasgedd hynod o uchel; tymheredd dros 15 miliwn gradd Celsius. Mae'n hawdd cyrraedd y tymereddau hyn y tu mewn i fàs enfawr sêr fel yr Haul, ond mae'n anodd iawn cyrraedd y tymheredd hwn yma ar y Ddaear, ac yn anoddach fyth ei reoli a'i gynnal. Y tu mewn i graidd yr Haul, mae niwclysau hydrogen (protonau) yn ymasio â'i gilydd, gan wneud niwclysau heliwm ac amrywiaeth o gynhyrchion ymasiad eraill gan gynnwys pelydrau gama.

Dyma grynodeb o'r adwaith ymasiad niwclear yng nghraidd yr Haul (a'r rhan fwyaf o sêr eraill):

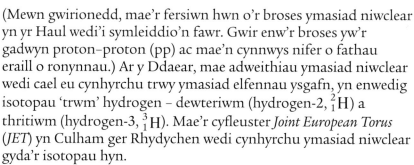

4 proton → niwclews heliwm + 2 belydryn gama

$$4{}^{1}_{1}H \rightarrow {}^{4}_{2}He + 2\gamma$$

Ffigur 18.6 Adweithydd *JET*.

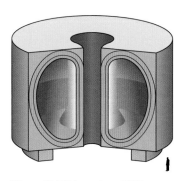

Ffigur 18.7 Tokamak yr *ITER*.

(Mewn gwirionedd, mae'r fersiwn hwn o'r broses ymasiad niwclear yn yr Haul wedi'i symleiddio'n fawr. Gwir enw'r broses yw'r gadwyn proton–proton (pp) ac mae'n cynnwys nifer o fathau eraill o ronynnau.) Ar y Ddaear, mae adweithiau ymasiad niwclear wedi cael eu cynhyrchu trwy ymasiad elfennau ysgafn, yn enwedig isotopau 'trwm' hydrogen – dewteriwm (hydrogen-2, ${}^{2}_{1}H$) a thritiwm (hydrogen-3, ${}^{3}_{1}H$). Mae'r cyfleuster *Joint European Torus* (*JET*) yn Culham ger Rhydychen wedi cynhyrchu ymasiad niwclear gyda'r isotopau hyn.

Mae *JET* wedi cynhyrchu pŵer allbwn brig o 16 MW (65% o'r pŵer mewnbwn) am gyfnod o 0.5 eiliad. Y gobaith yw y bydd yr Adweithydd Thermoniwclear Arbrofol Rhyngwladol (*ITER: International Thermonuclear Experimental Reactor*) sydd wrthi'n cael ei adeiladu yn Cadarche yn ne Ffrainc wedi'i gwblhau erbyn 2018, ac y bydd yn cynhyrchu 500 MW (o bŵer mewnbwn o 50 MW).

Y tu mewn i'r adweithydd 'tokamak' toroidaidd (siâp toesen), caiff y niwclysau dewteriwm a thritiwm eu cyflymu o gwmpas yr adweithydd. Maen nhw wedi'u cyfyngu gan feysydd magnetig uchel iawn, a'u gwresogi gan geryntau trydanol enfawr sy'n mynd trwy'r nwy wedi'i ïoneiddio (sy'n cael ei alw'n blasma). Wrth iddynt wibio o gwmpas yr adweithydd, maen nhw'n gwrthdaro â digon o egni i gyflawni ymasiad niwclear. Dyma hafaliad niwclear sy'n crynhoi'r adwaith ymasiad niwclear rhwng dewteriwm a thritiwm yn y tokamak:

$${}^{2}_{1}H + {}^{3}_{1}H \rightarrow {}^{4}_{2}He + {}^{1}_{0}n$$

Mae'r niwtron (a'r niwclews heliwm) sy'n cael ei gynhyrchu yn y broses hon yn symud ar fuanedd uchel iawn, a dyma'r egni cinetig a allai gael ei ddefnyddio fel ffynhonnell wres mewn atomfa yn y dyfodol. Fodd bynnag, un o'r problemau yng nghynllun adweithyddion fel y *JET* a'r *ITER* ar hyn o bryd yw fod y niferoedd enfawr o niwtronau sy'n cael eu cynhyrchu yn y broses yn gallu

Pwyntiau trafod

Byddai cynlluniau eraill ar gyfer adweithyddion ymasiad niwclear (fel yr *HiPER* – y cyfleuster *European High Power laser Energy Research*) yn defnyddio laserau â phŵer uchel i wresogi swm bach o ddewteriwm a thritiwm mewn pelen fach sfferig. Mae cynlluniau o'r fath wedi llwyddo i gynhyrchu symiau bach o ymasiad niwclear. Y tric yw bwydo tanwydd ymasiad yn barhaus i'r pelydrau laser yn ddigon cyflym i gynnal yr adwaith. Defnyddiwch y rhyngrwyd i ddysgu mwy am adweithyddion ymasiad niwclear sy'n defnyddio laserau (enw'r broses yw Ymasiad Cyfyngiad Inertiaidd (*ICF: Inertial Confinement Fusion*). Sut gallai hyn gymharu ag adweithyddion tokamak?

rhyngweithio â'r defnyddiau sy'n gwneud y tokamak, gan ei droi'n ymbelydrol. Mae angen i'r adweithydd cyfan (fel adweithydd ymholltiad) gael ei amddiffyn gan goncrit trwchus i atal pelydriad rhag dianc i'r amgylchedd.

✔ Profwch eich hun

12 Beth yw 'ymasiad niwclear'?

13 Y tu mewn i graidd yr Haul, pa ronynnau sy'n cyflawni ymasiad niwclear?

14 Pam mae angen tymheredd a gwasgedd uchel ar gyfer ymasiad niwclear?

15 Beth yw dewteriwm a thritiwm? Sut maen nhw'n wahanol i hydrogen 'normal'?

16 Beth yw 'plasma'?

17 Sut mae plasma dewteriwm a thritiwm yn cael ei gyfyngu mewn adweithydd tokamak?

18 Sut mae'r tymereddau uchel yn cael eu cynhyrchu mewn adweithydd tokamak?

19 Sut gallem ni ddefnyddio egni adweithydd ymasiad niwclear i gynhyrchu trydan?

20 Pam mae angen llawer o amddiffyniad (*shielding*) ar adweithyddion ymasiad niwclear?

▶ Dyfodol egni?

Beth yw dyfodol cynhyrchu egni i'r byd? Ydym ni'n gallu parhau i losgi tanwyddau ffosil ar gyfradd mor aruthrol, gan gyflymu'r effaith tŷ gwydr a chynhesu byd-eang? Yn y dyfodol, a fyddwn ni'n defnyddio mwy o bŵer niwclear, neu ydy digwyddiadau mis Mawrth 2011 ar arfordir Japan wedi ffrwyno datblygiad ymholltiad niwclear? Erbyn 2020, fe ddylem ni wybod canlyniadau cyntaf project ymasiad niwclear *ITER*, ond mae atomfa ymasiad niwclear fasnachol yn dal yn bell iawn i ffwrdd, a beth bynnag, gallai'r gost o €20 biliwn fod ychydig yn ormod yn yr hinsawdd economaidd bresennol. Un peth sy'n sicr: gallai'r dyfodol fod yn dywyll iawn os na wnawn ni rywbeth amdani.

Crynodeb o'r bennod

- Mae amsugno niwtronau araf yn gallu achosi ymholltiad mewn niwclysau U-235, gan ryddhau egni, ac mae allyriad niwtronau o ymholltiad o'r fath yn gallu arwain at adwaith cadwynol cynaliadwy.

- Swyddogaeth cymedrolydd mewn adweithydd niwclear yw arafu'r niwtronau cyflym sy'n cael eu cynhyrchu gan y broses ymholltiad niwclear, fel eu bod nhw'n gallu achosi mwy o ymholltiad.

- Mae rhodenni rheoli'n amsugno niwtronau, ac mae'n bosibl symud y rhodenni hyn i fyny ac i lawr i reoli faint o niwtronau thermol sydd yn y rhodenni tanwydd.

- Mae'r rhan fwyaf o gynhyrchion dadfeiliad ymholltiad niwclear yn ymbelydrol, ac mae gan lawer ohonynt hanner oes hir iawn, felly rhaid eu storio'n ofalus y tu mewn i adeiladwaith cyfyngu'r adweithydd niwclear.

- Mae gwrthdrawiadau niwclysau ysgafn â llawer o egni, yn enwedig isotopau hydrogen, yn gallu arwain at ymasiad sy'n rhyddhau symiau aruthrol o egni.

- Er mwyn i ymasiad ddigwydd, mae angen tymheredd uchel iawn; mae'n anodd cyrraedd a rheoli hyn.

- Mae problemau cyfyngu mewn adweithyddion ymholltiad ac ymasiad hefyd yn cynnwys atal niwtronau a phelydrau gama, a chyfyngu'r gwasgedd mewn adweithyddion ymasiad.

1 Cwblhewch y paragraff canlynol am adweithydd niwclear drwy danlinellu'r gair neu'r geiriau cywir ym mhob un o'r cromfachau. [5]

Mae amsugniad (protonau araf/niwtronau araf/electronau araf) yn gallu achosi adwaith (ymasiad/ymholltiad/cemegol) mewn niwclysau wraniwm. Mae'r gronynnau'n cael eu harafu gan (gymedrolydd/rhodenni rheoli/amddiffyniad concrit (*concrete shielding*)). Mae allyriad (protonau/niwtronau/electronau) yn yr adwaith hwn yn gallu achosi adwaith cadwynol. Mae adwaith cadwynol afreolus yn cael ei atal drwy ddefnyddio (cymedrolydd/rhodenni rheoli/amddiffyniad concrit).

(TGAU Ffiseg CBAC P2, Sylfaenol, Ionawr 2014, cwestiwn 2)

2 a) Copïwch a chwblhewch Ffigur 18.8. Tynnwch linell o bob un o'r pedwar blwch ar y chwith i flwch ar y dde. [3]

Rhan o'r adweithydd niwclear | **Ei swyddogaeth**

Rhodenni rheoli	Darparu atomau er mwyn i ymholltiad ddigwydd
Cymedrolydd	Amsugno niwtronau
Cynhwysydd dur a choncrit	Arafu niwtronau
Wraniwm	Amsugno pelydriad

Ffigur 18.8

b) Mae adwaith niwclear sy'n digwydd mewn adweithydd niwclear yn cael ei ddangos yn Ffigur 18.9. Defnyddiwch y diagram i'ch helpu i ateb y cwestiynau sy'n dilyn.

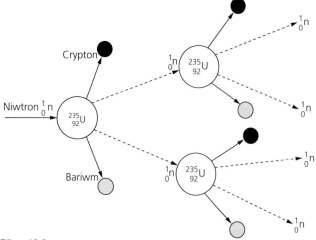

Ffigur 18.9

i) Ysgrifennwch enw'r math hwn o adwaith. [1]

ii) Enwch **un** cynnyrch gwastraff o'r adwaith hwn. [1]

c) Nodwch **ddau** reswm pam mae angen storio defnyddiau gwastraff ymbelydrol o adweithyddion niwclear **yn ddiogel** am **gyfnod hir** o amser. [2]

(TGAU Ffiseg CBAC P2, Sylfaenol, Haf 2013, cwestiwn 1)

3 Darllenwch y wybodaeth yn y darn ac astudiwch Ffigur 18.10 cyn ateb y cwestiynau sy'n dilyn.

Yn yr adweithydd, mae egni'n cael ei ryddhau drwy ymholltiad sy'n digwydd o ganlyniad i adwaith cadwynol dan reolaeth. Mae'r rhodenni tanwydd wedi'u gwneud o wraniwm. Mae'r cymedrolydd graffit yn amgylchynu'r rhodenni tanwydd. Mae'r rhodenni rheoli boron yn gallu cael eu codi a'u gostwng. Mae'r diagram yn dangos y rhannau pwysig yng nghraidd adweithydd niwclear sy'n cael ei oeri â nwy.

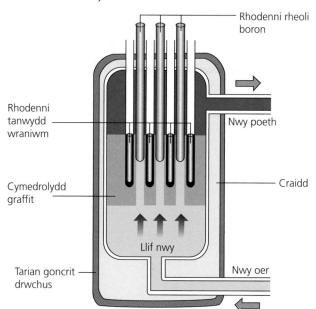

Ffigur 18.10

a) i) Disgrifiwch y broses o ymholltiad ar gyfer un niwclews wraniwm mewn adweithydd sy'n cael ei oeri â nwy [2]

ii) Eglurwch beth yw pwrpas y cymedrolydd graffit. [2]

iii) Eglurwch pam mae codi'r rhodenni rheoli boron yn cynyddu'r egni sy'n cael ei ryddhau yn yr adweithydd. [2]

b) Mae'r tabl isod yn dangos gwahanol isotopau wraniwm (U).

Tabl 18.1

Isotop	Symbol niwclear
U-230	$^{230}_{92}U$
U-234	$^{234}_{92}U$
U-235	$^{235}_{92}U$
U-238	$^{238}_{92}U$

i) Dewiswch y **tri** gosodiad cywir am yr isotopau sy'n cael eu dangos yn y tabl. *[3]*

   A Mae gan bob un o'r isotopau niwclysau sy'n cynnwys 92 o niwtronau.

   B Niwclews U-230 sy'n cynnwys y nifer lleiaf o niwtronau.

   C Mae niwclews U-235 yn cynnwys 143 o niwtronau.

   CH Mae niwclews U-234 yn cynnwys 92 o brotonau.

   D Mae niwclews U-238 yn cynnwys 238 o brotonau.

ii) Copïwch a chwblhewch yr hafaliadau niwclear canlynol sy'n dangos dadfeiliad dau isotop o wraniwm sy'n cael eu rhestru yn y tabl uchod. *[2]*

$$^{238}_{92}U \rightarrow {}^{4}_{2}He + {}^{...}_{90}Th$$
$$^{...} \rightarrow {}^{4}_{2}He + {}^{230}_{90}Th$$

(TGAU Ffiseg CBAC P2, Sylfaenol, haf 2015, cwestiwn 5)

4 Mae Tabl 18.2 yn rhoi gwybodaeth am rai elfennau.

Tabl 18.2

Elfen	Symbol	Rhif niwcleon (*A*)	Rhif proton (*Z*)	Nifer y niwtronau mewn niwclews
Hydrogen	H	1	1	0
Heliwm	He	4	2	(*X*)
Haearn	Fe	(*Y*)	26	30
Plwm	Pb	207	82	125
Crypton	Kr	90	36	54
Bariwm	Ba	144	56	88
Wraniwm	U	235	92	143

a) Cyfrifwch y gwerthoedd coll (*X*) ac (*Y*). *[2]*

b) Mae gan Tritiwm rif proton o 1 a rhif niwcleon o 3. Mae Tritiwm yn isotop o un o'r elfennau yn y tabl uchod. Pa un? *[1]*

c) Mae'r symbol **niwclear** ar gyfer wraniwm yn cael ei ysgrifennu fel U. Defnyddiwch y wybodaeth yn y tabl uchod i ateb y cwestiynau canlynol.

  i) Cwblhewch y nodiant niwclear X ar gyfer plwm. *[1]*

ii) Mewn adweithydd niwclear, mae wraniwm yn mynd trwy ymholltiad trwy amsugno niwtron. Cynhyrchion yr adwaith hwn yw **crypton**, **bariwm** a **dau niwtron**. Cwblhewch hafaliad ar gyfer yr adwaith hwn. *[2]*

ch) Copïwch a chwblhewch y brawddegau isod trwy **danlinellu**'r gair/geiriau cywir yn y cromfachau.

  i) Mewn adweithydd niwclear mae'r cymedrolydd yn (**arafu/cyflymu/amsugno**) niwtronau. *[1]*

  ii) Mewn adweithydd niwclear mae'r rhodenni rheoli yn (**arafu/cyflymu/amsugno**) niwtronau. *[1]*

(TGAU Ffiseg CBAC P2, Sylfaenol, Ionawr 2015, cwestiwn 4)

5 Mae ymholltiad niwclear ac ymasiad niwclear yn enghreifftiau o adweithiau niwclear. Mae adweithiau ymholltiad niwclear ac adweithiau ymasiad niwclear nodweddiadol yn cael eu dangos isod.

a) i) Copïwch a chwblhewch yr hafaliad ar gyfer yr adwaith cyntaf. *[2]*

$$^{235}_{92}U + {}^{1}_{0}n \rightarrow {}^{90}_{...}Sr + {}^{144}_{54}Xe + ...{}^{1}_{0}n$$
$$^{2}_{1}H + {}^{3}_{1}H \rightarrow {}^{4}_{2}He + {}^{1}_{0}n$$

ii) Eglurwch sut gallai'r adwaith cyntaf arwain at adwaith cadwynol afreolus. *[2]*

b) Mae $^{2}_{1}H$ a $^{3}_{1}H$ yn isotopau o hydrogen. Cymharwch adeiledd **niwclysau**'r ddau isotop hyn. *[2]*

c) Mae ymholltiad niwclear ac ymasiad niwclear yn cynhyrchu egni gwres. Disgrifiwch a chymharwch ymholltiad niwclear ac adweithiau ymasiad niwclear. *[6 ACY]*

Yn eich ateb sicrhewch eich bod yn cynnwys:

- beth sy'n digwydd ym mhob un o'r adweithiau;
- problemau sy'n gysylltiedig â phob adwaith.

(Nid oes angen i chi gynnwys unrhyw fanylion am gymedrolwyr neu rodenni rheoli.)

(TGAU Ffiseg CBAC P2, Sylfaenol, haf 2014, cwestiwn 7)

6 Mewn adweithyddion niwclear, mae wraniwm, U, yn mynd trwy ymholltiad pan fydd niwtron ($^{1}_{0}n$) yn cael ei amsugno. Mae cynhyrchion hyn yn cynnwys crypton (Kr) a bariwm (Ba). Mae'r gronynnau yn niwclysau'r sylweddau hyn yn cael eu dangos yn Nhabl 18.3.

Tabl 18.3

Elfen	Nifer y protonau yn y niwclews	Nifer y niwtronau yn y niwclews
Wraniwm	92	143
Crypton	36	54
Bariwm	56	88

Ysgrifennwch **hafaliad niwclear** cytbwys ar gyfer yr adwaith hwn ac eglurwch sut mae adwaith cadwynol dan reolaeth yn cael ei gyflawni y tu mewn i'r adweithydd niwclear. [6 ACY]

(TGAU Ffiseg CBAC P2, Uwch, Ionawr 2015, cwestiwn 6)

7 Mae'r Ffigur 18.11 yn dangos enghraifft o adwaith ymholltiad niwclear lle mae niwtron yn taro atom o $^{235}_{92}U$.

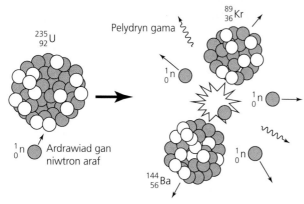

Pelydryn gama

Ffigur 18.11

Mae gan y niwtronau sy'n cael eu rhyddhau yn yr adwaith (3 yn yr achos hwn) egnïon uchel ac maen nhw'n symud yn gyflym iawn.

a) Nodwch pa ran o graidd yr adweithydd niwclear sydd wedi'i chynllunio i leihau egnïon uchel y niwtronau ac eglurwch pam mae lleihau'r egni yn **angenrheidiol**. [3]

b) i) Dim ond 1 o'r 3 niwtron sy'n cael eu rhyddhau sydd ei angen er mwyn cynnal adwaith cadwynol o dan reolaeth. Disgrifiwch sut mae'r lleill yn cael eu stopio y tu mewn i'r adweithydd. [2]

ii) Disgrifiwch sut mae adweithiau ymholltiad y tu mewn i adweithydd niwclear yn gallu cael eu cau i lawr yn gyfan gwbl. [2]

c) i) Ysgrifennwch hafaliad niwclear cytbwys ar gyfer yr adwaith sy'n cael ei ddangos yn y ffigur. [2]

ii) Os yw'r niwclews bariwm yn y diagram yn cael ei ryddhau gyda'r un **egni cinetig** â niwtron, eglurwch pam byddai maint ei gyflymder yn **un deuddegfed** $\left(\frac{1}{12}\right)$ yn unig o gyflymder niwtron. [2]

(TGAU Ffiseg CBAC P2, Uwch, Ionawr 2014, cwestiwn 5)

8 a) Mae dewteriwm, $^{2}_{1}H$, yn un o isotopau hydrogen. Eglurwch ystyr y term 'isotop'. [2]

b) Mae adwaith ymasiad yn gallu digwydd pan fydd dau niwclews dewteriwm, $^{2}_{1}H$, yn gwrthdaro ar fuanedd uchel i gynhyrchu niwclews heliwm (He) a rhyddhau niwtron. Eglurwch bwysigrwydd yr adwaith yma a manteision ac anawsterau'r adwaith wrth geisio'i chyflawni o dan reolaeth. Dylai eich ateb gynnwys hafaliad niwclear cytbwys. [6 ACY]

(TGAU Ffiseg CBAC P2, Uwch, Ionawr 2013, cwestiwn 6)

9 Edrychwch ar y datganiadau canlynol am ymholltiad niwclear ac ymasiad niwclear. Copïwch a chwblhewch y tabl trwy benderfynu a yw'r datganiadau yn berthnasol neu beidio (✓/✗) i bob math o broses niwclear.

Tabl 18.4

Datganiadau	Ymholltiad niwclear	Ymasiad niwclear
1. Mae egni'n cael ei ryddhau pan fydd niwclysau mawr yn chwalu.		
2. Mae egni'n cael ei ryddhau, wrth i fater gael ei drawsnewid yn egni.		
3. Dyma'r broses lle mae'r Haul yn cynhyrchu ei egni.		
4. Mae'r broses hon yn rhyddhau'r mwyaf o egni am bob cilogram o danwydd.		
5. Mae'r broses hon yn rhyddhau niwtronau.		
6. Mae adwaith cemegol yn digwydd gan ryddhau egni thermol.		

[6]

Sut mae gwyddonwyr yn gweithio

🏠 | **Cynnwys y fanyleb**

Mae sgiliau ymholi gwyddonol yn cael eu cynnwys yn y ddwy fanyleb. Mae'r bennod hon yn edrych ar natur, prosesau a dulliau gwyddoniaeth, trwy fathau gwahanol o ymholiadau gwyddonol sy'n helpu gwyddonwyr i ateb cwestiynau gwyddonol am y byd o'u cwmpas. Mae'n ystyried sut i gynllunio arbrofion ac i werthuso honiadau gwyddonol trwy ddadansoddi'r fethodoleg, y dystiolaeth a'r casgliadau'n feirniadol, yn ansoddol ac yn feintiol.

▶ Dim ond dysgu ffeithiau – onid dyna beth yw gwyddoniaeth?

Mae gwyddoniaeth yn fwy na dysgu llawer o ffeithiau. Mae'n cynnwys gofyn cwestiynau am y byd o'n cwmpas a cheisio dod o hyd i'r atebion. Weithiau gallwn ni ganfod yr atebion hyn trwy arsylwi gofalus. Weithiau mae angen i ni roi prawf ar ateb posibl (**rhagdybiaeth**) trwy gynnal **arbrofion**. Serch hynny, mae ffeithiau'n ddefnyddiol. Mae angen i ni wybod a yw rhywun arall eisoes wedi darganfod yr ateb rydym ni'n chwilio amdano. (Os felly, does dim pwynt gwneud arbrawf i'w ganfod eto – oni bai ein bod ni eisiau gwirio bod yr ateb yn gywir.) Hefyd, gall ffeithiau gwyddonol ein helpu i gynnig rhagdybiaeth.

Dydy gwyddonwyr ddim yn eistedd o gwmpas yn dysgu ffeithiau. Maen nhw'n defnyddio'r ffeithiau sy'n gyfarwydd iddynt, neu ffeithiau y gallant eu canfod trwy ymchwilio, er mwyn gofyn cwestiynau, cynnig atebion a chynllunio arbrofion. Proses ymholi yw gwyddoniaeth, ac i fod yn dda mewn gwyddoniaeth rhaid i chi ddeall a datblygu sgiliau ymholi arbennig.

▶ Beth yw'r dull gwyddonol?

Mae 'gwneud' gwyddoniaeth ac ateb cwestiynau gwyddonol yn eithaf cymhleth ac amrywiol. Yn Ffigur 19.2, fe welwch chi siart llif sy'n dangos y ffyrdd y bydd gwyddonwyr yn ymchwilio i bethau. Dydy pob cwestiwn ddim yn cynnwys pob un o'r camau hyn. Mae'r siart llif yn dangos chwe maes sgil y mae angen i wyddonwyr eu datblygu:

▸ y gallu i ofyn cwestiynau gwyddonol ac i awgrymu rhagdybiaethau
▸ sgiliau cynllunio arbrofion
▸ sgiliau ymarferol trin cyfarpar
▸ y gallu i gyflwyno data'n glir a'u dadansoddi'n gywir (trin data).

Bydd y sgiliau hyn yn cael sylw yn y bennod hon. Mae'n hanfodol bod gwyddonwyr yn eu meistroli.

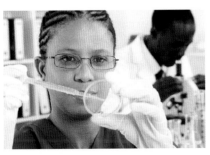

Ffigur 19.1 Mae gwyddoniaeth yn golygu cynnal arbrofion a gwneud arsylwadau er mwyn canfod yr atebion i gwestiynau.

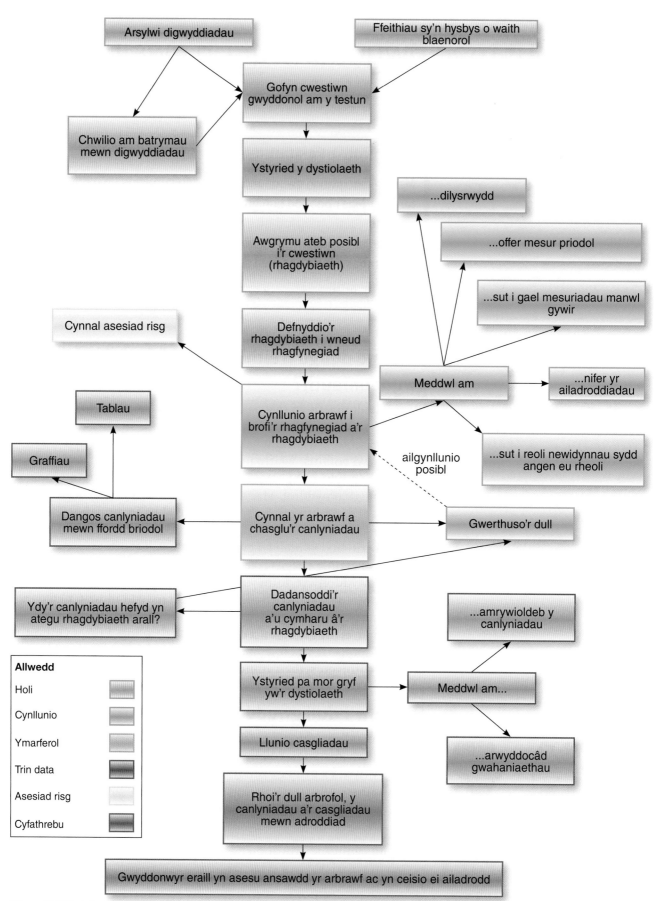

Arsylwi digwyddiadau

Ffeithiau sy'n hysbys o waith blaenorol

Gofyn cwestiwn gwyddonol am y testun

Chwilio am batrymau mewn digwyddiadau

Ystyried y dystiolaeth

...dilysrwydd

...offer mesur priodol

Awgrymu ateb posibl i'r cwestiwn (rhagdybiaeth)

...sut i gael mesuriadau manwl gywir

Cynnal asesiad risg

Defnyddio'r rhagdybiaeth i wneud rhagfynegiad

Meddwl am

...nifer yr ailadroddiadau

Tablau

Cynllunio arbrawf i brofi'r rhagfynegiad a'r rhagdybiaeth

...sut i reoli newidynnau sydd angen eu rheoli

Graffiau

ailgynllunio posibl

Dangos canlyniadau mewn ffordd briodol

Cynnal yr arbrawf a chasglu'r canlyniadau

Gwerthuso'r dull

Ydy'r canlyniadau hefyd yn ategu rhagdybiaeth arall?

Dadansoddi'r canlyniadau a'u cymharu â'r rhagdybiaeth

...amrywioldeb y canlyniadau

Allwedd

Holi

Cynllunio

Ymarferol

Trin data

Asesiad risg

Cyfathrebu

Ystyried pa mor gryf yw'r dystiolaeth

Meddwl am...

...arwyddocâd gwahaniaethau

Llunio casgliadau

Rhoi'r dull arbrofol, y canlyniadau a'r casgliadau mewn adroddiad

Gwyddonwyr eraill yn asesu ansawdd yr arbrawf ac yn ceisio ei ailadrodd

Sut mae gwyddonwyr yn gweithio

Ffigur 19.2 Model o sut mae gwyddonwyr yn gweithio.

▶ Beth yw cwestiwn gwyddonol?

Weithiau gallwch chi ofyn cwestiwn, ond does dim gobaith cael ateb cwbl bendant i'r cwestiwn hwnnw. Edrychwch ar y cwestiynau hyn:

- ▶ Oes Duw?
- ▶ Beth fyddai'r ffordd orau o wario gwobr loteri o £10 000 000?
- ▶ Pwy yw'r arlunydd gorau erioed?
- ▶ Ydy Caerdydd yn lle brafiach i fyw na Llundain?

Dydy'r rhain ddim yn gwestiynau gwyddonol. Mater o ffydd yw credu neu beidio â chredu mewn Duw, a dydym ni ddim yn gallu profi hyn yn wyddonol. Mae pob un o'r cwestiynau eraill yn gymhleth ac yn agored i fwy nag un farn. Ar y llaw arall, gall fod yn bosibl ateb cwestiynau gwyddonol trwy arbrofion. Beth am i ni ystyried cwestiwn arall?

- ▶ Sut gallaf wneud i fy nghar deithio'n gyflymach?

Mae hwn yn gwestiwn gwyddonol, ond dydy e ddim yn un da iawn. Mae'n bosibl ei ateb trwy arbrofi, ond byddai'n rhaid cynnal llawer o arbrofion gan fod llawer o ffactorau (a chyfuniadau ohonynt) yn gallu effeithio ar gyflymder car. Byddai cwestiwn mwy penodol yn well. Er enghraifft:

- ▶ Beth yw effaith gwasgedd teiars ar gyflymder fy nghar?

Mae'n bosibl canfod yr ateb i hyn trwy newid y gwasgedd yn eich teiars. Byddai hyd yn oed yn well nodi un math arbennig o deiar, gan na fydd y gwasgedd o bosibl yn cael yn union yr un effaith ar bob math o deiar.

▶ Beth yw rhagdybiaeth?

Weithiau, bydd gan wyddonwyr ryw syniad am atebion posibl i gwestiwn arbennig. Maen nhw'n edrych ar ffeithiau hysbys neu'n gwneud arsylwadau ac yn ceisio eu hegluro trwy ddefnyddio'r dystiolaeth sydd ar gael. **Rhagdybiaeth** yw'r enw ar eglurhad sydd wedi'i awgrymu. Mae rhagdybiaeth yn fwy na dyfaliad, oherwydd mae'n bosibl ei chyfiawnhau â thystiolaeth wyddonol a/neu wybodaeth flaenorol. Dydy rhagdybiaeth ddim yr un fath â rhagfynegiad, ond gallwn ni ddefnyddio rhagdybiaeth i ragfynegi rhywbeth. Mae rhagfynegiad yn awgrymu beth fydd yn digwydd, ond dydy e ddim yn egluro pam; mae rhagdybiaeth, ar y llaw arall, yn awgrymu eglurhad.

Does dim pwynt awgrymu rhagdybiaeth os na allwch chi ddod i wybod a yw hi'n gywir ai peidio, felly rhaid gallu profi rhagdybiaeth wyddonol mewn arbrawf. Pan mae gwyddonwyr yn cynnal arbrofion i roi prawf ar ragdybiaeth, mae'r canlyniadau'n gallu rhoi tystiolaeth sy'n ategu (cefnogi) y rhagdybiaeth neu'n ei gwrthddweud. Fel rheol, caiff arbrofion eu cynllunio i geisio gwrthbrofi rhagdybiaeth, ac weithiau maen nhw'n gwneud hynny. Hyd yn oed os yw'r canlyniadau'n ategu'r rhagdybiaeth, dydy hyn ddim *yn profi* bod y rhagdybiaeth yn gywir. Os yw rhagdybiaeth yn cael ei chefnogi gan ddigon o dystiolaeth nes ei bod yn cael ei derbyn yn gyffredinol, yna caiff ei galw'n **ddamcaniaeth**.

I grynhoi, mae rhagdybiaeth wyddonol:

- ▶ yn awgrymu sut i egluro arsylw
- ▶ yn seiliedig ar dystiolaeth
- ▶ yn gallu cael ei phrofi mewn arbrawf.

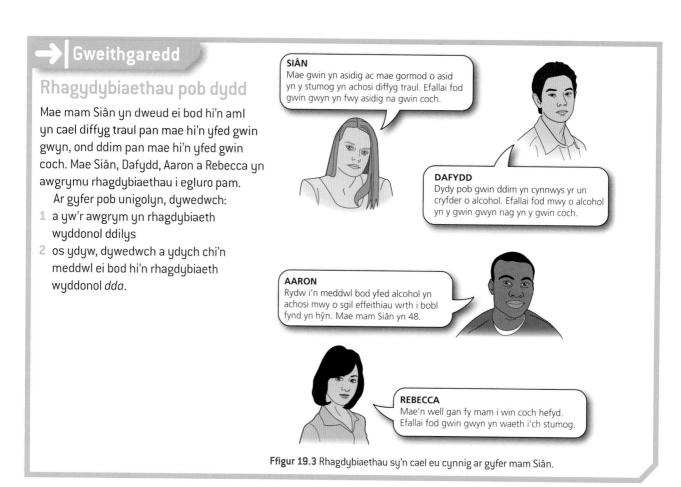

→ | Gweithgaredd

Rhagdybiaethau pob dydd

Mae mam Siân yn dweud ei bod hi'n aml yn cael diffyg traul pan mae hi'n yfed gwin gwyn, ond ddim pan mae hi'n yfed gwin coch. Mae Siân, Dafydd, Aaron a Rebecca yn awgrymu rhagdybiaethau i egluro pam.

Ar gyfer pob unigolyn, dywedwch:

1 a yw'r awgrym yn rhagdybiaeth wyddonol ddilys

2 os ydyw, dywedwch a ydych chi'n meddwl ei bod hi'n rhagdybiaeth wyddonol *dda*.

SIÂN
Mae gwin yn asidig ac mae gormod o asid yn y stumog yn achosi diffyg traul. Efallai fod gwin gwyn yn fwy asidig na gwin coch.

DAFYDD
Dydy pob gwin ddim yn cynnwys yr un cryfder o alcohol. Efallai fod mwy o alcohol yn y gwin gwyn nag yn y gwin coch.

AARON
Rydw i'n meddwl bod yfed alcohol yn achosi mwy o sgil effeithiau wrth i bobl fynd yn hŷn. Mae mam Siân yn 48.

REBECCA
Mae'n well gan fy mam i win coch hefyd. Efallai fod gwin gwyn yn waeth i'ch stumog.

Ffigur 19.3 Rhagdybiaethau sy'n cael eu cynnig ar gyfer mam Siân.

▶ Sut mae gwyddonwyr yn dyfeisio rhagdybiaeth?

Rhaid i wyddonwyr allu awgrymu rhagdybiaethau i egluro pethau maen nhw'n eu harsylwi, cyn profi'r rhagdybiaethau hynny mewn arbrofion er mwyn cael gwybod sut a pham mae pethau'n digwydd yn y byd o'u cwmpas. Gwelsom ni yn yr adran flaenorol fod nifer o feini prawf ar gyfer rhagdybiaeth.

Mewn gwirionedd, rydych chi'n gwneud rhagdybiaethau drwy'r amser mewn bywyd pob dydd er mwyn datrys problemau. Gadewch i ni edrych ar enghraifft. Rydych chi'n ceisio defnyddio tortsh, ond dydy'r tortsh ddim yn gweithio. Rydych chi'n gwneud un neu fwy o ragdybiaethau ar unwaith (gweler Ffigur 19.4).

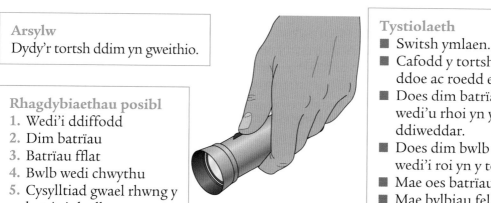

Arsylw
Dydy'r tortsh ddim yn gweithio.

Rhagdybiaethau posibl
1. Wedi'i ddiffodd
2. Dim batrïau
3. Batrïau fflat
4. Bwlb wedi chwythu
5. Cysylltiad gwael rhwng y batri a'r bwlb

Tystiolaeth
- Switsh ymlaen.
- Cafodd y tortsh ei ddefnyddio ddoe ac roedd e'n gweithio.
- Does dim batrïau newydd wedi'u rhoi yn y tortsh yn ddiweddar.
- Does dim bwlb newydd erioed wedi'i roi yn y tortsh.
- Mae oes batrïau'n eithaf byr.
- Mae bylbiau fel arfer yn para o leiaf 1000 o oriau.
- Mae'r tortsh yn 1 mlwydd oed.

Ffigur 19.4 Rhagdybiaethau pam nad yw'r tortsh yn gweithio.

Nawr, rhaid i ni ystyried y pum rhagdybiaeth rydym ni wedi meddwl amdanyn nhw.

Tabl 19.1

	Rhagdybiaeth	Tystiolaeth	Derbyn/gwrthod	Oes ffordd o'i phrofi?
1	Wedi'i ddiffodd	Switsh ymlaen.	Gwrthod	Dim angen
2	Dim batrïau	Cafodd y tortsh ei ddefnyddio ddoe ac mae'n annhebygol y byddai rhywun wedi tynnu'r batrïau allan ers hynny (ond ddim yn amhosibl).	Derbyn	Oes (edrych i weld a oes batrïau yn y tortsh)
3	Batrïau fflat	Does dim batrïau newydd wedi'u rhoi yn y tortsh yn ddiweddar ac mae oes batrïau'n eithaf byr.	Derbyn	Oes (rhoi batrïau newydd i mewn)
4	Bwlb wedi chwythu	Does dim bwlb newydd erioed wedi'i roi yn y tortsh, ond mae'n bell o gyrraedd diwedd oes bwlb.	Derbyn	Oes (rhoi bwlb newydd i mewn)
5	Cysylltiad gwael	Dim tystiolaeth o blaid nac yn erbyn.	Derbyn	Oes (archwilio a glanhau'r cysylltiadau)

Nawr mae gennym ni bedair rhagdybiaeth ac mae'n bosibl rhoi prawf ar bob un ohonynt. O edrych ar gryfder y dystiolaeth, mae'n ymddangos mai rhagdybiaeth 3 (batrïau fflat) yw'r fwyaf tebygol, a byddai'n hawdd ei phrofi. Wrth geisio rhoi batrïau newydd i mewn, byddech chi hefyd yn profi rhagdybiaeth 2. Os rhowch chi fatrïau newydd i mewn a dydy'r tortsh ddim yn goleuo o hyd, byddech chi'n gwrthod rhagdybiaeth 3 ac yn symud ymlaen i brofi rhagdybiaeth 4 neu 5.

Rydych chi'n gwneud y math hwn o beth yn aml – ond efallai nad oeddech chi'n gwybod eich bod chi'n datblygu rhagdybiaeth!

→ Gweithgaredd

Dyfeisio rhagdybiaeth

Gadewch i ni edrych ar arsylw a gweld a allwch ddyfeisio rhagdybiaeth i'w egluro.

Yn aml, bydd cŵn yn aros wrth ffenestr neu ddrws yn eu tŷ ychydig cyn i'w perchennog ddod adref o'r gwaith. Mae'n rhaid bod ffordd o egluro'r arsylw hwn os yw'n digwydd yn rheolaidd (ac mae perchenogion cŵn yn dweud ei fod). Mae angen i chi ddyfeisio rhagdybiaeth a fydd yn egluro'r ymddygiad hwn, ac yn cyd-fynd ag unrhyw dystiolaeth neu wybodaeth wyddonol.

Gadewch i ni ddechrau trwy gasglu gwybodaeth am yr arsylw. Mae gan Marc ac Ann gi o'r enw Gelert. Mae Marc yn gyrru adref o'r gwaith ac yn cyrraedd tua 6.00 pm. Mae Ann yn dweud bod Gelert yn mynd i eistedd wrth y ffenestr agosaf at ble mae'r car yn parcio tua 5.50 pm ac nad yw'n symud nes bod car Marc yn cyrraedd. Dydy Gelert bron byth yn eistedd wrth y ffenestr unrhyw bryd arall yn ystod y dydd.

Ffigur 19.5 Mae'r ci hwn wrth y ffenestr yn aros i'w berchennog gyrraedd.

Tystiolaeth a gwybodaeth wyddonol

- Mae Gelert yn mynd at y ffenestr tua 5.50 pm bob tro.
- Mae ei berchennog yn cyrraedd adref tua 6.00 pm bob tro.
- Dydy Gelert ddim yn eistedd wrth y ffenestr unrhyw bryd arall yn ystod y dydd.
- Mae synhwyrau arogli a chlywed cŵn yn llawer gwell na bodau dynol.
- Mae **biorhythm** gan bob mamolyn – hynny yw, maen nhw'n gwybod tua faint o'r gloch yw hi hyd yn oed os na allant ddarllen cloc.

Cwestiynau

1 Awgrymwch **o leiaf dwy** ragdybiaeth bosibl i egluro ymddygiad Gelert.
2 Dewiswch **un** o'ch rhagdybiaethau ac awgrymwch sut y gallech chi ei phrofi.

▶ Sut mae gwyddonwyr yn cynllunio arbrawf?

Bydd arbrawf da'n rhoi ateb i'ch cwestiwn, neu o leiaf yn rhoi gwybodaeth a fydd yn golygu eich bod yn agosach at gael ateb. Os oes gennych chi ragdybiaeth, bydd yr arbrawf yn rhoi tystiolaeth i'ch helpu i benderfynu a yw'r rhagdybiaeth yn gywir neu'n anghywir (hyd yn oed os nad yw'n *profi*'r rhagdybiaeth mewn gwirionedd). Rydym ni'n galw arbrofion fel hyn yn arbrofion **dilys**. Os oes unrhyw ddiffygion mawr yng nghynllun yr arbrawf, mae'n debygol na fydd yn ddilys.

Dau o'r pethau pwysicaf sy'n sicrhau bod arbrawf yn ddilys yw **tegwch** a **manwl gywirdeb**. Os yw'n brawf teg, ac os yw eich canlyniadau'n fanwl gywir, rydych chi'n fwy tebygol o gael yr ateb 'cywir'.

Prawf teg

Dychmygwch eich bod chi eisiau profi a yw lleithder yr aer yn effeithio ar gryfder darn o bren. Meddyliwch am yr holl newidynnau (heblaw am y lleithder) a allai effeithio ar ein mesuriadau ni o gryfder darn o bren:

- ▶ y math o bren (mae pren yn ddefnydd anorganig ac mae ei gyfansoddiad yn amrywio – mae mathau gwahanol o bren)
- ▶ pa mor sych yw'r pren
- ▶ tymheredd
- ▶ dimensiynau'r darn o bren
- ▶ y dull o fesur cryfder y pren.

Er mwyn i'r prawf fod yn deg, rhaid i chi geisio sicrhau nad yw'r un o'r pethau hyn yn effeithio ar yr arbrawf. Byddem ni'n defnyddio lleithderau gwahanol gan mai dyna'r newidyn rydym ni'n ei brofi, ond byddai'n rhaid rheoli hyn yn ofalus, efallai mewn siambr amgylcheddol, er mwyn osgoi amrywiad yn ystod yr arbrawf. Sylwch er ein bod ni'n 'rheoli' y lleithder yn ystod yr arbrawf, *nid* yw'n newidyn rheolydd. Holl bwrpas ei reoli yw fel nad yw'n newidyn o gwbl! Byddem ni'n defnyddio'r un math o bren ym mhob prawf, gyda'r un cynhwysiad dŵr, rheoli'r tymheredd, sicrhau bod dimensiynau pob sampl o bren yn unfath a mesur y cryfder yn union yr un ffordd.

Mae rheoli tymheredd yn anodd oni bai bod siambr amgylcheddol yn cael ei ddefnyddio. Byddai'n bosibl gadael yr holl samplau ar dymheredd ystafell, a fyddai'n amrywio, ond yn yr un ffordd yn union ar gyfer pob sampl, fel y byddai'r prawf yn dal i fod yn deg.

Weithiau, mewn arbrawf neu astudiaeth wyddonol, mae newidyn na allwch ei reoli. Yn yr enghraifft uchod, gallai fod mân amrywiadau yng nghyfansoddiad y pren, hyd yn oed os yw'r pren yn dod o'r un math o goeden. Mae'n rhaid i chi gadw hyn mewn cof a'i gymryd i ystyriaeth yn eich dadansoddiad. Er enghraifft, gall pren o un goeden fod ychydig yn gryfach na phren o'r goeden nesaf. Felly, er enghraifft, os bydd un lefel o leithder yn cynhyrchu cynnydd mewn cryfder o 0.5 N ac un arall yn cynhyrchu 1 N, efallai na fyddwch chi'n cyfrif hynny fel 'gwahanol' oherwydd gallai amrywiad yn y pren gyfrif am y gwahaniaeth. Os yw un sampl yn ennill 5 N ac un arall yn ennill 1 N, yna byddai gwahaniaeth gwirioneddol, gan na fyddai cyfansoddiad y pren yn amrywio cymaint â hynny.

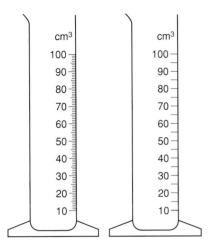

Ffigur 19.6 Mae'r silindr mesur ar y chwith yn fwy manwl gywir (h.y. rhaniadau llai) na'r un ar y dde.

Gwneud mesuriadau manwl gywir

Rydym ni'n diffinio mesuriadau manwl gywir fel rhai sydd mor agos â phosibl at y 'gwir' werth. Y broblem yw nad ydym ni'n gwybod yn union beth yw'r gwir werth! Felly mae'n amhosibl bod yn sicr bod mesuriad yn fanwl gywir. Yr unig beth y gallwn ni ei wneud yw gofalu nad oes diffyg manwl gywirdeb amlwg.

Dylai unrhyw offeryn mesur fod mor fanwl gywir â phosibl. Fel arfer, mae'n syniad da defnyddio offeryn mesur sydd â **chydraniad uchel** (Ffigur 19.6).

Gall diffyg manwl gywirdeb ddigwydd oherwydd nad yw'r unedau mesur yn drachywir. Wrth fesur nwy, er enghraifft, ni fydd cyfrif swigod yn rhoi ateb manwl gywir gan na fydd y swigod i gyd yr un maint. Felly gall 25 swigen mewn un achos gynnwys mwy o nwy na 30 o swigod mewn achos arall, os yw'r set gyntaf o swigod yn cynnwys mwy o swigod mawr (Ffigur 19.7).

Ffigur 19.7 Mae'r llun hwn yn dangos faint o amrywiaeth sydd ym maint y swigod. Felly, dydy 'un swigen' ddim yn gallu rhoi mesuriad manwl gywir o gyfaint nwy.

Gall diffyg manwl gywirdeb hefyd ddigwydd o ganlyniad i wall dynol sy'n cael ei achosi gan y dull mesur. Os ydych chi'n amseru newid lliw, er enghraifft, mae'n aml yn anodd mesur yn union pryd mae'r lliw'n newid, gan ei bod yn broses raddol.

Mae manwl gywirdeb y rhan fwyaf o fesuriadau yn llai na 100%. Mae hyn yn dderbyniol ar yr amod nad yw'r anghywirdeb mor fawr fel bod cymharu'r mesuriadau gwahanol yn annilys.

Yn y senario 'cyfrif swigod' uchod, er enghraifft, os oes gennych chi ddau ddarlleniad o 86 swigen a 43 swigen, er bod diffyg manwl gywirdeb, mae'r gwahaniaeth mor fawr fel nad yw'r anghywirdeb yn bwysig. Fodd bynnag, os bydd gennych chi ddau ddarlleniad o 27 a 32 swigen, allwch chi ddim dweud yn hyderus bod yr ail ddarlleniad mewn gwirionedd yn fwy na'r un cyntaf.

▶ Pam mae gwyddonwyr yn ailadrodd arbrofion?

Mae gwyddonwyr yn ailadrodd arbrofion (neu'n cymryd samplau mawr) am y rhesymau canlynol:

▶ Y mwyaf o ailadroddiadau a wnewch chi (hyd at bwynt) neu'r mwyaf yw eich sampl, y mwyaf dibynadwy fydd y cymedr sy'n cael ei gyfrifo. Nodwch nad yw canlyniadau unigol yn mynd yn fwy dibynadwy, dim ond y cymedr.

▶ Mae ailadroddiadau neu samplau mwy yn eich galluogi i fod yn fwy manwl gywir wrth adnabod canlyniadau afreolaidd.

Gadewch i ni ddefnyddio enghraifft. Gall gwrthiant trydanol bwlb golau gael ei fesur yn uniongyrchol gan amlfesurydd sy'n gweithredu fel ohmedr. Mae bocs o fylbiau yn cynnwys 15 o fylbiau golau. Mae'r bylbiau i fod i gynnwys yr un gwrthiant. Dyma ganlyniadau mesur gwrthiant y bylbiau yn y blwch.

Tabl 19.2

Rhif bwlb	Gwrthiant trydanol (Ω)	Cymedr (Ω)
1	18.0	18.0
2	11.0	14.5
3	16.0	15.0
4	12.0	14.3
5	13.0	14.0
6	11.0	13.5
7	10.0	13.0
8	12.0	12.9
9	11.0	12.6
10	14.0	12.8
11	10.0	12.5
12	10.0	12.3
13	15.0	12.5
14	12.0	12.5
15	11.0	12.4

Os dim ond sampl o dri a gafodd eu defnyddio, byddai'n bosibl tybio bod canlyniad bwlb 2 yn afreolaidd. Fodd bynnag, mae'n amlwg wrth ailadrodd mai bylbiau 1 a 3 oedd y rhai afreolaidd mewn gwirionedd (er nad yw'r gwahaniaeth mor fawr â hynny ac yn ôl pob tebyg oherwydd amrywiad naturiol). Mae'r cymedr ar ôl tri ailadroddiad yn anghywir iawn. Ar ôl 15 ailadroddiad mae'r cymedr wedi gostwng yn sylweddol ac mae effaith y ddau werth uchel ym mylbiau 1 a 3 wedi lleihau. Erbyn i 13 o ailadroddiadau gael eu gwneud, mae'r cymedr wedi sefydlogi, ac efallai na fydd angen mwy o ailadroddiadau.

Sawl gwaith mae angen ailadrodd?

Mae canlyniadau gwyddonol bob amser yn amrywio i ryw raddau, ac weithiau maen nhw'n amrywio llawer. Rydym ni'n galw hyn yn **ailadroddadwyedd**. Os yw'r ailadroddadwyedd yn dda iawn ac mae'r canlyniadau i gyd yn agos at ei gilydd, yna mae cymedr cywir yn cael ei ganfod yn gyflym iawn, ac mae angen ychydig o ailddarlleniadau yn unig. Os yw'r ailadroddadwyedd yn wael, fodd bynnag, bydd angen mwy o ailadroddiadau cyn cael hyder yn y cymedr. Dydy hi ddim yn anarferol i wyddonwyr ailadrodd arbrofion 30–50 o weithiau. Mewn astudiaethau sy'n cynnwys sampl, mae maint sampl da fel arfer tua

100 (mwy os poblogaeth fawr sy'n cael ei samplu). Yn gyffredinol, mae maint sampl o lai na 30 yn cael ei ystyried yn ystadegol annilys.

Profwch eich hun

1 Mae fflworid yn cael ei ychwanegu at y rhan fwyaf o fathau o bast dannedd. Pa un o'r cwestiynau canlynol yw'r un mwyaf gwyddonol?
   a Pam mae fflworid yn cael ei ychwanegu at bast dannedd?
   b Ydy past dannedd sy'n cynnwys fflworid yn well na phast dannedd sydd hebddo?
   c Ydy fflworid mewn past dannedd yn lleihau pydredd dannedd?
   ch Ydy fflworid yn gwneud eich dannedd yn fwy iach?
2 Beth yw'r gwahaniaeth rhwng rhagdybiaeth a rhagfynegiad?
3 Os ydych chi'n cynnal arbrawf sy'n gofyn i chi gofnodi'r amser mae'n ei gymryd i liw newid o goch i las, mae'n annhebygol y bydd y canlyniadau'n gwbl gywir. Pam?
4 Pam mae cadw set o arbrofion ar dymheredd ystafell yn ffordd dderbyniol (os nad yn ddelfrydol) o reoli tymheredd?
5 Mae arbrawf yn cael ei ailadrodd dair gwaith. Pam nad yw hyn yn debygol o fod yn ddigon?

Arbrofion heb ragdybiaeth

Does dim rhagdybiaeth gan rai arbrofion. Mae rhai'n cael eu cynnal i gael gwybodaeth yn unig. Er enghraifft, arsylwodd seryddwyr cynnar sut roedd arddwysedd golau sêr cewri coch yn amrywio dros amser, yn syml trwy fesur yr arddwysedd bob nos dros gyfnod o amser. Doedd ganddyn nhw ddim rhagdybiaeth ar gyfer beth fyddai'n digwydd.

Pan gawson nhw'r canlyniadau yn Ffigur 19.8, roedd rhaid iddyn nhw feddwl am ragdybiaeth i egluro'r gromlin.

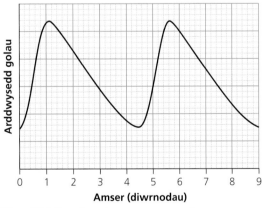

Ffigur 19.8 Cromlin golau seren cawr coch.

Cyflwyno canlyniadau

Tablau

Pan mae gwyddonwyr yn cofnodi eu canlyniadau, mae'n bwysig eu bod yn gwneud hyn mewn ffordd sy'n eglur i unrhyw un sy'n darllen eu hadroddiad. Yn gyffredinol, caiff canlyniadau eu cyflwyno mewn tablau ac fel rheol mewn rhyw fath o graff neu siart.

Mae tabl yn ffordd o drefnu data fel bod y data'n glir ac fel nad oes rhaid i'r darllenydd chwilio am y data yn y testun. Os oes rhaid i chi edrych ar y dull i weld beth yw ystyr y tabl, dydy'r tabl ddim yn gwneud ei waith.

▶ Rhaid bod tablau'n cynnwys penawdau clir.
▶ Os oes unedau i'r mesuriadau, dylid dangos y rhain ym mhenawdau'r colofnau.
▶ Rhaid i resi a cholofnau tablau fod mewn trefn resymegol.

Graffiau a siartiau

Mae nifer o wahanol fathau o graffiau a siartiau, ond y tri math a ddefnyddir amlaf yw siartiau bar, graffiau llinell a siartiau cylch.

▶ Caiff **siartiau bar** eu defnyddio pan mae'r gwerthoedd ar yr echelin-*x* yn dangos **newidyn arwahanol** neu **amharhaus** (*discrete* neu *discontinuous variable*) (dim gwerthoedd rhyngol), e.e. misoedd y flwyddyn, math o nwy, etc.
▶ Caiff **graffiau llinell** eu llunio pan mae'r echelin-*x* yn **newidyn di-dor** (mae unrhyw werth yn bosibl), e.e. amser, cerrynt, gwasgedd, etc.
▶ Caiff **siartiau cylch** eu defnyddio i ddangos cyfansoddiad rhywbeth. Mae pob adran yn cynrychioli canran o'r cyfan.

Mae siartiau bar a graffiau llinell yn dangos patrymau neu ddueddiadau'n fwy eglur na thabl. Unwaith eto dylai'r graff ddangos popeth sydd ei angen i nodi'r duedd, heb fod disgwyl i'r defnyddiwr ddarllen trwy'r dull.

Rhaid i siart bar neu graff llinell o ansawdd da gynnwys y pethau canlynol:

▶ teitl
▶ dwy echelin wedi'u labelu'n glir gydag unedau os yw hynny'n briodol
▶ graddfa 'synhwyrol' a hawdd ei darllen ar gyfer y ddwy echelin
▶ defnyddio cymaint â phosibl o'r lle sydd ar gael ar gyfer y raddfa (heb ei wneud yn anodd ei ddarllen)
▶ echelinau yn y drefn gywir. Os yw un ffactor yn 'achos' a'r llall yn 'effaith' dylai'r achos (y **newidyn annibynnol**) fod ar yr echelin-*x* a dylai'r effaith (y **newidyn dibynnol**) fod ar yr echelin-*y*. Weithiau, dydy'r berthynas ddim yn un 'achos ac effaith' a gall yr echelinau fod y naill ffordd neu'r llall
▶ data wedi'u plotio'n fanwl gywir
▶ os bydd mwy nag un set o ddata'n cael ei phlotio dylai'r setiau fod wedi'u gwahaniaethu'n eglur, gydag allwedd i ddangos pa set yw pa un
▶ mewn graff llinell, os yw'r data'n dilyn tuedd glir, dylid defnyddio **llinell ffit orau** i ddangos hyn. Os nad oes tuedd glir, dylid uno'r pwyntiau â llinellau syth, neu eu gadael heb eu huno.

▶ Sut mae gwyddonwyr yn dadansoddi canlyniadau ac yn llunio casgliadau?

Fel rheol, caiff canlyniadau eu dadansoddi am un o dri rheswm:

▶ i ganfod perthynas rhwng dau neu fwy o ffactorau.
▶ i benderfynu a yw'n debygol bod rhagdybiaeth yn gywir.
▶ i helpu i greu rhagdybiaeth.

Siart bar

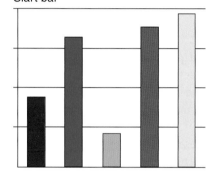

Graff llinell

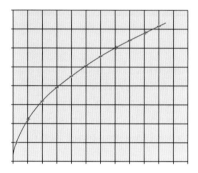

Siart cylch

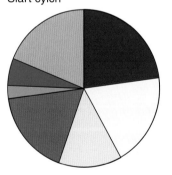

Ffigur 19.9 Mae nifer o wahanol ffyrdd o ddangos data.

Perthnasoedd

Y ffordd gliriaf o ddangos perthynas yw defnyddio graff llinell. Mae cyfeiriad goledd (neu ddiffyg goledd) y llinell yn dangos y math o berthynas. Gall rhai graffiau gynnwys dau neu fwy o wahanol fathau o oledd.

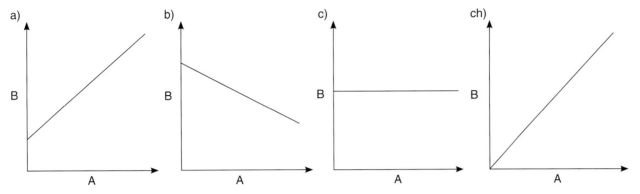

Ffigur 19.10 Gall graffiau llinell ddangos gwahanol berthnasoedd rhwng y newidynnau.

► Pan mae'r llinell ar oledd tuag i fyny (Ffigur 19.10a), mae'n dangos bod B yn cynyddu wrth i A gynyddu. **Cydberthyniad positif** yw'r enw ar hyn.
► Pan mae'r llinell ar oledd tuag i lawr (Ffigur 19.10b), mae'n dangos bod B yn lleihau wrth i A gynyddu. **Cydberthyniad negatif** yw'r enw ar hyn.
► Os yw'r llinell yn llorweddol (Ffigur 19.10c), mae'n golygu nad oes perthynas rhwng gwerthoedd A a B, a bod **dim cydberthyniad** rhwng y newidynnau.
► Os yw'r graff yn ffurfio llinell syth sy'n mynd trwy'r tarddbwynt (Ffigur 19.10ch), mae **perthynas gyfrannol** rhwng A a B.

Os oes perthynas rhwng dau ffactor dydy hynny ddim yn golygu o reidrwydd mai un o'r ffactorau hynny sy'n *achosi*'r berthynas. Os yw B yn cynyddu wrth i A gynyddu, dydy hynny ddim yn golygu mai'r cynnydd yn A sy'n *gwneud* i B gynyddu.

Profi rhagdybiaeth

Os oes rhagdybiaeth, nod yr arbrawf yw ei phrofi, felly tri dewis sydd i'r casgliadau:

► Mae'r dystiolaeth yn cefnogi'r rhagdybiaeth.
► Dydy'r dystiolaeth ddim yn cefnogi'r rhagdybiaeth.
► Dydy'r dystiolaeth ddim yn bendant y naill ffordd na'r llall.

Anaml iawn y gall arbrawf *brofi* bod rhagdybiaeth yn gywir.

Ganrifoedd yn ôl, roedd pobl Ewrop yn credu bod pob alarch yn wyn, oherwydd roedd pob alarch a welon nhw yn wyn. Eu rhagdybiaeth felly oedd 'mae pob alarch yn wyn'. Yn 1697, fodd bynnag, daeth fforwyr yn Awstralia o hyd i elyrch du (mae'r rhain wedi'u cyflwyno ym Mhrydain ers hyn). Roedd hyn yn gwrthbrofi'r rhagdybiaeth ar unwaith, oherwydd doedd dim amheuaeth o gwbl am y dystiolaeth. Faint bynnag o elyrch gwyn roedd pobl Ewrop wedi eu gweld, ni allai hynny byth profi bod pob alarch yn wyn. Hyd yn oed os nad oedd elyrch du wedi'u darganfod erioed, doedd hynny ddim yn golygu nad oedd alarch du yn rhywle yn y byd yn dal i aros i gael ei ddarganfod!

Ffigur 19.11 Mae'r alarch du hwn yn gwrthbrofi'n glir y rhagdybiaeth 'mae pob alarch yn wyn'.

Os oes cyfres hir o arbrofion wedi cael ei chynnal a bod pob un o'r arbrofion yn cefnogi'r rhagdybiaeth, bydd gwyddonwyr yn trin y rhagdybiaeth fel ei bod yn wir (mae'n dod yn **ddamcaniaeth**) er na fydden nhw o hyd yn dweud ei bod wedi cael ei *phrofi*.

Wrth benderfynu a ydym ni'n mynd i barhau i dderbyn y rhagdybiaeth neu ei gwrthod, mae cryfder y dystiolaeth yn bwysig iawn.

Mae'r siart llif yn Ffigur 19.12 yn dangos sut mae gwyddonwyr yn dod i gasgliadau am ragdybiaeth.

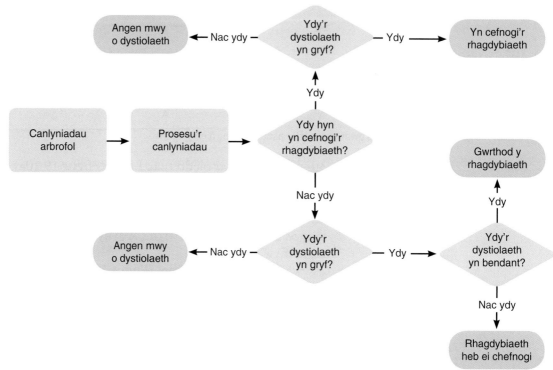

Ffigur 19.12 Siart llif gwneud penderfyniad am ragdybiaeth.

Profi rhagdybiaethau

1 Roedd gan Natalie ragdybiaeth y gallai papur gwlyb ddal llai o bwysau na phapur sych. Aeth ati i brofi bagiau papur, gan ychwanegu 10 g o bwysau y tro nes bod y bag yn torri. Profodd 10 bag, ac yna mwydodd 10 bag tebyg mewn dŵr cyn eu profi nhw. Ym mhob achos, torrodd y bagiau gwlyb gyda llai o bwysau ynddynt na'r bagiau sych. Beth ddylai casgliad Natalie fod?

A Mae ei rhagdybiaeth yn cael ei phrofi.

B Mae ei rhagdybiaeth yn cael ei chefnogi.

C Mae ei rhagdybiaeth yn amheus.

CH Dylid gwrthod ei rhagdybiaeth.

2 Roedd gan Glyn ragdybiaeth nad oedd math arbennig o gwpan wedi'i hynysu mewn gwirionedd yn cadw diodydd yn fwy cynnes na chwpan ceramig arferol. Aeth ati i amseru faint o amser roedd yn ei gymryd i ddŵr oeri 10°C yn y ddau fath o gwpan. Gwnaeth y prawf 50 o weithiau. Ar gyfartaledd, roedd y dŵr yn cymryd 6 munud yn hirach i oeri yn y gwpan wedi'i hynysu, ac ym mhob un o'r 50 prawf roedd y dŵr yn y gwpan ceramig yn oeri'n fwy cyflym. Beth ddylai casgliad Glyn fod?

A Mae ei ragdybiaeth yn cael ei phrofi.

B Mae ei ragdybiaeth yn cael ei chefnogi.

C Mae ei ragdybiaeth yn amheus.

CH Dylid gwrthod ei ragdybiaeth.

Sut mae gwyddonwyr yn penderfynu pa mor gryf yw'r dystiolaeth?

I fod yn hyderus bod eich casgliad yn gywir, mae angen tystiolaeth gryf arnoch chi. Dydy tystiolaeth wan ddim yn golygu bod eich casgliad yn anghywir, ond mae'n golygu na allwch chi fod mor siŵr ei fod yn gywir.

I benderfynu pa mor gryf yw'r dystiolaeth, mae angen i chi ofyn rhai cwestiynau penodol.

1 **Pa mor newidiol oedd y canlyniadau?** Y mwyaf o amrywiad sydd yng nghanlyniadau'r ailadroddiadau, y gwannaf fydd y dystiolaeth.

2 **Wnaethoch chi ddigon o ailadroddiadau?** Oedd y sampl yn ddigon mawr? Gall hyd yn oed canlyniadau newidiol roi tystiolaeth dda os yw nifer yr ailadroddiadau neu faint y sampl yn ddigon mawr. Mae angen i chi fod yn sicr nad yw eich canlyniadau'n rhai 'rhyfedd'. Dydy canlyniadau rhyfedd ddim yn digwydd yn aml iawn, felly mae llawer o ailadroddiadau, neu sampl mawr, yn golygu y cewch chi ddarlun cyffredinol mwy manwl gywir o beth sy'n digwydd.

3 **Oedd unrhyw wahaniaethau'n arwyddocaol?** Gall gwahaniaethau bach ddigwydd oherwydd siawns, oherwydd yn aml ni all mesuriadau gwyddonol fod yn berffaith fanwl gywir. Weithiau, bydd hi'n amlwg bod gwahaniaethau'n arwyddocaol neu ddim yn arwyddocaol. Os nad yw hi'n amlwg, gall gwyddonwyr gynnal profion ystadegol i fesur pa mor arwyddocaol yw gwahaniaeth.

4 **Oedd diffygion yn y dull?** Gall diffygion yn y dull (er enghraifft dulliau mesur nad ydyn nhw'n drachywir, newidynnau na ellid eu rheoli) leihau cryfder y dystiolaeth. Gall diffygion mawr olygu bod y casgliadau yn hollol annibynadwy.

5 **Oedd y dull yn ddilys?** Mae arbrawf dilys yn un sy'n gallu rhoi ateb i'r cwestiwn ei fod yn ymchwilio iddo. Er enghraifft, os ydych chi am ddarganfod effaith arddwysedd golau ar gyfradd ffotosynthesis. Os ydych chi'n symud lamp yn nes ac yn nes at blanhigyn ac yn mesur y gyfradd, mae yna broblem. Mae bylbiau golau'n rhyddhau gwres, ac efallai mai'r gwres sy'n achosi'r newidiadau, ac nid y golau. Oni bai eich bod yn stopio'r cynnydd yn y tymheredd (er enghraifft, trwy gyfeirio'r golau trwy wydr neu ddŵr), dydy'r arbrawf ddim yn gallu ateb y cwestiwn ac felly mae'n annilys.

✔ | Profwch eich hun

6 Ym mhob un o'r enghreifftiau isod, nodwch a fyddech chi'n cyflwyno'r canlyniadau ar ffurf graff llinell neu siart bar.
  a Effaith tymheredd ar gyfaint nwy.
  b Effaith gwahanol fathau o fetel ar ddargludedd thermol.
  c Y gwasgedd atmosfferig mewn ardaloedd daearyddol gwahanol.
  ch Hyd pendil wrth iddo osgiliadu.
7 O dan ba amgylchiadau byddech chi'n uno'r pwyntiau ar graff llinell yn hytrach na llunio llinell ffit orau?
8 Beth yw cydberthyniad positif?
9 Sut gallwch chi ddweud a yw perthynas yn un gyfrannol ai peidio?
10 Beth yw'r gwahaniaeth rhwng ailadroddadwyedd ac atgynyrchadwyedd?

- Mae gwyddonwyr yn ymchwilio i'r byd o'u hamgylch trwy broses ymholi gymhleth.
- Dydy gwyddoniaeth ddim yn gallu ateb pob cwestiwn. Mae rhagdybiaeth yn eglurhad sy'n cael ei awgrymu ar gyfer arsylw. Mae'n seiliedig ar dystiolaeth ac rydym ni'n gallu ei phrofi trwy arbrawf.
- Mae tystiolaeth yn gallu ategu neu wrthddweud rhagdybiaeth, neu gall fod yn amhendant.
- Dydy rhagdybiaeth ddim yn rhagfynegiad, er ei bod hi'n bosibl ei defnyddio i wneud rhagfynegiadau.
- Mae'n hawdd gwrthbrofi rhagdybiaeth, ond yn anaml y gellir ei phrofi.
- Os bydd rhagdybiaeth yn cael ei chefnogi gan lawer o dystiolaeth ac yn cael ei derbyn fel gwirionedd, mae'n dod yn ddamcaniaeth.
- Er mwyn bod o werth, rhaid i arbrawf fod yn deg ac yn ddilys, a rhaid i fesuriadau fod mor fanwl gywir ag sy'n bosibl.
- Mae lefelau gwahanol o fanwl gywirdeb gan wahanol offer mesur, sy'n gysylltiedig â'u cydraniad.
- Os nad yw'n bosibl rheoli newidyn, rhaid cymryd yr effaith debygol o'i reoli i ystyriaeth wrth ddadansoddi canlyniadau.
- Mae ailadrodd darlleniadau yn golygu mwy o fanwl gywirdeb, ac yn ein galluogi i asesu ailadroddadwyedd.
- Y mwyaf amrywiol mae'r canlyniadau, y mwyaf o weithiau mae angen ailadrodd yr arbrawf (neu mae angen i'r sampl fod yn fwy).
- Mae cyflwyno data mewn tablau yn hytrach nag mewn testun yn eu gwneud yn fwy eglur. Dylai'r tabl gael ei lunio fel ei fod yn eglur ac nad oes rhaid i'r darllenydd gyfeirio'n ôl er mwyn deall ei ystyr.
- Rydym ni'n defnyddio graffiau llinell a siartiau bar i wneud tueddiadau a phatrymau yn y data yn fwy eglur.
- Mae graffiau llinell yn cael eu defnyddio os yw'r ddau newidyn yn ddi-dor. Mae siartiau bar yn cael eu defnyddio os yw'r newidyn annibynnol yn arwahanol neu'n amharhaus.
- Mae siâp graff llinell yn dynodi natur a chryfder unrhyw duedd neu batrwm.
- Mae tystiolaeth yn amrywio o ran cryfder. Mae tystiolaeth gryfach yn gwneud y casgliad yn fwy sicr.
- Rhaid gallu atgynhyrchu arbrofion hefyd – hynny yw, dylent roi canlyniadau tebyg bob tro y caiff arbrawf ei wneud, pwy bynnag sy'n ei wneud.

Mynegai